$c = a + jb$（a：実部，b：虚部），大きさ $r = |c|$ を絶対値，実軸との角度 θ を偏角という．

$$r = |c| = \sqrt{a^2 + b^2}$$

$$\theta = \tan^{-1} \frac{b}{a}$$

（計算例）

(1) $(1 - j2) + (3 - j4) = (1 + 3) - j(2 + 4) = 4 - j6$

(2) $(2 + j3)(4 - j6) = 8 + j12 - j12 + 18 = 26$

(3) $\dfrac{j8}{3 + j4} = \dfrac{j8(3 - j4)}{(3 + j4)(3 - j4)} = \dfrac{32 + j24}{9 + 16} = \dfrac{32 + j24}{25}$

(4) $2j^2 - 3j = -2 - j3$

(5) $\dfrac{1}{j3} = \dfrac{1}{j3} \times \dfrac{j}{j} = -j\dfrac{1}{3}$

[6] オームの法則

電圧を V〔V〕，電流を I〔A〕，抵抗を R〔Ω〕とすると

$$V = R \times I,\ I = \frac{V}{R},\ R = \frac{V}{I}$$

電力 P は

$$P = IV = I^2 R = \frac{V^2}{R} \text{〔W〕}$$

[7] インピーダンス

インピーダンスは電圧の電流に対す 直流における抵抗に相当．単位は〔Ω〕

インピーダンス Z は

$$Z = R + jX$$

（R：抵抗成分，X：リアクタンス成分）

コイルのリアクタンスの大きさは

$$X_L = \omega L$$

コンデンサのリアクタンスの大きさは

$$X_C = \frac{1}{\omega C}$$

[8] 電波の周波数と波長の関係

$$c = f\lambda,\ \lambda = \frac{c}{f},\ f = \frac{c}{\lambda}$$

c：電波の速さ 3×10^8〔m/s〕，f：周波数〔Hz〕，λ：波長〔m〕

※正確な電波の速度：299 792 458〔m/s〕

（憎くなく二人寄ればいつもハッピー）

[9] 波の周期と周波数の関係

$$T = \frac{1}{f},\ f = \frac{1}{T}$$

T：周期〔s〕，f：周波数〔Hz〕

[10] 共振回路と Q

(a) 直列共振（インピーダンスが最小になる）

$$Q = \frac{L\text{ または }C\text{ のリアクタンス}}{\text{直列抵抗}} = \frac{\omega L}{R} = \frac{1}{\omega CR}$$

(b) 並列共振（インピーダンスが最大になる）

$$Q = \frac{\text{並列抵抗}}{L\text{ または }C\text{ のリアクタンス}} = \frac{R}{\omega L} = \omega CR$$

※ Q（Quality factor：品質の良さを表す．単位はなし）

[11] 共振周波数

$$f_0 = \frac{1}{2\pi\sqrt{LC}}$$

無損失線路の場合の特性インピーダ

特性インピーダンス

Z_0 〔Ω〕

d：線路の直径，D：2 本の線路の中心間距離，比誘電率：$\varepsilon_s = 1$

[14] 同軸ケーブルの特性インピーダンス

$$Z_0 = \frac{138}{\sqrt{\varepsilon_s}} \log_{10} \frac{D}{d} \text{〔Ω〕}$$

D：外導体の内径，d：内導体の外径，ε_s：内導体と外導体間に充填されている誘電体の比誘電率

第一級 陸上特殊無線技士試験

やさしく学ぶ

改訂3版

吉村和昭・著

まえがき

光は，太陽や星の光として，人が目から直接感じることができるため，有史以来，様々な研究の対象にされ，ニュートン（I. Newton，1642-1727）をはじめ，多くの学者が関わってきました．それに対して，電波は人が直接感じることはできませんが，イギリスのマクスウェル（J. C. Maxwell，1831-1879）によって，電磁気に関する理論がまとめられました．1888年，ドイツのヘルツ（H. R. Hertz，1857-1894）によって，電波の存在が実証され，1895年，イタリアのマルコーニ（G. Marconi，1874-1937）が無線電信の実験に成功し，電波の実用化に第一歩を踏み出しました．1912年に豪華客船タイタニック号が遭難したときに無線電信が使われています．現在は毎日多くの人が電波を利用していますが，まだ100年ほどしか経過していません．

電波は1秒に3×10^8 m（30万km）進み，通信，放送，物標探知，位置測定など多くの分野に利用され，人命の安全確保にも大きく貢献しています．

有線通信では混信は発生しませんが，無線通信においては複数の人が同じ周波数の電波を使うと混信が発生しますので，自分勝手に自由に電波を使うことはできません．そのため，国際的，国内的にも約束事が必要になってきます．国際的には1906年に国際無線電信連合が設立され，国内的には1915年に無線電信法が制定されました．その後，無線電信法は，1950年に電波法となり現在に至っています．

無線従事者資格も時代とともに変遷しています．現在の無線従事者資格は，「総合無線従事者」，「陸上無線従事者」，「海上無線従事者」，「航空無線従事者」，「アマチュア無線従事者」の5系統に分かれており，全部で23種類あります．そのうち，特殊無線技士と呼ばれる資格は，陸上が4資格，海上が4資格，航空が1資格の合計9資格です．陸上特殊無線技士の4資格は，「第一級～第三級陸上特殊無線技士」と「国内電信級陸上特殊無線技士」です．本書は「第一級陸上特殊無線技士」の国家試験に合格できるようにまとめたものです．

「第一級陸上特殊無線技士」の有資格者は，陸上の無線局の空中線電力500 W以下の多重無線設備（多重通信を行うことができる無線設備でテレビジョンとして使用するものを含む）で30 MHz以上の周波数の電波を使用するもの等の技術操作が可能です．国家試験の試験科目は，「無線工学」と「法規」（電波法規）

の２科目で，毎年の受験者は約７000人程です．特殊無線技士９資格のうちでは一番受験者数が多い資格ですが，その合格率は概ね30％程度です．特殊無線技士の中では低い合格率ですが，「無線工学」と「法規」に関する基本的な事項をしっかりと学習し，過去問を繰り返し解けば合格に近づきます．本書は基本的な事項を解説した後，理解の確認ができるような練習問題を掲載しています．練習問題にある★印は出題頻度を表しています．★★★はよく出題されている問題，★★はたまに出題される問題です．合格ラインを目指す方はここまでしっかり解けるようにしておきましょう．★は出題頻度が低い問題ですが，出題される可能性は十分にありますので，一通り学習することをお勧めします．

改訂３版では，最新の国家試験問題の出題状況に応じて，問題の追加・変更を行っています．それに合わせて，本文のテキスト解説だけでなく，問題の解説についても見直しを行い，わかりにくい部分や計算過程についての解説を増やしています．また，１編７章のアンテナの写真は秋山典宏氏よりご提供いただきました．

第一級陸上特殊無線技士試験の講習会の講師を長年担当していますが，受講生の合格率を見てみると，ある程度理解して計算問題が解ける人の合格率は高く，逆に，過去問の暗記のみで試験に臨んだ人の合格率はそれほど高くありません．暗記だけに頼らず，ぜひ，実際に手を動かして計算問題を解いてみてください．計算問題が解けるようになれば合格率は高くなります．

「第一級陸上特殊無線技士」を取得するための勉強は，将来，さらに上級の「第二級陸上無線技術士」，「第一級陸上無線技術士」などの資格を取得されるときのステップにもなりますので，十分学習して，資格を取得されることをお勧めします．

本書が皆様の第一級陸上特殊無線技士の国家試験受験に役立てば幸いです．

2025年３月

吉村和昭

目 次

1編　無線工学

2編　法　規

1編

無線工学

INDEX

1章 多重通信システムの概要

この章から 1 問出題

マイクロ波通信の特徴，同時に多くの人が通信可能な周波数分割多重，時分割多重，符号分割多重の概要を学びます．

1.1 電波とは

「電波とは，**300 万 MHz 以下の周波数の電磁波**をいう」と電波法第 2 条で規定されており，これからも「電波は電磁波の一部である」ということがわかります．電磁波は**図 1.1** に示すように，電波，赤外線，可視光線，紫外線，X 線，ガンマ線などに分類することができます．

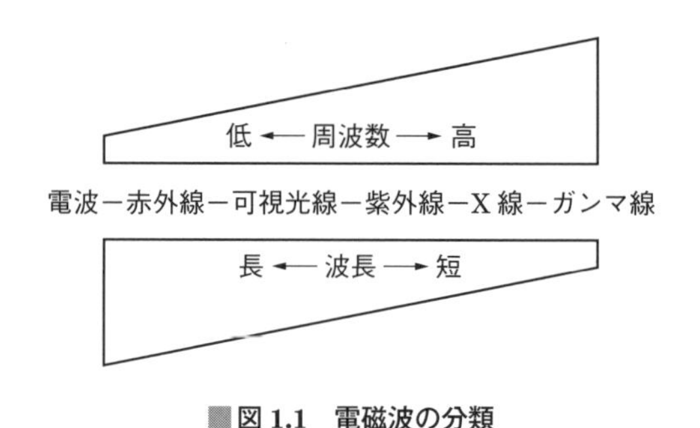

■図 1.1　電磁波の分類

1.2 電波の速度

電波と光は電磁波であり速度も同じです．ここで，光の速度を c とすると，真空中においては，c の値は次のようになります．

$$c = 3 \times 10^8 \text{ m/s} \tag{1.1}$$

なお，真空以外の媒質中における電波の速度は，真空中より遅くなります．

1.3 電波の周波数と波長

図 1.2 のように，1 つの波の繰返しに要する時間を「**周期**」(通常 T で表す)，1 秒間に波の繰返しが何回起きるかを「**周波数**」(通常 f で表す) といいます．周期の単位は〔s〕(秒)，周波数の単位は〔Hz〕(ヘルツ) です．

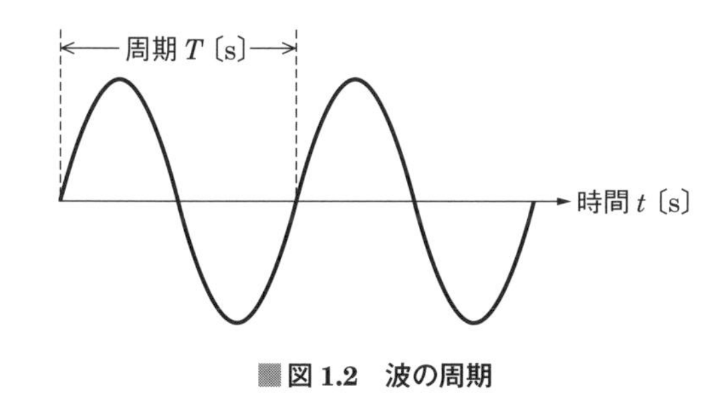

■図 1.2　波の周期

周期 T〔s〕と周波数 f〔Hz〕は逆数の関係にあるので，次式で表すことができます．

$$T=\frac{1}{f} \qquad f=\frac{1}{T} \tag{1.2}$$

周波数は 1 秒当たりの波の繰返し数なので，1 つの波の長さの波長 λ〔m〕をかけると，1 秒に波が進む距離になります．これが速度 c で次式のようになります．

$$c=f\lambda \tag{1.3}$$

式 (1.3) を変形すると，次式のようになります．

$$f=\frac{c}{\lambda} \qquad \lambda=\frac{c}{f} \tag{1.4}$$

波長はアンテナの長さを求めるときに必要になります．

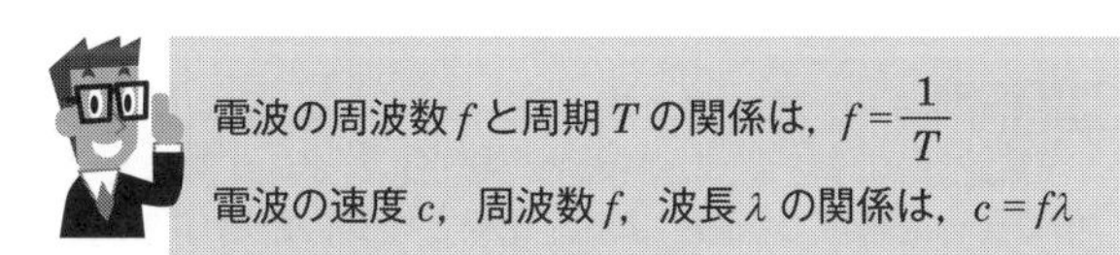

1.4　電波の周波数と波長による名称と用途

電波は伝わり方（方向や距離）や送受信できる情報量などの性質だけでなく，気象条件（降雨や降雪など）による影響の有無などが周波数（波長）によって異なるため，それぞれの用途に適した周波数が用いられています．電波の周波数と波長による名称と用途を**表 1.1** に示します．

■表 1.1　電波の周波数と波長による名称と用途

周波数	波長	名称	略称	用途
3 ～ 30 kHz	100 ～ 10 km	超長波	VLF	潜水艦通信
30 ～ 300 kHz	10 ～ 1 km	長波	LF	標準電波
300 kHz ～ 3 MHz	1 km ～ 100 m	中波	MF	ラジオ放送，船舶通信
3 ～ 30 MHz	100 m ～ 10 m	短波	HF	短波放送，船舶通信
30 ～ 300 MHz	10 ～ 1 m	超短波	VHF	FM 放送，航空通信
300 MHz ～ 3 GHz	1 m ～ 10 cm	極超短波	UHF	テレビ放送，携帯電話
3 ～ 30 GHz	10 ～ 1 cm	マイクロ波	SHF	衛星放送，レーダー
30 ～ 300 GHz	1 cm ～ 1 mm	ミリ波	EHF	電波天文，レーダー
300 GHz ～ 3 THz	1 ～ 0.1 mm	サブミリ波		距離計

VLF：Very Low Frequency　　LF：Low Frequency
MF：Medium Frequency　　HF：High Frequency
VHF：Very High Frequency　　UHF：Ultra High Frequency
SHF：Super High Frequency　　EHF：Extremely High Frequency

Column　縦波と横波

波が伝搬する方向を進行方向としたとき，**変位が進行方向と同じ向きに生じる場合**を**縦波**，**進行方向と直角の向きに生じる場合**を**横波**といいます．**音波は縦波**で**電磁波は横波**です．音波の変位量は音圧で，進行方向に変化します．電磁波の変位量は電界と磁界で，どちらも変位の方向は電磁波の進行方向と直角になります．

関連知識　電界と偏波面

電磁波は電界と磁界が時間的に変化しながら伝搬します．電界と磁界が伴って存在し，真空中では光速度で伝搬します．電界と磁界の振動方向はどちらもその進行方向に直交する面内にあり，お互いに垂直になっています．この振動面を**偏波面**といいます．偏波面が，波の進行方向に対して一定である場合を**直線偏波**といいます．この偏波面が時間的に回転する場合を**円偏波**といいます．

直線偏波の電波の場合，**図 1.3** に示すように電界が**地面に対して水平**の場合を**水平偏波**，**垂直**の場合を**垂直偏波**といいます．この図では水平面を地面としています．実線で示したのが電界の振動方向です．点線で示したのが磁界の振動方向です．

偏波面は電波を受信するときに影響します．アンテナの向きを電界の振動方向と一致するように設置すると，電波の受信効率がよくなります．テレビ用のアンテナは地面に水平に設置することが多いですが，その理由は，テレビ放送局で発射されている電波の多くは水平偏波で送信されているからです．

これに対して，携帯電話の電波は垂直偏波であるため，携帯電話の基地局のアンテナのエレメント（素子）は垂直に設置されています．光の場合にもこのような偏波面を考えますが，光の場合は偏光と呼んでいます．

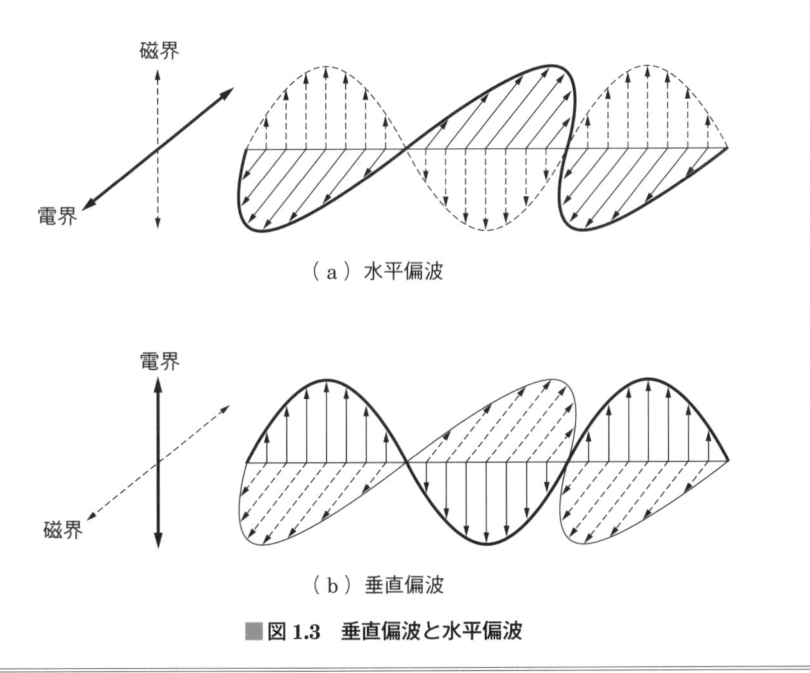

図 1.3　垂直偏波と水平偏波

1.5　マイクロ波による通信

VHF（超短波）の周波数範囲は 30 ～ 300 MHz，UHF（極超短波）の周波数範囲は 300 ～ 3 000 MHz，SHF の周波数範囲は 3 ～ 30 GHz です．マイクロ波は一般的に SHF 帯のことをいいますが，1 ～ 30 GHz をマイクロ波ということもあります．それ以上の周波数の呼称は，EHF 帯の 30 ～ 300 GHz をミリ波，300 ～ 3 000 GHz をサブミリ波といいます．

マイクロ波は，光に似た伝搬特性を示し，電離層を突き抜けます．周波数が高いので**使用周波数帯域幅を広く**とることができ，**多重回線の多重度を大きくすることが可能**です．また一方，マイクロ波は雨や雪による減衰が大きいのが短所ですが，波長が短いため，**小型で鋭い指向性を持つアンテナを利用**できます．

問題 1 ★★ ➡1.5

次の記述は，マイクロ波（SHF）帯の電波を利用する通信回線又は装置の一般的な特徴について述べたものである．［　　］内に入れるべき字句の正しい組合せを下の番号から選べ．

(1) 周波数が［ A ］なるほど，雨による減衰が大きくなり，大容量の通信回線を安定に維持することが難しくなる．

(2) 低い周波数帯よりも使用する周波数帯域幅が［ B ］ため，多重回線の多重度を大きくすることができる．

(3) 周波数が高くなるほど，アンテナが［ C ］になり，また，大きなアンテナ利得を得ることが容易である．

	A	B	C
1	低く	広くとれる	大型
2	低く	狭くなる	大型
3	高く	広くとれる	小型
4	高く	狭くなる	大型
5	高く	狭くなる	小型

答え▶▶▶3

問題 2 ★★★ ➡1.5

次の記述は，マイクロ波（SHF）帯の電波を利用する通信回線又は装置の一般的な特徴について述べたものである．このうち正しいものを下の番号から選べ．

1　周波数が高くなるほど，雨による減衰が小さくなり，大容量の通信回線を安定に維持することが容易になる．

2　アンテナの大きさが同じとき，周波数が高いほどアンテナ利得は小さくなる．

3　低い周波数帯よりも使用する周波数帯域幅が広くとれるため，多重回線の多重度を大きくすることができる．

4　低い周波数帯よりも空電雑音及び人工雑音の影響が大きく，良好な信号対雑音比（S/N）の通信回線を構成することができない．

5　電離層伝搬による見通し外の遠距離通信に用いられる．

解説　1　×　「…減衰が**小さくなり**，…ことが**容易になる**」ではなく，正しくは「…減衰が**大きくなり**，…ことが**困難になる**」です．

2　×　「利得は**小さく**なる」ではなく，正しくは「利得は**大きく**なる」です．

3　○　正しいです．

4　×　「…影響が**大きく**，…ことが**できない**」ではなく，正しくは「…影響が**小さく**，ことが**できる**」です．

5　×　「…**用いられる**」ではなく，正しくは「…**用いられない**」です．

答え▶▶▶3

出題傾向　その他，「周波数が高くなるほど，アンテナを小型化できる（○）」などの選択肢の問題も出題されています．

1.6　多重通信方式

AM 放送，FM 放送，テレビジョン放送などは放送局がそれぞれ異なる周波数の電波を使用して放送しています．しかしながら，携帯電話のように加入者数が多い場合は，周波数に限りがあるため，このようなことはできません．そこで，1 つの電波を多くの人で共用し混信しないで通信する方法が望まれます．これが**多重通信**です．多重通信方式には，**図 1.4** に示すように**周波数分割多重**（**FDM**：Frequency Division Multiplexing），**時分割多重**（**TDM**：Time Division Multiplexing），**符号分割多重**（**CDM**：Code Division Multiplexing）があります．

FDM は，周波数をずらして配列したもので，高性能な帯域フィルタが必要となります．電話回線の標準的な多重構成は，電話 1 チャネルにつき 4 kHz の周波数を割り当て，一定周波数間隔の副搬送波を音声信号等で振幅変調して取り出した単側波帯群で構成されています．この単側波帯群（多重信号）を 1 つの信号波と考え，その信号波で再び主搬送波を変調することにより，1 つの搬送波で送信することができるようになります．単側波帯群で主搬送波を再び単側波変調する方式を **SS-SS 方式**，FM 変調する方式を **SS-FM 方式**と呼んでいます．

TDM は信号を一定の時間間隔で配列したもので，FDM と比べ，同じ周波数帯幅に収容可能なチャネルは少なくなります．パルス波を使用するので広い周波数帯幅が必要となり SHF 帯以上の周波数が使用されます．送信側と受信側との間の同期が崩れると通信不能になります．

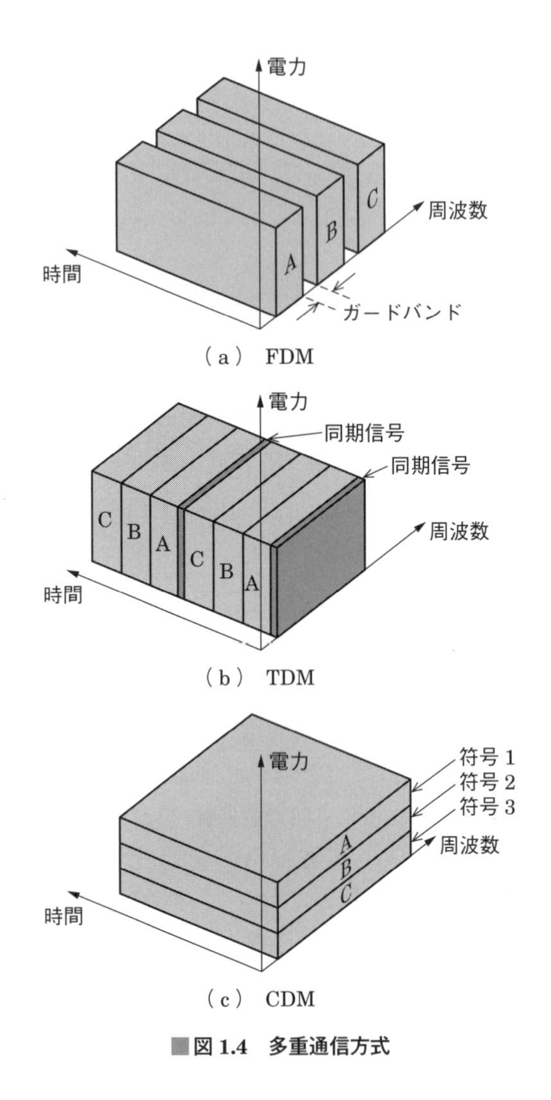

■図 1.4　多重通信方式

CDM は，デジタル信号に拡散符号を使用してスペクトル拡散して送信します．受信する場合は，送信時に使用したのと同じ拡散符号を乗じる（逆拡散）ことにより信号を取り出します．秘話性の高い通信方式ですが，広い周波数帯域を必要とします．

その他，直交周波数分割多重（OFDM：Orthogonal Frequency Division

Multiplexing）と呼ばれる方式があります．地上デジタルテレビジョンや3.9世代以降の携帯電話システムの下り回線などに使われており，高速の伝送データを複数の低速なデータ列に分割し，複数のサブキャリアを用いて並列伝送を行う多重化方式です．サブキャリアの直交性を厳密にとる必要があり，正確に同期をとる必要もあります．ガードインターバルを挿入することにより，マルチパスの遅延時間がガードインターバル長の範囲内であれば，遅延波の干渉を避けることができます．

問題 3 ★★★ ➡1.6

次の記述は，直接拡散（DS）を用いた符号分割多重（CDM）伝送方式の一般的な特徴について述べたものである．このうち誤っているものを下の番号から選べ．

1　受信時に混入した狭帯域の妨害波は受信側で拡散されるので，狭帯域の妨害波に弱い．

2　送信側で用いた擬似雑音符号と同じ符号でしか復調できないため秘話性が高い．

3　拡散符号により，情報を広帯域に一様に拡散し電力スペクトル密度の低い雑音状にすることで，通信していることの秘匿性も高い．

4　拡散変調では，送信する音声やデータなどの情報をそれらが本来有する周波数帯域よりもはるかに広い帯域に広げる．

解説　1　×　「妨害波に**弱い**」ではなく，正しくは「妨害波に**強い**」です．

答え▶▶▶ 1

問題 4 ★★★ ➡1.6

次の記述は，直交周波数分割多重（OFDM）伝送方式について述べたものである．このうち正しいものを下の番号から選べ．

1　OFDM伝送方式では，高速の伝送データを複数の低速なデータ列に分割し，複数のサブキャリアを用いて並列伝送を行う．

2　ガードインターバルを挿入することにより，マルチパスの遅延時間がガードインターバル長の範囲外であれば，遅延波の干渉を効率よく回避できる．

3　各サブキャリアの直交性を厳密に保つ必要はない．また，正確に同期をとる必要がない．

4　一般的に3.9世代移動通信システムと呼ばれる携帯電話の通信規格であるLTEの上り回線で利用されている．

解説　1　○　正しいです．

2　×　「…ガードインターバル長の範囲**外**であれば…」ではなく，正しくは「…ガードインターバル長の範囲**内**であれば…」です．

3　×　「…保つ必要が**ない**．…同期をとる必要が**ない**」ではなく，正しくは「…保つ必要が**ある**．…同期をとる必要が**ある**」です．

4　×　「…LTE の**上り**回線で…」ではなく，正しくは「…LTE の**下り**回線で…」です．

答え▶▶▶1

1.7　PCM 通信方式

PCM（Pulse Code Modulation）は，パルス波を使用する通信方式です．はじめに，声などのアナログ信号を時間方向に飛び飛びの値にすることを**標本化**といい，アナログ信号に含まれる最高周波数の2倍以上の周波数で標本化すれば原信号を再生できることがわかっています．これを**標本化定理**（サンプリング定理）といいます．次に，振幅方向を飛び飛びの値にします．これを**量子化**といいます．量子化すると誤差を生じ，この誤差を**量子化雑音**といいます．量子化された信号を2進数に変換することを**符号化**といいます．PCM は時間方向に飛び飛びの値になっていますので多重化が可能になります．デジタル信号を無線で伝送するには変調をかける必要があります．PCM の詳細は4章で学びます．

問題 5 ★　➡1.7

次の記述は，PCM 通信方式について述べたものである．このうち誤っているものを下の番号から選べ．

1　アナログ原信号に含まれる最高周波数の2倍以上の周波数で標本化すれば，原信号を再現することはできる．

2　信号の量子化を行うので，量子化雑音を生ずる欠点がある．

3　アナログ方式に比べ，伝送路において，フェージングや干渉の影響を受けやすい．

4　LSI などを用いた多重化装置の製作が可能であり経済的である．

5　伝送中に加わる雑音や漏話が，中継ごとに加算されないので，多段中継に適する．

解説　3　×「フェージングや干渉の影響を**受けやすい**」ではなく，正しくは「フェージングや干渉の影響を**受けにくい**」です．

答え▶▶▶3

1.8　マイクロ波通信におけるデジタル通信とアナログ通信の比較

デジタル通信とアナログ通信の特徴を**表1.2**に示します．

■表1.2　デジタル通信とアナログ通信の特徴

	デジタル通信	アナログ通信
送信電力	小（装置の小型化容易）	大
占有周波数帯幅	広い	狭い
フィルタ	不要	多数の帯域フィルタが必要
方式	時分割多重，符号分割多重 直交周波数分割多重	周波数分割多重
変調方式	PSK，QAM など	AM，FM など
雑音	量子化雑音	準漏話雑音

デジタル通信とアナログ通信の特徴と違いを覚えておこう．

関連知識　パケット交換方式

パケット交換方式は，回線の効率を向上させるため，データを交換機に蓄積し，時分割多重方式で転送処理する方式です．一度に送信するデータ量が少なく，通信密度が低いデータ通信に適しています．送信端末と受信端末は，伝送制御手順や通信速度が一致していなくても通信が可能です．

パケットは一定の長さに分割し，宛先情報を付けたデータのことです．

2章　基礎理論

この章から **5** 問出題

直流回路，交流回路の基礎と応用，能動素子であるダイオード，トランジスタ，FET，電子管など電気電子の基礎を学びます．

2.1　直流回路

2.1.1　オームの法則

図 2.1 に示すように，R〔Ω〕（オーム）の抵抗（▭）の矢印の方向に I〔A〕（アンペア）の電流が流れると，図の＋－の方向に V〔V〕（ボルト）の電圧が生じます．これを抵抗による**電圧降下**といいます．

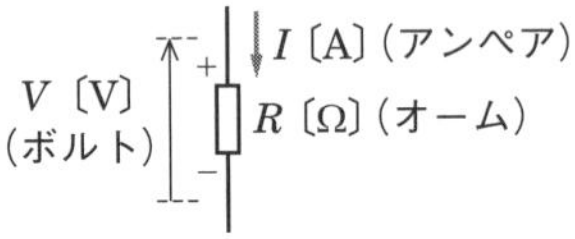

V〔V〕（ボルト）　I〔A〕（アンペア）　R〔Ω〕（オーム）

■図 2.1　電圧を生じる方向

このとき V，R，I の間に，$V=RI$ が成り立ちます．抵抗 R の両端の電圧が V の場合，抵抗に流れている電流 I を求めると，$I=V/R$ となります．抵抗に電流 I が流れており，抵抗の両端の電圧降下が V のとき，抵抗の値 R は，$R=V/I$ になります．これらの関係を**オームの法則**といい，最も基本的な法則の一つです．

実際の抵抗器の例を**図 2.2** に示します．このような抵抗器は，比較的大きな電子機器や学校の実験などで使用されていますが，スマートフォンなど小型の電子機器類には，豆粒ほどの小さなチップ抵抗器が使われています．

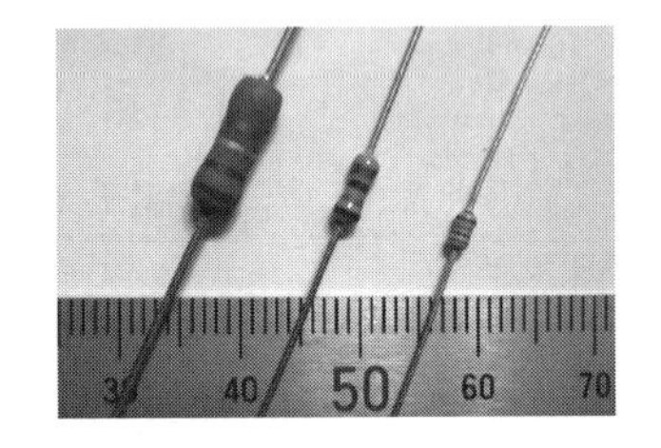

■図 2.2　抵抗器の例

2.1.2　抵抗の接続

図 2.3 のように抵抗を接続する方法を**直列接続**といい，回路の合成抵抗 R_S は

$$R_S = R_1 + R_2 \tag{2.1}$$

となります．

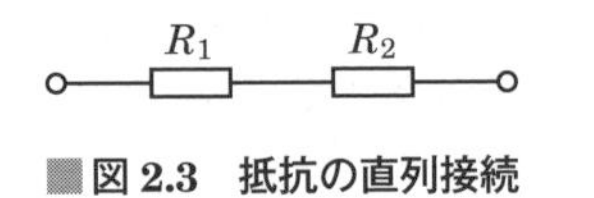

■図 2.3　抵抗の直列接続

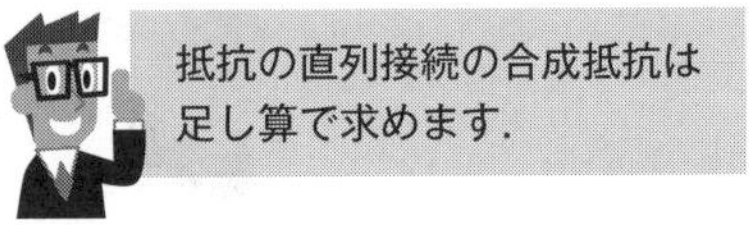

抵抗の直列接続の合成抵抗は足し算で求めます．

図 2.4 のように抵抗を接続する方法を**並列接続**といい，回路の合成抵抗 R_P は

$$R_P = \frac{1}{\dfrac{1}{R_1} + \dfrac{1}{R_2}} = \frac{R_1 R_2}{R_1 + R_2} \tag{2.2}$$

となります．

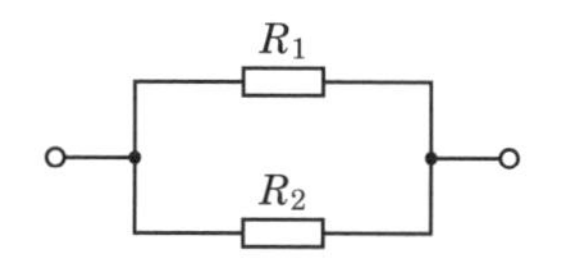

■図 2.4　抵抗の並列接続

2 本の抵抗を並列接続した場合の合成抵抗は，積 / 和で求めることができます（ただし，2 本の並列のみで 3 本以上は成立しないので注意）．

また，抵抗が 3 本の場合は

$$R_P = \frac{1}{\dfrac{1}{R_1} + \dfrac{1}{R_2} + \dfrac{1}{R_3}} \tag{2.3}$$

として計算します．

2.1.3　キルヒホッフの法則

回路において，**ある接続点に流れ込む電流と流れ出す電流の和は 0** となります．この法則を**キルヒホッフの第 1 法則**（**電流則**）といいます．また，ある閉回路について，**各素子の電圧の向きを考慮にいれて一回りたどったときの電圧の和は 0** となります．この法則を**キルヒホッフの第 2 法則**（**電圧則**）といいます．

図 2.5 に示す回路において，「電流の向きを電流が流れ込む方向をプラス，流れ出る方向をマイナスとする」と，接続点 A では，電流則より，$I_1 - I_2 - I_3 = 0$ となります．接続点 B においては，$-I_1 + I_2 + I_3 = 0$ となります．

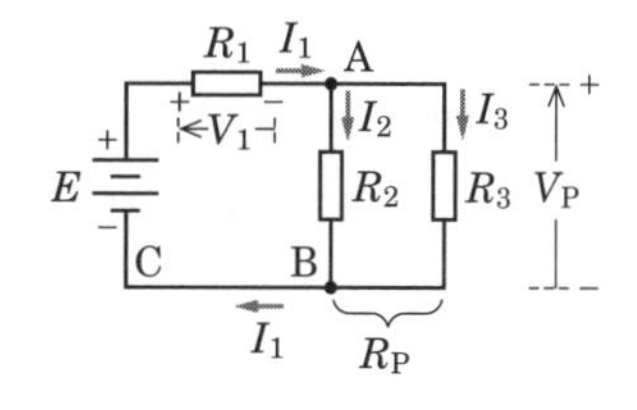

■図 2.5　直並列回路の電圧電流関係

E，R_1，R_2 ループを考えると，$E - I_1 R_1 - I_2 R_2 = 0$ となり，E，R_1，R_3 ループを考えると，$E - I_1 R_1 - I_3 R_3 = 0$ となります．

キルヒホッフの法則は接続点と閉回路に関する考え方を拡張して，一般化したものです．

2.1.4　ブリッジ回路

図 2.6（a）のような回路を**ブリッジ回路**といいます．ここで，$\boldsymbol{R_1 R_4 = R_2 R_3}$ **の条件を満たす場合，「ブリッジが平衡している」**といいます．このとき，**抵抗** $\boldsymbol{R_5}$ **に流れる電流が 0** になり，R_5 を取り去ることができ，図 2.6（b）になります．

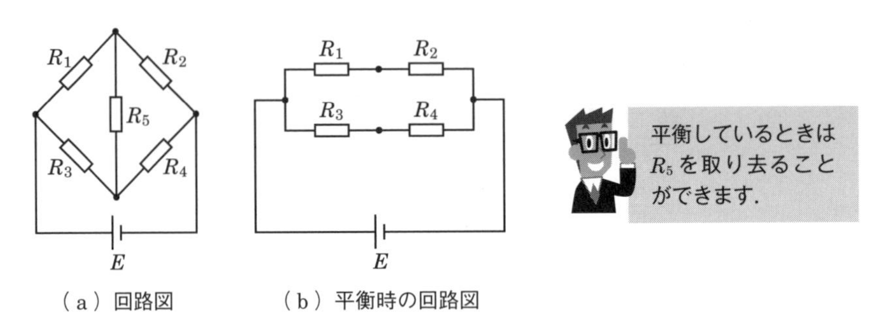

（a）回路図　　（b）平衡時の回路図

■図 2.6　ブリッジ回路

2.1.5　直流回路における電力

図 2.7 に示すように，抵抗 R〔Ω〕に電流 I〔A〕が流れ，両端の電圧降下が V〔V〕であるとき，電圧と電流の積を抵抗で消費される**電力** P と呼び，〔W〕（ワット）で定義されます．

電力 P は

$$P = IV = I^2R = \frac{V^2}{R} \tag{2.4}$$

のように表すことができます．

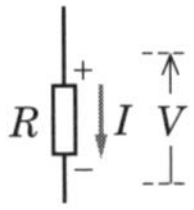

■図 2.7　抵抗と電圧降下

2.1.6　取り出すことのできる最大電力

内部抵抗が R_S の電源 E と負荷抵抗 R が直列に接続されているとき，負荷抵抗 R で取り出すことのできる電力 P は

$$P = \frac{E^2R}{(R + R_\mathrm{S})^2} \tag{2.5}$$

になります．

P の最大値 P_{max} は，負荷抵抗 R と内部抵抗 R_S の大きさが等しいとき，電源から負荷抵抗に最大の電力を供給することができ，その値は

$$P_{\max} = \frac{E^2 R}{(R+R)^2} = \frac{E^2}{4R} \tag{2.6}$$

になります．

問題 1 ★★ ➡2.1.2

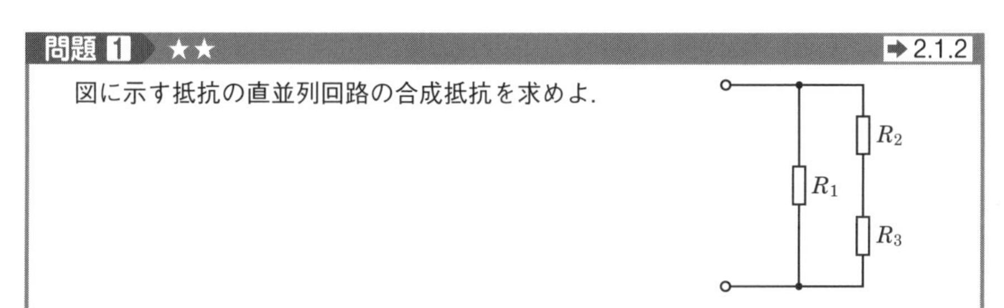

図に示す抵抗の直並列回路の合成抵抗を求めよ．

check

まず R_2 と R_3 の直列合成抵抗 R_S を求め，次に R_S と R_1 の並列合成抵抗を求めます．

解説　問題の図に示す直並列回路は抵抗 R_2 と R_3 が直列に接続されているので，その合成抵抗 R_S は，$R_S = R_2 + R_3$ になります．直列合成抵抗 R_S と抵抗 R_1 が並列に接続されているので，全体の合成抵抗 R_T は，次のようになります．

$$R_T = \frac{1}{\dfrac{1}{R_1} + \dfrac{1}{R_S}} = \frac{1}{\dfrac{1}{R_1} + \dfrac{1}{R_2 + R_3}} = \boldsymbol{\frac{R_1(R_2+R_3)}{R_1+R_2+R_3}}$$

直列はたし算，並列は積／和です．

問題 2 ★★ ➡2.1.2 ➡2.1.3

図に示す回路において，端子 ab 間に直流電圧を加えたところ，8 Ω の抵抗に 2.5 A の電流が流れた．端子 ab 間に加えた電圧の値として，正しいものを下の番号から選べ．

1　18 V
2　23 V
3　36 V
4　46 V
5　54 V

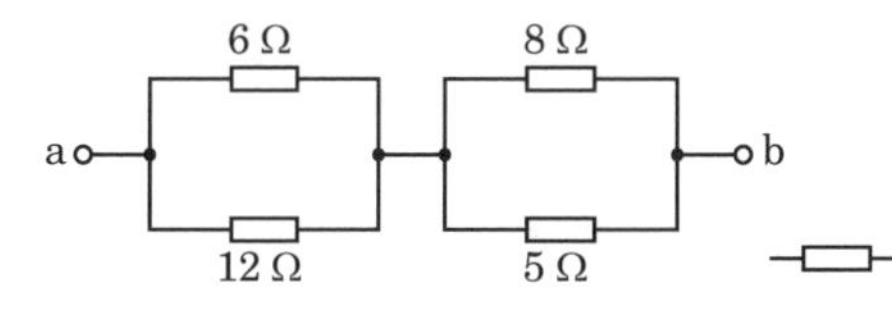

8 Ωの抵抗の両端の電圧を求めることにより，5 Ωの抵抗に流れる電流がわかり，回路を流れる電流が求まります.

解説　8 Ω の抵抗の両端の電圧を V_8〔V〕とすると

$V_8 = 8 \times 2.5 = 20$ V　…①

5 Ω の抵抗の両端の電圧も V_8〔V〕となり，5 Ω の抵抗を流れる電流を I_5〔A〕とすると

$$I_5 = \frac{V_8}{5} = \frac{20}{5} = 4 \text{ A} \quad \cdots②$$

したがって，8 Ω と 5 Ω の並列抵抗に流れる電流は，2.5 + 4 = 6.5 A になります.

これより，6 Ω と 12 Ω の並列合成抵抗に流れる電流も 6.5 A です.

6 Ω と 12 Ω の並列合成抵抗は

$$\frac{6 \times 12}{6 + 12} = \frac{72}{18} = 4\ \Omega \quad \cdots③$$

式③の並列合成抵抗 4 Ω に 6.5 A が流れるため，6 Ω 及び 12 Ω の抵抗の両端の電圧は

$4 \times 6.5 = 26$ V　…④

端子 ab 間に加えた電圧の値は，式④の電圧と式①の電圧の和なので

26 + 20 = **46 V**

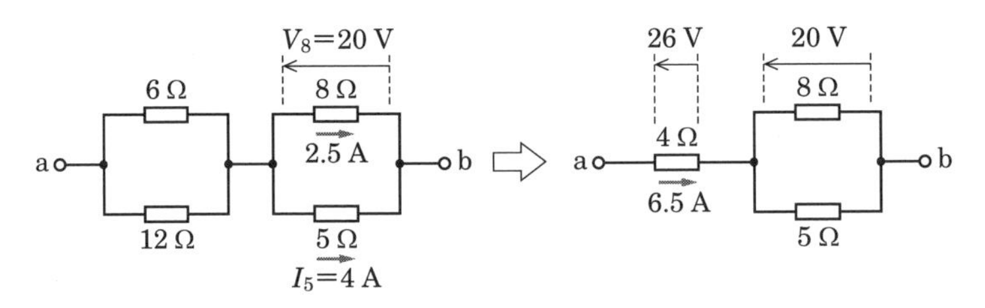

■解図

答え▶▶▶ 4

問題 3 ★★　➡2.1.2　➡2.1.3

図に示す回路において，端子 ab 間に直流電圧を加えたところ，端子 cd 間に 22.5 V の電圧が現れた．27 Ω の抵抗に流れる電流 I の値として，正しいものを下の番号から選べ.

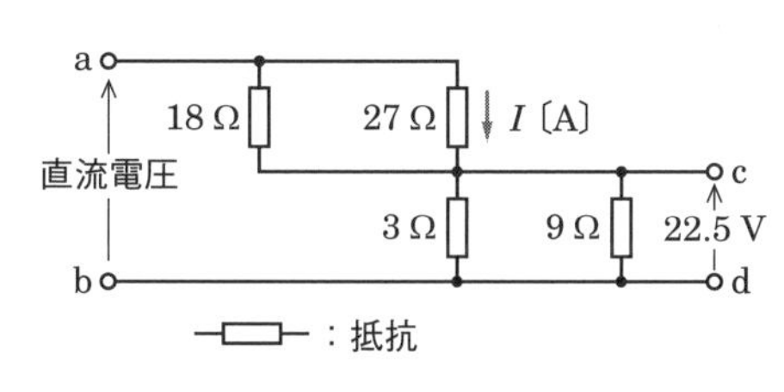

1 1.4 A　2 2.6 A　3 3.8 A　4 4.0 A　5 5.2 A

check

3 Ω と 9 Ω の並列合成抵抗の両端の電圧が 22.5 V であることより，回路を流れる電流を求めます．

解説 問題の図は解図（a）のようになります．3 Ω と 9 Ω の並列合成抵抗を R_P〔Ω〕とすると

$$R_P = \frac{3\times 9}{3+9} = \frac{27}{12} = \frac{9}{4}\ \Omega \quad \cdots ①$$

$22.5 = \dfrac{45}{2}$ とすると暗算で計算できます．

回路を流れる電流を I_T〔A〕とすると

$$I_T = \frac{22.5}{\dfrac{9}{4}} = 22.5\times\frac{4}{9} = \frac{90}{9} = 10\ \text{A} \quad \cdots ②$$

式②と分流の法則を使用して

$$I = I_T \times \frac{\dfrac{27\times 18}{27+18}}{27}$$

$$= 10\times\frac{18}{27+18} = \frac{180}{45} = \mathbf{4\ A}$$

分流の値は分流の法則

$$\text{分流の値} = \text{回路の電流}\times\frac{\text{合成抵抗}}{\text{分流の抵抗}}$$

で計算できます．

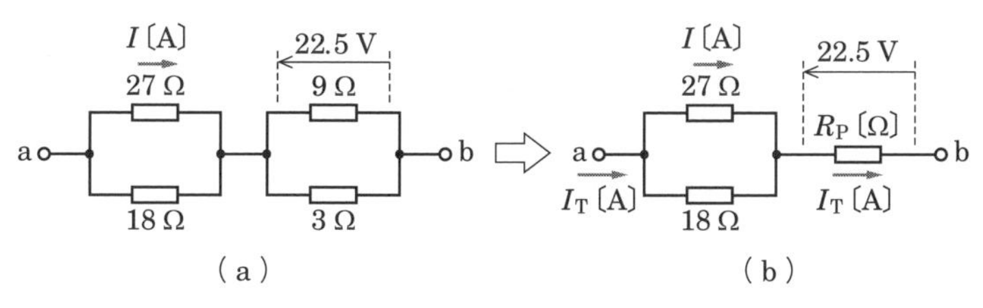

■解図

答え▶▶▶ 4

問題 4 ★ ➡2.1.4

図に示す回路において，端子 ab 間の合成抵抗の値が 20 Ω であるとき，抵抗 R_1 の値として，正しいものを下の番号から選べ．ただし，$R_2 = 54\ \Omega$，$R_3 = 18\ \Omega$，$R_4 = 6\ \Omega$，$R_5 = 4\ \Omega$，$R_6 = 6\ \Omega$，$R_7 = 2\ \Omega$ とする．

1　22 Ω
2　25 Ω
3　30 Ω
4　35 Ω
5　40 Ω

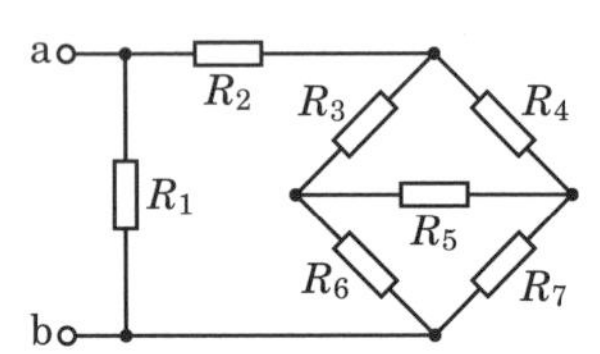

check　ブリッジ回路の場合は，まず平衡かどうかを確認します．$R_3 R_7 = R_4 R_6 = 36$ なので，ブリッジ回路は平衡しており，抵抗 R_5 を取り去ることができます．

解説　抵抗 R_5 を取り去ると，**解図 1** のようになります．

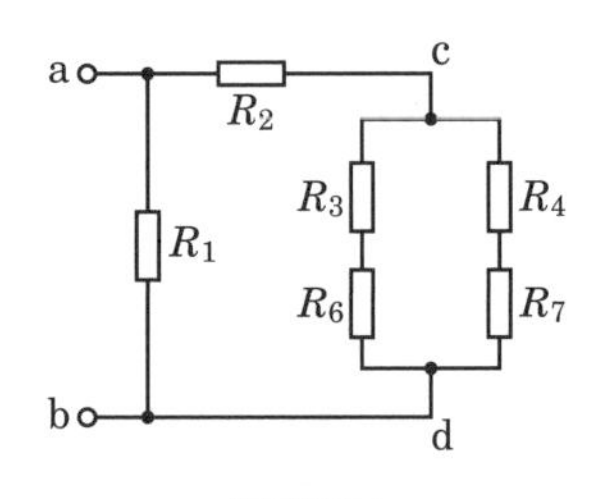

■**解図 1**

cd 間の合成抵抗を R_{cd} とすると（**解図 2**）

$$R_{cd} = \frac{1}{\dfrac{1}{R_3 + R_6} + \dfrac{1}{R_4 + R_7}} = \frac{1}{\dfrac{1}{24} + \dfrac{1}{8}} = \frac{1}{\dfrac{1+3}{24}} = \frac{24}{4} = 6\ \Omega$$

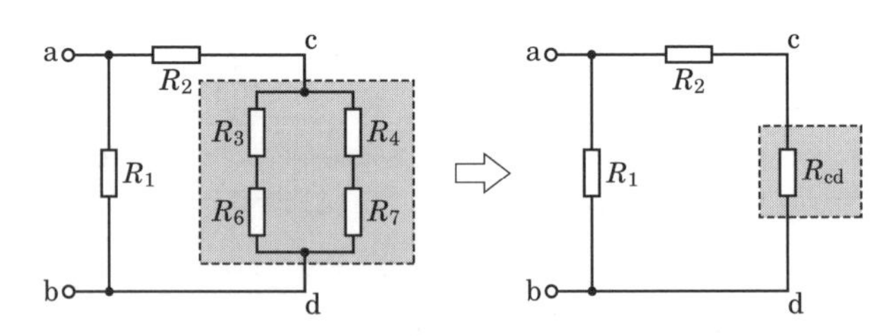

■**解図 2**

端子 ab 間の抵抗を R_{ab} とすると（**解図 3**）

$$R_{ab}=\frac{1}{\dfrac{1}{R_1}+\dfrac{1}{R_2+R_{cd}}}=\frac{1}{\dfrac{1}{R_1}+\dfrac{1}{60}}=\frac{1}{\dfrac{60+R_1}{60R_1}}=\frac{60R_1}{60+R_1}\quad\cdots①$$

問題文より，式①の値が 20 Ω なので

$$\frac{60R_1}{60+R_1}=20\quad\cdots②$$

式②より

$$60R_1=20(60+R_1)\quad\cdots③$$

式③の両辺を 20 で割ると

$$3R_1=60+R_1\quad\cdots④$$

式④より

$2R_1=60$　よって　$R_1=$ **30 Ω**

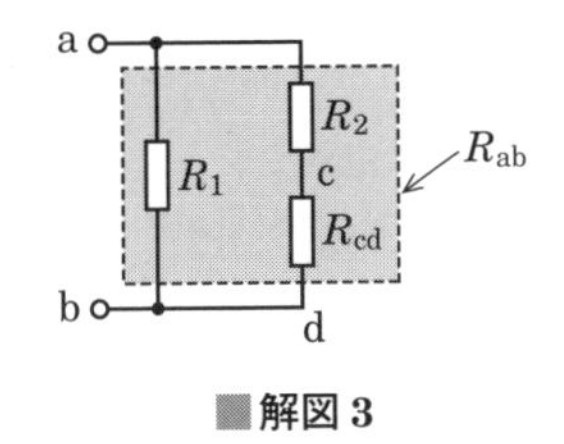

■解図 3

答え▶▶▶3

問題 5 ★★ ➡2.1.4

図に示す回路において，R_5 を流れる電流 I_5 が 0 A のとき，R_3 を流れる電流 I_3 の値として，正しいものを下の番号から選べ．ただし，R_1 に流れる電流 I_1 は 3.6 mA とし，$R_1=1.2$ kΩ，$R_3=4.8$ kΩ とする．

1　0.4 mA
2　0.9 mA
3　1.8 mA
4　3.6 mA
5　14.4 mA

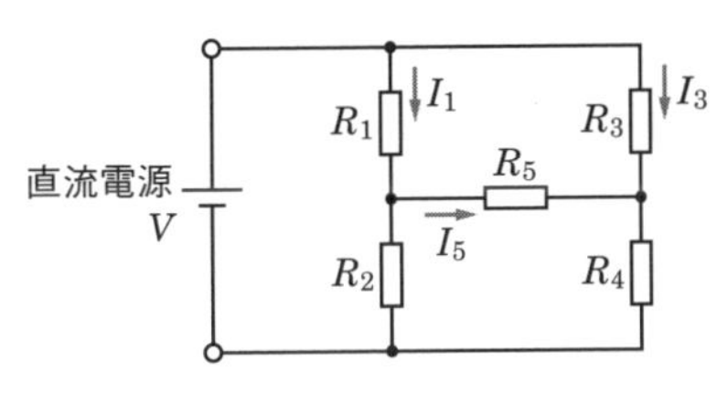

「R_5 に電流が流れない」=「ブリッジ回路は平衡」なので，抵抗 R_5 は除去できます．

解説　R_5 を流れる電流 I_5 が 0 A なので，R_5 を取り去ることができ，**解図**に示す回路になります．また，解図の ab 間の電圧 V_{ab} と ac 間の電圧 V_{ac} は同じになります．

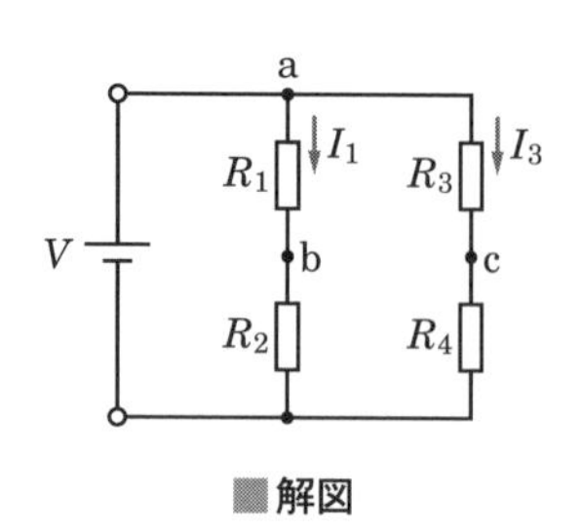

■解図

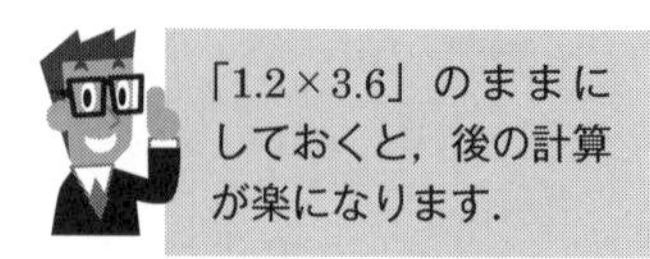

$$V_{ab} = V_{ac} = R_1 I_1 = 1.2 \times 10^3 \times 3.6 \times 10^{-3} = 1.2 \times 3.6 \text{ V}$$

$$I_3 = \frac{V_{ac}}{R_3} = \frac{1.2 \times 3.6}{4.8 \times 10^3} = \frac{3.6}{4 \times 10^3} = 0.9 \times 10^{-3} \text{ A} = \mathbf{0.9\ mA}$$

答え▶▶▶２

問題 6 ★★　➡2.1

図に示す抵抗 R_1，R_2，R_3 及び R_4〔Ω〕からなる回路において，抵抗 R_2 及び R_4 に流れる電流 I_2 及び I_4 の大きさの値の組合せとして，正しいものを下の番号から選べ．ただし，回路の各部には図の矢印で示す方向と大きさの値の電流が流れているものとする．

	I_2	I_4
1	1 A	2 A
2	2 A	4 A
3	2 A	6 A
4	6 A	2 A
5	6 A	4 A

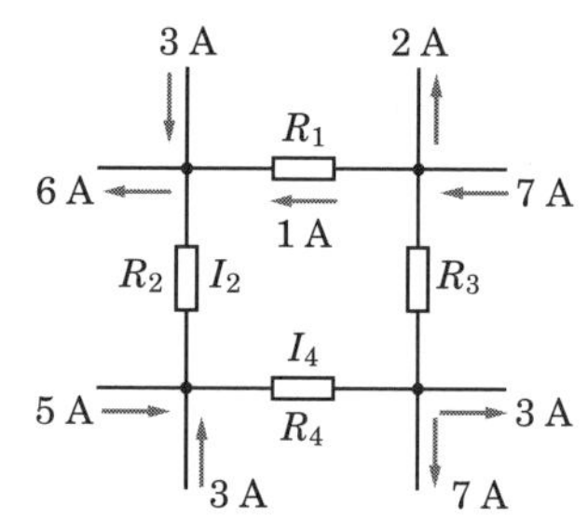

check キルヒホッフの第１法則（電流則）（2.1.3 を参照）より，回路の接続点に流れ込む電流と流れ出す電流の和は０になります（接続点に流れ込む電流の方向をプラス，流れ出す電流の方向をマイナスとします）．

解説　**解図**の接続点 A では流れ出す電流が 6 A なので，電流 I_2 の方向は解図のようになり，次式が成立します．

$$1 + 3 + I_2 = 6 \quad \cdots ①$$

式①より，$I_2 = \mathbf{2\ A}$ となります．

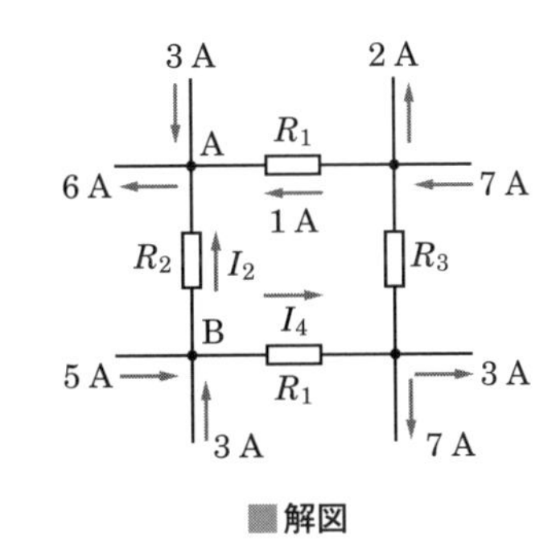

■解図

接続点Bでは流れ込む電流は $5 + 3 = 8$ A，流れ出す電流は $I_2 + I_4 = 2 + I_4$ となり，次式が成立します．

$$8 = 2 + I_4 \quad \cdots②$$

式②より，$I_4 = \mathbf{6\,A}$ となります．

答え▶▶▶3

問題 7 ★　　➡2.1

図に示す回路において，4 Ω の抵抗に流れる電流の値として，最も近いものを下の番号から選べ．

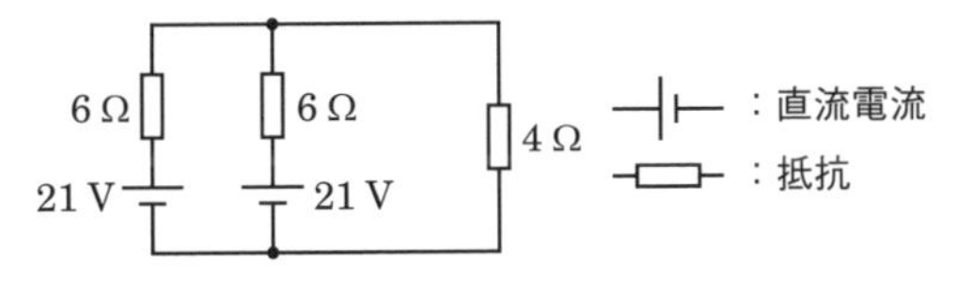

1　1.5 A　　2　2.0 A　　3　3.0 A　　4　4.0 A　　5　5.5 A

check　同規格の電池（内部抵抗が 6 Ω で電圧が 21 V）2 つを並列につないでいると考えます．

解説　同規格の電池が並列になっていることに着目します．同じ規格の電池が 2 個並列接続されていますので，電圧は 21 V で変わらず，内部抵抗が半分の 3 Ω の 1 個の電池と考えることができます（**解図**）．

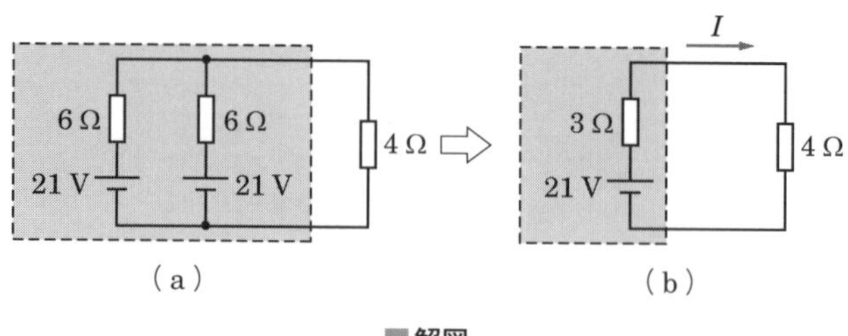

■解図

解図（b）に示す回路に流れる電流 I を求めます.

4 Ω の抵抗に流れる電流を I とすると

$$I = \frac{21}{3+4} = \frac{21}{7} = \mathbf{3\,A}$$

答え▶▶▶3

問題 8 ★★★ ➡2.1

図に示す回路において，14 Ω の抵抗の両端の電圧の値として，最も近いものを下の番号から選べ.

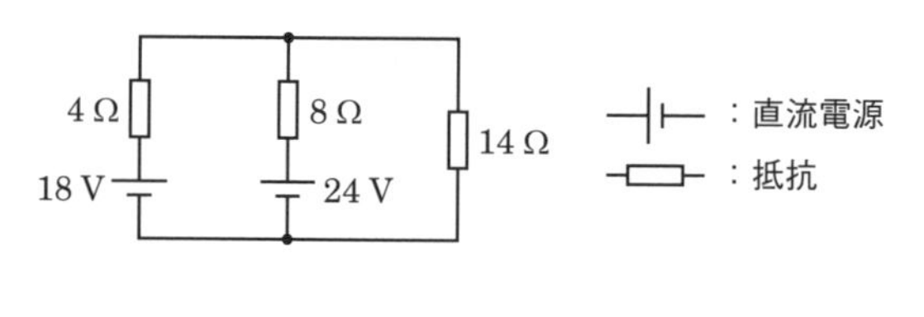

1　15.0 V　　2　15.6 V　　3　16.2 V　　4　16.8 V　　5　17.4 V

check

問題7と違い，2個の電池の規格が違うため，キルヒホッフの法則を使用して解きます.

解説　**解図**のように，電流 I_1〔A〕，電流 I_2〔A〕が流れているとします（図の右回りの電流をプラスとします）.

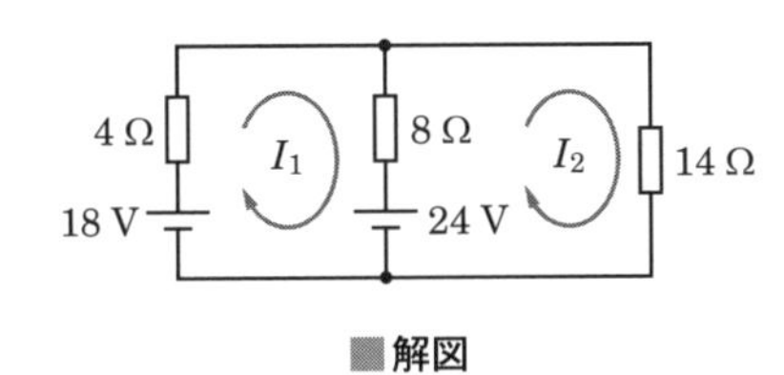

■解図

I_1 の閉回路では次の式が成り立ちます．

$$18 - 24 = 4I_1 + 8(I_1 - I_2) \quad \cdots ①$$

I_2 の閉回路では次の式が成り立ちます．

$$24 = 8(I_2 - I_1) + 14I_2 \quad \cdots ②$$

式①を整理すると

$$-6 = 12I_1 - 8I_2 \quad \cdots ③$$

式②を整理すると

$$24 = -8I_1 + 22I_2 \quad \cdots ④$$

式③より

$$I_1 = \frac{8I_2 - 6}{12} = \frac{4I_2 - 3}{6} \quad \cdots ⑤$$

式⑤を式④に代入すると

$$24 = (-8) \times \frac{4I_2 - 3}{6} + 22I_2 = -\frac{16}{3}I_2 + 4 + 22I_2 = -\frac{16}{3}I_2 + 4 + \frac{66}{3}I_2$$

$$= \frac{50}{3}I_2 + 4 \quad \cdots ⑥$$

式⑥より

$$\frac{50}{3}I_2 = 24 - 4 = 20 \quad \cdots ⑦$$

式⑦より，$I_2 = \dfrac{20}{\dfrac{50}{3}} = \dfrac{20 \times 3}{50} = 1.2\ \mathrm{A}$

よって，14 Ω の両端の電圧は，$14 \times 1.2 =$ **16.8 V**

答え▶▶▶ 4

問題 9 ★★ ➡2.1

図に示す抵抗 R_1，R_2，R_3 及び R_4 の回路において，R_4 を流れる電流 I_4 が 2.5 A であるとき，直流電源電圧 V の値として，正しいものを下の番号から選べ．

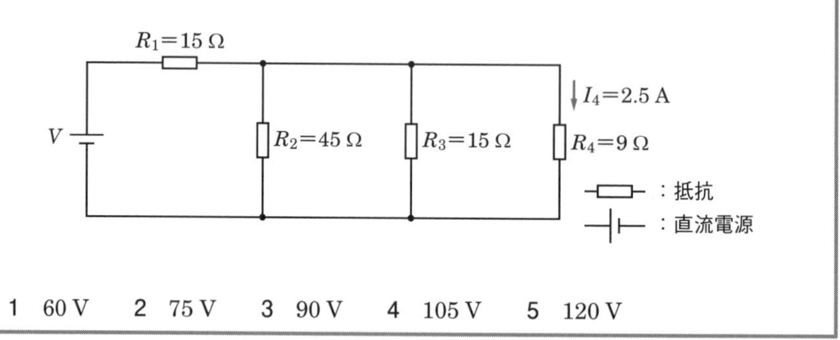

1　60 V　　2　75 V　　3　90 V　　4　105 V　　5　120 V

抵抗 R_4 に流れる電流が I_4 なので，R_2，R_3，R_4 の両端の電圧が求まります．

解説　抵抗 R_4 の両端の電圧を V_4 とすると

$$V_4 = I_4 R_4 = 2.5 \times 9 = 22.5\ \text{V} \quad \cdots①$$

抵抗 R_2 に流れる電流を I_2，抵抗 R_3 に流れる電流を I_3 とすると，R_2 の両端の電圧 V_2 及び R_3 の両端の電圧 V_3 は V_4 に等しいので

$$I_2 = \frac{V_2}{R_2} = \frac{V_4}{R_2} = \frac{22.5}{45} = 0.5\ \text{A} \quad \cdots②$$

$$I_3 = \frac{V_3}{R_3} = \frac{V_4}{R_3} = \frac{22.5}{15} = 1.5\ \text{A} \quad \cdots③$$

抵抗 R_1 に流れる電流を I_1 とすると

$$I_1 = I_2 + I_3 + I_4 = 0.5 + 1.5 + 2.5 = 4.5\ \text{A} \quad \cdots④$$

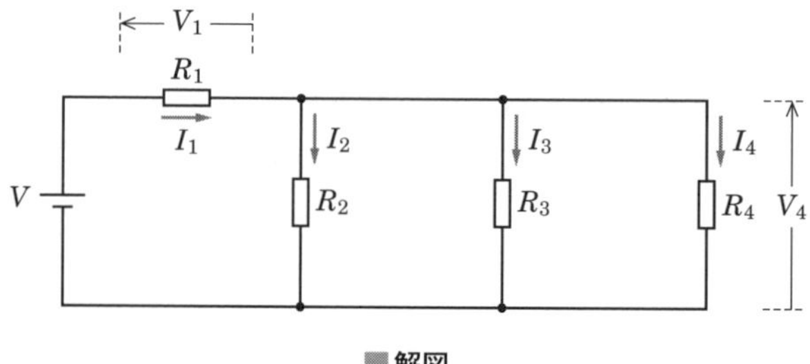

■解図

R_1 の両端の電圧を V_1 とすると

$$V_1 = I_1 R_1 = 4.5 \times 15 = 67.5\ \mathrm{V} \quad \cdots ⑤$$

よって，直流電源電圧 V の値は

$$V = V_1 + V_4 = 67.5 + 22.5 = \mathbf{90\ V}$$

答え▶▶▶3

問題 10 ★★ ➡2.1

図に示す回路において，9 Ω の抵抗で消費される電力の値として，正しいものを下の番号から選べ.

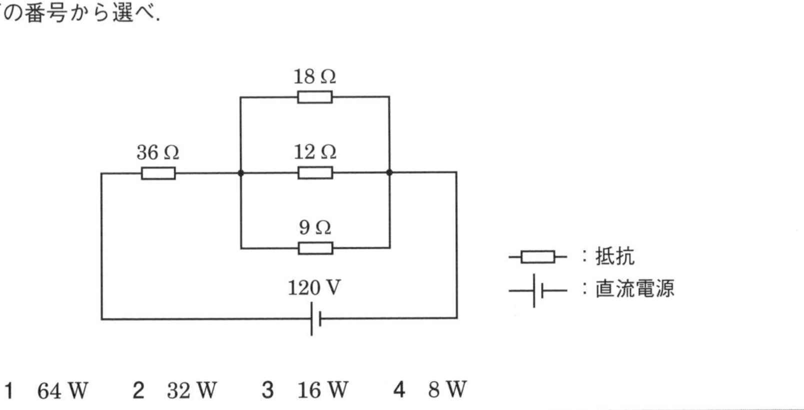

1　64 W　　2　32 W　　3　16 W　　4　8 W

check

回路の合成抵抗 R_T を求め，回路を流れる電流 I（$=120/R_T$）を求めます．9 Ω の抵抗の両端の電圧を計算し，電力を求めます．

解説　回路の合成抵抗を R_T とすると

$$R_T = 36 + \frac{1}{\dfrac{1}{18} + \dfrac{1}{12} + \dfrac{1}{9}} = 36 + \frac{1}{\dfrac{2+3+4}{36}} = 36 + \frac{1}{\dfrac{9}{36}} = 36 + \frac{36}{9} = 36 + 4$$

$$= 40\ \Omega$$

回路を流れる電流を I とすると

$$I = \frac{120}{R_T} = \frac{120}{40} = 3\ \mathrm{A}$$

9 Ω の抵抗の両端の電圧を V とすると

$$V = 120 - 36I = 120 - 36 \times 3 = 12\ \mathrm{V}$$

となります．したがって，9 Ω の抵抗で消費される電力 P は

$$P=\frac{12^2}{9}=\frac{144}{9}=\mathbf{16\ W}$$

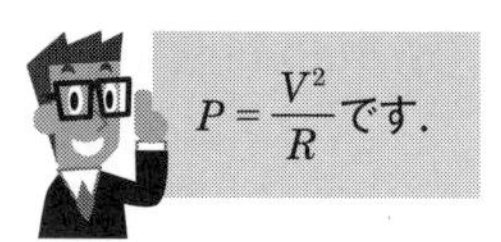

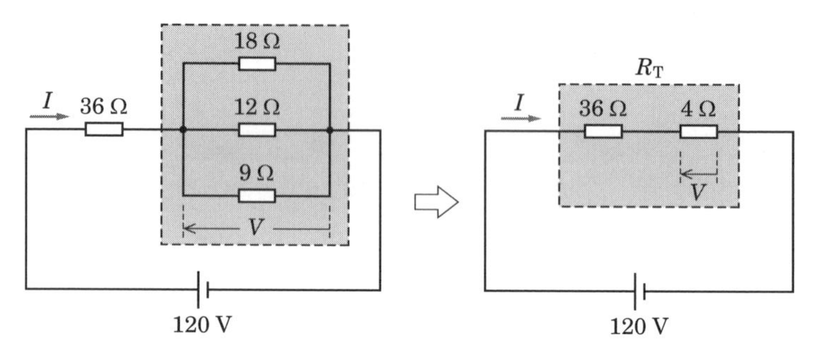

■解図

答え▶▶▶3

問題 11 ★★ ➡2.1

図に示す回路において，抵抗 R_0〔Ω〕に流れる電流 I_0 が 1.2 A，抵抗 R_2 に流れる電流 I_2 が 0.3 A であった．このとき R_2 の値として，正しいものを下の番号から選べ．ただし，抵抗 R_1 及び R_3 をそれぞれ 90 Ω 及び 45 Ω とする．

1　20 Ω
2　40 Ω
3　60 Ω
4　90 Ω
5　120 Ω

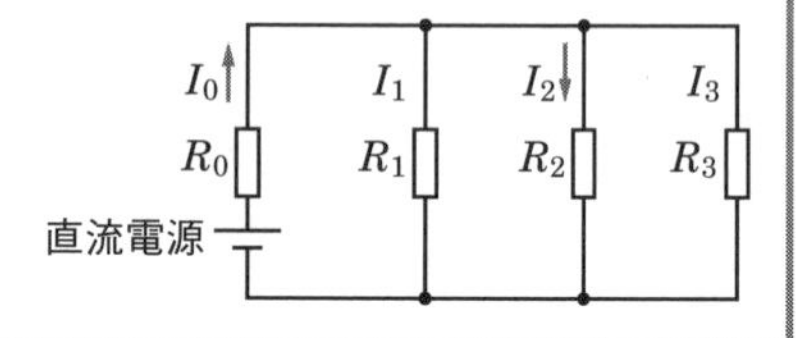

check

抵抗 R_2 の両端の電圧を計算することにより，I_1 及び I_3 が求まります．$I_0=I_1+I_2+I_3$ より R_2 を求めます．

解説　抵抗 R_2 の両端の電圧を V_o とすると

$$V_o=I_2R_2=0.3R_2 \quad \cdots①$$

抵抗 R_1 に流れる電流を I_1，抵抗 R_3 に流れる電流を I_3 とすると

$$I_0=I_1+I_2+I_3=\frac{V_0}{R_1}+\frac{V_0}{R_2}+\frac{V_0}{R_3} \quad \cdots②$$

式②に，$I_0 = 1.2$ A，$R_1 = 90$ Ω，$R_3 = 45$ Ω，$V_o = 0.3R_2$ を代入すると

$$1.2 = \frac{0.3R_2}{90} + \frac{0.3R_2}{R_2} + \frac{0.3R_2}{45} = \frac{0.3R_2}{90} + 0.3 + \frac{0.6R_2}{90} = 0.3 + \frac{0.9R_2}{90}$$

$$= 0.3 + \frac{9R_2}{900} = 0.3 + \frac{R_2}{100} \quad \cdots ③$$

式③より，$1.2 - 0.3 = \dfrac{R_2}{100}$ なので

$$0.9 = \frac{R_2}{100} \quad \cdots ④$$

式④より，$R_2 = \mathbf{90\ \Omega}$

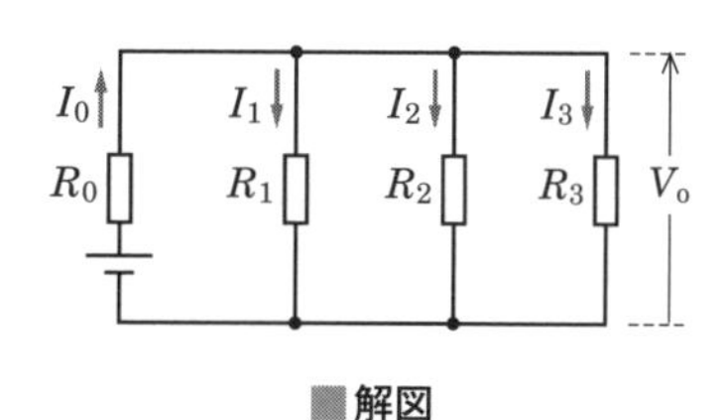

■解図

答え▶▶▶4

問題 12 ★★

➡2.1.5

図に示すように，起電力 E が 100 V で内部抵抗が r の交流電源に，負荷抵抗 R_L を接続したとき，R_L で消費する電力の最大値（有能電力）が 20 W であった．このときの R_L の値として，正しいものを下の番号から選べ．

1　100 Ω
2　125 Ω
3　200 Ω
4　250 Ω
5　500 Ω

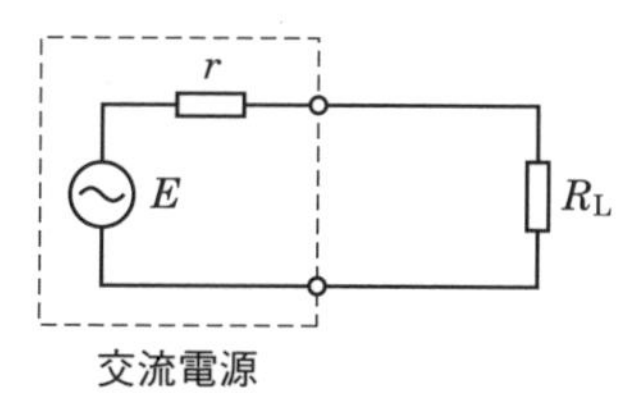

交流電源

check　$R_L = r$ のとき，R_L で消費する電力が最大になります．

解説　回路に流れる電流を I とすると

$$I = \frac{E}{r + R_L}$$

負荷抵抗 R_L で消費する電力を P とすると

$$P = I^2 R_L = \frac{R_L}{(r + R_L)^2} E^2$$

$R_L = r$ のとき，R_L で消費する電力が最大となり，そのときの P_{max} は

$$P_{max} = \frac{R_L}{(R_L + R_L)^2} E^2 = \frac{E^2}{4R_L} \quad \cdots ①$$

式①より

$$R_L = \frac{E^2}{4P_{max}} = \frac{100^2}{4 \times 20} = \frac{10\,000}{80} = \mathbf{125\,\Omega}$$

答え▶▶▶2

2.2 交流回路

2.2.1 交流電源

周波数 f は1秒間に繰り返す波の数で，単位は〔Hz〕です．また，**周期 T は波が1回繰り返すのに要する時間**を表し，周波数と逆数の関係にあります．この関係を式に表すと，$f=1/T$ となります．

日本の商用電源の電圧は，実効値が100 V で周波数は東日本が50 Hz，西日本が60 Hz です．

交流電源の最大値を V_m とすると，実効値 V_e は，$V_e = V_m/\sqrt{2}$ となります．

角周波数 ω と周波数の関係は，$\omega = 2\pi f$ となります．

関連知識　ラジアンについて

ラジアン（rad）を用いる角度の表示方法を孤度法といいます．半径 r の円の中心から，ある角度 θ に対応する円弧を見たときに，円弧の長さ a が，$a = r\theta$ になるように決められる角度です．半径が1の場合，角度 θ に対応する円弧の長さは，$a = \theta$ となるので，1 rad の角度に対応する円弧の長さは1になり，このときの θ は約57° となります．例えば，30° は $\pi/6$ rad，45° は $\pi/4$ rad，60° は $\pi/3$ rad になります．

2.2.2 各種受動回路素子

(1) 抵抗

電流の流れを妨げる抵抗器のことを**抵抗**といい，単位はオーム〔Ω〕を用います．**抵抗に加わる電圧と流れる電流の位相は同じ**です．

(2) コイル

図2.8 に示すように導線を巻いたものが**コイル**です．コイルは，直流電流はそのまま通しますが，交流電流は通しにくく，抵抗と同様の働きをします．コイルの大きさを表すのが**インダクタンス**で，単位は〔H〕（ヘンリー）です．抵抗に相当するものを**誘導リアクタンス** X_L と呼び，周波数を f〔Hz〕，コイルのインダクタンスを L〔H〕とすると，$X_L = 2\pi f L$〔Ω〕になります．

コイルに交流電圧を加えると，電圧に対して電流の位相が90°遅れます．コイルの図記号は**図2.9**です．

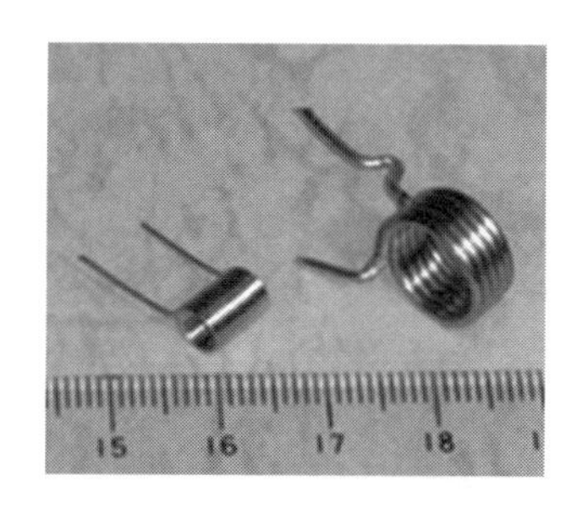

■図2.8　コイルの外観

■図2.9　コイルの図記号

(3) コンデンサ

2枚の導体板の間にポリエチレンなどの絶縁物（誘電体という）をはさんだものを**コンデンサ**といい，電荷を蓄積することができます．コンデンサには**図2.10**のようなものがあり，直流電流は通しませんが，交流電流は周波数により変化し，抵抗と同様な動作を示します．コンデンサの大きさを表すのが**静電容量**で，単位は〔F〕（ファラッド）です．

（a）一般的なコンデンサ

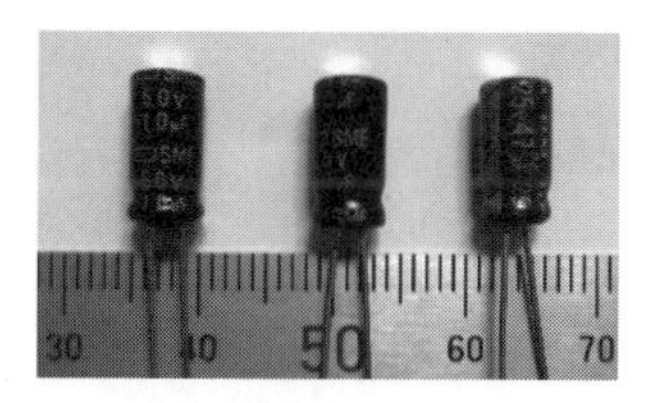

（b）電解コンデンサ

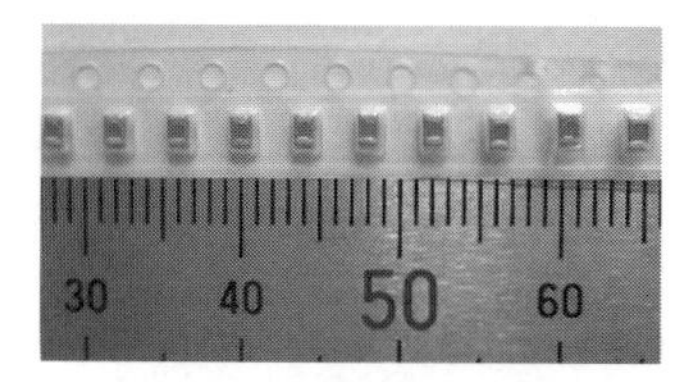

（c）チップコンデンサ

■図2.10　コンデンサ

抵抗に相当するものを**容量リアクタンス** X_C と呼び，周波数を f〔Hz〕，コンデンサの静電容量を C〔F〕とすると，その大きさは，$X_C = 1/2\pi fC$〔Ω〕になります．コンデンサに交流電圧を加えると，コイルとは逆に電圧に対して電流の位相が 90° 進みます．コンデンサの図記号は**図 2.11** です．

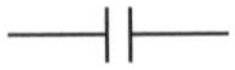

■図 2.11　コンデンサの図記号

2.2.3　コンデンサの合成静電容量

(1) コンデンサの並列接続

図 2.12 のように C_1 と C_2 を接続する方法を**並列接続**といいます．

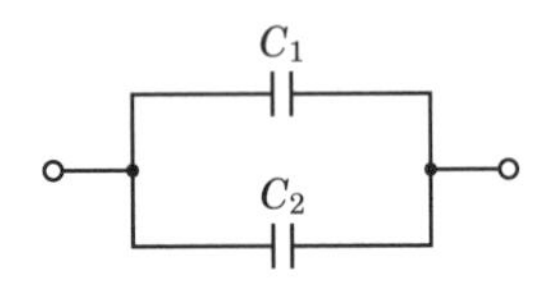

■図 2.12　コンデンサの並列接続

このときの合成静電容量 C_P は次式で求めることができます．

$$C_P = C_1 + C_2 \qquad (2.7)$$

なお，コンデンサが 3 本以上の並列接続の合成静電容量も同様にして求めることができます．

コンデンサを並列接続した場合の合成静電容量の計算は抵抗の直列接続の計算法と同じです．

(2) コンデンサの直列接続

図 2.13 のように C_1 と C_2 を接続する方法を**直列接続**といいます．

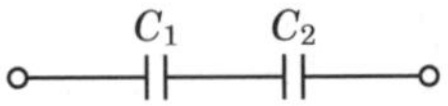

■図 2.13　コンデンサの直列接続

このときの合成静電容量 C_S は次式で求めることができます．

$$C_S = \frac{1}{\dfrac{1}{C_1} + \dfrac{1}{C_2}} = \frac{C_1 C_2}{C_1 + C_2} \tag{2.8}$$

コンデンサを直列接続した場合の合成静電容量の計算は抵抗の並列接続の計算法と同じです．

関連知識　コンデンサを3本以上接続した直列回路の合成静電容量

3本以上のコンデンサを直列に接続したときの合成静電容量 C_S は

$$\frac{1}{C_S} = \frac{1}{C_1} + \frac{1}{C_2} + \frac{1}{C_3} \cdots$$

となります．

2.2.4　インピーダンスとリアクタンス

インピーダンスは直流における抵抗に相当し，単位は〔Ω〕です．

インピーダンス Z を複素数で表すと

$$\dot{Z} = R + jX \tag{2.9}$$

となり，実部 R を $\dot{Z}$ の抵抗成分，虚部 X をリアクタンス成分といいます．リアクタンスの単位は，抵抗と同じ〔Ω〕です．

コイルのリアクタンス（誘導性リアクタンス）X_L の大きさは以下のように表すことができます．

$$X_L = \omega L = 2\pi f L \tag{2.10}$$

また，コンデンサのリアクタンス（容量性リアクタンス）X_C の大きさは以下のように表すことができます．

$$X_C = \frac{1}{\omega C} = \frac{1}{2\pi f C} \tag{2.11}$$

なお，複素数で計算する場合には，コイルを $j\omega L$，コンデンサを $\frac{1}{j\omega C}$ として計算します．

コイルのインダクタンス，コンデンサのキャパシタンスからリアクタンスを計算する方法を確認しておこう．

2.2.5　共振回路

ラジオ受信機やテレビジョン受像機などでは，多数の周波数の電波から希望する電波を選択する（取り出す）ときなどに**共振回路**が使われます．共振回路の共振の良さを表すのに Q（Quality factor）を使います．Q は**尖鋭度**（せん）ともいいます．

共振回路には，**直列共振回路**と**並列共振回路**があります．

共振時には，コイルの誘導性リアクタンス ωL とコンデンサの容量性リアクタンス $1/\omega C$ が等しくなります．

(1) 直列共振回路

図 2.14 の直列共振回路の共振特性を**図 2.15** に示します．

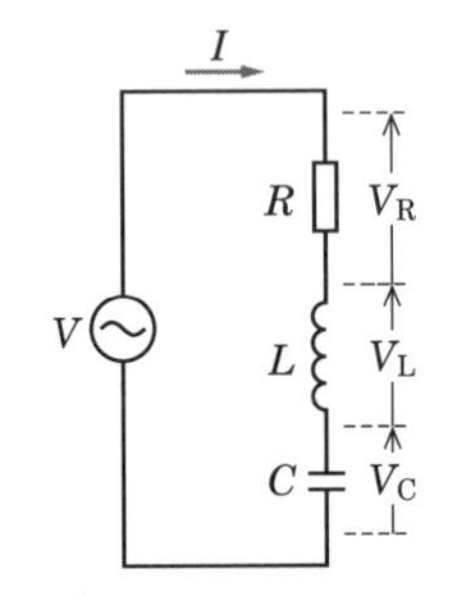

■図 2.14　直列共振回路

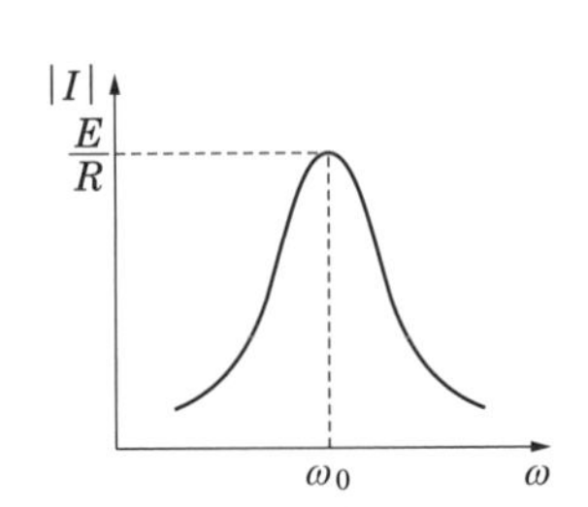

■図 2.15　直列共振回路の共振特性

共振条件は，$\omega_0 L = \dfrac{1}{\omega_0 C}$（$\omega_0$ は共振角周波数）のときで，共振周波数を求めると

$$f_0 = \frac{1}{2\pi\sqrt{LC}} \tag{2.12}$$

となります．このとき，回路のインピーダンスは最小になり，直列共振回路の Q は，次のように計算できます．

$$Q = \left|\frac{V_{\mathrm{L}}}{V}\right| = \frac{I\omega_0 L}{IR} = \frac{\omega_0 L}{R} \quad \text{又は} \quad Q = \left|\frac{V_{\mathrm{C}}}{V}\right| = \frac{I\dfrac{1}{\omega_0 C}}{IR} = \frac{1}{\omega_0 CR} \tag{2.13}$$

(2) 並列共振回路

図 2.16 に並列共振回路を示します．

並列共振回路の共振周波数は

$$f_0 = \frac{1}{2\pi\sqrt{LC}} \tag{2.14}$$

■図 2.16　並列共振回路

となります．このとき，インピーダンスは最大になり，並列共振回路の Q は次のように計算できます．

$$Q = \left|\frac{I_{\mathrm{L}}}{I}\right| = \frac{\dfrac{V}{\omega_0 L}}{\dfrac{V}{R}} = \frac{R}{\omega_0 L} \quad 又は \quad Q = \left|\frac{I_{\mathrm{C}}}{I}\right| = \frac{\dfrac{V}{1/\omega_0 C}}{\dfrac{V}{R}} = \frac{\omega_0 CV}{\dfrac{V}{R}} = \omega_0 CR \tag{2.15}$$

直列共振回路と並列共振回路の Q は逆数になります．

問題 13 ★★★　➡ 2.2.3

図に示す回路の端子 ab 間の合成静電容量の値として，正しいものを下の番号から選べ．

1　10 μF
2　12 μF
3　15 μF
4　18 μF
5　20 μF

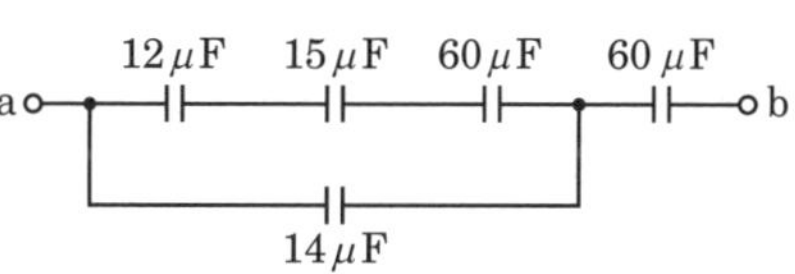

解説　12 μF，15 μF，左側の 60 μF の 3 本のコンデンサの直列合成静電容量は

$$\frac{1}{\dfrac{1}{12}+\dfrac{1}{15}+\dfrac{1}{60}} = \frac{1}{\dfrac{5+4+1}{60}} = \frac{1}{\dfrac{10}{60}} = \frac{60}{10} = 6\,\mu\mathrm{F}$$

3 本のコンデンサの直列回路の静電容量 6 μF と 14 μF の並列合成静電容量は

$$6+14 = 20\,\mu\mathrm{F}$$

よって，端子 ab 間の合成静電容量 C_{ab} は

$$C_{ab} = \frac{1}{\frac{1}{20}+\frac{1}{60}} = \frac{1}{\frac{3+1}{60}} = \frac{1}{\frac{4}{60}} = \frac{60}{4} = \mathbf{15\,\mu F}$$

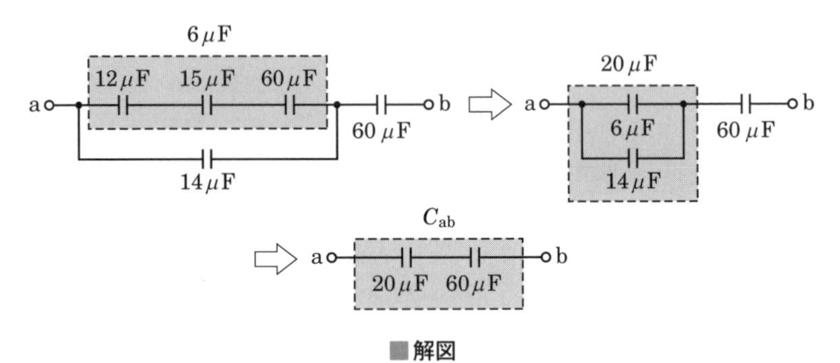

■解図

答え▶▶▶3

問題 14 ★★ ➡2.2.3

図に示す直列回路において消費される電力の値が 50 W であった．このときのコイルのリアクタンス X_L〔Ω〕の値として，正しいものを下の番号から選べ．

1　15 Ω
2　30 Ω
3　50 Ω
4　60 Ω
5　80 Ω

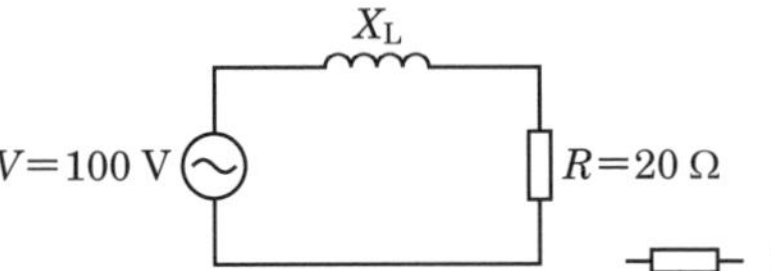

check

コイルは電力を消費しません．つまり，電力を消費するのは抵抗だけです．
RL 直列回路のインピーダンスの大きさ Z は，$Z=\sqrt{R^2+X_L^2}$〔Ω〕です．

解説　直列回路のインピーダンスの大きさを Z〔Ω〕，流れる電流を I〔A〕とすると，次式が成立します．

$$V = IZ = I\sqrt{R^2+X_L^2} \quad \cdots①$$

抵抗で消費する電力を P〔W〕とすると，次式になります．

$$P = I^2R \quad \cdots②$$

式②に $P=50$ W，$R=20$ Ω を代入して I を求めます．

$$I = \sqrt{\frac{P}{R}} = \sqrt{\frac{50}{20}} = \sqrt{\frac{5}{2}}\ \text{A} \quad \cdots③$$

電力を消費するのは抵抗だけです．

式①を 2 乗すると $V^2 = I^2 (R^2 + X_L{}^2)$ となり，問題で与えられた数値と式③の結果を代入すると，X_L を求めることができます．

$$100^2 = \frac{5}{2}(20^2 + X_L{}^2) \quad \cdots ④$$

式④の両辺に 2/5 を掛けると

$$4\,000 = 20^2 + X_L{}^2$$

$$X_L{}^2 = 4\,000 - 400 = 3\,600$$

よって

$$X_L = \sqrt{3\,600} = \mathbf{60\,\Omega}$$

答え▶▶▶4

問題 15 ★★ ➡2.2.3

図に示す直列回路において消費される電力の値が 200 W であった．このときのコンデンサのリアクタンス X_C〔Ω〕の値として，正しいものを下の番号から選べ．

1　4 Ω
2　8 Ω
3　15 Ω
4　20 Ω
5　30 Ω

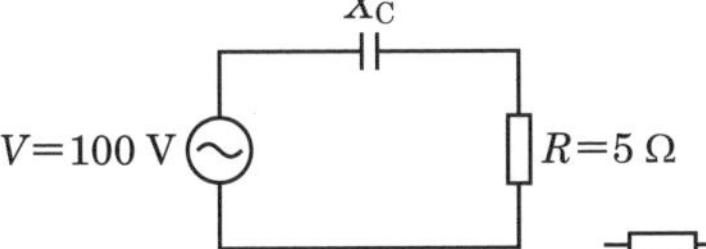

コンデンサは電力を消費しません．つまり，電力を消費するのは抵抗だけです．RC 直列回路のインピーダンスの大きさ Z は，$Z = \sqrt{R^2 + X_C{}^2}$〔Ω〕です．

解説　直列回路のインピーダンスの大きさを Z〔Ω〕，流れる電流を I〔A〕とすると，次式が成立します．

$$V = IZ = I\sqrt{R^2 + X_C{}^2} \quad \cdots ①$$

抵抗で消費する電力を P〔W〕とすると，次式になります．

$$P = I^2 R \quad \cdots ②$$

式②に $P = 200$ W，$R = 5\,\Omega$ を代入して I を求めます．

$$I = \sqrt{\frac{P}{R}} = \sqrt{\frac{200}{5}} = \sqrt{40}\ \mathrm{A} \quad \cdots ③$$

式①を 2 乗すると $V^2 = I^2 (R^2 + X_C{}^2)$ となり，与えられた数値と式③の結果を代入すると，X_C を求めることができます．

$100^2 = 40\,(5^2 + X_C{}^2)$

両辺を 40 で割ると

$250 = 5^2 + X_C{}^2$

$X_C{}^2 = 250 - 25 = 225$

$X_C = \sqrt{225} = \mathbf{15\,\Omega}$

225 = 15 × 15 がすぐにわからない場合は問題の選択肢を 2 乗して求めることもできます.

答え ▶▶▶ 3

問題 16 ★★ ➡ 2.2.4

図に示す回路において，抵抗 R の両端の電圧の値として，最も近いものを下の番号から選べ.

1　60 V
2　72 V
3　84 V
4　96 V
5　108 V

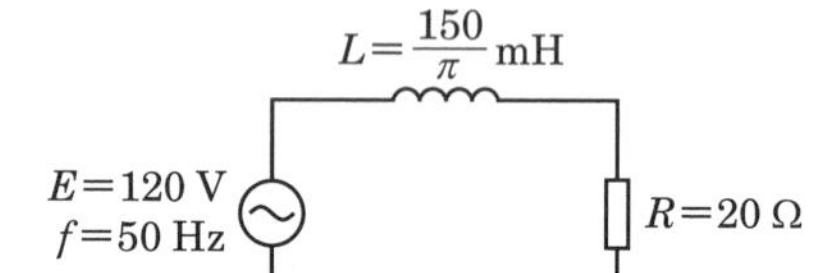

E：交流電源電圧　f：周波数　R：抵抗　L：インダクタンス

コイルのリアクタンス X_L〔Ω〕を計算し，抵抗との合成インピーダンスの大きさ Z〔Ω〕を求めます.

解説　コイルのリアクタンスを X_L とすると

$$X_L = 2\pi fL = 2\pi \times 50 \times \frac{150}{\pi} \times 10^{-3} = 100 \times 150 \times 10^{-3} = 15\,\Omega$$

回路のインピーダンスの大きさ Z を求めると

$$Z = \sqrt{R^2 + X_L{}^2} = \sqrt{20^2 + 15^2} = \sqrt{400 + 225} = \sqrt{625} = 25\,\Omega$$

したがって，回路を流れる電流の大きさを I とすると

$$I = \frac{E}{Z} = \frac{120}{25} = \frac{24}{5}\ \mathrm{A}$$

となり，抵抗 R の両端の電圧 E_R は

$$E_R = IR = \frac{24}{5} \times 20 = \mathbf{96\ V}$$

本問はコイルのインダクタンスからリアクタンスを計算する必要があります.

答え ▶▶▶ 4

問題 17 ★★ ➡2.2.4

図に示す回路において，抵抗 R の両端の電圧の値として，最も近いものを下の番号から選べ.

1　150 V
2　120 V
3　100 V
4　 60 V
5　 50 V

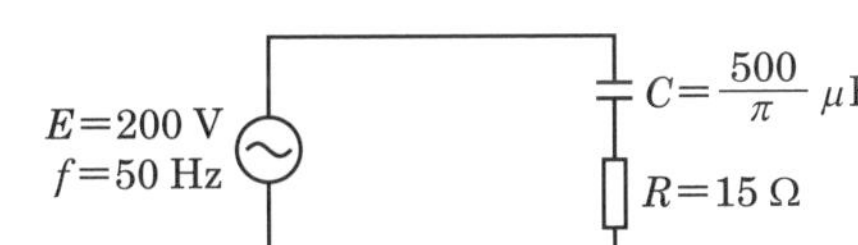

E：交流電源電圧　f：周波数　R：抵抗　C：静電容量

まずコンデンサのリアクタンス X_C〔Ω〕を計算し，抵抗との合成インピーダンスの大きさ Z〔Ω〕を求めます.

解説　コンデンサのリアクタンスを X_C とすると

$$X_C=\frac{1}{2\pi fC}=\frac{1}{2\pi\times 50}\times\frac{\pi}{500}\times 10^6=\frac{10^6}{100\times 500}=\frac{10^6}{5\times 10^4}=\frac{10^2}{5}=20\ \Omega$$

回路のインピーダンスの大きさ Z を求めると

$$Z=\sqrt{R^2+X_C{}^2}=\sqrt{15^2+20^2}=\sqrt{225+400}=\sqrt{625}=25\ \Omega$$

したがって，回路を流れる電流の大きさを I とすると

$$I=\frac{E}{Z}=\frac{200}{25}=8\ \text{A}$$

となり，抵抗 R の両端の電圧 E_R は

$$E_R=IR=8\times 15=\mathbf{120\ V}$$

本問はコンデンサの静電容量からリアクタンスを計算する必要があります.

答え ▶▶▶ 2

問題 18 ★★ ➡2.2.5

図に示す直列共振回路において，R の両端の電圧 V_R 及び X_C の両端の電圧 V_{XC} の大きさの値の組合せとして，正しいものを下の番号から選べ．ただし，回路は，共振状態にあるものとする.

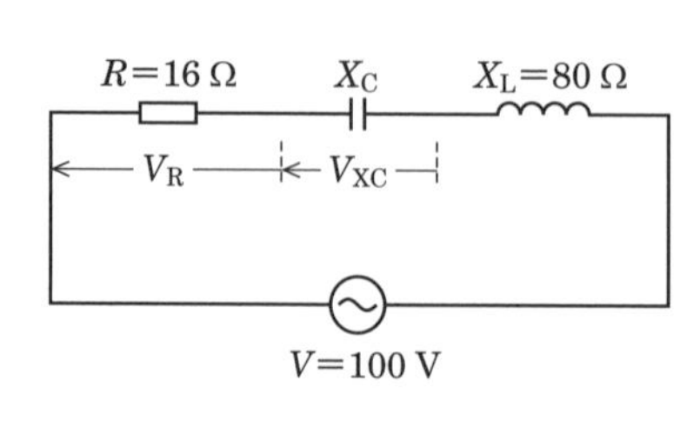

V　：交流電源電圧
R　：抵抗
X_C：容量リアクタンス
X_L：誘導リアクタンス

	V_R	V_{XC}
1	50 V	250 V
2	50 V	500 V
3	100 V	500 V
4	100 V	250 V

check

直列共振回路が共振状態にあるとき，$X_L=X_C$ となり，コイルとコンデンサの直列部分の合成インピーダンスは 0 です．

解説　直列共振回路が共振状態にあるとき，コイルの誘導リアクタンス X_L とコンデンサの容量リアクタンス X_C が等しくなり，回路のインピーダンスは R のみとなるため，V_R = **100 V** となります．そのときの電流 I は

$$I=\frac{V}{R}=\frac{100}{16}=\frac{25}{4}\ \mathrm{A}$$

となり，$X_C=X_L=80\ \Omega$ なので

$$V_{XC}=IX_C=\frac{25}{4}\times 80=\mathbf{500\ V}$$

答え▶▶▶3

問題 19 ★★　➡2.2.5

図に示す並列共振回路において，交流電源から流れる電流 I 及び X_C に流れる電流 I_{XC} の大きさの値の組合せとして，正しいものを下の番号から選べ．ただし，回路は，共振状態にあるものとする．

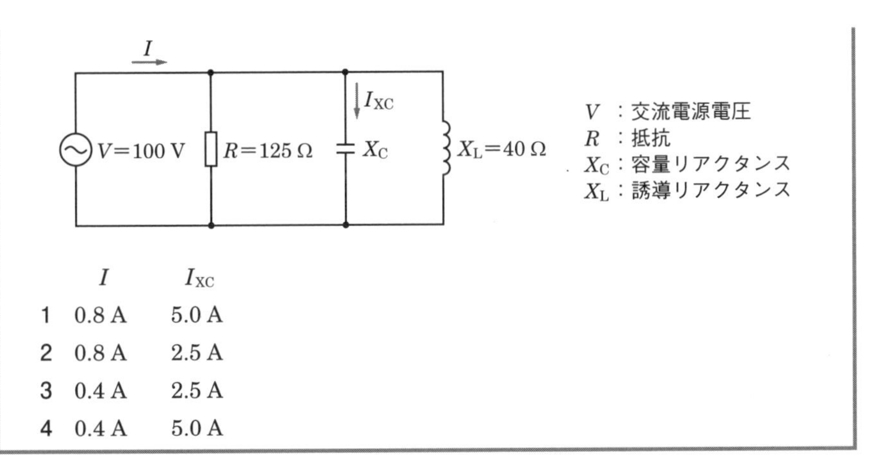

	I	I_{XC}
1	0.8 A	5.0 A
2	0.8 A	2.5 A
3	0.4 A	2.5 A
4	0.4 A	5.0 A

並列共振回路が共振状態にあるとき，$X_L = X_C$ となり，コイルとコンデンサの並列部分の合成インピーダンスは無限大になります．

解説　並列共振回路が共振状態にあるとき，コイルの誘導リアクタンス X_L とコンデンサの容量リアクタンス X_C が等しくなり，コイルとコンデンサの並列部分のインピーダンスが無限大になります．そのため，回路のインピーダンスは R のみとなり，電流 I は，$I = V/R = 100/125 = 4/5 =$ **0.8 A** となります．

コンデンサに流れる電流 I_{XC} は，$X_C = X_L = 40\ \Omega$ なので，$I_{XC} = V/X_C = (100/40) =$ **2.5 A** となります．

答え▶▶▶2

問題 20 ★★ ➡2.2.5

図に示す回路において，交流電源電圧が 112 V，抵抗 R が 28 Ω，コンデンサのリアクタンス X_C が 6 Ω 及びコイルのリアクタンス X_L が 27 Ω である．この回路に流れる電流の大きさの値として，正しいものを下の番号から選べ．

1　1.8 A
2　2.2 A
3　2.6 A
4　2.9 A
5　3.2 A

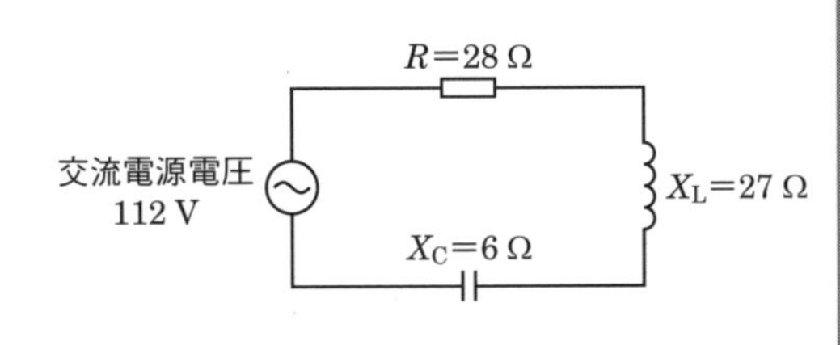

check　回路のインピーダンスの大きさを計算してオームの法則で電流を求めます．

解説　回路のインピーダンスの大きさを Z とすると

$$Z=\sqrt{R^2+(X_L-X_C)^2}=\sqrt{28^2+(27-6)^2}$$
$$=\sqrt{28^2+21^2}=\sqrt{784+441}$$
$$=\sqrt{1\,225}=35\,\Omega$$

したがって，回路を流れる電流の大きさ I は

$$I=\frac{112}{Z}=\frac{112}{35}=\mathbf{3.2\,A}$$

答え▶▶▶5

インピーダンスの問題では，$5^2=3^2+4^2$ の関係をよく使います．
$28=7\times4$，$21=7\times3$ に着目すると
$$\sqrt{28^2+21^2}$$
$$=\sqrt{(7\times4)^2+(7\times3)^2}$$
$$=\sqrt{(7\times5)^2}=7\times5$$
となり，暗算で Z を計算できます．

問題 21 ★★★　➡2.2.4　➡2.2.5

次の記述は，図1及び図2に示す共振回路について述べたものである．このうち，誤っているものを下の番号から選べ．ただし，ω_0〔rad/s〕は共振角周波数とする．

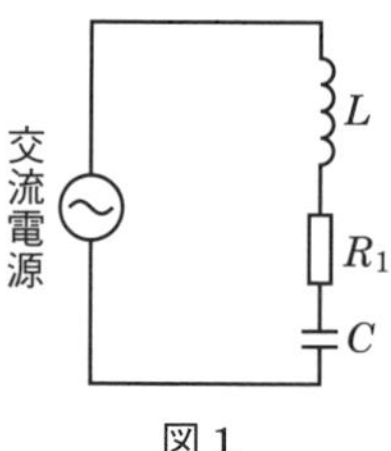

図1

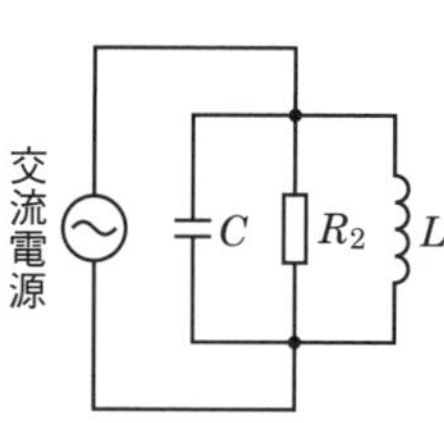

図2

R_1，R_2：抵抗〔Ω〕
L：インダクタンス〔H〕
C：静電容量〔F〕

1　図1の共振回路の Q（尖鋭度）は，$Q=\omega_0 CR_1$ である．
2　図1の共振時の回路のインピーダンスは，R_1 である．
3　図2の共振回路の Q（尖鋭度）は，$Q=\dfrac{R_2}{\omega_0 L}$ である．
4　図2の共振角周波数 ω_0 は，$\omega_0=\dfrac{1}{\sqrt{LC}}$ である．

check

直列共振回路の Q	並列共振回路の Q
$Q=\dfrac{\omega_0 L}{R}=\dfrac{1}{\omega_0 CR}$	$Q=\dfrac{R_2}{\omega_0 L}=\omega_0 CR$

2章

解説

1　×　問題の図1の直列共振回路の Q は，$Q=\dfrac{1}{\omega_0 CR_1}$ になります．

2　○　共振時には L と C はないもの（短絡）として考えることができるので，インピーダンスは R_1 となります．

3　○　問題の図2の並列共振回路の Q は，$Q=R_2/(\omega_0 L)$ になります．

4　○　問題の図2の並列共振回路の ω_0 は，$\omega_0=1/\sqrt{LC}$ になります．

答え▶▶▶1

問題 22 ★★　➡2.2.4 ➡2.2.5

図に示す回路において，スイッチ S_1 のみを閉じたときの電流 I とスイッチ S_2 のみを閉じたときの電流 I は，ともに5Aであった．また，スイッチ S_1 と S_2 の両方を閉じたときの電流 I は，4Aであった．抵抗 R 及びコイル L のリアクタンス X_L の値の組合せとして，正しいものを下の番号から選べ．ただし，交流電源電圧は96Vとする．

	R	X_L
1	19.2 Ω	10.7 Ω
2	19.2 Ω	32.0 Ω
3	24.0 Ω	10.7 Ω
4	24.0 Ω	32.0 Ω

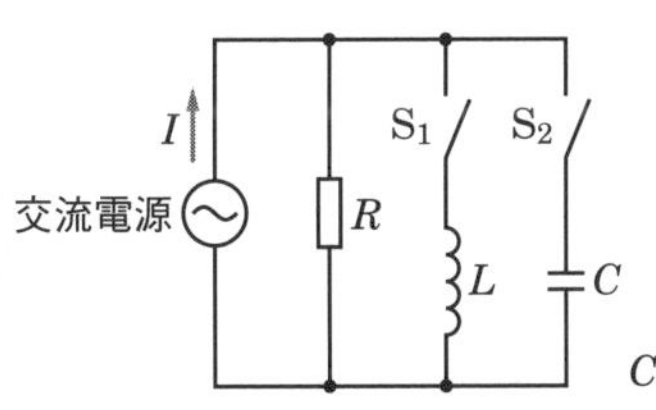

並列共振回路の共振時の L と C の並列部分のインピーダンスは非常に大きく，無限大と考えます．

解説 (1) スイッチS_1のみを閉じたときと，スイッチS_2のみを閉じたときに流れる電流が等しいので，コイルのリアクタンスの大きさX_Lとコンデンサのリアクタンスの大きさX_Cが等しくなります．$X_L = X_C$ならば，コイルとコンデンサの並列回路は共振状態にあり，インピーダンスは非常に大きく（無限大）なります．よって，スイッチを両方閉じた場合の回路は**解図1**になります．交流電源電圧をEとすると，抵抗Rは次式で求めることができます．

$$R = \frac{E}{I} = \frac{96}{4} = \mathbf{24\ \Omega}$$

■解図1

(2) スイッチS_1のみを閉じたときに抵抗に流れる電流をI_R，コイルに流れる電流をI_Lとすると，次式が成立します．

$$I_R = \frac{E}{R} = \frac{96}{24} = 4\ \text{A} \quad \cdots①$$

$$I_L = \frac{E}{X_L} = \frac{96}{X_L}\ \text{〔A〕} \quad \cdots②$$

電圧EとI_Rには位相差はなく，I_LはEより位相が90°遅れます．この様子を表したのが**解図2**です．

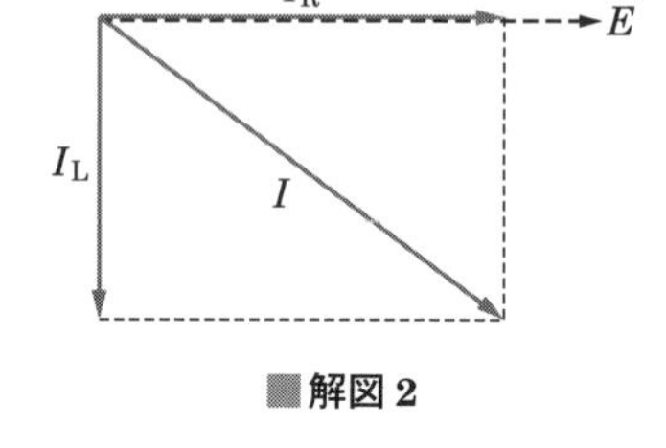

■解図2

解図2より，次式が成立します．

$$I^2 = I_R{}^2 + I_L{}^2 \quad \cdots③$$

式③に式①と式②を代入すると

$$5^2 = 4^2 + \left(\frac{96}{X_L}\right)^2$$

$$5^2 - 4^2 = \left(\frac{96}{X_L}\right)^2$$

$5^2 - 4^2 = 3^2$なので

$$3 = \frac{96}{X_L} \quad \text{よって} \quad X_L = \frac{96}{3} = \mathbf{32\ \Omega}$$

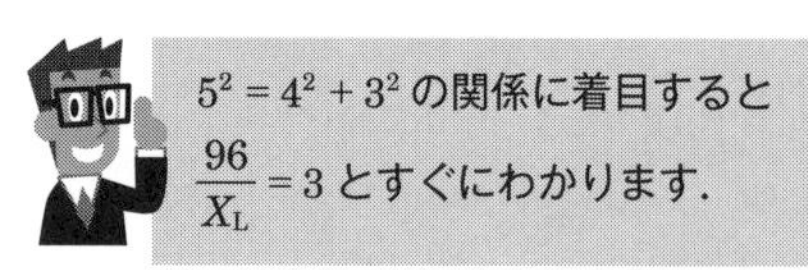

答え▶▶▶4

問題 23 ★★ ➡2.2.4 ➡2.2.5

図に示す回路において，スイッチ S_1 のみを閉じたときの電流 I とスイッチ S_2 のみを閉じたときの電流 I は，ともに 5 A であった．また，スイッチ S_1 と S_2 の両方を閉じたときの電流 I は，3 A であった．抵抗 R 及びコンデンサ C のリアクタンス X_C の値の組合せとして，正しいものを下の番号から選べ．ただし，交流電源電圧は 135 V とする．

	R	X_C
1	45.0 Ω	16.88 Ω
2	45.0 Ω	33.75 Ω
3	27.0 Ω	16.88 Ω
4	27.0 Ω	33.75 Ω

L：コイル

並列共振回路の共振時の L と C の並列部分のインピーダンスは非常に大きく，無限大と考えます．

解説 (1) スイッチ S_1 のみを閉じたときと，スイッチ S_2 のみを閉じたときに流れる電流が等しいので，コイルのリアクタンスの大きさ X_L とコンデンサのリアクタンスの大きさ X_C が等しくなります．$X_L = X_C$ ならば，コイルとコンデンサの並列回路は共振状態にあり，インピーダンスは大きく（無限大）なります．よってスイッチを両方閉じた場合の回路は**解図 1** と同じになります．交流電源電圧を E とすると，抵抗 R は次式で求めることができます．

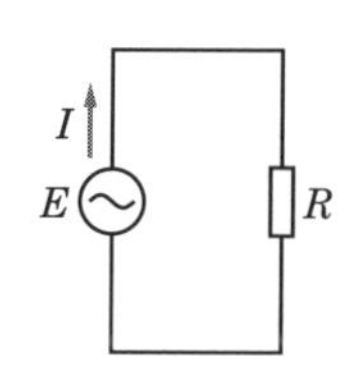

■解図 1

$$R = \frac{E}{I} = \frac{135}{3} = \mathbf{45\ \Omega}$$

(2) スイッチ S_2 のみを閉じたときに抵抗に流れる電流を I_R，コンデンサに流れる電流を I_C とすると，次式が成立します．

$$I_R = \frac{E}{R} = \frac{135}{45} = 3\ \text{A} \quad \cdots①$$

$$I_C = \frac{E}{X_C} = \frac{135}{X_C}\ \text{〔A〕} \quad \cdots②$$

電圧 E と I_R には位相差はなく，I_C は E より位相が 90° 進みます．この様子を表したのが**解図 2** です．

解図 2 より，次式が成立します．

$$I^2 = {I_R}^2 + {I_C}^2 \quad \cdots③$$

式③に式①と式②を代入すると

$$5^2 = 3^2 + \left(\frac{135}{X_C}\right)^2$$

$$5^2 - 3^2 = \left(\frac{135}{X_C}\right)^2$$

$5^2 - 3^2 = 4^2$ なので

$$4 = \frac{135}{X_C} \quad よって \quad X_C = \frac{135}{4} = \mathbf{33.75\ \Omega}$$

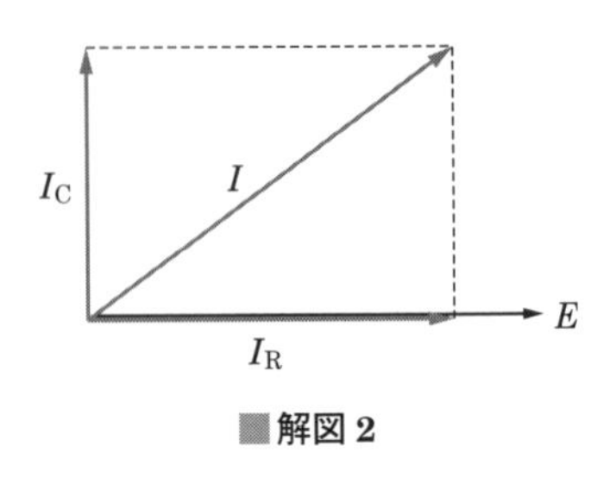

■解図 2

答え▶▶▶ 2

2.3 フィルタ

フィルタとは，多くの周波数を含む電圧から特定の周波数帯域の電圧のみを取り出したり，除去したりするための回路です．

各フィルタの構成と周波数特性を**図 2.17 ～図 2.20** に示します．周波数特性の横軸は周波数，縦軸は減衰量を表しています．f_c, f_{c1}, f_{c2} は**遮断周波数**といいます．

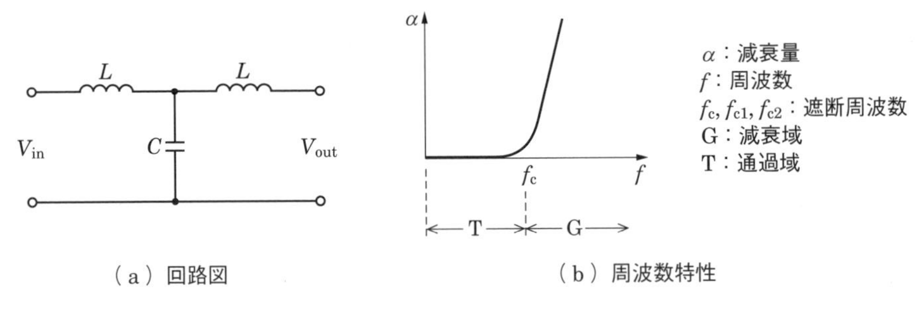

■図 2.17　低域フィルタ（LPF）

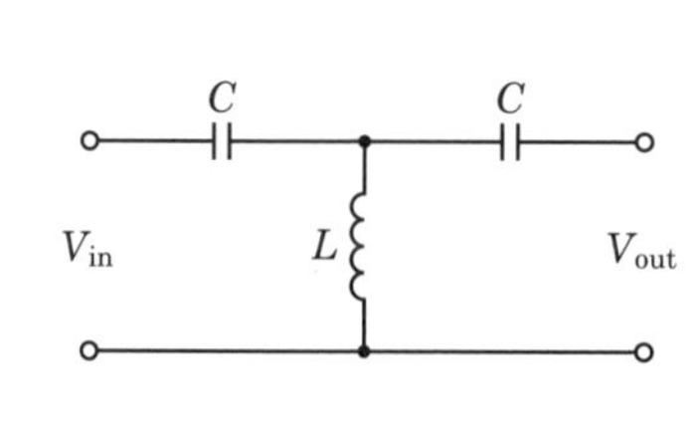

（a）回路図

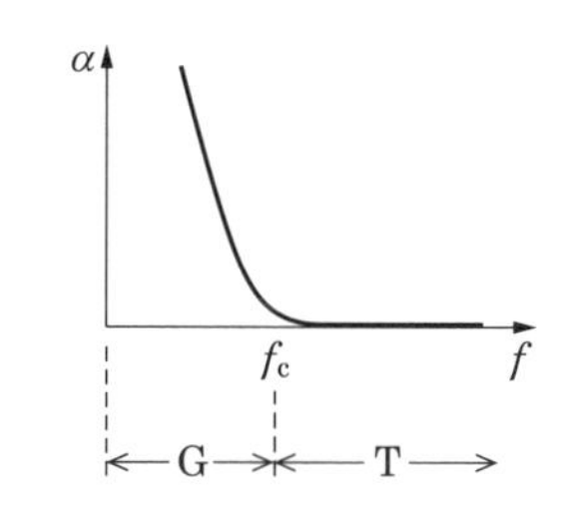

（b）周波数特性

図 2.18　高域フィルタ（HPF）

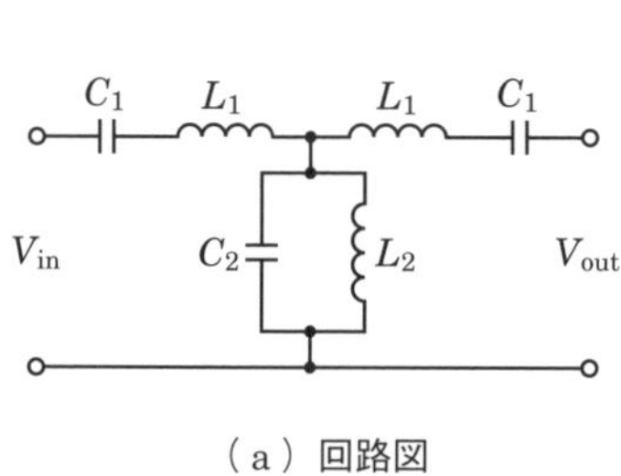

（a）回路図

α

f_{c1}　f_{c2}　f

G　T　G

（b）周波数特性

図 2.19　帯域フィルタ（BPF）

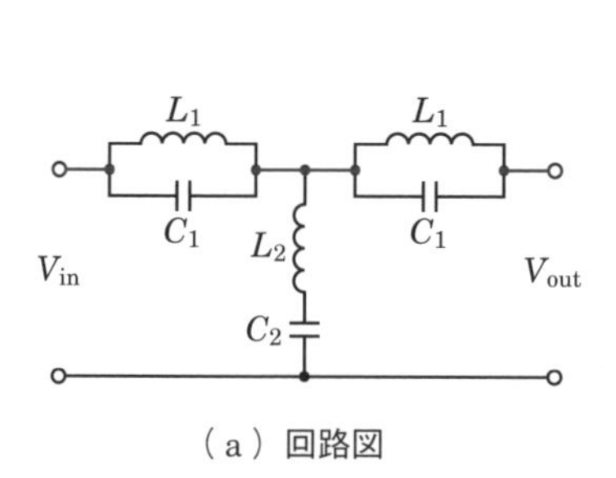

（a）回路図

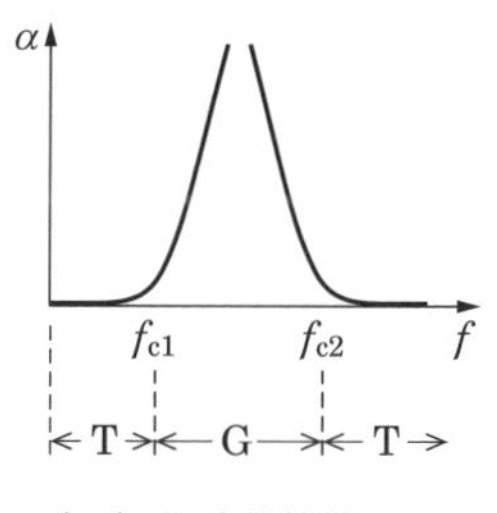

（b）周波数特性

図 2.20　帯域消去フィルタ（BEF）

次の 4 種類のフィルタは覚えておこう．
低域フィルタ（LPF）：ある周波数以下の信号を通過させる．
高域フィルタ（HPF）：ある周波数以上の信号を通過させる．
帯域フィルタ（BPF）：ある周波数の範囲の信号を通過させる．
帯域消去フィルタ（BEF）：ある周波数の範囲の信号を阻止させる．

問題24 ★★★ ➡2.3

図は，フィルタの周波数対減衰量の特性の概略を示したものである．このうち低域フィルタ（LPF）の特性の概略図として正しいものを下の番号から選べ．

1

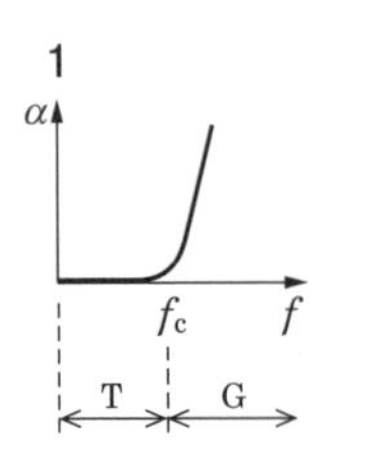

2

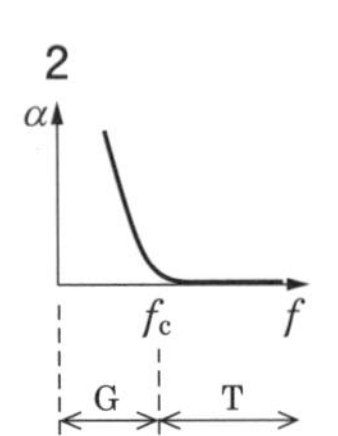

3

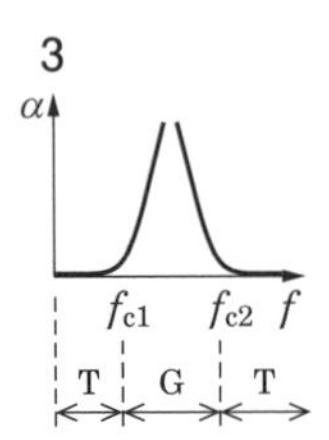

4

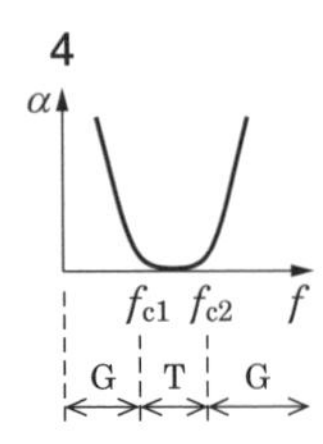

α：減衰量　f：周波数　f_c, f_{c1}, f_{c2}：遮断周波数　G：減衰域　T：通過域

解説　**低域フィルタ**（LPF）は**低周波領域が通過域**になるので，1の波形となります．なお，2の波形は高域フィルタ（HPF），3の波形は帯域消去フィルタ（BEF），4の波形は帯域フィルタ（BPF）です．

答え▶▶▶ 1

出題傾向　帯域フィルタ（BPF）の波形を選ぶ問題も出題されています．

2.4 抵抗減衰器

抵抗減衰器は，入力信号を減衰させて出力させる回路で，**T形抵抗減衰器**，**π形抵抗減衰器**などがあります．

2.4.1 T形抵抗減衰器

T形抵抗減衰器は，**図2.21**の回路で，抵抗3本がT形に構成されている回路です．

減衰器は入力電圧を抵抗で分岐することによって，出力電圧を入力電圧より小さくするものです．基本的にはオームの法則だけで解くことができます．

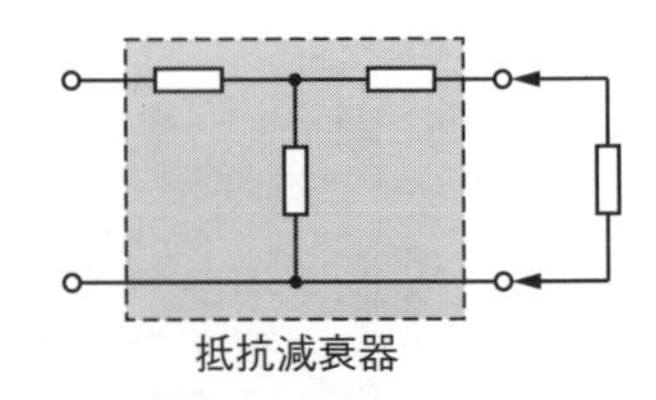

■図2.21　T形抵抗減衰器

2.4.2 π 形抵抗減衰器

π 形抵抗減衰器は，**図 2.22** の回路で，抵抗 3 本が π 形に構成されている回路です．

減衰器は入力電圧を抵抗で分岐することによって，出力電圧を入力電圧より小さくするものです．T 形減衰器同様，オームの法則だけで解くことができます．

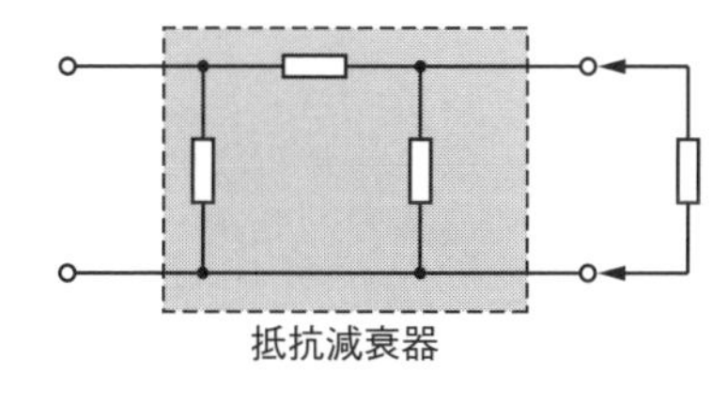

図 2.22 π 形抵抗減衰器

問題 25 ★★★ ➡ 2.4.1

図に示す T 形抵抗減衰器の減衰量 L の値として，最も近いものを下の番号から選べ．ただし，減衰量 L は，減衰器の入力電力を P_1，入力電圧を V_1，出力電力を P_2，出力電圧を V_2 とすると，次式で表されるものとする．また，$\log_{10} 2$ の値は 0.3 とする．

$$L = 10 \log_{10} \frac{P_1}{P_2} = 10 \log_{10} \frac{\dfrac{V_1{}^2}{R_L}}{\dfrac{V_2{}^2}{R_L}} \text{〔dB〕}$$

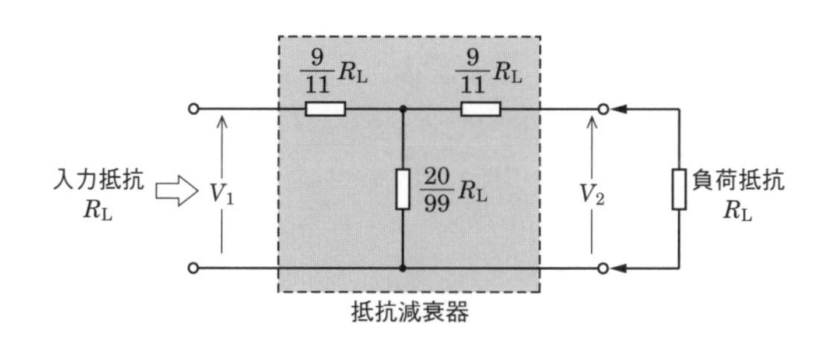

1 3 dB　　2 6 dB　　3 9 dB　　4 14 dB　　5 20 dB

check

出力電圧 V_2 を計算すると V_1/V_2 が求まり，この V_1/V_2 を与えられた式に代入します．

解説　問題の回路を**解図**のように考えます.

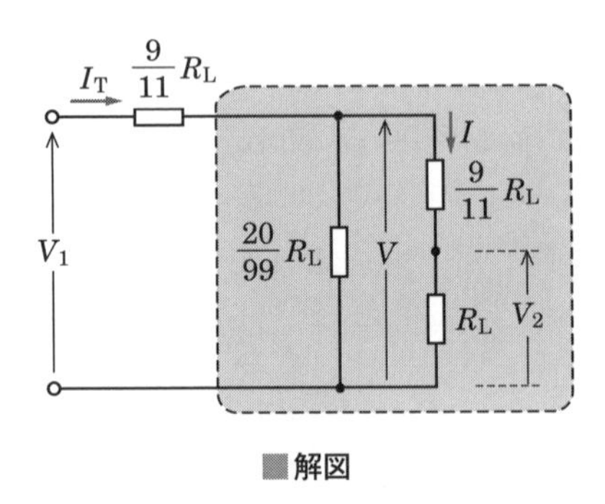

■解図

破線部分内の抵抗 $\frac{9R_L}{11}$ と R_L の直列合成抵抗は, $\frac{9R_L}{11}+R_L=\frac{9R_L}{11}+\frac{11R_L}{11}=\frac{20R_L}{11}$

なので, 破線部分の合成抵抗は

$$\frac{\frac{20R_L}{99}\times\frac{20R_L}{11}}{\frac{20R_L}{99}+\frac{20R_L}{11}}=\frac{\frac{400{R_L}^2}{99\times 11}}{\frac{20R_L+180R_L}{99}}=\frac{\frac{400{R_L}^2}{11}}{20R_L+180R_L}=\frac{\frac{400{R_L}^2}{11}}{200R_L}$$

$$=\frac{400{R_L}^2}{11\times 200R_L}=\frac{2R_L}{11}$$

回路の全抵抗を R とすると

$$R=\frac{9R_L}{11}+\frac{2R_L}{11}=\frac{11R_L}{11}=R_L\quad\cdots①$$

回路を流れる電流を I_T とすると

$$I_T=\frac{V_1}{R}=\frac{V_1}{R_L}\quad\cdots②$$

電圧 V は

$$V=V_1-I_T\times\frac{9R_L}{11}=V_1-\frac{V_1}{R_L}\times\frac{9R_L}{11}=V_1-\frac{9V_1}{11}=\frac{2V_1}{11}\quad\cdots③$$

負荷抵抗に流れる電流を I とすると, 式③を使用して

$$I=\frac{V}{\frac{9R_L}{11}+R_L}=\frac{\frac{2V_1}{11}}{\frac{20R_L}{11}}=\frac{2V_1}{20R_L}=\frac{V_1}{10R_L}\quad\cdots④$$

負荷抵抗 R_L の両端の電圧 V_2 は，式④の電流 I と負荷抵抗 R_L の積なので

$$V_2 = IR_L = \frac{V_1}{10R_L} \times R_L = \frac{V_1}{10} \quad \cdots⑤$$

式⑤より

$$\frac{V_1}{V_2} = 10 \quad \cdots⑥$$

式⑥を問題で与えられた L の式に代入すると

$$L = 10\log_{10}\frac{P_1}{P_2} = 10\log_{10}\frac{\frac{V_1^2}{R_L}}{\frac{V_2^2}{R_L}} = 10\log_{10}\left(\frac{V_1}{V_2}\right)^2 = 20\log_{10}\frac{V_1}{V_2} = 20\log_{10}10$$

$$= 20 \times 1 = \mathbf{20\ dB}$$

答え▶▶▶5

問題 26 ★★★　　➡2.4.2

図に示す π 形抵抗減衰器の減衰量 L の値として，最も近いものを下の番号から選べ．ただし，減衰量 L は，減衰器の入力電力を P_1，入力電圧を V_1，出力電力を P_2，出力電圧を V_2，入力抵抗及び負荷抵抗を R_L とすると，次式で表されるものとする．また，常用対数は表の値とする．

$$L = 10\log_{10}\frac{P_1}{P_2} = 10\log_{10}\frac{\frac{V_1^2}{R_L}}{\frac{V_2^2}{R_L}} \text{〔dB〕}$$

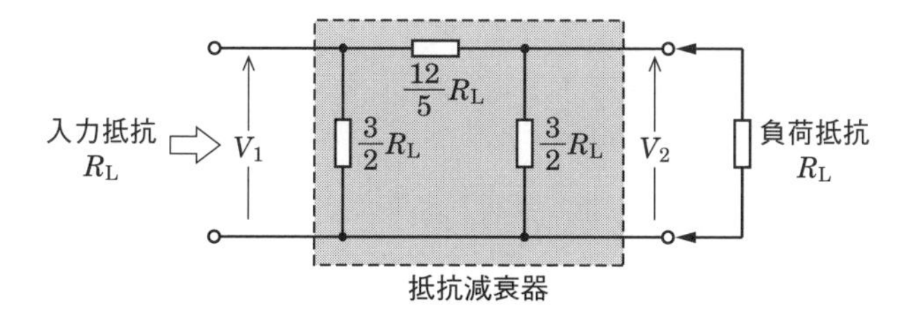

x	$\log_{10}x$
2	0.30
3	0.48
4	0.60
5	0.70
10	1.00

1　6 dB　　2　9 dB　　3　14 dB　　4　20 dB　　5　23 dB

check

出力電圧 V_2 を計算すると V_1/V_2 が求まります．V_1/V_2 を与えられた式に代入します．

解説　**解図**の点線で囲った部分の合成抵抗を R とすると

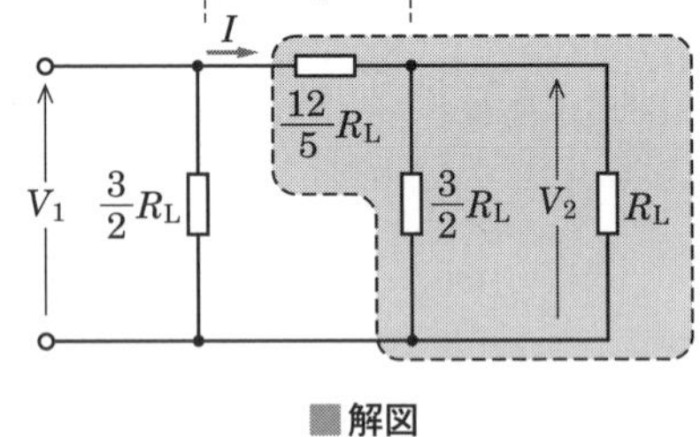

■解図

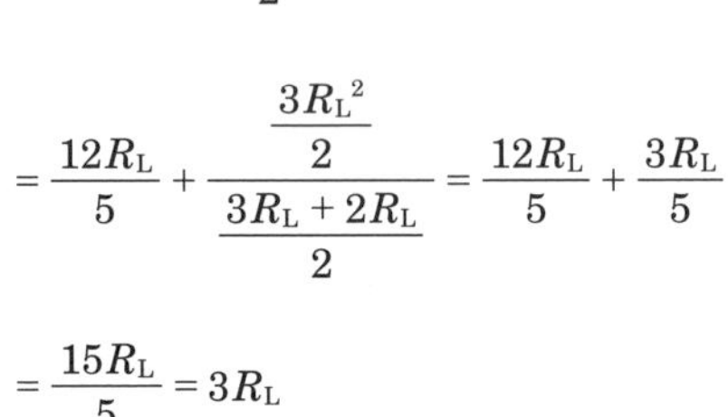

$$R=\frac{12R_L}{5}+\frac{\dfrac{3R_L}{2}\times R_L}{\dfrac{3R_L}{2}+R_L}$$

$$=\frac{12R_L}{5}+\frac{\dfrac{3R_L{}^2}{2}}{\dfrac{3R_L+2R_L}{2}}=\frac{12R_L}{5}+\frac{3R_L}{5}$$

$$=\frac{15R_L}{5}=3R_L$$

解図で示した場所を流れる電流を I とすると

$$I=\frac{V_1}{3R_L}$$

したがって，V_2 は次のように求めることができます．

$$V_2=V_1-V_3=V_1-I\times\frac{12R_L}{5}=V_1-\frac{V_1}{3R_L}\times\frac{12R_L}{5}=V_1-\frac{4V_1}{5}=\frac{V_1}{5}\quad\cdots①$$

$$L=10\log_{10}\frac{\dfrac{V_1{}^2}{R_L}}{\dfrac{V_2{}^2}{R_L}}=10\log_{10}\frac{V_1{}^2}{V_2{}^2}=10\log_{10}\left(\frac{V_1}{V_2}\right)^2=20\log_{10}\left(\frac{V_1}{V_2}\right)$$

となり，式①より，$V_1/V_2=5$ を代入すると

$$L=20\log_{10}\left(\frac{V_1}{V_2}\right)=20\log_{10}5=20\times0.7=\mathbf{14\ dB}$$

答え▶▶▶3

2.5　デシベル

dB（デシベル：deci-Bel）は絶対的な大きさを表すものではなく，相対的な比率を表すものです．dB を使用すると，増幅器などの増幅度やアンテナの利得などの計算を容易にすることができます．dB を計算するには，指数と対数の基本的な計算が必要になります．

以下の理由から，デシベル計算に対数が使われます．
(1) 小さな数値から大きな数値を，適度な大きさの数値で表現できる．
(2) 掛け算が足し算，割り算が引き算で計算できる．
(3) 経験的に，刺激量と人間の感覚量は対数関数の関係にある．

2.5.1　指数と対数

指数関数 $y = a^x$ で，$a = 10$ とすると，$x = 1$ のとき $y = 10$，$x = 4$ のとき $y = 10\,000$ になり，x の値が小さくても，y の値は非常に大きくなります．これを限られた大きさのグラフ用紙に書くのは困難です．しかし，対数を導入すると，小さな数から大きな数までを小さな 1 枚のグラフ用紙に書くことができます．

対数関数は指数関数の逆関数で，$x = \log_a y$ のように表します．a（$a \neq 1$, $a > 0$）を**底**，y（$y > 0$）を**真数**といいます．底を 10 とする対数を**常用対数**，底を e とする対数を**自然対数**と呼び「$\ln y$」（$= \log_e y$）と表現します．

特に一陸特の試験で必要な対数の公式を次に示します．

(1) $\log_a N = m \quad \Leftrightarrow \quad N = a^m$

(2) $\log_{10} AB = \log_{10} A + \log_{10} B$

(3) $\log_{10} \dfrac{A}{B} = \log_{10} A - \log_{10} B$

(4) $\log_{10} A^n = n \log_{10} A$

対数の計算例を示します．ただし，$\log_{10} 2 = 0.3$，$\log_{10} 3 = 0.48$ とします．

(1) $\log_{10} 10 = 1$

(2) $\log_{10} 10^4 = 4 \times \log_{10} 10 = 4 \times 1 = 4$

(3) $\log_{10} 6 = \log_{10} (2 \times 3) = \log_{10} 2 + \log_{10} 3 = 0.3 + 0.48 = 0.78$

(4) $\log_{10} 5 = \log_{10} \dfrac{10}{2} = \log_{10} 10 - \log_{10} 2 = 1 - 0.3 = 0.7$

(5) $\log_{10} 8 = \log_{10} 2^3 = 3 \times \log_{10} 2 = 3 \times 0.3 = 0.9$

(6) $10^{0.9} = (10^{0.3})^3 = 2^3 = 8$

※ $10^{0.9} = 10^{0.3+0.3+0.3} = 10^{0.3} \times 10^{0.3} \times 10^{0.3} = 2 \times 2 \times 2 = 8$

(7) $10^{1.7} = 10^{(2-0.3)} = 10^2 \times 10^{-0.3} = \dfrac{10^2}{10^{0.3}} = \dfrac{100}{2} = 50$

(8) $10^{3.1} = 10^{(4-0.9)} = 10^4 \times 10^{-0.9} = \dfrac{10^4}{10^{0.9}} = \dfrac{10^4}{(10^{0.3})^3} = \dfrac{10^4}{2^3} = \dfrac{10\,000}{8} = 1\,250$

計算例のように，$\log_{10} 2 = 0.3$（すなわち，$10^{0.3} = 2$）だけ覚えておけば，一陸特の対数計算はほとんどできます．

2.5.2　デシベル（dB）の定義

dBは次のように定義されます．**図2.23**に示す増幅器を考えます．基準になる入力電圧をV_1〔V〕，比較対象の出力電圧をV_2〔V〕，入力電流をI_1〔A〕，出力電流をI_2〔A〕とします．

図2.23　増幅器（入力抵抗，出力抵抗はともにRとする）

基準となる入力電力をP_1〔W〕，比較対象となる出力電力をP_2〔W〕とすると

$$\log_{10} \frac{P_2}{P_1} \text{〔B〕} \qquad (2.16)$$

式（2.16）の単位は〔B〕（ベル）です．

2倍の電力利得は$\log_{10} 2 \fallingdotseq 0.3$ B，3倍の電力利得は$\log_{10} 3 \fallingdotseq 0.48$ Bとなり，日常使用する値としては小さく不便です．そこで，式（4.1）を10倍し，接頭語に1/10を意味するデシ（deci）のdを付け

$$10 \log_{10} \frac{P_2}{P_1} \text{〔dB〕} \qquad (2.17)$$

とすることで，2倍の電力利得は$10 \log_{10} 2 \fallingdotseq 3$ dB，3倍の電力利得は$10 \log_{10} 3 \fallingdotseq 4.8$ dBとなり，適度な数値に変換しています．

たとえば，入力電力P_1が1 mWで出力電力P_2が1 Wであるとすると，増幅器の利得GをdBで表示すると，1 W = 1 000 mWですので

$$G = 10 \log_{10} \frac{P_2}{P_1} = 10 \log_{10} \frac{1\,000}{1} = 30 \text{ dB}$$

となります．電圧でdBを計算するには次のようにします．

電力 P を電圧 V で表すと，$P = VI = V^2/R$ の関係より

$$10\log_{10}\frac{P_2}{P_1} = 10\log_{10}\frac{V_2^{\,2}/R}{V_1^{\,2}/R} = 10\log_{10}\frac{V_2^{\,2}}{V_1^{\,2}} = 10\log_{10}\left(\frac{V_2}{V_1}\right)^2 = 20\log_{10}\frac{V_2}{V_1} \tag{2.18}$$

となります．たとえば，入力電圧が 0.01 V で，出力電圧が 1 V の電圧増幅器の利得を dB で求めると

$$20\log_{10}\frac{1}{0.01} = 20\log_{10}100 = 20\times 2 = 40\ \text{dB}$$

となります．

利得に関する問題はよく出題されます．公式を覚えておくとともに，指数や対数の計算に慣れておきましょう．
（例）$\log_{10}2 = 0.3 \rightarrow 10^{0.3} = 2$

しばしば使われる電圧利得と電力利得の真数（倍率）と dB 値の関係を**表 2.1** に示します．

■表 2.1　電圧利得，電力利得

真数（倍率）	1/2	$1/\sqrt{2}$	1	2	3	4	5	10	20	50	100
電力利得〔dB〕	−3	−1.5	0	3	4.8	6	7	10	13	17	20
電圧利得〔dB〕	−6	−3	0	6	9.5	12	14	20	26	34	40

問題 27 ★★★　➡2.5

次の記述は，デシベルを用いた計算について述べたものである．このうち正しいものを下の番号から選べ．

1　出力電力が入力電力の 400 倍になる増幅回路の利得は 23 dB である．
2　電圧比で最大値から 6 dB 下がったところの電圧レベルは，最大値の $1/\sqrt{2}$ である．
3　1 mW を 0 dBm としたとき，1 W の電力は 30 dBm である．
4　1 μV を 0 dBμV としたとき，1 V の電圧は 100 dBμV である．
5　1 μV/m を 0 dBμV/m としたとき，5 mV/m の電界強度は 40 dBμV/m である．

check

それぞれ利得を求めます．電力は $10\log_{10}(P_2/P_1)$，電圧は $20\log_{10}(V_2/V_1)$ です．

解説　1　$10\log_{10}400=10\log_{10}(4\times100)=10(\log_{10}4+\log_{10}100)=10(0.6+2)=26$ dB

2　$-6=20\log_{10}x$ より，$x=10^{-0.3}=\dfrac{1}{10^{0.3}}=\dfrac{1}{2}$

3　1 W = 1 000 mW なので，$10\log_{10}1\,000=10\log_{10}10^3=30$ dBm

4　1 V = 10^6 μV なので，$20\log_{10}10^6=120$ dBμV

5　5 mV/m = 5 000 μV/m なので，$20\log_{10}5\,000=20\log_{10}\dfrac{10\,000}{2}=20(\log_{10}10^4-\log_{10}2)$

$=20(4-0.3)=74$ dBμV/m

答え▶▶▶3

問題 28　★★　➡2.5

電力利得が 21 dB の増幅器の出力電力の値が 1.6 W のとき，入力電力の値として最も近いものを下の番号から選べ．ただし，$\log_{10}2=0.3$ とする．

1　3.125 mW　　2　6.25 mW　　3　12.5 mW

4　18.25 mW　　5　25 mW

check

$\log_{10}2=0.3\rightarrow10^{0.3}=2$

解説　電力利得 21 dB の真数を A とすると

$$21=10\log_{10}A \quad \cdots①$$

式①の両辺を 10 で割ると

$$2.1=\log_{10}A \quad \cdots②$$

式②より

$$A=10^{2.1}=(10^{0.3})^7=2^7=128 \quad \cdots③$$

入力電力 p_i〔W〕，出力電力 p_o〔W〕，A の関係は，$A=p_o/p_i$ なので

$$p_i=\frac{p_o}{A}=\frac{1.6}{128}=0.0125\text{ W}=\mathbf{12.5\ mW}$$

答え▶▶▶3

2.6　半導体と半導体素子

銅やアルミニウムなどの金属は電気をよく通します．このような物質を**導体**といいます．プラスチックや磁器など，電気を通さないものを**絶縁体**といいます．導体と絶縁体の中間の物質が**半導体**です．代表的な半導体にゲルマニウム（以下 Ge という）やシリコン（以下 Si という）などがあります．金属は温度を上げると抵抗が大きくなりますが，半導体は抵抗が小さくなります．半導体のように，温度を上げると抵抗が小さくなることを「温度係数が負である」といいます．

半導体には，**真性半導体**，**不純物半導体**，**化合物半導体**があります．

2.6.1　真性半導体

不純物を含まない半導体を**真性半導体**と呼んでいます．真性半導体は低温において電子は原子に拘束されるので抵抗率が大きく絶縁性が高くなります．

2.6.2　不純物半導体（N 形半導体と P 形半導体）

Si や Ge は 4 価の物質です（最外殻に電子が 4 つ存在する物質）．リン（P）やヒ素（As）などの 5 価の物質を微量加えると，電子が余り自由電子となります．5 価の物質を**ドナー**と呼び，このような半導体を **N 形半導体**といいます．同じように，Si や Ge に，ホウ素（B），アルミニウム（Al），ガリウム（Ga）などの 3 価の物質を微量加えると電子が不足します．電子のないところを**正孔**（ホール）といいます．3 価の物質を**アクセプタ**と呼び，このような半導体を **P 形半導体**といいます．

関連知識　微量とはどの位か（不純物の濃度）

Si の結晶の原子密度は 5×10^{22}〔個 /cm^3〕であり，それに対して注入する不純物は 10^{15}〔個 /cm^3〕程度です．濃度は，$2/10^8$ となり，1 億分の 2 程度です．

2.6.3　化合物半導体

複数の元素で作られた半導体を**化合物半導体**といいます．化合物半導体には，ガリウムヒ素（GaAs），ガリウムリン（GaP），硫化カドミウム（CdS）などがあります．GaAs や GaP は高周波用素子，CdS は受光素子などに適しています．

2.6.4　ダイオード

P形半導体とN形半導体を**図 2.24** のように接合したものを**ダイオード**（**PN 接合ダイオード**）といいます．

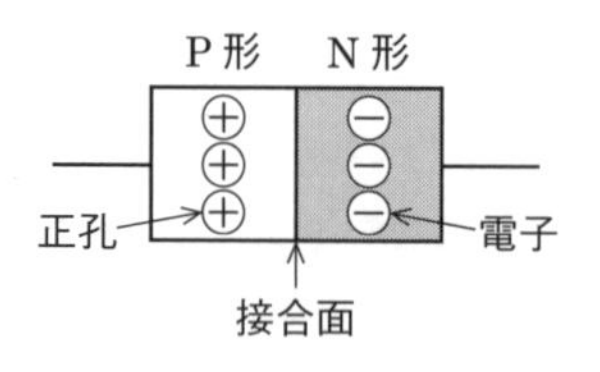

■図 2.24　ダイオード

このダイオードに**図 2.25** に示す方向に電圧をかけると，電流が流れるようになります．このような電圧の加え方を**順方向接続**といいます．**図 2.26** に示す方向に電圧をかけると，電流が流れなくなります．このような電圧の加え方を**逆方向接続**といいます．ダイオードの図記号は**図 2.27** で表します．

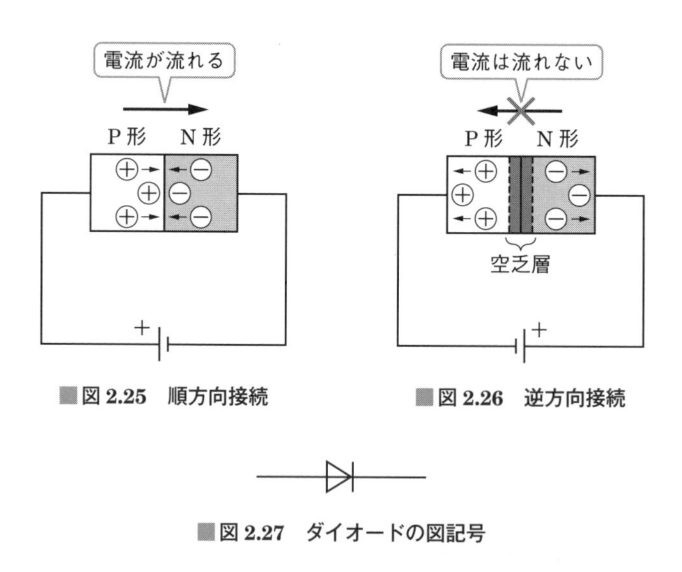

■図 2.25　順方向接続

■図 2.26　逆方向接続

■図 2.27　ダイオードの図記号

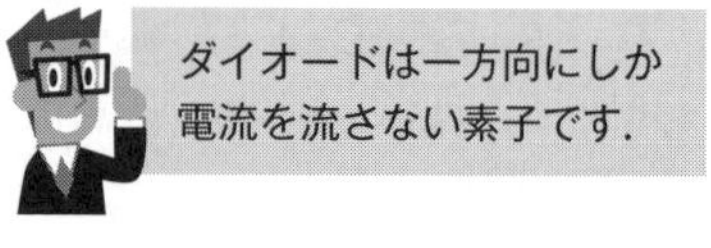

ダイオードは一方向にしか電流を流さない素子です．

■表 2.2　ダイオードの種類と特徴

名称	用途	特徴
接合ダイオード	電源の整流 検波	最も基本的な PN 接合形ダイオード
定電圧ダイオード（ツェナーダイオード）	電圧の安定化	逆方向電圧を上げると，ある電圧で急に大きな電流が流れるようになる．それ以上に電圧を上げられなくなり，電圧が一定となる．
ガンダイオード	マイクロ波発振	N 形半導体のみで構成される．N 形 GaAs 単結晶のある方向で切断した薄板の両端にある以上の電圧を加えるとマイクロ波帯の振動電流が得られる．
インパッドダイオード	マイクロ波発振・増幅	ダイオードに逆方向電圧を加え，電圧を上昇させると電子なだれ現象を生じて負性抵抗が発生する（雑音が多いが高出力）．
発光ダイオード	表示，照明など	PN 接合部の P 側から N 側に電流を流すと接合部分から発光する．発光色は使用する半導体の材料により決まる．
可変容量ダイオード（バラクタダイオード）	同調回路，自動周波数制御回路など	逆バイアス電圧の大きさと共にダイオードの障壁容量が変化する．可変容量素子として使用できる．
ホトダイオード	信号の変換・検出	PN 接合面に光が当たると光のエネルギーが吸収され，光の強さに比例した電流が流れる．
トンネルダイオード（エサキダイオード）	マイクロ波発振・増幅・高速スイッチング	不純物濃度を大きくした PN 接合ダイオードで，順方向特性のトンネル効果による負性抵抗を生じる．

※ツェナー（クラレンス・ツェナー（米国））
　エサキ（江崎玲於奈（ノーベル物理学賞受賞者））

あわせて覚えておこう．
バリスタ：加えられた電圧の大きさにより抵抗値が変化する素子．
サーミスタ：マンガン・ニッケル・コバルト・チタン酸バリウムなどを混合して焼結したもので，温度が変化すると抵抗値が変化する素子．

問題 29 ★★ ➡2.6

次の記述は，半導体及び半導体素子について述べたものである．このうち正しいものを下の番号から選べ．

1　ホトダイオードは，電気信号を光信号に変換する特性を利用するものである．
2　Si（シリコン），Ge（ゲルマニウム）等の単結晶半導体を不純物半導体という．
3　P 形半導体の多数キャリアは，電子である．

4　N 形導体の多数キャリアは，正孔である．
5　PN 接合ダイオードは，電流が P 形半導体から N 形半導体へ一方向に流れる整流特性を有する．

解説　1　×　ホトダイオードは，**光信号を電気信号に変換する特性**を利用しています（表 2.2 参照）．
2　×　Si（シリコン），Ge（ゲルマニウム）等の単結晶半導体を**真性半導体**といいます．
3　×　P 形半導体の多数キャリアは，**正孔**です．
4　×　N 形半導体の多数キャリアは，**電子**です．

答え▶▶▶ 5

問題 30　★★★　➡2.6.4

次の記述は，ガンダイオードについて述べたものである．このうち正しいものを下の番号から選べ．
1　ガリウムヒ素（GaAs）などの化合物半導体で構成され，バイアス電圧を加えるとマイクロ波の発振を起こす．
2　逆方向バイアスを与え，このバイアス電圧を変化させると，等価的に可変静電容量として働く．
3　一定値以上の逆方向電圧が加わると，電界によって電子がなだれ現象を起こし，電流が急激に増加する特性を利用する．
4　電波を吸収すると温度が上昇し，抵抗の値が変化する素子で，電力計に利用される．

解説　2 は可変容量ダイオードで，同調回路や周波数変調を行うときに使用されます．
3 は定電圧ダイオード（ツェナーダイオード）で，電源回路に使用されます．
4 はサーミスタであり，マイクロ波電力計のセンサに使用されます．

答え▶▶▶ 1

関連知識　ガンダイオード

ガンダイオードは，GUNN 氏により考案されたマイクロ波領域の振動電流が得られるダイオードです．GaAs の単結晶に 3 000 V/cm 以上の電界を加えると高周波振動を得ることができます．発振周波数 f は，電子のドリフト速度 v_d と素子の長さ（電極間の距離）l で決まり，$f = v_d/l$ となります．

問題 31 ★ ➡2.6.4

次の記述は，バラクタダイオードについて述べたものである．[　　] 内に入れるべき字句の正しい組合せを下の番号から選べ．

バラクタダイオードは，[A] バイアスを与えこのバイアス電圧を変化させると，等価的に [B] として動作する特性を利用する素子である．

	A	B
1	順方向	可変静電容量
2	順方向	可変インダクタンス
3	逆方向	可変静電容量
4	逆方向	可変インダクタンス

答え▶▶▶3

2.7 トランジスタ

2.7.1 接合形トランジスタの原理と動作

P 形半導体と N 形半導体を**図 2.28** のように接続して電極を付けたものが**接合形トランジスタ**（以降本書では，単に**トランジスタ**といったときは，この接合形トランジスタを指します）です．図 2.28（a）を **NPN 形トランジスタ**，図 2.28（b）を **PNP 形トランジスタ**といいます．電極は 3 本で，**エミッタ**，**ベース**，**コレクタ**と呼びます．ベース領域は非常に薄く作られています．

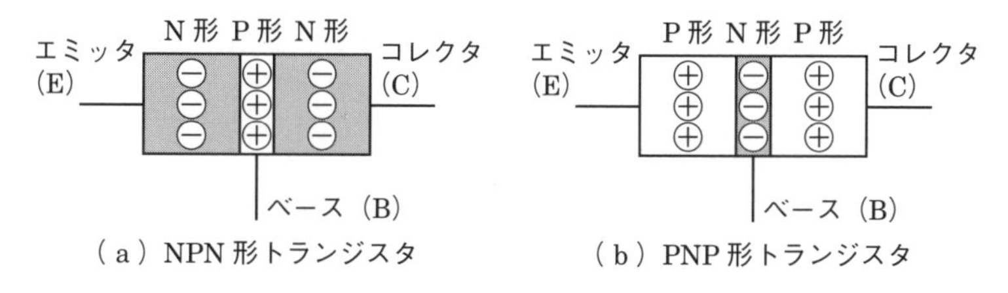

（a）NPN 形トランジスタ　（b）PNP 形トランジスタ

■図 2.28　接合形トランジスタ

トランジスタの図記号を**図 2.29** に示します．

トランジスタは 3 本の電極のどれか 1 本を共通にして使用します．ある電極を共通にすることを**接地**といいます．接地方式には，**図 2.30** に示すように**ベー**

ス接地，**エミッタ接地**，**コレクタ接地**があります（図はNPN形トランジスタで表していますが，PNP形トランジスタでも同じです）．

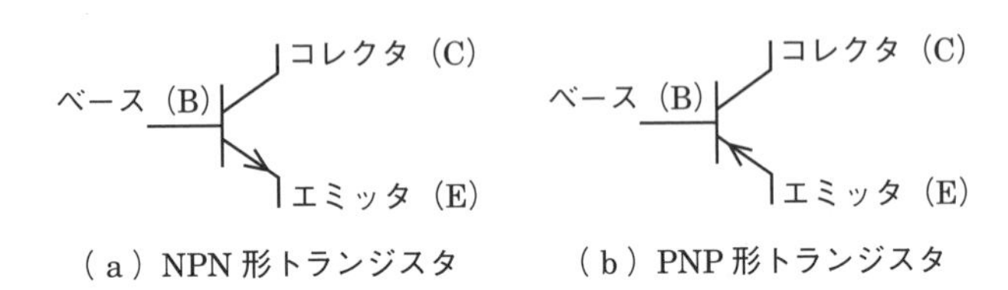

図 2.29　接合形トランジスタの図記号

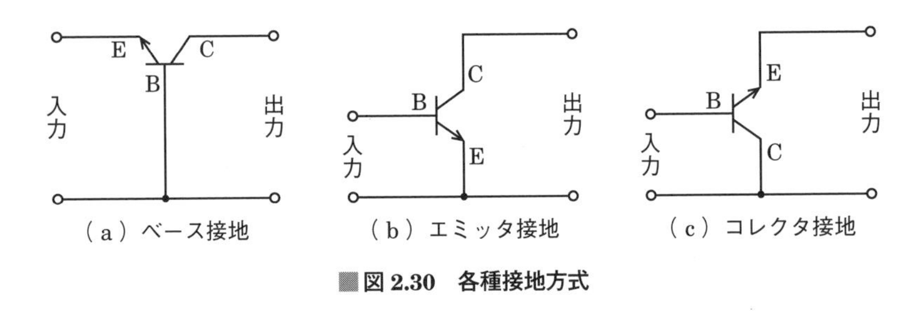

図 2.30　各種接地方式

2.7.2　電界効果トランジスタ

トランジスタは入力電流を変化させることにより出力電流を大きく変化させる電流駆動素子ですが，**電界効果トランジスタ**（FET：Field Effect Transistor，以下 FET）は入力電圧を変化させることにより出力電流を大きく変化させる電圧駆動素子です．

電界効果トランジスタには，**接合形電界効果トランジスタ**と**MOS形電界効果トランジスタ**があります．

(1) 接合形電界効果トランジスタ

接合形電界効果トランジスタ（**接合形FET**）の構造を**図 2.31**に示します．N形半導体にP形半導体が接合されています．トランジスタのコレクタに相当する電極をドレイン，エミッタに相当する電極をソース，ベースに相当する電極をゲートといいます．ドレイン-ソース間に電圧 V_{DS} を加えると，ドレイン電流 I_D が流れます．PN接合部に逆バイアス電圧 V_{GS} を加えると，電子も正孔も存在しない層ができます．この層を**空乏層**といい，V_{GS} を大きくすればするほど空乏層が広がり，ドレイン電流が減少します．接合形FETの図記号を**図 2.32**に示します．

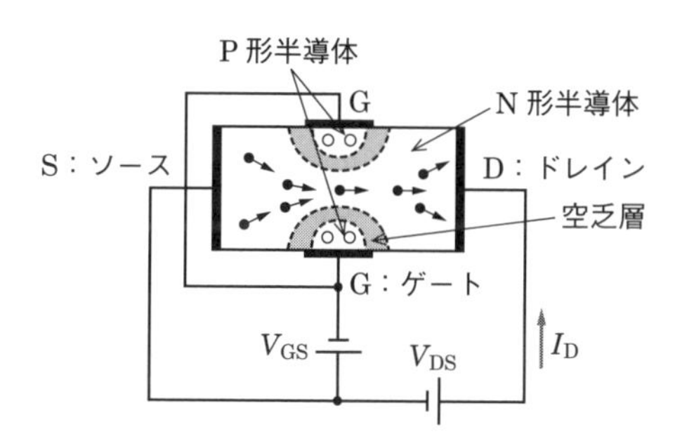

■図 2.31　接合形 FET の構造

■図 2.32　接合形 FET の図記号

（2）MOS 形電界効果トランジスタ

MOS 形電界効果トランジスタ（MOS 形 FET）には，エンハンスメント形 MOSFET とデプレッション形 MOSFET があります．

①　エンハンスメント形 MOSFET

図 2.33 に示すように，P 形半導体基板の表面に SiO_2 の絶縁膜を作成します．絶縁膜を介してゲート電極 G を取り付け，2 つの N 形領域を作り，それらに電極を取り付けてドレイン電極 D，ソース電極 S とします．ドレイン-ソース間に電圧 V_{DS}，ゲート-ソース間にも図の方向に電圧 V_{GS} を加えます．$V_{GS} < 0$ の場合は，ドレイン-ソース間にチャネルを形成せず，$V_{GS} > 0$ になると，ゲート電極に電子が引き寄せられて N チャネルを形成し，ドレイン電流が流れるように

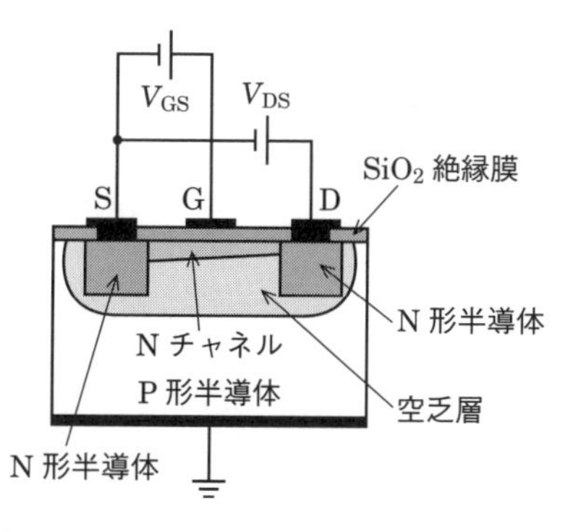

■図 2.33　エンハンスメント形 MOSFET の構造

エンハンスメント（enhancement）は「増大」を意味します．

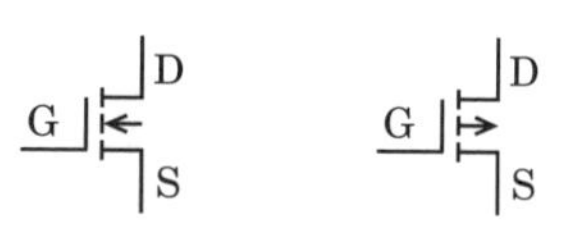

■図 3.34　エンハンスメント形 MOSFET の図記号

なります．V_{GS} を大きくすればドレイン電流が多くなるのでエンハンスメント（enhancement）形といいます．エンハンスメント形 MOSFET は V_{GS} を加えないとドレイン電流が流れないので，省電力となります．

エンハンスメント形 MOSFET の図記号を**図 2.34** に示します．

エンハンスメント形 MOSFET とデプレッション形 MOSFET の図記号を間違えないようにしましょう．

②　デプレッション形 MOSFET

デプレッション形 MOSFET の構造を**図 2.35** に示します．エンハンスメント形と相違するのは，ドレイン-ソース電極間に拡散などによって N チャネルをあらかじめ形成してあることです．これにより，$V_{GS}=0$ の場合でもドレイン電流が流れることになります．$V_{GS}<0$ にすると，ゲート電極近くの電子がなくなり，空乏層が生じてドレイン電流が減少します．

デプレッション形 MOSFET の図記号を**図 2.36** に示します．

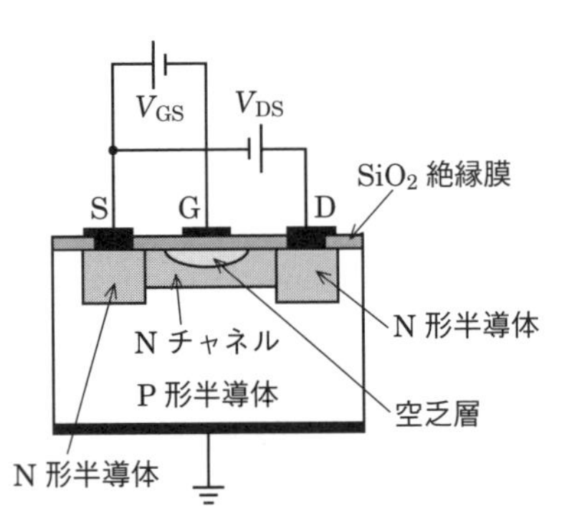

■図 2.35　デプレッション形 MOSFET の構造

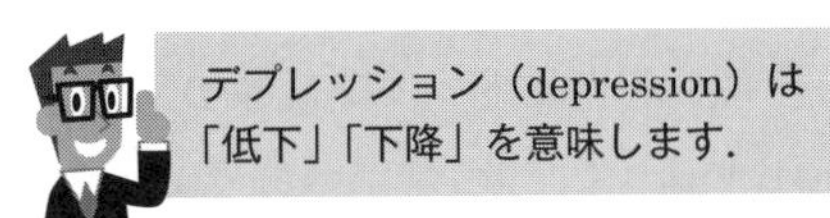

（a）N チャネル　（b）P チャネル

■図 2.36　デプレッション形 MOSFET の図記号

トランジスタは電流駆動素子で入力に電流を流すため入力抵抗が小さくなりますが，FET は電圧駆動素子で入力電流が流れないので入力抵抗が大きくなります．

問題 32 ★★ ➡2.7

次の記述は，図に示すFETについて述べたものである．[ ]内に入れるべき字句の正しい組合せを下の番号から選べ．

(1) 図1は，[A]チャネルMOS形FETの図記号である．

(2) 図2は，MOS形FET（[B]形）の図記号である．

	A	B
1	N	デプレッション
2	N	エンハンスメント
3	P	デプレッション
4	P	エンハンスメント

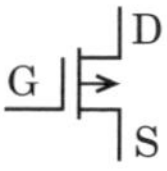

図1 　図2

D：ドレイン
G：ゲート
S：ソース

解説 問題の図1は**P**チャネルMOS形FETの図記号です．また，問題の図2はMOS形FET（Pチャネル**エンハンスメント**形）の図記号です．

答え▶▶▶4

問題 33 ★★ ➡2.7

次の記述は，図に示すFETについて述べたものである．[ ]内に入れるべき字句の正しい組合せを下の番号から選べ．

(1) 図1は，[A]FETの図記号である．

(2) 図2は，[B]FETの図記号である．

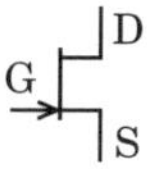

図1 　図2

D：ドレイン
G：ゲート
S：ソース

	A	B
1	NチャネルMOS形	Nチャネル接合形
2	Nチャネル接合形	NチャネルMOS形
3	Pチャネル接合形	PチャネルMOS形
4	PチャネルMOS形	Pチャネル接合形

解説 問題の図1は**Nチャネル接合形**FETの図記号です．また，問題の図2は**NチャネルMOS形**FET（**N**チャネルエンハンスメント形）の図記号です．

答え▶▶▶2

2.8 電子管

かつて，増幅，発振，変復調回路などには真空管と呼ばれる電子管が使われていましたが，トランジスタなどの半導体固体素子の登場で姿を消しました．しかし，レーダー，電子レンジ，送信機，加速器など大出力を必要とする分野では，現在も電子管が使われています．

2.8.1 マグネトロン

図2.37に示すように，陰極（Cathode：カソード）と円筒形の陽極（Anode：アノード）からなる2極管で，陽極にプラスの電圧を加え，軸方向に磁界をかけると，(a) のように，電子の軌道が曲がります．加える磁界の強さを調節することにより，(b) に示すように電子がサイクロイド運動を続けるようになります．これが，米国のハル（Albert W. Hull）が発明した**マグネトロン**です．

実際のマグネトロンは，**図2.38**のように，陽極を分割したマグネトロンで能率が高く，振動を安定化させる工夫がされており，**マイクロ波の発振用**に使われています．マグネトロンは，磁電管ともいい，レーダー用や電子レンジ用など，多くの用途があります．

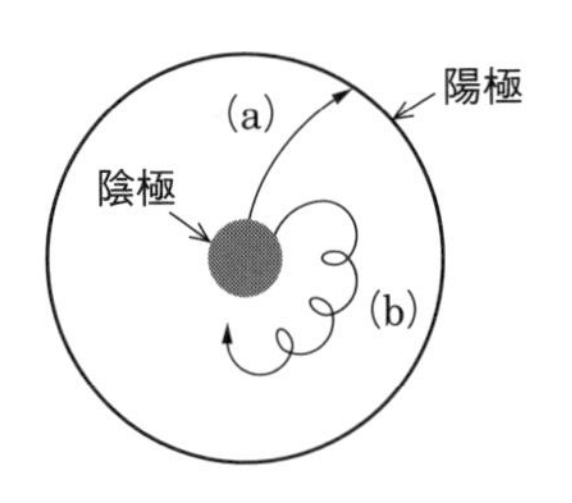

■図2.37　ハルのマグネトロン

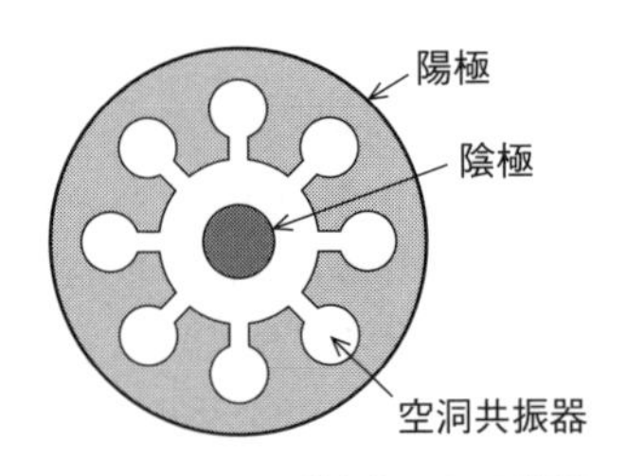

■図2.38　マグネトロンの構造

2.8.2 クライストロン

クライストロンには，反射形クライストロンと直進形クライストロンの2種類があります．**図2.39**に示す反射形クライストロンは，小電力の発振用や局部発振器用に多く使われました．直進形クライストロンは，マイクロ波帯の大電力の送信用や加速器用などに使用されています．

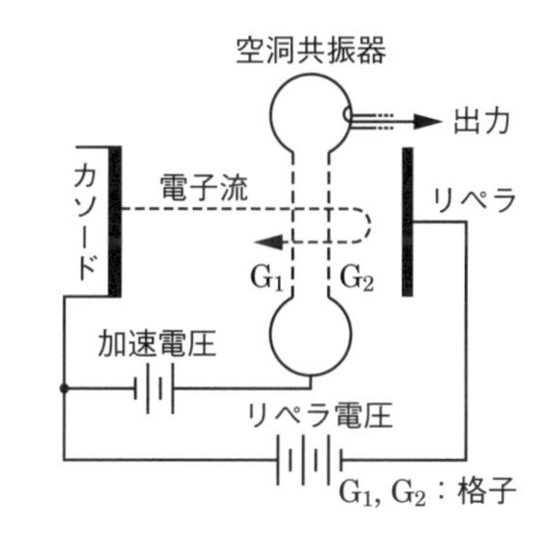

■図 2.39　反射形クライストロン

2.8.3　進行波管

図 2.40 に進行波管（TWT：Traveling Wave Tube）の構造を示します．真空中ではマイクロ波は光と同じ速度で伝わり，電子の速度は光の速度と比べると遅くなります．入力されたマイクロ波に対して遅波回路を使用し，伝搬速度を電子の速度より少し遅くなる程度に遅らせます．マイクロ波と電子の速度がほぼ同じであると相互作用を起こし，陰極から放出された電子は陽極で加速され，集束用の磁石でビームが絞られます．電子が進むにつれて，集群し密度変調され，電子の速度がマイクロ波の速度よりわずかに速いと，電子のエネルギーが減少した分，マイクロ波が増大します．

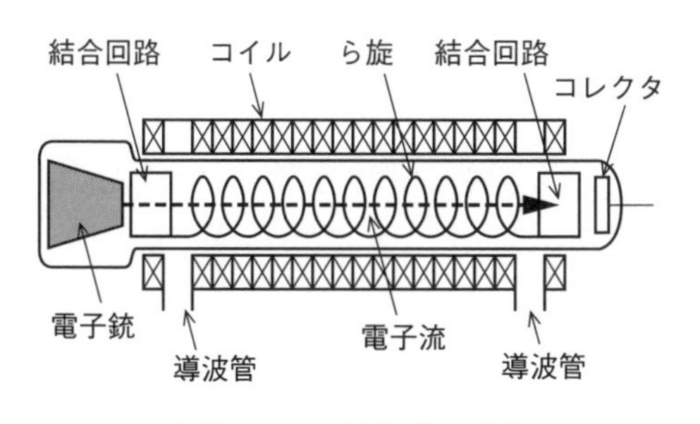

■図 2.40　進行波管の構造

進行波管は，マグネトロンやクライストロンと違い，空洞共振器を使用しないので，動作周波数帯域が広くなり，衛星放送やマイクロ波中継などに適しています．

マグネトロンやクライストロンと比べ，進行波管は動作周波数範囲が広くなります．

問題 34 ★★★ ➡2.8

次の記述は，図に示す原理的な構造の電子管について述べたものである．［　　］内に入れるべき字句の正しい組合せを下の番号から選べ．

(1) 名称は，［ A ］である．

(2) 高周波電界と電子流との相互作用によりマイクロ波の増幅を行う．また，空洞共振器が［ B ］ので，広帯域の信号の増幅が可能である．

	A	B
1	進行波管	ない
2	進行波管	ある
3	クライストロン	ない
4	クライストロン	ある
5	マグネトロン	ある

結合回路　コイル　ら旋　結合回路　コレクタ
電子銃　導波管　電子流　導波管

解説　マグネトロンは発振用，**進行波管**は**増幅用**に用いられます．

図は**進行波管**で，マイクロ波の増幅を行います．マグネトロンと異なり，**空洞共振器はありません．**

答え▶▶▶1

下線の部分の穴埋め問題（増幅か発振かを選ぶ）も出題されています．

2.9 電子回路

抵抗，コイル，コンデンサの受動素子に，トランジスタ，FET，オペアンプや論理回路などの能動回路素子を組み合わせた回路を**電子回路**といい，アナログ回路とデジタル回路があります．

2.9.1 オペアンプ回路

オペアンプ（Operational Amplifier）は，演算増幅器のことで，直流信号も増幅できる利得の大きい集積回路です．増幅器としての利用の他，加算器，減算器，微分回路，積分回路などさまざまな回路を実現することができます．

オペアンプは，「入力インピーダンスが高い」「出力インピーダンスが低い」「電圧利得が大きい」といった特徴があります．

図 2.41 に示す回路を**反転増幅器**といいます．

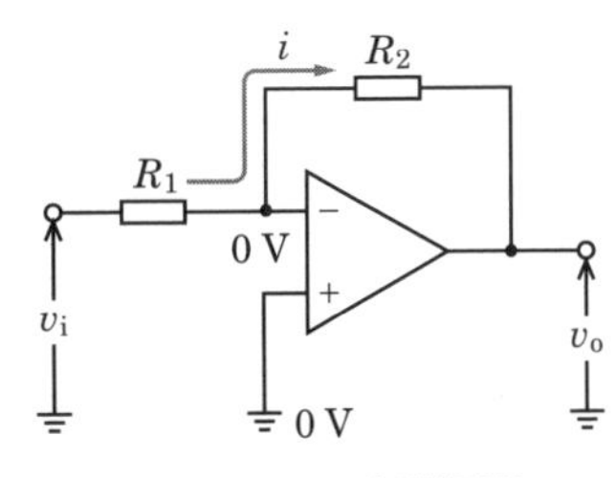

■図 2.41　反転増幅器

入力電圧を v_i，出力電圧を v_o とします．非反転端子（+）が接地されており，オペアンプの入力インピーダンスが非常に大きく入力に電流が流れないので，反転端子（−）も 0 V となります．したがって，電流は図 2.41 で示した方向に流れます．抵抗 R_1 の両端の電圧が $(v_i - 0)$〔V〕なので式 (2.19) が成立します．同様に抵抗 R_2 の両端の電圧が $(0 - v_o)$〔V〕なので式 (2.20) が成立します．

$$v_i - 0 = iR_1 \tag{2.19}$$

$$0 - v_o = iR_2 \tag{2.20}$$

式 (2.19) と式 (2.20) から，増幅度 A_v は

$$A_v = \frac{v_o}{v_i} = \frac{-iR_2}{iR_1} = -\frac{R_2}{R_1} \tag{2.21}$$

となり，増幅度 A_v の絶対値（大きさ）を求めると

$$|A_v| = \frac{R_2}{R_1} \tag{2.22}$$

となります．

2.9.2 負帰還増幅器

図 2.42 に示す回路を**負帰還増幅器**といいます．

A は帰還がない場合の増幅率，β は帰還率とします．

$A = v_o/v_1$，負帰還増幅器は増幅度が小さくなるように動作し，$v_1 = v_{in} - \beta v_o$ です．負帰還増幅器の増幅度 A_f は次式になります．

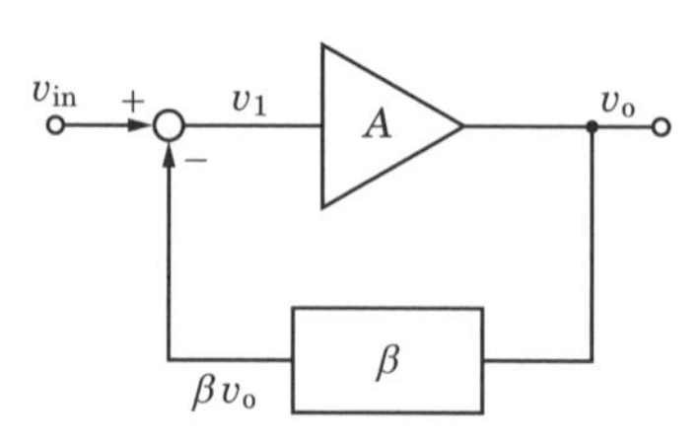

図 2.42　負帰還増幅器

$$A_f = \frac{v_o}{v_{in}} = \frac{Av_1}{v_1 + \beta v_o} = \frac{Av_1}{v_1 + A\beta v_1} = \frac{A}{1 + A\beta} \tag{2.23}$$

負帰還をかけると，増幅度は小さくなりますが，ひずみが少なくなります．

問題 35 ★★★　➡ 2.9.1

図に示す理想的な演算増幅器（オペアンプ）を使用した反転増幅器の電圧利得の値として，最も近いものを下の番号から選べ．ただし，図の増幅回路の電圧増幅度 A_v（真数）は，次式で表されるものとする．また，$\log_{10} 2 = 0.3$ とする．

$$|A_v| = R_2/R_1$$

1　6 dB
2　10 dB
3　14 dB
4　20 dB
5　28 dB

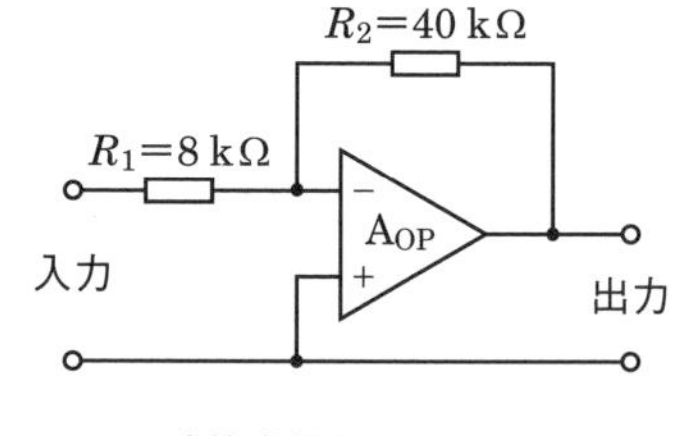

電圧増幅度 A_v を dB 表示すると，$20 \log_{10} |A_v|$〔dB〕です．

解説　問題文で与えられた $|A_v| = R_2/R_1$ に R_2 と R_1 の値を代入すると

$$|A_v| = \frac{R_2}{R_1} = \frac{40 \times 10^3}{8 \times 10^3} = 5$$

$|A_v|$ を dB 表示すると

$$20\log_{10}5 = 20\log_{10}\frac{10}{2} = 20(\log_{10}10 - \log_{10}2) = 20(1-0.3) = \mathbf{14\ dB}$$

答え▶▶▶3

出題傾向

R_1 と R_2 の値（A_v の値）を変えた問題も出題されており，その際は

$A_v = 4 \rightarrow \log_{10}4 = \log_{10}2^2 = 2\times\log_{10}2$

$A_v = 8 \rightarrow \log_{10}8 = \log_{10}2^3 = 3\times\log_{10}2$

$A_v = 16 \rightarrow \log_{10}16 = \log_{10}2^4 = 4\times\log_{10}2$

を用いて計算します．

問題 36 ★★★　➡2.9.2

図に示す負帰還増幅回路例の電圧増幅度の値として，最も近いものを下の番号から選べ．ただし，帰還がないときの電圧増幅度 A を 250，帰還率 β を 0.2 とする．

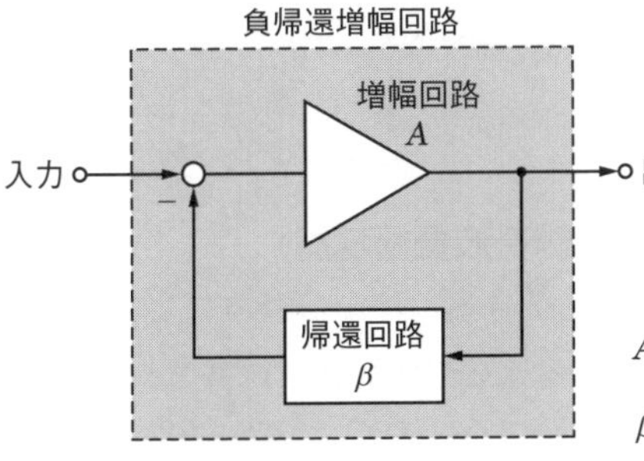

1　4.9　　2　5.1　　3　12.5　　4　31.3　　5　49.5

解説　$A_f = \dfrac{A}{1+A\beta}$ に与えられた数値を代入すると

$$A_f = \frac{A}{1+A\beta} = \frac{250}{1+250\times0.2} = \mathbf{4.9}$$

答え▶▶▶1

3章 変復調

この章から **2** 問出題

搬送波に信号を乗せることを変調，変調波から信号を取り出すことを復調といいます．アナログ方式の変復調，デジタル方式の変復調の概略について学びます．

3.1 アナログ変調

音声のような低周波数の信号波は直接遠くに伝えることはできません．そのため，信号波などの情報を遠くに伝えるために，周波数の高い搬送波に信号波を乗せて伝送します．これを**変調**といいます．

搬送波で変化できるものには，振幅，周波数，位相の3つがあり，変調するには，このうちの1つを信号波で変化させる必要があります．

振幅を変化させる変調を **AM**（Amplitude Modulation），周波数を変化させる変調を **FM**（Frequency Modulation），位相を変化させる変調を **PM**（Phase Modulation）といいます．

アナログ変調は最も基本的な変調方式で，中波 AM ラジオ放送や超短波 FM 放送などで使われています．

3.1.1 振幅変調と搬送波抑圧単側帯波振幅変調

振幅変調（AM：Amplitude Modulation）は，信号波によって搬送波の振幅を変化させる変調方式で，中波ラジオ放送や航空管制通信などに使用されています．周波数 f_c〔Hz〕の搬送波を，周波数 f_s〔Hz〕の単一正弦波（歪みのない信号のこと）の信号波で振幅変調すると，上側波と呼ばれる (f_c+f_s)〔Hz〕，下側波と呼ばれる (f_c-f_s)〔Hz〕，と搬送波 f_c〔Hz〕の3つの周波数成分が発生します．**図 3.1** のように，横軸に周波数〔Hz〕，縦軸に振幅〔V〕で描いた図を周波数分布図といいます．信号波の最高周波数 f_s〔Hz〕の2倍の $2f_s$〔Hz〕を**占有**

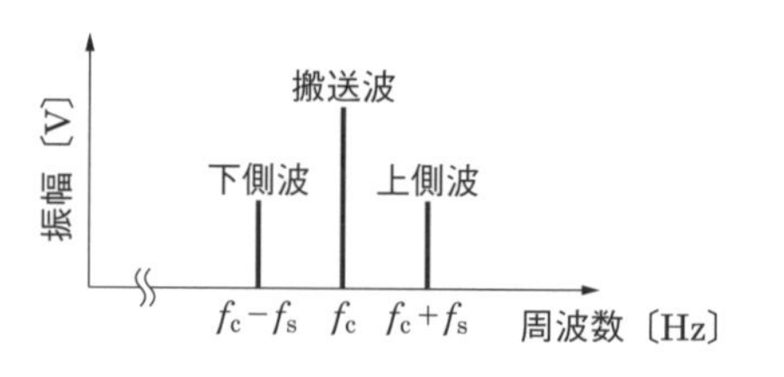

図 3.1 単一信号波で変調した振幅変調波の周波数分布

振幅変調波は，搬送波，上側波，下側波の3つから構成されています．

周波数帯幅といいます．

単一正弦波の代わりに色々な周波数成分を含む音声で振幅変調すると，周波数分布図は**図 3.2** に示すようになります．

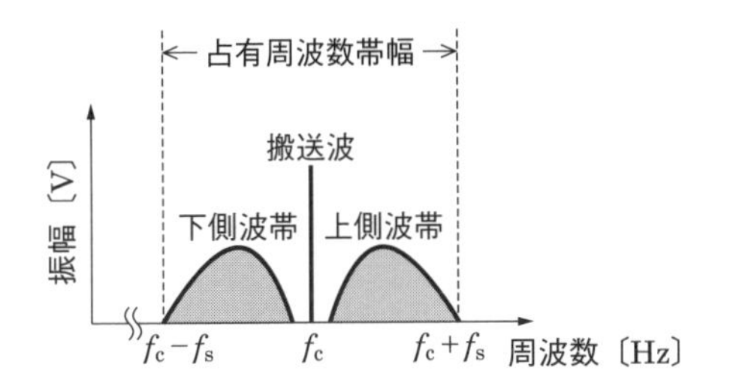

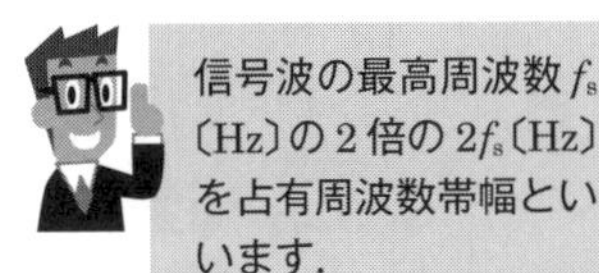

■ **図 3.2　音声信号で変調した振幅変調波の周波数分布**

このように側波が 2 つある振幅変調波を **DSB**（Double Side Band）といいます．電波法施行規則に規定する電波型式の表示では「**A3E**」になります．

搬送波抑圧単側帯波振幅変調（J3E）波は，搬送波を使わず，いずれか一方だけの側帯波だけを使う通信方式です．占有周波数帯幅は A3E の半分ですみます（**図 3.3**）．J3E 波を発生させるには平衡変調器が必要となります．

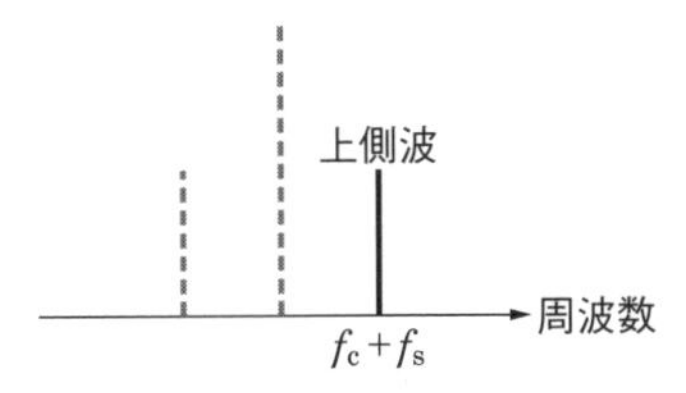

（周波数 f_c の搬送波を抑圧し，上側波を使用した単側帯波振幅変調）

■ **図 3.3　正弦波で変調された搬送波抑圧単側帯波振幅変調波（J3E）**

3.1.2　周波数変調

周波数変調は，**図 3.4** のように，搬送波の周波数を信号波で変化させる方式で

$$v_{FM} = V_c \sin(\omega_c t + m_f \sin pt)$$

で表されます．ここで，m_f は**変調指数**といい

$$m_f = \frac{\Delta\omega}{p} = \frac{2\pi\Delta f}{2\pi f_p} = \frac{\Delta f}{f_p} \tag{3.1}$$

となります．

$v_c = V_c \sin \omega_c t$ は搬送波電圧，Δf は最大周波数偏移，f_p は最高変調周波数を表します．

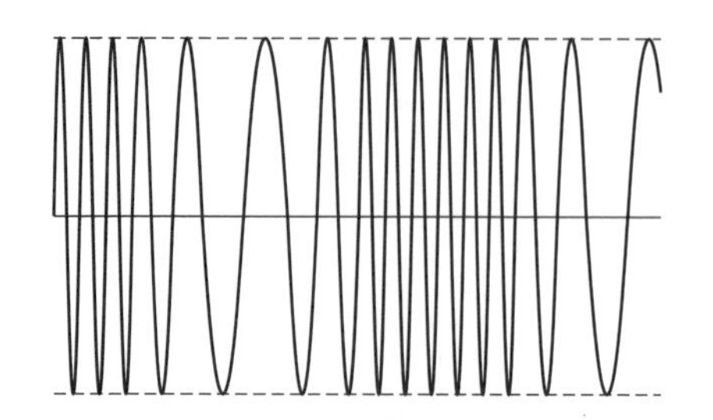

■図 3.4　周波数変調波

周波数変調波の側波は，**図 3.5** のように拡がり，占有周波数帯幅 B は，$B=2(\Delta f+f_p)$ となります.

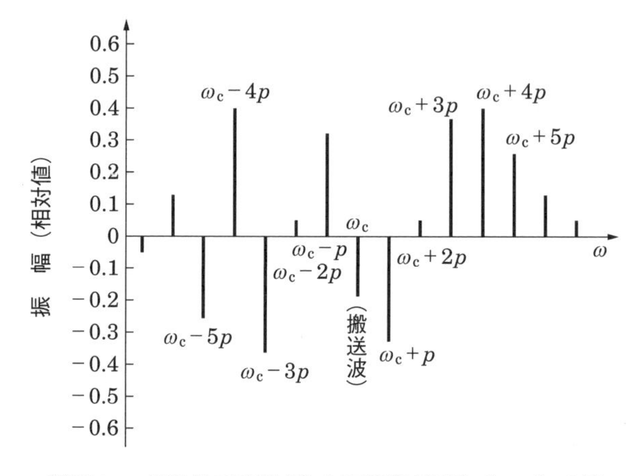

■図 3.5　正弦波で変調された周波数変調波（F3E）の例

問題 1 ★★ ➡3.1.2

FM（F3E）送信機において，最高変調周波数が 11 kHz で変調指数が 4 のときの占有周波数帯幅の値として，最も近いものを下の番号から選べ.

1　168 kHz　　2　154 kHz　　3　144 kHz　　4　120 kHz　　5　110 kHz

check

最大周波数偏移を Δf，最高変調周波数を f_p とすると，占有周波数帯幅 B は，$B=2(\Delta f+f_p)$ になります．ただし，変調指数は $m_f=\Delta f/f_p$ です.

解説 $m_f = \Delta f / f_p$ の式において，$m_f = 4$，$f_p = 11$ kHz とすると Δf は

$$\Delta f = 4 \times 11 = 44 \text{ kHz}$$

となります．占有周波数帯幅 B は，経験的にカーソンの法則として

$$B = 2(\Delta f + f_p)$$

で与えられます．よって

$$B = 2(44 + 11) = \mathbf{110\ kHz}$$

となります．

答え▶▶▶5

3.2 アナログ復調

変調された電波を受信しても人間の耳には聞こえませんので，受信した電波から信号波を取り出す必要があります．これを**復調**といいます．**AM 波の復調**を**検波**といい，**FM 波の復調**を**周波数弁別**といいます．

3.2.1 AM 復調（検波）

変調波から信号波を取り出すことを**復調**又は**検波**といいます．AM 検波には，ダイオードを用いた，直線検波や二乗検波などがあります．

3.2.2 FM 復調

FM 復調器は周波数の変化を振幅（電圧）の変化に変換する回路で，**周波数弁別器**ともいわれます．フォスターシーリー形周波数弁別器（**図 3.6**）は入力波の振幅の変動の影響を受けやすい短所があり，これを改良したのが**比検波器**（**図 3.7**）です．比検波器の特徴は，出力側に容量の大きなコンデンサ C_5 が接続され

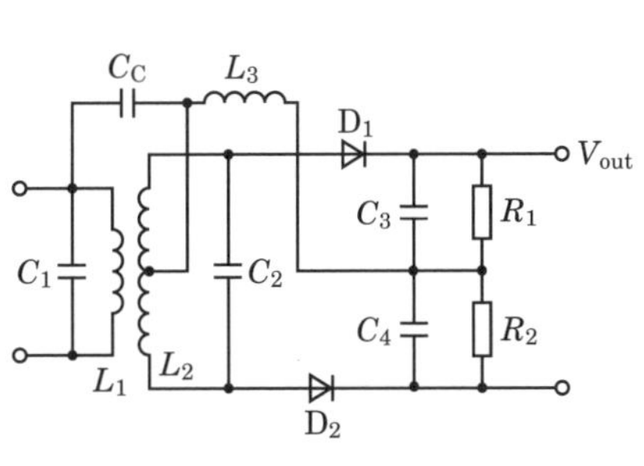

■図 3.6 フォスターシーリー形周波数弁別器

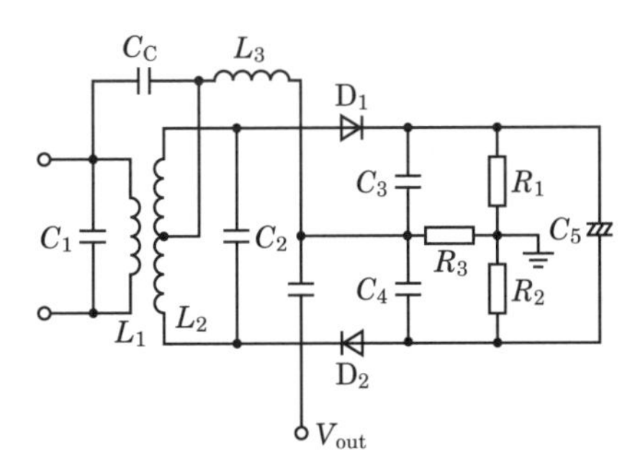

■図 3.7 比検波器

ていることです．これらの FM 復調器は，コイル（インダクタ）が必要となり，集積回路化には不適ですので，コイルが不要で集積回路化も容易な PLL 回路を使用した FM 復調器（**図 3.8**）が多く使用されています．

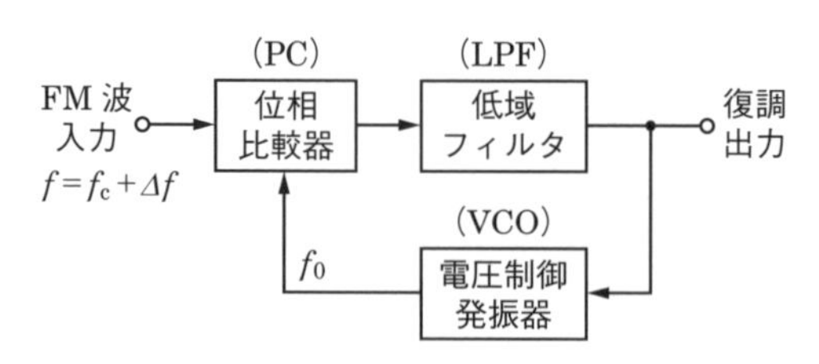

図 3.8　PLL 回路を使用した FM 復調器

図 3.8 の回路の動作原理は次のとおりです．通常の PLL 回路の位相比較器に加える基準発振器の代わりに FM 波を加えます．FM 波の周波数 f と電圧制御発振器の周波数 f_0 が等しくなると回路がロックしますが，FM 波は周波数が変化しているため，f_0 は f に追従して変化します．したがって，低域フィルタの出力電圧（＝電圧制御発振器の制御電圧）は，周波数偏移 Δf に比例して変化するので復調出力を得ることができます．

問題 2 ★★　➡ 3.2.2

次の図は，FM（F3E）受信機に用いられる位相同期ループ（PLL）復調器の原理的構成を示したものである．このうち正しいものを下の番号から選べ．ただし，PC は位相比較器，LPF は低域フィルタ，VCO は電圧制御発振器を表す．また，S_{FM} は FM 変調信号，S_{AD} は FM 復調信号を表す．

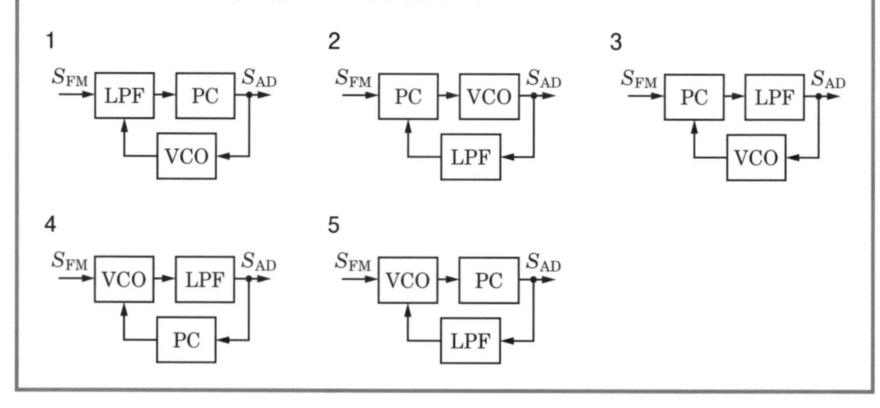

答え▶▶▶3

3.3 デジタル変調

アナログ信号を標本化，量子化，符号化の過程を経て，「1」，「0」の2進デジタル符号にします．2進デジタル符号で搬送波を変調するために，2進の「1」，「0」に対応する2つの状態を与えます．2つの状態とは，搬送波の振幅の有無でも，周波数の高低でも，位相の違いでも構いません．

デジタル変調は，2進符号で，搬送波に「1」「0」に対応する2つの状態を与えることです．デジタル変調の長所は雑音に強いこと．短所は，所要周波数帯域が広くなることです．

3.3.1 各種デジタル変調

アナログ変調のAM，FM，PMに対応するデジタル変調にASK（Amplitude Shift Keying），FSK（Frequency Shift Keying），PSK（Phase Shift Keying）があります．

図3.9に2値デジタル信号で変調された波形を示します．

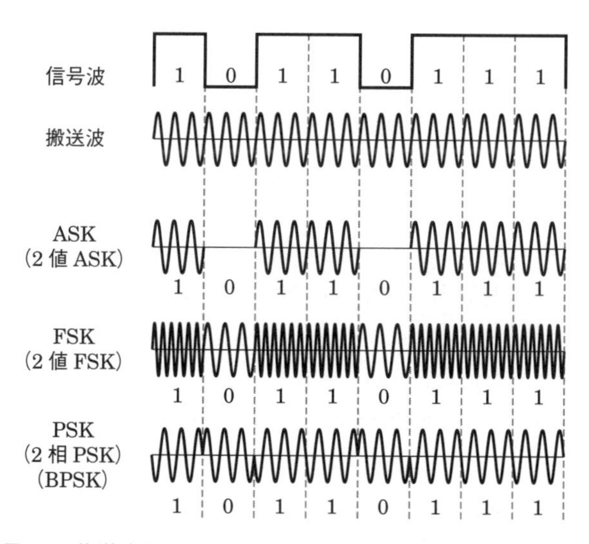

■**図3.9**　搬送波をベースバンド信号でデジタル変調したときの波形

ASK は信号波（デジタル信号）に応じて搬送波の振幅を変えて情報を伝送します．2 進の「1」で搬送波が送出されている状態，2 進の「0」で搬送波が送出されていない状態を表しています．**図 3.10** は ASK 信号の信号点を図示したもので，搬送波の振幅が 1 で位相が 0 であることを表します．この図を**信号空間ダイアグラム**（信号点配置図ということもある）又は**コンスタレーション**といい，横軸は同相軸で **I 軸**（Inphase axis），縦軸は直交軸で **Q 軸**（Quadrature axis）といいます. 2 値 ASK の「0」,「1」の判定点は振幅の半分の点になります.

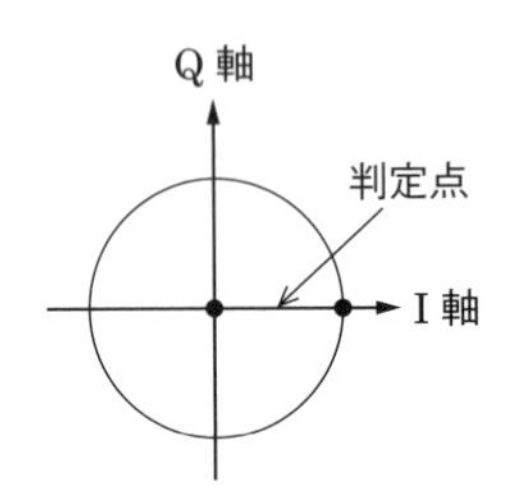

■図 3.10　2 値 ASK の信号空間ダイアグラム

FSK は信号波（デジタル信号）に応じて搬送波の周波数を変えて情報を伝送します．2 進の「1」で周波数の高い搬送波が送出されている状態，2 進の「0」で周波数の低い搬送波が送出されている状態を表しています．FSK は非線形変調方式ですので効率の良い C 級増幅器を使うことができますが，振幅を一定に保つために広い帯域幅が必要になります.

PSK は信号波（デジタル信号）に応じて搬送波の位相を変えて情報を伝送します．雑音やレベル変動に強く帯域幅も狭くて済むため，デジタル変調で多用されます．図 3.9 の波形は **2 相 PSK**（2PSK）又は **BPSK**（Binary Phase Shift Keying)（以下「BPSK」）といい，これは 0 又は π の 2 つの位相を使用して 1 シンボルで 1 ビットの情報を伝送できます.

BPSK の信号点配置図を**図 3.11** に示します．振幅が一定で位相が π だけ変化しています.「0」,「1」の判定点は 0 点になり，BPSK は信号点間距離が長いため雑音に強いといえます.

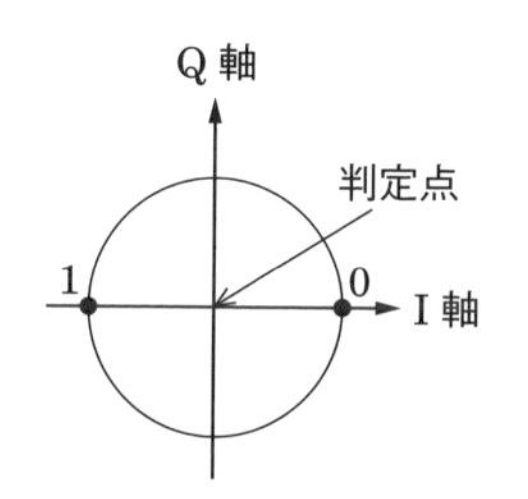

■図 3.11 BPSK の信号空間ダイアグラム

関連知識 シンボルとシンボルレート

シンボルは1回の変調で送られるデジタルデータのことです．例えば，BPSK の場合，位相が 0 又は π になっている期間のことをいい，この期間をシンボル期間長といいます．
シンボルレートは，1秒間に伝送するシンボル数を表し，単位は〔sps〕です．

3.3.2 各種 PSK

PSK 方式は多くの通信に使われています．**PSK 方式**には，1ビットの情報の伝送可能な **BPSK**，2ビットの情報の伝送可能な **4PSK**（以下 QPSK：Quadrature Phase Shift Keying），3ビットの情報伝送が可能な **8PSK** などがあります．**図 3.12**（a）は，2進の「1」を位相がゼロの搬送波，2進の「0」を位相が 180° 遅れている搬送波を使用する BPSK，図 3.12（b）は，位相がそれぞれ 90° ずれている4種類の搬送波を使用して，「00」,「01」,「11」,「10」の4つの状態（2ビット）を送ることができる QPSK，図 3.12（c）は，位相を8分割し，「000」,「001」,「011」,「010」,「110」,「111」,「101」,「100」の8つの状態（3ビット）を送ることができる 8PSK を示しています．

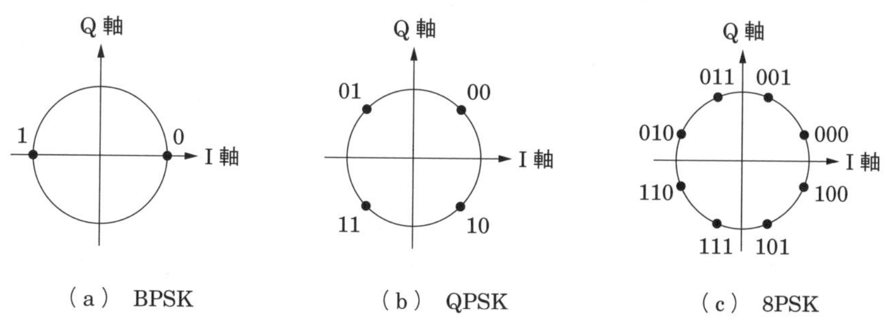

■図 3.12 BPSK，QPSK，8PSK の信号空間ダイアグラム

原理的には，位相を細かく分割すれば，一度に多くの情報が送れますが，符号誤り率が増加することになるので自ずと限界があります．

関連知識 自然2進符号とグレイ符号

2進数には**表3.1**に示すように自然2進符号とグレイ符号（グレイコード）があります．グレイ符号はとなり同士の数字とは1ビット違いで，ビット誤りを小さくできるため通信で使用されます．

■表3.1 自然2進符号とグレイ符号

10進数	自然2進符号	グレイ符号
0	0000	0000
1	0001	0001
2	0010	0011
3	0011	0010
4	0100	0110
5	0101	0111
6	0110	0101
7	0111	0100
8	1000	1100
9	1001	1101
10	1010	1111

3.3.3 QPSK変調器

並列形QPSK変調器（**図3.13**）はBPSK変調器を2つ並列にして構成されています．入力搬送波を2分岐し，一方はBPSK変調器1に，もう一方は移相器で搬送波の位相を$\pi/2$変化させてBPSK変調器2に入力します．BPSK変調器1では，搬送波の位相は0とπになり，BPSK変調器2でも，搬送波の位相は0とπになりますが，位相が$\pi/2$変化しているので，搬送波の位相は$\pi/2$と$3\pi/2$になります．BPSK変調器1とBPSK変調器2の出力を合成器で合成するとQPSK波が得られます．BPSK変調器は，リング変調器を使用して実現できます．

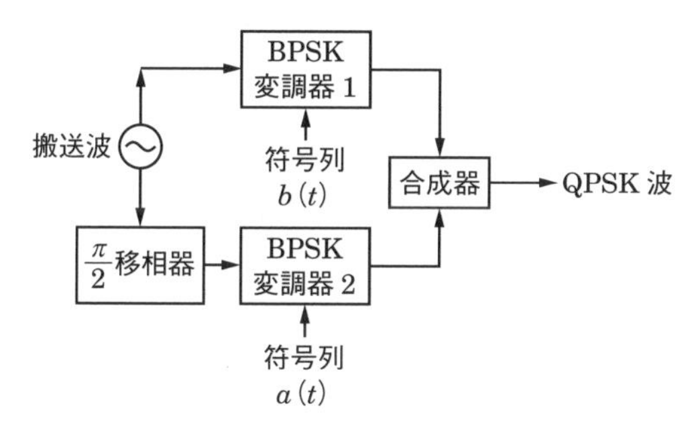

■図 3.13　並列形 QPSK 変調器の構成例

3.3.4　16QAM

直交振幅変調（QAM：Quadrature Amplitude Modulation）は位相と振幅の両方に変化を加える変調方式のことをいいます．**QAM** は伝送容量を増加させることができるのが特徴です．

図 3.14 の BPSK は振幅が 1 で，位相が 0 の搬送波を 2 進数の「1」，位相が π だけ相違する搬送波を 2 進数の「0」とし，2 通り（1 ビット）の情報を伝送することができます．

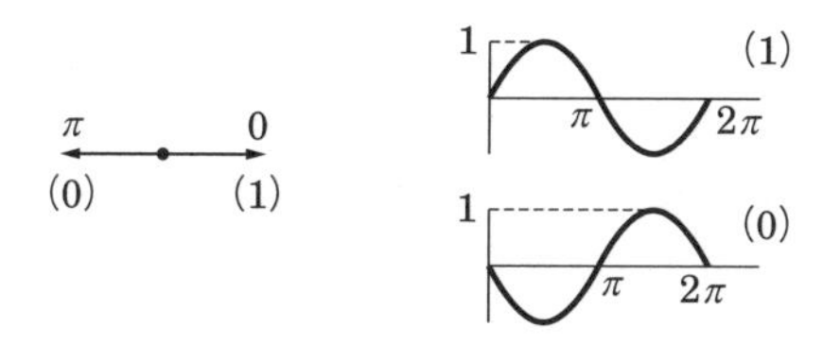

■図 3.14　振幅が 1 の BPSK の原理

QAM は**図 3.15** に示すように，位相だけでなく振幅方向も変化させる方式です．振幅を 1 と 2 の 2 種類の変化を与えると，「00」，「01」，「11」，「10」の 4 通り（2 ビット）の情報を伝送することができるようになります．

電子回路で，位相と振幅を同時に変化させることは困難なので，直交関係にある搬送波を使用することによって QAM 信号を発生させます．直交関係にあれば，1 つの搬送波で互いに影響を与えることなく 2 つのデジタル信号を伝送できます．

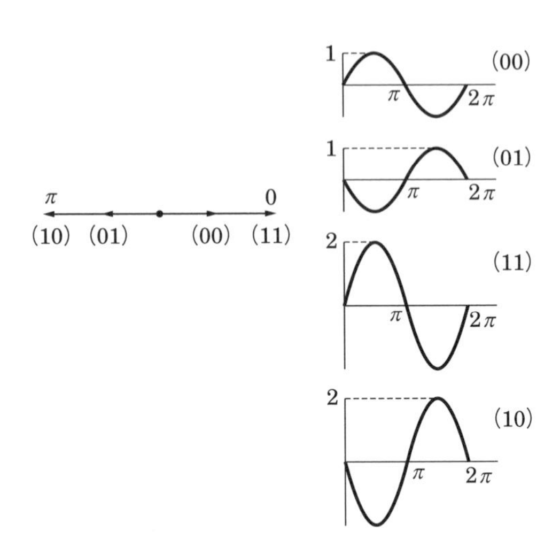

■図 3.15 振幅が 1 と 2 の 2 種類の値を持った QAM の原理

16QAM 変調回路は，周波数が等しく位相が $\pi/2$〔rad〕異なる直交する 2 つの搬送波を，それぞれ 4 値のレベルを持つ信号で振幅変調し，それらを合成することにより得られます．16QAM を 16PSK と比較すると，両方式の平均電力が同じ場合，16QAM の方が信号点間距離が長く，シンボル誤り率が小さくなります．

問題 3 ★★★ ➡ 3.3.1

次の記述は，BPSK 等のデジタル変調方式におけるシンボルレートとビットレートとの原理的な関係について述べたものである．［　　］内に入れるべき字句の正しい組合せを下の番号から選べ．ただし，シンボルレートは，1 秒間に伝送するシンボル数（単位は〔sps〕）を表す．

(1) BPSK（2PSK）では，シンボルレートが 10.0 Msps のとき，ビットレートは，［ A ］〔Mbps〕である．
(2) 16QAM では，ビットレートが 32.0 Mbps のとき，シンボルレートは，［ B ］〔Msps〕である．

	A	B
1	5.0	8.0
2	5.0	2.0
3	2.5	4.0
4	10.0	4.0
5	10.0	8.0

解説 (1) BPSKは1シンボルが1ビットなので，シンボルレートが10.0 Mspsのとき，ビットレートは，10.0×1＝**10.0 Mbps**となります．

(2) 16QAMは1シンボルが4ビットなので，ビットレートが，32.0 Mbpsのとき，シンボルレートは32.0÷4＝**8.0 Msps**となります．

答え▶▶▶5

問題4 ★★★ ➡3.3.2

グレイ符号（グレイコード）による8PSKの信号空間ダイアグラム（コンスタレーション）として，正しいものを下の番号から選べ．ただし，I軸は同相軸，Q軸は直交軸を表す．

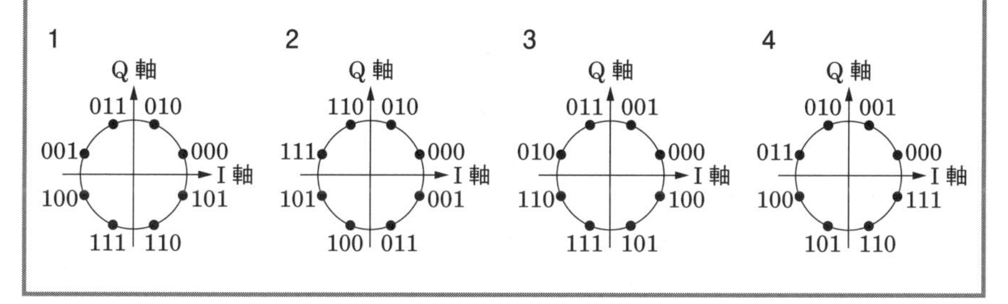

解説 グレイコードは隣り合う信号点は，それぞれ1ビット違いになり，雑音などでシンボル誤りが生じてもビット誤りを最小にすることができます．

答え▶▶▶3

出題傾向 QPSKの信号空間ダイアグラムを選ぶ問題も出題されています.

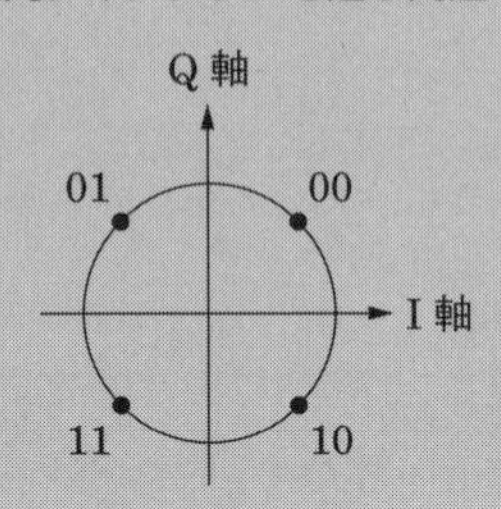

問題 5 ★★★ ➡3.3.2

次の記述は，デジタル伝送におけるビット誤り等について述べたものである．このうち正しいものを下の番号から選べ．ただし，図にQPSK（4PSK）の信号空間ダイアグラムを示す．

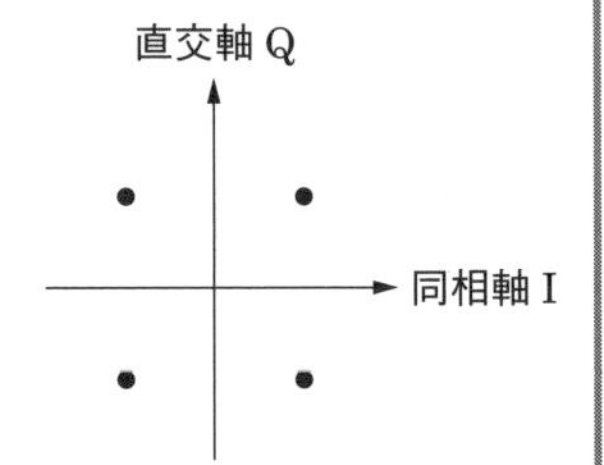

1　QPSKにおいて，2ビットのデータを各シンボルに割り当てる方法が自然2進符号に基づく場合は，縦横に隣接するシンボル間で誤りが生じたとき，常に2ビットの誤りとなる．

2　QPSKにおいて，2ビットのデータを各シンボルに割り当てる方法がグレイ符号に基づく場合は，縦横に隣接するシンボル間で誤りが生じたとき，1ビット誤る場合と2ビット誤る場合がある．

3　QPSKにおいて，2ビットのデータを各シンボルに割り当てる方法がグレイ符号に基づく場合と自然2進符号に基づく場合とで比べたとき，グレイ符号に基づく場合の方がビット誤り率を小さくできる．

4　1 000ビットの信号を伝送して，1ビットの誤りがあった場合，ビット誤り率は，10^{-4}である．

解説　1　×　「…**常に2ビットの誤りとなる**」ではなく，正しくは「…**1ビット誤る場合と2ビット誤る場合がある**」です．

2　×　「…**1ビット誤る場合と2ビット誤る場合がある**」ではなく，正しくは「…**常に1ビットの誤りとなる**」です．

3　○　正しいです．

4 × 「…ビット誤り率は，**10^{-4}** である」ではなく，正しくは「…ビット誤り率は，**10^{-3}** である」です．

答え ▶▶▶ 3

問題 6 ★★★ ➡3.3.4

次の記述は，16QAM について述べたものである．[　　]内に入れるべき字句の正しい組合せを下の番号から選べ．

(1) 16QAM は，周波数が等しく位相が [A]〔rad〕異なる直交する 2 つの搬送波を，それぞれ 4 値のレベルを持つ信号で変調し，それらを合成することにより得られる．

(2) 一般的に，16QAM を QPSK と比較すると，16QAM の方が周波数利用効率が [B]．また，16QAM は，振幅方向にも情報が含まれているため，伝送路におけるノイズやフェージングなどの影響を [C]．

	A	B	C
1	$\pi/4$	低い	受けにくい
2	$\pi/4$	高い	受けやすい
3	$\pi/2$	低い	受けにくい
4	$\pi/2$	高い	受けにくい
5	$\pi/2$	高い	受けやすい

解説 16QAM は，位相が $\boldsymbol{\pi/2}$ rad 異なる直交する 2 つの搬送波を使用しています．また，QPSK（4PSK）は 4 個の状態（2 ビット）を送ることができる一方，16QAM は 16 個の状態（4 ビット）を送ることができるため，16QAM の方が周波数利用効率が**高い**ですが，ノイズやフェージングなどの影響を**受けやすく**なります．

答え ▶▶▶ 5

問題 7 ★★★ ➡3.3.4

次の記述は，デジタル変調のうち直交振幅変調（QAM）方式について述べたものである．このうち誤っているものを下の番号から選べ．

1　16QAM 方式は，16 個の信号点を持つ QAM 方式である．

2　16QAM 方式は，2 つの直交した 4 値の ASK 波を 2 波合成して得ることができる．

3 256QAM 方式は，256 個の信号点を持つ QAM 方式であり，2 つの直交した 16 値の ASK 波を 2 波合成して得ることができる.

4 256QAM 方式は，QPSK（4PSK）方式と比較すると，同程度の占有周波数帯幅で 8 倍の情報量を伝送できる.

解説 4 × 256QAM は，2^8 であるので 8 ビット，QPSK は 2 ビットなので 8 倍ではなく **4 倍**の情報量を伝送できます.

答え▶▶▶4

3.4 デジタル復調

3.4.1 BPSK 復調器

BPSK の復調器には，同期検波と遅延検波があります.

同期検波は**図 3.16** に示すように，受信波と搬送波再生回路で再生した基準搬送波を乗算することにより復調する方式で，PSK 通信方式に使われています.

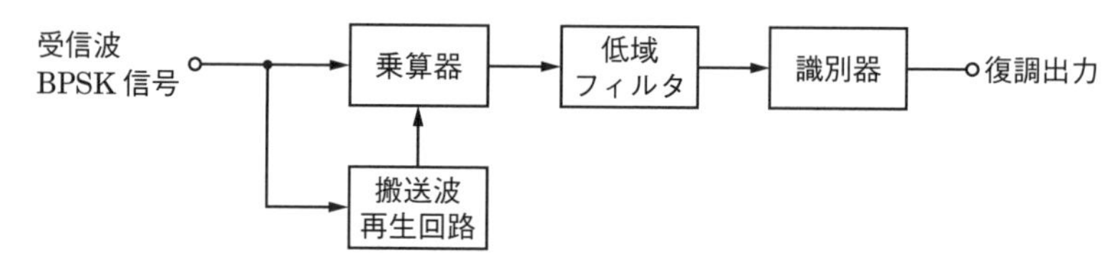

■図 3.16 同期検波の原理的構成（BPSK）

図 3.16 の搬送波再生回路の基本構成は**図 3.17** のようになります.

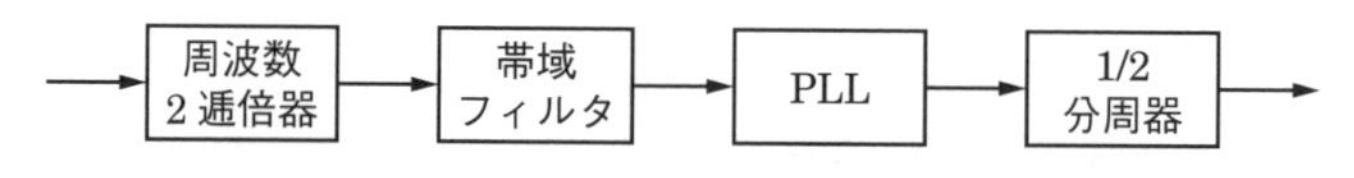

■図 3.17 逓倍法による搬送波再生回路の構成

図 3.17 は逓倍法と呼ばれる搬送波再生回路です. 周波数 2 逓倍器は入力 BPSK 信号が「0」であっても「π」であっても，2 逓倍すれば位相も 2 倍され「0」，「$2\pi = 0$」となり位相が一致するため，位相差が同じで周波数が 2 倍の搬送波を取り出すことができます. 帯域フィルタで雑音等を取り除き，PLL 回路を

用いることにより，きれいな信号を作り，1/2 分周器で基準搬送波を再生します．

遅延検波は，**図 3.18** に示すように，受信波と 1 シンボル前の受信波を乗算することにより復調する方式で搬送波再生回路は不要です．遅延検波は PSK 通信方式で使われますが雑音などを含む信号をそのまま乗算することになり，符号誤り率は同期検波と比較すると大きくなります．

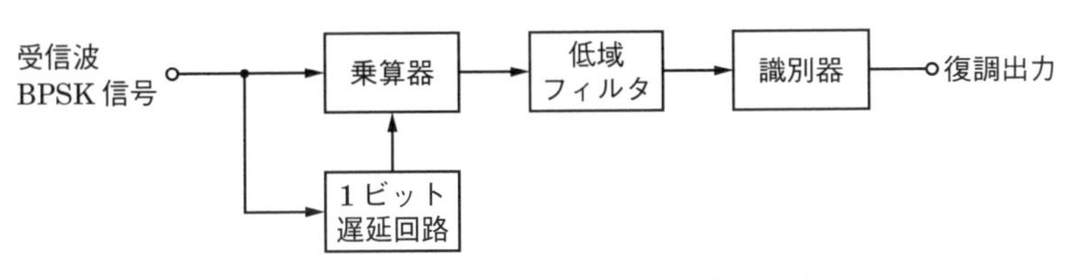

図 3.18 遅延検波の原理的構成（BPSK）

3.4.2 QPSK 復調器

QPSK 復調器の例を**図 3.19** に示します．

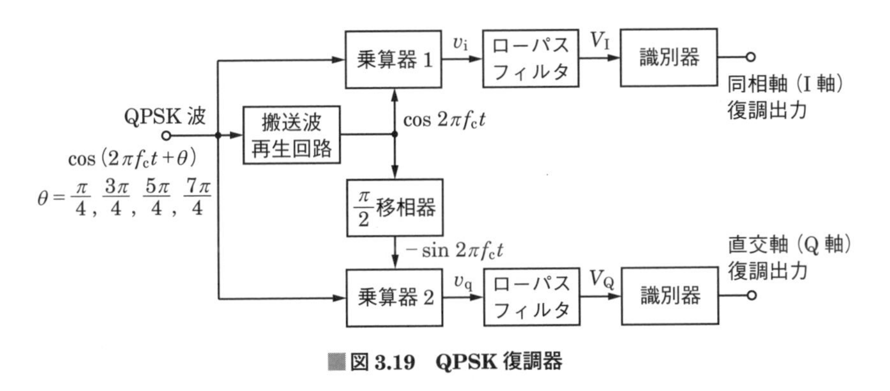

図 3.19 QPSK 復調器

入力する QPSK 波と搬送波の振幅を 1 として考えます．QPSK 波は $\cos(2\pi f_c t + \theta)$ で与えられ，$\theta = \frac{\pi}{4}, \frac{3\pi}{4}, \frac{5\pi}{4}, \frac{7\pi}{4}$ とします．搬送波 $\cos 2\pi f_c t$ を $\pi/2$ 移相器で位相を $\pi/2$ 変化させると $-\sin 2\pi f_c t$ になり，乗算器 1 の出力 v_i は次式のようになります．

$$v_i = \cos(2\pi f_c t + \theta) \times \cos 2\pi f_c t = \frac{1}{2}\{\cos(4\pi f_c t + \theta) + \cos\theta\} \qquad (3.2)$$

v_{i}がローパスフィルタを通ると高い周波数は通過できないので，$\dfrac{1}{2}\cos\theta$のみが出力します．これを次式で表すことにします．

$$V_{\mathrm{I}}=\frac{1}{2}\cos\theta \tag{3.3}$$

ここで，式（3.3）をI信号といいます（Iは同相を意味するIn-phaseの頭文字）．同様に，乗算器2の出力v_{q}は次式のようになります．

$$v_{\mathrm{q}}=\cos(2\pi f_{\mathrm{c}}t+\theta)\times(-\sin 2\pi f_{\mathrm{c}}t)=\frac{1}{2}\{-\sin(4\pi f_{\mathrm{c}}t+\theta)+\sin\theta\} \tag{3.4}$$

v_{q}がローパスフィルタを通ると高い周波数は通過できないので，$\dfrac{1}{2}\sin\theta$のみが出力します．これを次式で表すことにします．

$$V_{\mathrm{Q}}=\frac{1}{2}\sin\theta \tag{3.5}$$

式（3.5）をQ信号（Qは直交を意味するQuadrature-phaseの頭文字）といい，V_{I}とV_{Q}を識別器に通すことにより復調します．

3.4.3　16QAM復調器

QPSK復調器と同様に搬送波再生回路で再生された搬送波とその搬送波の位相を$\pi/2$変化させたものを，それぞれ位相検波器に加えた後，ローパスフィルタを通した4値信号を4値-2値変換器を経て4系列の符号を出力する復調方式を**16QAM復調器**といいます（**図3.20**）．

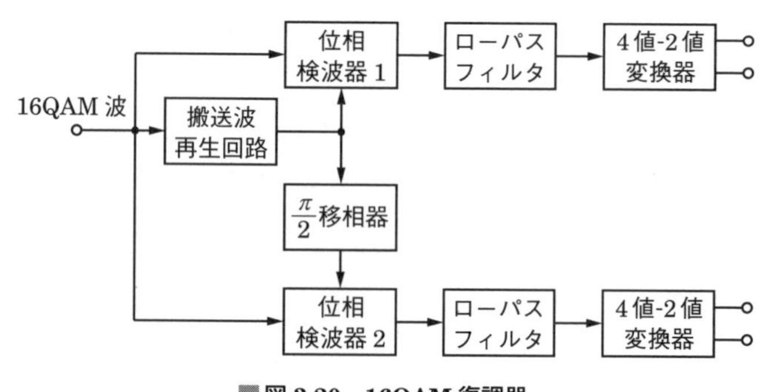

図3.20　16QAM復調器

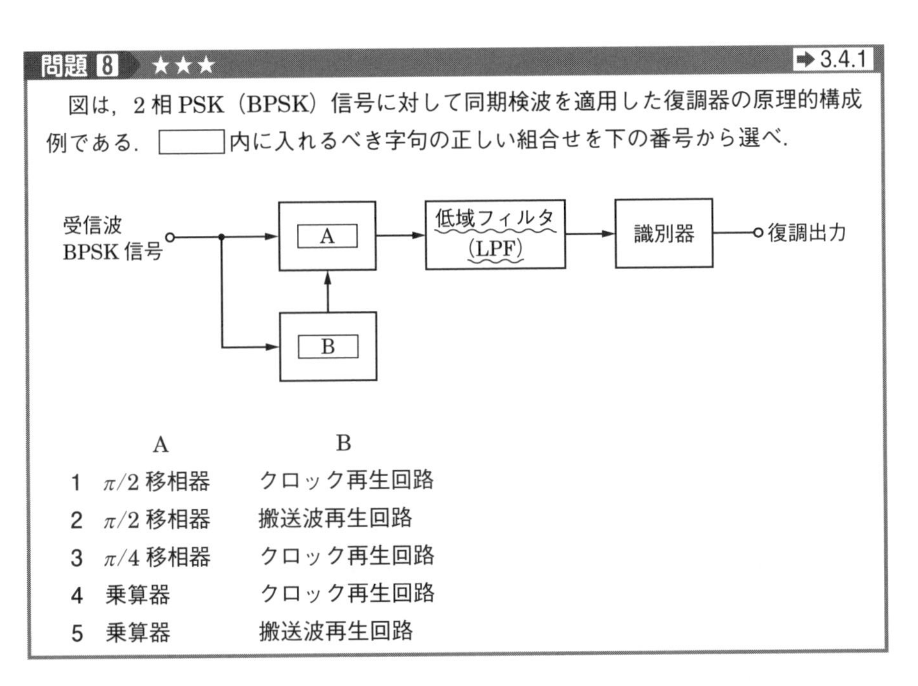

問題 8 ★★★ ➡3.4.1

図は，2 相 PSK（BPSK）信号に対して同期検波を適用した復調器の原理的構成例である．□内に入れるべき字句の正しい組合せを下の番号から選べ．

	A	B
1	$\pi/2$ 移相器	クロック再生回路
2	$\pi/2$ 移相器	搬送波再生回路
3	$\pi/4$ 移相器	クロック再生回路
4	乗算器	クロック再生回路
5	乗算器	搬送波再生回路

答え▶▶▶5

下線の部分を穴埋めにした問題も出題されています．

問題 9 ★★★ ➡3.4.1

次の記述は，図に示す BPSK（2PSK）信号の復調回路の構成例について述べたものである．［　　］内に入れるべき字句の正しい組合せを下の番号から選べ．なお，同じ記号の［　　］内には，同じ字句が入るものとする．

(1) この復調回路は，同期検波方式を用いている．

(2) 位相検波回路で，入力の BPSK 信号と搬送波再生回路で再生した搬送波との［ A ］を行い，低域フィルタ（LPF），識別再生回路及びクロック再生回路によってデジタル信号を復調する．

(3) 搬送波再生回路は，［ B ］，帯域フィルタ（BPF），位相同期ループ（PLL）及び 1/2 分周回路で構成されており，入力の BPSK 信号の位相がデジタル信号に応じて π〔rad〕変化したとき，搬送波再生回路の帯域フィルタ（BPF）の出力の位相は変わらない．

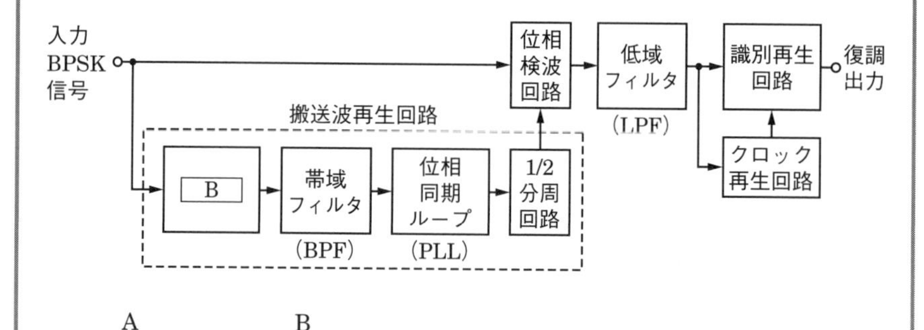

	A	B
1	足し算	位相変調器
2	足し算	周波数 2 逓倍回路
3	足し算	$\pi/2$ 移相器
4	掛け算	周波数 2 逓倍回路
5	掛け算	$\pi/2$ 移相器

解説 位相検波回路（乗算器）は入力 BPSK 信号と搬送波再生回路で再生した搬送波の**掛け算**を行います．

答え ▶▶▶ 4

出題傾向 下線の部分を穴埋めにした問題も出題されています．

問題 10 ★★ ➡3.4.1

図は，2 相 PSK（BPSK）信号に対して遅延検波を適用した復調器の原理的構成例である．□内に入れるべき字句の正しい組合せを下の番号から選べ．

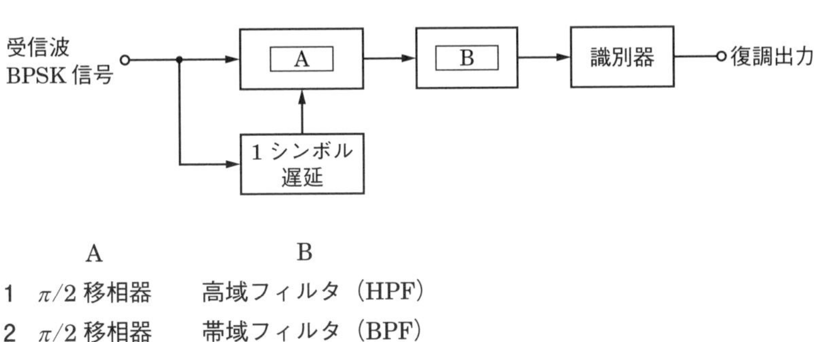

	A	B
1	$\pi/2$ 移相器	高域フィルタ（HPF）
2	$\pi/2$ 移相器	帯域フィルタ（BPF）
3	$\pi/2$ 移相器	低域フィルタ（LPF）
4	乗算器	高域フィルタ（HPF）
5	乗算器	低域フィルタ（LPF）

答え▶▶▶ 5

問題 11 ★★ ➡3.4.1

次の記述は，デジタル無線通信における同期検波について述べたものである．このうち誤っているものを下の番号から選べ．

1 同期検波は，PSK 通信方式で使用できない．
2 同期検波は，受信した信号から再生した基準搬送波を使用して検波を行う．
3 同期検波は，低域フィルタ（LPF）を使用する．
4 同期検波は，一般に遅延検波より符号誤り率特性が優れている．

解説 1 × 同期検波は，PSK 通信方式で**使用できます．**

答え▶▶▶ 1

問題 12 ★★★ ➡3.4.1

次の記述は，デジタル無線通信における遅延検波について述べたものである．このうち正しいものを下の番号から選べ．

1 遅延検波は，受信する信号に対し，1 シンボル（タイムスロット）後の信号を基準信号として用いて検波を行う．

2 遅延検波は，一般に同期検波より符号誤り率特性が優れている．
3 遅延検波は，PSK 通信方式で使用できない．
4 遅延検波は，基準搬送波を再生する搬送波再生回路が不要である．

解説 1 × 「1 シンボル**後**の信号」ではなく，正しくは「1 シンボル**前**の信号」です．
2 × 「**優れている**」ではなく，正しくは「**劣っている**」です．
3 × 「**使用できない**」ではなく，正しくは「**使用できる**」です．

答え▶▶▶4

問題 13 ★★ ➡3.4.2

次の図は同期検波による QPSK（4PSK）復調器の原理的構成図である．[　　] 内に入れるべき字句の正しい組合せを下の番号から選べ．なお，同じ記号の [　　] 内には，同じ字句が入るものとする．

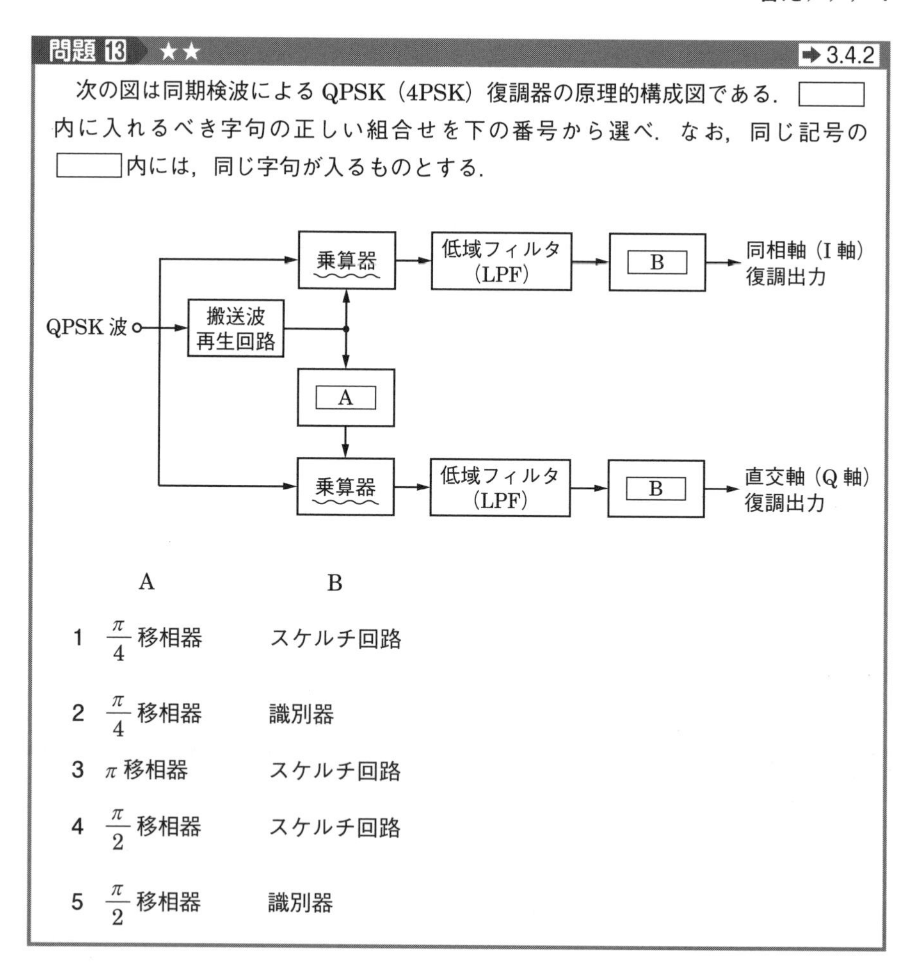

	A	B
1	$\frac{\pi}{4}$ 移相器	スケルチ回路
2	$\frac{\pi}{4}$ 移相器	識別器
3	π 移相器	スケルチ回路
4	$\frac{\pi}{2}$ 移相器	スケルチ回路
5	$\frac{\pi}{2}$ 移相器	識別器

答え▶▶▶5

下線の部分を穴埋めにした問題も出題されています.

3.5 符号誤りと誤り訂正

デジタル無線通信の品質の評価は，**ビット誤り率**（**BER**：Bit Error Ratio）で行います．符号誤りの原因として受信機の熱雑音などにより統計的に独立に発生する**ランダム誤り**，混信，マルチパスフェージング，雷などが原因となり集中的に発生する**バースト誤り**があります．バースト誤りを軽減する対策として，送信符号の順序を入れ替える**インターリーブ**があります．受信側で元の順序に戻すことを**デインターリーブ**といいます．

有線でデジタル信号を伝送する場合，BER は 10^{-6} 以下になりますが，無線通信では，伝送路で生じる減衰や雑音などで BER は 10^{-3} 程度になることもあります．デジタル通信では，符号（ビット）誤りを検出，訂正することが可能です．誤り訂正には，**表 3.2** に示すような**無帰還訂正方式**（FEC：Forward Error Correction）と**帰還訂正方式**（ARQ：Automatic Repeat and reQuest）があります．

■表 3.2　誤り訂正方式

方式	符号型式	伝送路	特徴
無帰還訂正方式（FEC）	誤り訂正符号	片方向伝送路	リアルタイム通信に適用可
帰還訂正方式（ARQ）	誤り検出符号	双方向非対称伝送路	リアルタイム通信に適用不可

3.5.1 FEC

FEC は**前方誤り訂正**ともいい，送信側のデータ信号を一定の長さに区切り，誤り訂正符号を追加して送信し，受信側では受信データから追加したビットを解析することにより誤り訂正を行います．

誤り訂正符号のビット数は，符号誤り率が大きい場合はビット数を大きくしないと誤り訂正ができなくなるので伝送効率が悪くなります．

3.5.2 ARQ

ARQは**自動再送要求**ともいい，誤り検出符号を用い，受信側で誤りの有無を検出し，誤りがある場合は再送を要求する方式です．受信側で誤りが検出されなければACK（ACKnowledgement），誤りを検出するとNACK（Negative ACKnowledgement）を送信側に送り返します．送信側はNACKに該当する信号を再送します．ARQは再送に時間を要するため，伝送効率が悪く，音声通信には不向きですが，リアルタイムで通信する必要のないデータ通信などに向いています．

問題 14 ★ ➡3.5

次の記述は，デジタル無線通信における誤り制御について述べたものである．［　　］内に入れるべき字句の正しい組合せを下の番号から選べ．なお，同じ記号の［　　］内には，同じ字句が入るものとする．

(1) デジタル無線通信における誤り制御には，誤りを受信側で検出した場合，送信側へ再送を要求する［ A ］という方法と，再送を要求することなく受信機で誤りを訂正する［ B ］という方法などがある．

(2) 伝送遅延がほとんど許容されない場合は，一般に［ B ］が使用される．

	A	B
1	FEC	ARQ
2	AFC	FEC
3	ARQ	FEC
4	FEC	AFC

解説 誤りを受信側で検出した場合，送信側へ再送を要求するのは**ARQ**（自動再送要求）で，受信側で訂正するのは，**FEC**（前方誤り訂正）です．

なお，AFC（Automatic Frequency Control）は自動周波数制御回路のことで，誤り訂正には関係ありません．

答え▶▶▶3

出題傾向 下線の部分を穴埋めにした問題も出題されています．

3章

問題 15 ★★★ ➡3.5

次の記述は，デジタル無線通信で発生する誤り及びその対策の一例について述べたものである．[　　]内に入れるべき字句の正しい組合せを下の番号から選べ．

(1) デジタル無線通信で生じる誤りには，ランダム誤りとバースト誤りがある．ランダム誤りは，[A]に発生する誤りであり，主として受信機の熱雑音などによって引き起こされる．バースト誤りは，一般にマルチパスフェージングなどにより引き起こされる．

(2) バースト誤りの対策の一つとして，送信する符号の順序を入れ替える[B]を行い，受信側で[C]により元の順序に戻すことによりバースト誤りの影響を軽減する方法がある．

	A	B	C
1	統計的に独立	デインターリーブ	インターリーブ
2	統計的に独立	インターリーブ	デインターリーブ
3	集中的	インターリーブ	デインターリーブ
4	集中的	デインターリーブ	インターリーブ

解説　バースト誤りはデータの符号列に集中的に発生する誤りで，情報が連続して欠落するため悪影響が大きくなります．送信するデータの符号列の順序を入れ替える**インターリーブ**を行うことで，バースト誤りをランダム誤りに変換することができ，情報が連続して欠落する悪影響を防ぐことができます．

ランダム（random）は規則性がない，予測できないといった意味です．

答え▶▶▶2

出題傾向　下線の部分を穴埋めにした問題も出題されています．

4章 無線送受信装置，多重通信システム

この章から **4** 問出題

アナログ方式のFM送受信機の構成と動作，PCM通信方式，衛星通信の原理の概略について学びます．

送信機は，変調，符号化，多重化などの処理，受信機は，復調，復号化などの処理を行う通信機器です．

試験では，アナログ式FM送受信機に関する問題，PCMの原理に関する問題が度々出題されています．

4.1 FM送信機

本節で採りあげる**FM送信機**は，アナログ式の電波型式F3Eの信号を送信する送信機です．送信機は，周波数の安定度が高いこと，占有周波数帯幅が規定値内であること，不要輻射が少ないことが要求されます．

FM送信機の各ブロックの名称や動作原理が出題されます．特に，IDC回路，位相変調器，周波数逓倍器の働きをしっかり覚えましょう．

FM（F3E）送信機の構成をブロック図で示したものを**図4.1**に示します．

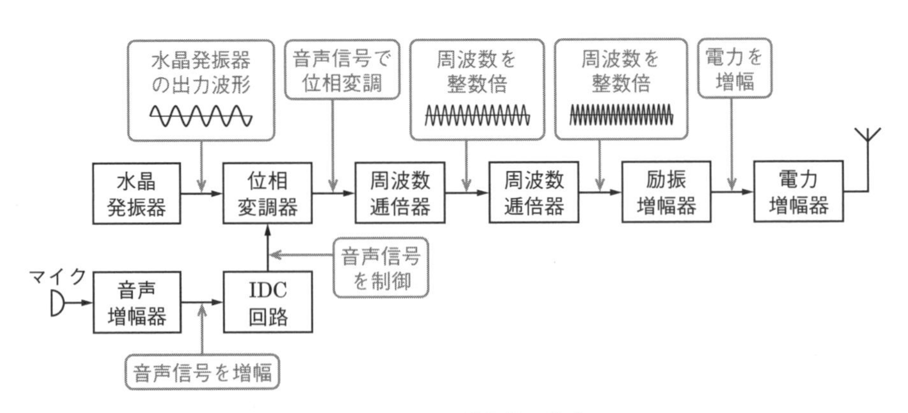

■図4.1　FM送信機の構成

各回路の動作は以下のとおりです．

水晶発振器：搬送波のもとになる信号を発生させる回路（発振回路）です．水晶発振器は容易に周波数安定度の良好な周波数を発生させることができます．

位相変調器：音声信号で水晶発振器の出力の位相角を変化させます．

周波数逓倍器：水晶発振回路で発生した周波数を送信周波数になるまで高くするとともに，所定の周波数偏移が得られるようにする役目があります．

励振増幅器：電力増幅器を動作させるのに十分な電力まで増幅する回路です．

電力増幅器：所定の送信電力が得られるように増幅する回路です．

音声増幅器：マイクロフォンからの音声信号を増幅する回路です．

IDC（Instantaneous Deviation Control）回路：大きな音声信号が加わっても最大周波数偏移が所定の値からはみ出さないように制御する回路です．

4
章

図 4.1 の回路は間接 FM（F3E）方式の送信機ですが，水晶発振器を使用しないで，自励発振器に音声で直接周波数変調する簡易な直接 FM 方式の送信機もあります．

FM（F3E）送信機に使用されている特徴的な回路は「位相変調器」「周波数逓倍器」「IDC 回路」です．

図 4.1 の FM（F3E）送信機では，発振回路に水晶発振器が用いられていますが，水晶発振器は発振周波数が固定です．複数の周波数で送信する必要がある場合，発振器には**図 4.2** で示すシンセサイザ発振器が用いられます．シンセサイザ発振器は，PLL（Phase Locked Loop）回路を使い，周波数確度と安定度の高い

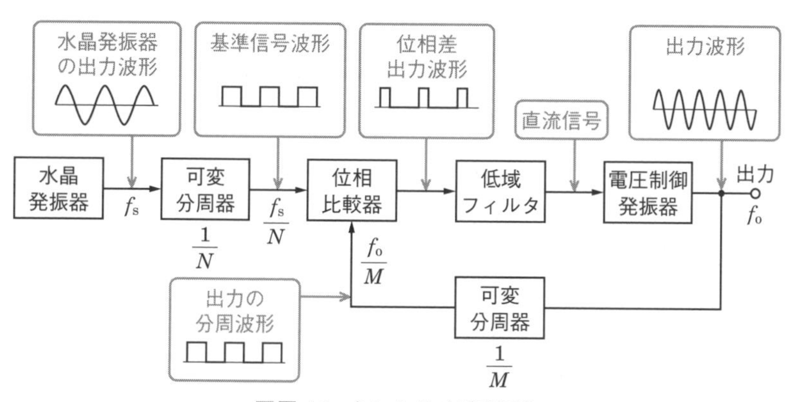

■図 4.2　シンセサイザ発振器

基準水晶発振器，可変分周器，位相比較器，低域フィルタ，電圧制御発振器を組み合わせることにより，任意の周波数を発生させることができます．位相比較器は2つの信号の位相が等しいときは出力電圧がゼロですが，2つの信号の位相が少しでも異なると電圧を出力する回路です．位相比較器から出力された電圧は低域フィルタ（LPF）を通過して直流電圧となり，その電圧で電圧制御発振器（VCO）の周波数f_oを変化させ，その出力が$1/M$分周器で分周されf_o/Mになり，位相比較器に入力され，基準周波数f_sが$1/N$分周器でf_s/Nと同じ位相になるまで動作を繰り返します．

問題 1 ★★★ ➡4.1

図に示す位相同期ループ（PLL）を用いた周波数シンセサイザの原理的な構成例において，出力の周波数f_oの値として，正しいものを下の番号から選べ．ただし，水晶発振器の出力周波数f_xの値を10 MHz，固定分周器1の分周比についてN_1の値を5，固定分周器2の分周比についてN_2の値を2，可変分周器の分周比についてN_pの値を42とし，PLLは理想的に動作するものとする．

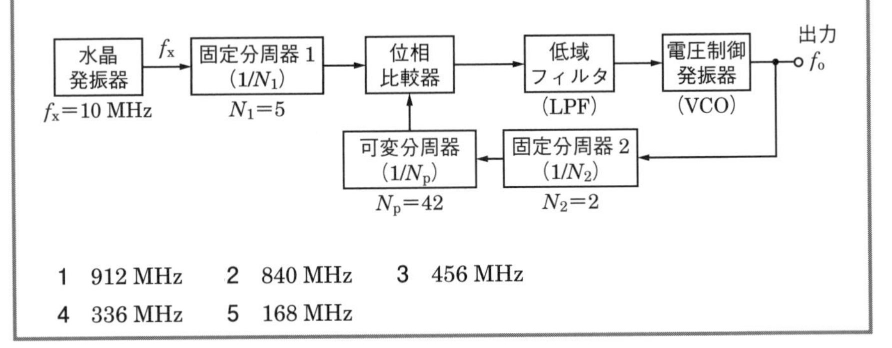

1　912 MHz　　2　840 MHz　　3　456 MHz
4　336 MHz　　5　168 MHz

解説　水晶発振器の出力周波数f_x = 10 MHzを固定分周器1で分周した後の周波数をf_1とすると

$$f_1 = \frac{f_x}{N_1} = \frac{10}{5} = 2\ \text{MHz} \quad \cdots ①$$

出力周波数f_oを固定分周器2と可変分周器で分周した後の周波数をf_2とすると

$$f_2 = \frac{f_o}{N_2 N_p} = \frac{f_o}{2 \times 42} = \frac{f_o}{84}\ \text{〔MHz〕} \cdots ②$$

$f_1 = f_2$ になれば PLL 回路がロックするので，式①＝式②とすると，f_o は次式で求まります．

$$2 = \frac{f_o}{84} \quad \cdots ③$$

式③より，$f_o = 2 \times 84 =$ **168 MHz**

答え ▶▶▶ 5

4.2 FM 受信機

本節で採りあげる FM 受信機は，アナログ式の電波型式 F3E の電波を受信する受信機です．

受信機は，**感度**，**選択度**，**忠実度**が重要な要素です．

FM 受信機の構成例をブロック図で示したものを**図 4.3** に示します．

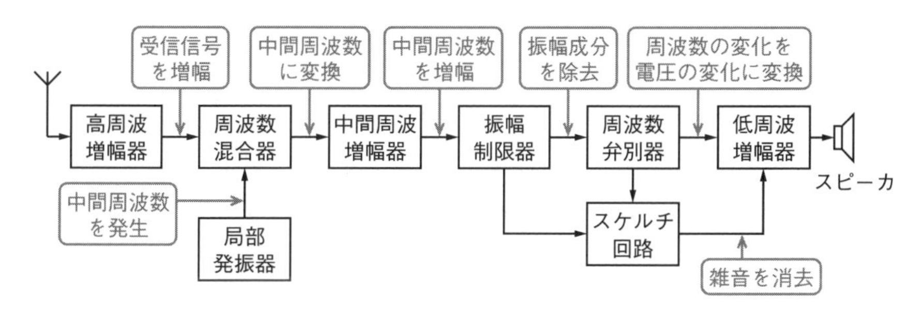

■図 4.3 スーパヘテロダイン方式 FM 受信機の構成

スーパヘテロダイン方式の各回路の動作は以下のとおりです．

高周波増幅器：アンテナで受信した信号について同調回路（共振回路）で目的の周波数を選択し，増幅します．

局部発振器：中間周波数を発生させるために使用する発振器です．高い周波数安定度が要求されるため，PLL 回路が使われることが多くなっています．

周波数混合器：受信する電波の周波数と局部発振器の周波数を混合して，周波数が一定の中間周波数に変換する回路です．

中間周波増幅器：一定の中間周波数になった信号を増幅する回路です．この回路で選択度を高めることができます．

振幅制限器：受信電波の中に含まれる振幅成分を除去する回路です．

周波数弁別器：復調器で，AMの検波器に相当する回路です．周波数の変化を電圧の変化にする回路です．

スケルチ回路：受信するFM電波の信号が弱い場合，低周波増幅器から出力される大きな雑音を消すための回路です．なお，スケルチは「黙らせる」という意味です．

低周波増幅器：スピーカを動作させるのに十分な電圧まで増幅する回路です．

スーパヘテロダイン受信方式の長所は，感度，選択度などが良いことです．短所は影像周波数（イメージ周波数）妨害を受けることや周波数変換雑音が多いことです．

受信機により発生する混信に，次に示すものがあります．

(1) 混変調

近くに出力の大きな無線局があると，希望波が強力な電波で変調されることをいいます．混変調は回路の非直線性などが原因で発生し，対策として，バンドパスフィルタを挿入したり，高周波増幅器などをシールドします．

(2) 相互変調

受信周波数の近くに強力な2つ以上の電波がある場合に，回路の非直線性により混信妨害が生じることをいいます．その対策として，周波数混合器より前の同調回路の周波数選択度を向上させます．

(3) 感度抑圧効果

希望波を受信中，近接する周波数に強力な電波がある場合に，受信機の感度が低下することをいいます．その対策として，バンドパスフィルタを挿入することなどがあります．

(4) 影像周波数混信（関連知識を参照）

関連知識　影像周波数

スーパヘテロダイン受信方式では，受信周波数f_Rと局部発振周波数f_Lを混合して中間周波数f_{IF}を発生させます．局部発振周波数f_Lを受信周波数f_Rより高く設定すると（上側ヘテロダインという），$f_{IF}=f_L-f_R$となります．その場合，**図4.4**（a）に示すように，影像周波数f_Iがf_Lから中間周波数f_{IF}だけ高いところに発生します．影像周波数f_Iの周波数に信号があると，本来の受信信号と一緒に受信され混信が起こるおそれがあります．局部発振周波数f_Lを受信周波数f_Rより低く設定すると（下側ヘテロダインという），$f_{IF}=f_R-f_L$となります．その場合，図4.4（b）に示すように，影像周波数f_Iがf_Lから中間周波数f_{IF}だけ低いところに発生します．

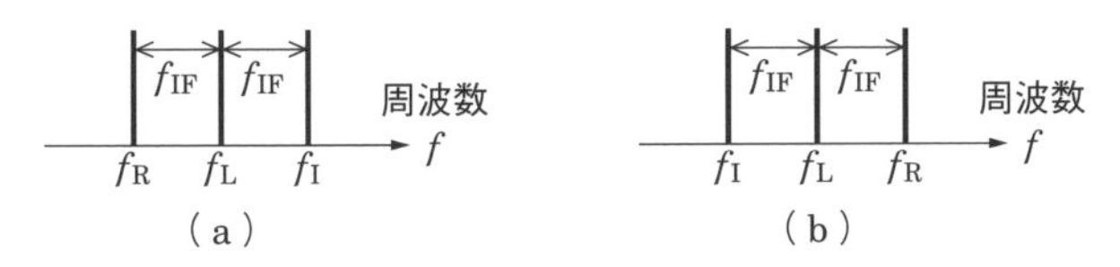

図4.4　受信周波数と影像周波数

FM受信機の各ブロックの名称や動作原理が出題されます．特にFM受信機特有の回路である，振幅制限器，周波数弁別器，スケルチ回路の働きをしっかり覚えましょう．

問題2 ★★　➡4.2

図に示す構成のスーパヘテロダイン受信機において，受信電波の周波数が150.8 MHzのとき，影像周波数の値として，正しいものを下の番号から選べ．ただし，中間周波数を10.7 MHzとし，局部発振器の発振周波数は受信周波数より低いものとする．

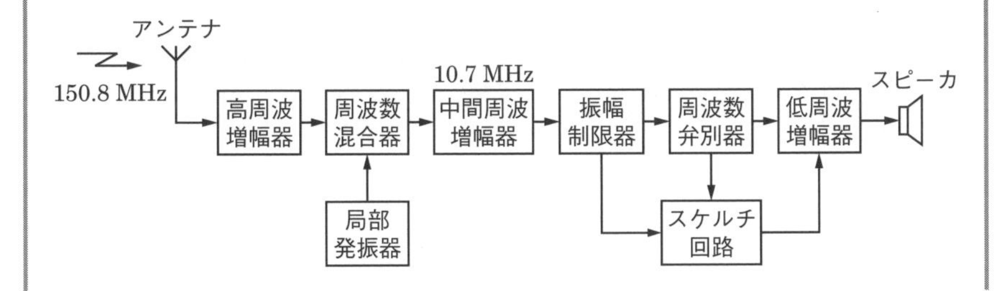

1　108.0 MHz　　2　118.7 MHz　　3　124.2 MHz
4　129.4 MHz　　5　140.1 MHz

解説　受信電波の周波数 f_R が 150.8 MHz，中間周波数 f_{IF} が 10.7 MHz で，局部発振周波数 f_L は f_R より低いので，影像周波数 f_I は，$f_I = f_R - 2f_{IF}$ になります．

与えられた数値を代入すると

$$f_I = f_R - 2f_{IF} = 150.8 - 2 \times 10.7 = \mathbf{129.4\ MHz}$$

答え▶▶▶4

問題 3 ★★★　➡4.2

次の記述は，スーパヘテロダイン受信機において生じることがある混信妨害について述べたものである．このうち誤っているものを下の番号から選べ．

1　相互変調による混信妨害は，周波数混合器以前の同調回路の周波数選択度を向上させることにより軽減できる．
2　影像周波数による混信妨害は，中間周波増幅器の選択度を向上させることにより軽減できる．
3　近接周波数による混信妨害は，妨害波の周波数が受信周波数に近接しているときに生じる．
4　相互変調妨害は，1つの希望波信号を受信しているときに，2以上の強力な妨害波が到来し，それが受信機の非直線性により，受信機内部に希望波信号周波数又は受信機の中間周波数と等しい周波数を発生させたときに生じる．

解説　2　×　「…**中間周波**増幅器…」ではなく，正しくは「…**高周波**増幅器…」です．

答え▶▶▶2

出題傾向　選択肢が次のようになる場合もあります．「相互変調による混信妨害は，高周波増幅器などが入出力特性の直線範囲で動作するときに生じる（×）」．正しくは，「直線範囲」ではなく，「非直線範囲」です．

4.3 雑　音

雑音には**自然雑音**と**人工雑音**があります．自然雑音には宇宙雑音や熱雑音など，人工雑音にはモータなどの電気機器から発する雑音などがあります．

無線通信においては，通信システムの内部，外部に存在している雑音が問題になります．アナログ通信においては，雑音の影響をいかに少なくして元の波形を再現するか，デジタル通信においては，符号誤りをいかに少なくするかが問題となります．受信機から出力される雑音は，長波帯〜超短波帯の周波数では主に外部雑音，マイクロ波など周波数が高い領域においては内部雑音が問題になります．

4.3.1 熱雑音と有能雑音電力

熱せられた抵抗体は，電子の熱運動により雑音電圧を発生します．この雑音を**熱雑音**といいます．熱雑音電圧の2乗平均値（$\overline{e_{\mathrm{n}}{}^2}$ と表示）は，$\overline{e_{\mathrm{n}}{}^2} = 4kTBR$ となります（k はボルツマン定数で，$k = 1.38 \times 10^{-23}$〔J/K〕，T は絶対温度〔K〕，B は周波数帯域幅〔Hz〕，R は抵抗〔Ω〕）．

有能雑音電力 P_{n} は

$$P_{\mathrm{n}} = \frac{\overline{e_{\mathrm{n}}{}^2}}{4R} = \frac{4kTBR}{4R} = kTB \text{〔W〕} \tag{4.1}$$

となります．

熱雑音は温度が絶対零度（－273℃）にならない限り発生します．熱雑音を小さくするには，温度を低く，周波数帯域幅を狭くする必要があります．

絶対温度〔K〕（ケルビン）＝摂氏〔℃〕＋273

4.3.2 雑音指数

信号（Signal）には必ず雑音（Noise）が含まれます．信号電力と雑音電力の比を ***SN*比**といいます．入力側の信号電力を S_{i}，雑音電力を N_{i}，出力側の信号電力を S_{o}，雑音電力を N_{o} とすると，雑音指数 F は

$$F = \frac{S_{\mathrm{i}}/N_{\mathrm{i}}}{S_{\mathrm{o}}/N_{\mathrm{o}}} \tag{4.2}$$

となります．

出力側の SN 比 S_o/N_o は，入力側の SN 比 S_i/N_i と比べると悪化し，雑音指数 F は 1 より大きくなります．

信号の大きさが雑音の大きさより大きくなければ受信することはできません．実際の増幅器では，入力側の SN 比と比較すると出力側の SN 比は悪化します．

増幅器で発生する内部雑音を入力雑音に換算したものを入力換算雑音電力 N_i といい

$$N_i = kTBF \text{〔W〕} \tag{4.3}$$

となります．

4.3.3　等価雑音温度

増幅器の雑音を等価雑音温度で表すことがあります．等価雑音温度 T_e は

$$T_e = T_0 (F - 1) \tag{4.4}$$

（F は雑音指数（真数），T_0 は周囲温度〔K〕）

と表すことができます．

4.3.4　2 段増幅器の総合雑音指数

図 4.5 のような 2 段増幅器において，1 段目の増幅器の利得を G_1，雑音指数を F_1，2 段目の増幅器の利得を G_2，雑音指数を F_2 とすると，雑音指数 F は

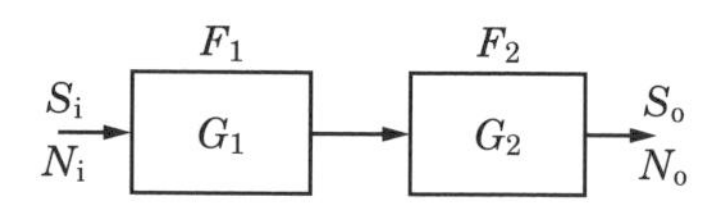

図 4.5　2 段増幅器の総合雑音指数

$$F = F_1 + \frac{F_2 - 1}{G_1} \tag{4.5}$$

となります．

雑音の問題は，ほぼ毎回 1 問出題されます．用語や計算方法をしっかりと理解しておきましょう．

4.3.5　2 段増幅器の等価雑音温度

1 段目の増幅器の利得を G_1，等価雑音温度を T_1，2 段目の増幅器の等価雑音温度を T_2 とすると，2 段増幅器の等価雑音温度 T は

$$T = T_1 + \frac{T_2}{G_1} \text{〔K〕} \tag{4.6}$$

となります．

問題 4 ★★ ➡4.3.2

受信機の雑音指数が 3 dB，等価雑音帯域幅が 10 MHz，及び周囲温度が 17℃のとき，この受信機の雑音電力を入力に換算した等価雑音電力の値として，最も近いものを下の番号から選べ．ただし，ボルツマン定数は 1.38×10^{-23} J/K とする．

1 4.7×10^{-15} W　2 8×10^{-14} W　3 1.2×10^{-13} W
4 1.6×10^{-13} W　5 2.4×10^{-13} W

受信機の入力換算雑音電力は，$N_i = kTBF$ で表すことができ，F には雑音指数 3 dB を真数に直して代入します．

解説 3 dB を真数に直すと，$3 = 10\log_{10}F$ となるので，$F = 10^{0.3} = 2$ となります．したがって

$$N_i = kTBF = 1.38\times10^{-23}\times(273+17)\times10\times10^6\times2 = \mathbf{8\times10^{-14}\ W}$$

答え▶▶▶2

$\log_{10}2 = 0.3$（覚える必要があります）より，$10^{0.3} = 2$ となります．よって，3 dB を真数で表すと，$10^{0.3} = 2$，6 dB ならば，$10^{0.6} = 10^{0.3}\times10^{0.3} = 2\times2 = 4$ となります．

問題 5 ★★ ➡4.3.3

受信機の雑音指数が 6 dB，周囲温度が 17℃及び受信機の出力端の雑音電力を入力端での雑音に換算した雑音電力（入力端換算雑音電力）の値が 1.92×10^{-13} W のとき，この受信機の等価雑音帯域幅の値として，最も近いものを下の番号から選べ．ただし，ボルツマン定数は 1.38×10^{-23} J/K，$\log_{10}2 = 0.3$ とする．

1 5 MHz　2 6 MHz　3 8 MHz　4 10 MHz　5 12 MHz

check

雑音指数の 6 dB を真数に変換します．

解説 雑音指数の真数を F とすると，$6 = 10\log_{10}F$ となります．両辺を 10 で割ると，$0.6 = \log_{10}F$ となり，$F = 10^{0.6} = (10^{0.3})^2 = 2^2 = 4$ となります．ここで，$N_i = kTBF$（式(4.3)）より，等価雑音帯域幅 B〔Hz〕を求めると

$$B = \frac{N_i}{kTF} = \frac{1.92\times10^{-13}}{1.38\times10^{-23}\times(273+17)\times4} \fallingdotseq \frac{1.92\times10^{-13}}{1.6\times10^{-20}} = 12\times10^6 = \mathbf{12\ MHz}$$

答え▶▶▶5

問題 6 ★★ ➡ 4.3.3

受信機の内部で発生した雑音を入力端に換算した等価雑音温度 T_e〔K〕は，雑音指数を F（真数），周囲温度を T_0〔K〕とすると，$T_e = T_0(F-1)$〔K〕で表すことができる．このときの雑音指数を 9 dB，周囲温度を 27℃とすると，T_e の値として，最も近いものを下の番号から選べ．ただし，$\log_{10} 2 \fallingdotseq 0.3$ とする．

1　800 K　　2　1 500 K　　3　1 850 K　　4　2 100 K　　5　2 320 K

check

雑音指数の 9 dB を真数に変換します．

解説　$9 = 10 \log_{10} F$ であるので

$$F = 10^{0.9} = 10^{(0.3+0.3+0.3)}$$
$$= 2 \times 2 \times 2 = 8$$

$10^{0.9} = 10^{0.3+0.3+0.3} = 10^{0.3} \times 10^{0.3} \times 10^{0.3}$ として $10^{0.3}$ を使える形にします．

になります．

与えられた $T_e = T_0(F-1)$ の式に，$T_0 = 27 + 273 = 300$ K，$F = 8$ を代入すると

$$T_e = T_0(F-1) = 300(8-1) = 300 \times 7 = \mathbf{2\,100\ K}$$

答え▶▶▶ 4

問題 7 ★★ ➡ 4.3.3

受信機の雑音指数（F）は，受信機の内部で発生した雑音を入力端に換算した等価雑音温度 T_e〔K〕と周囲温度 T_0〔K〕が与えられたとき，$F = 1 + T_e/T_0$ で表すことができる．T_e が 2 030 K，周囲温度が 17℃のときの F をデシベルで表した値として，最も近いものを下の番号から選べ．ただし，$\log_{10} 2 = 0.3$ とする．

1　8 dB　　2　9 dB　　3　10 dB　　4　11 dB　　5　12 dB

check

周囲温度 17℃を絶対温度に変換し，与えられた式に代入して得られた値を dB 表示します．$\log_{10} 2 = 0.3$ より，$10^{0.3} = 2$ です．

解説　周囲温度 17℃を絶対温度に変換すると，273 + 17 = 290 K です．よって

$$F = 1 + \frac{T_e}{T_0} = 1 + \frac{2\,030}{290} = 1 + 7 = 8$$

dB 表示すると

$$10 \log_{10} F = 10 \log_{10} 8 = 10 \log_{10} 2^3 = 3 \times 10 \log_{10} 2 = 30 \times 0.3 = \mathbf{9\ dB}$$

答え▶▶▶ 2

問題 8 ★★　➡4.3.4

2段に縦続接続された増幅器の総合の雑音指数の値（真数）として，最も近いものを下の番号から選べ．ただし，初段の増幅器の雑音指数を 3 dB，電力利得を 10 dB とし，次段の増幅器の雑音指数を 13 dB とする．また，$\log_{10} 2 = 0.3$ とする．

1　1.7　　2　2.4　　3　3.1　　4　3.9　　5　4.8

check

与えられた雑音指数と増幅器の電力利得を真数（倍率）に変換します．
初段の雑音指数の真数を F_1，2段目の雑音指数の真数を F_2，初段の増幅器の電力利得の真数を G_1 とすると，総合の雑音指数 F は，$F = F_1 + \dfrac{F_2 - 1}{G_1}$ になります．
2段目の電力利得は関係しません．

解説　初段の雑音指数の真数を F_1 とすると

$3 = 10 \log_{10} F_1 \quad \cdots①$

式①の両辺を10で割ると

$0.3 = \log_{10} F_1 \quad \cdots②$

式②より

$F_1 = 10^{0.3} = 2 \quad \cdots③$

2段目の雑音指数の真数を F_2 とすると

$13 = 10 \log_{10} F_2 \quad \cdots④$

式④の両辺を10で割ると

$1.3 = \log_{10} F_2 \quad \cdots⑤$

式⑤より

$F_2 = 10^{1.3} = 10^{1+0.3} = 10^1 \times 10^{0.3}$
$= 10 \times 2 = 20 \quad \cdots⑥$

初段の増幅器の利得を G_1 とすると

$10 = 10 \log_{10} G_1 \quad \cdots⑦$

式⑦より

$G_1 = 10^1 = 10 \quad \cdots⑧$

よって，2段増幅器の総合雑音指数 F は

$$F = F_1 + \frac{F_2 - 1}{G_1} = 2 + \frac{20 - 1}{10} = 2 + \frac{19}{10} = \mathbf{3.9}$$

答え ▶▶▶ 4

問題 9 ★★ ➡4.3.5

2段に縦続接続された増幅器の総合の等価雑音温度の値として，最も近いものを下の番号から選べ．ただし，初段の増幅器の等価雑音温度を270 K，電力利得を6 dBとし，次段の増幅器の等価雑音温度を360 Kとする．また，$\log_{10} 2 = 0.3$とする．

1　408 K　　2　393 K　　3　380 K　　4　369 K　　5　360 K

与えられた，増幅器の電力利得を真数（倍率）に変換します．
初段の等価雑音温度をT_1，2段目の等価雑音温度をT_2，初段の増幅器の電力利得の真数をG_1とすると，総合の等価雑音温度Tは，$T = T_1 + \dfrac{T_2}{G_1}$になります．

解説　初段の増幅器の利得の真数をG_1とすると

$$6 = 10 \log_{10} G_1 \quad \cdots ①$$

式①の両辺を10で割ると

$$0.6 = \log_{10} G_1 \quad \cdots ②$$

式②より

$$G_1 = 10^{0.6} = 10^{0.3+0.3} = 10^{0.3} \times 10^{0.3} = 2 \times 2 = 4 \quad \cdots ③$$

よって，2段増幅器の総合等価雑音温度Tは

$$T = T_1 + \frac{T_2}{G_1} = 270 + \frac{360}{4} = 270 + 90 = \mathbf{360\ K}$$

$10^{0.6} = 10^{0.3+0.3}$として$10^{0.3}$を使える形にします．

答え ▶▶▶ 5

4.4　多重通信方式

4.1節及び4.2節に示したアナログ式FM送受信機による通信は，無線局1局に対して電波の周波数が最低1波必要であり，周波数の利用効率は良くありません．そこで，1つの搬送波を使用して同時に複数の通話ができる多重通信方式を用いることにより，周波数の利用効率も大幅に改善されます．本節では，**時分割多重**（TDM：Time Division Multiplexing）のPCM，**符号分割多重**（CDM：Code Division Multiplexing），**直交周波数分割多重**（OFDM：Orthogonal Frequency Division Multiplexing）などの概要を学びます．

4.4.1 PCM

パルス符号変調（**PCM**：Pulse Code Modulation）は，パルスを使用した方式で占有周波数帯幅が広くなりますが，雑音に強く，再生中継でひずみや雑音が累積されません．FDM 方式のように多くの帯域フィルタも必要としません．PCM の原理をブロック図で示したものが**図 4.6** です．

PCM 方式の原理はしばしば出題されます．

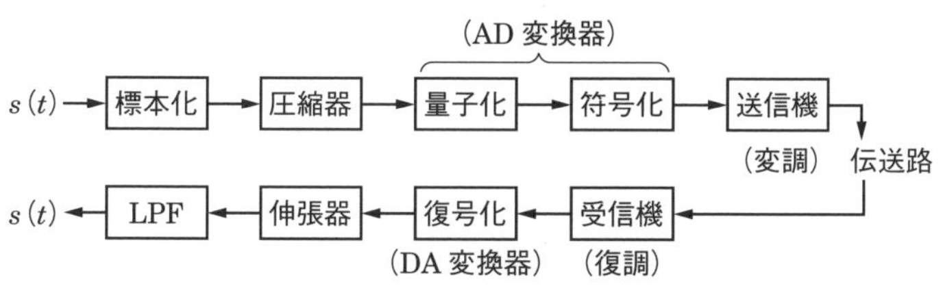

図 4.6 PCM の原理

動作の概要を次に示します．

標本化：入力されたアナログ信号 $s(t)$ を時間軸方向に離散化を行う回路です．離散化は**図 4.7** (a) に示すように一定の時間間隔で入力アナログ信号の振幅を取り出すことで，パルス振幅変調波（PAM）になります．デジタル化された信号から元のアナログ信号を再生するには，アナログ信号の最高周波数 f_m の 2 倍の周波数 $2f_m$ で標本化すれば良いことがわかっています．これを**シャノンの標本化定理**（又は標本化定理）といいます．アナログ信号に標本周波数の 1/2 を超える成分があると，アナログ信号と標本化後の信号に重なりが生じます．これを**折返し雑音**といいます．

圧縮器：標本化された信号の振幅を一定とすると，大振幅の信号では SN 比は大きくなり，小振幅の信号では SN 比は悪化します．そこで，大振幅の信号に対してはステップ幅を大きく，小振幅の信号に対してはステップ幅を小さくして SN 比の悪化を防ぎます．大振幅の信号に対しては振幅を抑え，小振幅の信号に対しては振幅を拡大する特性を持たせた回路が圧縮器です．

量子化：標本値の離散化を行うのが量子化です．図 4.7 (b) は標本値を 3 bit ($2^3 = 8$) で量子化を行った例です．0 ～ 7 の 8 種類の値に一番近い値に離散化

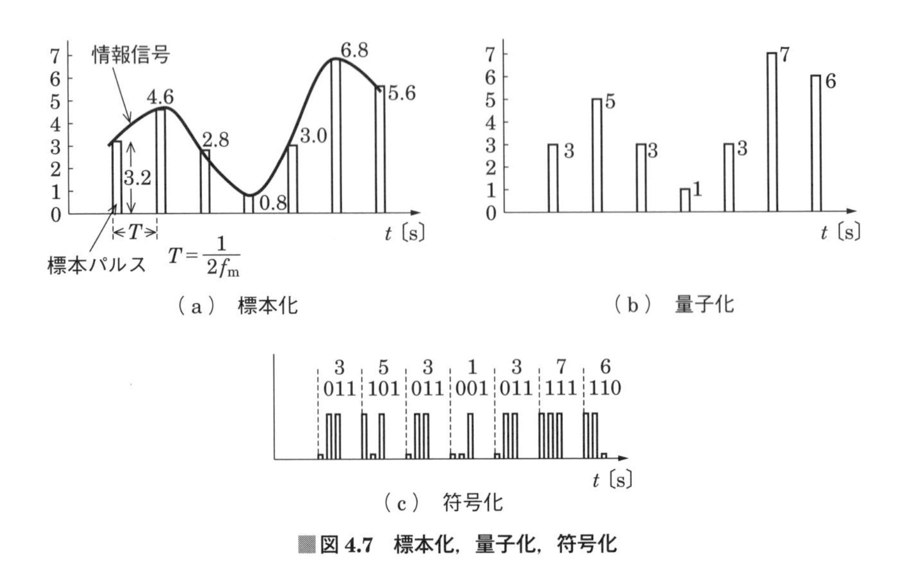

■図 4.7　標本化，量子化，符号化

します．近似の際に発生する誤差のことを**量子化雑音**といいます．量子化ステップの数が多いほど，量子化雑音は小さくなります．

符号化：図 4.7（c）のように量子化された値を「0」「1」のパルスの組み合わせで置き換えるのが符号化です．符号化された信号は雑音に強い性質があります．符号化する際のパルス符号（ベースバンド信号）の形式には**表 4.1** に示すような形式があります．

送信機：符号化された信号を変調して送信します．

受信機：希望の無線信号を受信して復調します．

復号化：受信したパルス信号をアナログ値に変換します．

伸張器：圧縮器と逆の特性を持った伸張器で元の波形に復元します．

LPF：高い周波数成分をカットしてアナログ信号を取り出します．

等化器：図 4.6 の伝送路が無線の場合，周波数選択性フェージングなどによって伝送特性が劣化し，ビット誤り率が大きくなる原因となります．それらの対策として，伝送中に生じる受信信号の振幅や位相のひずみをその変化に応じて補償する回路が用いられます．この回路は，周波数領域で補償する回路と時間領域で補償する回路があります．この回路を**等化器**といいます．

■表 4.1 パルス符号形式（ベースバンド信号）

符号形式	波形の例	特徴
単極性 NRZ 符号	1 0 0 1 0 1 + 0	・RZ 方式より高調波成分が少ないので周波数帯域が広がりにくいので無線系に適す． ・パルス幅＝タイムスロット ・同期をとりにくい．
両極性 NRZ 符号	+ 0 −	
単極性 RZ 符号	+ 0	・パルス幅が狭いので周波数帯域が広がる． ・パルス幅＜タイムスロット ・同期をとりやすい．
両極性 RZ 符号	+ 0 −	
AMI 符号	+ 0 −	・「High」レベルになる毎に極性が変わる． ・同期をとりやすい．

※ NRZ：Non Return to Zero
RZ：Return to Zero
AMI：Alternate Mark Inversion

4.4.2 TDM の同期

多重化されたデジタル信号は送受信間で同期がとれていなければなりません．同期方法には，多重化が比較的小規模の回線で使用される**網同期方式**と呼ばれる方式があります．これは，原子発振器など高安定度で高確度の同期信号を供給するマスタ局を設け，同期信号を分配する方式です．

一方，多重度の大きな回線では**独立同期方式**と呼ばれる送信側，受信側それぞれ独立した高安定度高確度の発振器を有する同期回路が使われます．独立同期方式の 1 つにスタッフ同期方式があります．**スタッフ同期方式**は送信側のデジタル信号のパルス列に余分のスタッフパルスを挿入して送信し，受信側では，スタッフパルスが挿入されている情報を受け取るごとにスタッフパルスを除いて元のパルス列を得る方式です．

4.4.3 符号分割多重

符号分割多重（**CDM**：Code Division Multiplexing）は，同じ周波数を使用し，時間も分割することなく，**擬似雑音符号**（擬似ランダム符号，PN（Pseudo Noise）符号ともいう）を使うことで多重化する方法です．

図 4.8（a）に示すように，デジタル信号（ベースバンド信号）を PN 符号で拡散変調（乗算）すると，出力は拡散されます．その変調波形を図 4.8（b）に示します．ただし，デジタル信号はパルス幅を T，振幅は ±1 の NRZ 信号，PN 符号の最小のパルス幅を T_c とし，$T_c = T/n$（実際の n は数十〜数千以上であるがここではわかりやすくするため小さくしてある）の関係があり，その周期は T で振幅は ±1 の NRZ 信号であるとします．

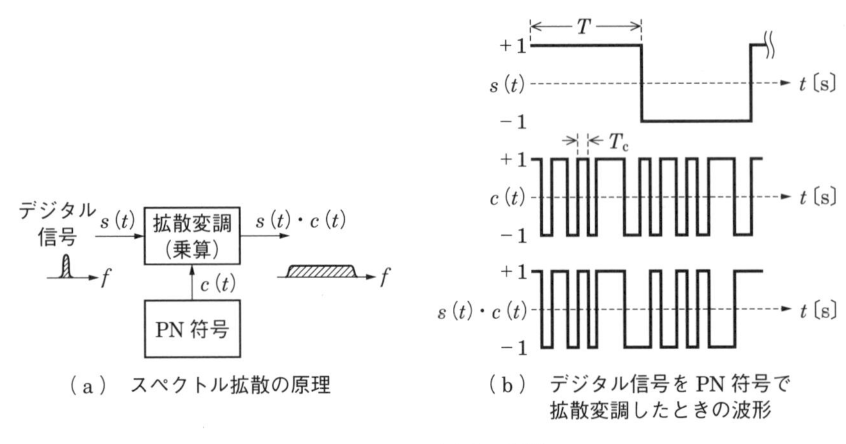

（a）スペクトル拡散の原理　（b）デジタル信号を PN 符号で拡散変調したときの波形

■図 4.8　スペクトル拡散

拡散変調を行うとパルス幅が小さくなり，周波数帯域幅が広がります．

スペクトルを拡散する技術には，**直接拡散**（DS：Direct Sequence）**方式**，**周波数ホッピング**（FH：Frequency Hopping）**方式**などがあります．DS 方式の場合，受信側では，送信側と同じ PN 符号で逆拡散すると，目的の信号を得ることができます．送信側と異なる PN 符号で逆拡散しても，目的とする信号を受信することはできませんので秘話性が高いといえます．受信時に狭帯域の妨害波が混入しても広い周波数に拡散されるため，狭帯域の妨害波に強いといえます．短所としては，基地局と移動局間の距離の長短により発生する遠近問題があります．

4.4.4　直交周波数分割多重

デジタル変調を使用した携帯電話，テレビ放送などの電波は都市部においてはビルなどの反射波の影響で電波の経路が複数（マルチパス）になり，電波が合成されて受信され受信障害になることがあります．デジタル変調はシンボル期間長を長くすると妨害を受けにくくなりますが，シンボル期間長を長くすると伝送速度が遅くなります．直交周波数分割多重（OFDM：Orthogonal Frequency Division Multiplexing）は，高速のビット列を多数のサブキャリアを用いて周波数軸上で分割して伝送する方式で，サブキャリア1本当たりのシンボルレートを**低く**できます．シングルキャリアをデジタル変調した場合と比べて，伝送速度はそのままでシンボル期間長を長くできるためマルチパスによる遅延波の影響を軽減することができます．

図4.9にFDMとOFDMの周波数配置図を示します．OFDMのサブキャリアの周波数間隔Δfは，有効シンボル期間長T_sの逆数と等しく，$\Delta f = 1/T_s$となります．OFDMは各々のサブキャリアが直交関係にあるためキャリアが重なっていても混信を起こすことはありません．

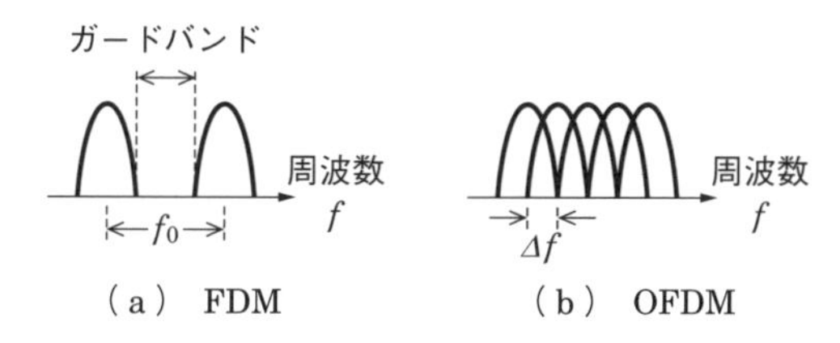

図4.9　FDMとOFDMの周波数配置

遅延波によって生じる符号間干渉を軽減するために，ガードインターバルを送信側で付加しています．ガードインターバルはシンボルの後方部分の信号を前方に付加（コピー）しガードインターバル区間とします．この区間は波形が歪むため復調には使用しません．反射波の遅延時間がガードインターバル区間以下であればマルチパス障害を回避することができます．

OFDM信号は，ガードインターバル（シンボルの後端部分をシンボルの前に付加する冗長な部分）を付加することにより，マルチパスの影響を受けにくくなっています．

問題 10 ★★★　➡4.4.1

次の記述は，図に示すパルス符号変調（PCM）方式を用いた伝送系の原理的な構成例について述べたものである．□内に入れるべき字句の正しい組合せを下の番号から選べ．

(1) 標本化とは，一定の時間間隔で入力のアナログ信号の振幅を取り出すことをいい，入力のアナログ信号を標本化したときの標本化回路の出力は，パルス振幅変調（PAM）波である．

(2) 振幅を所定の幅ごとの領域に区切ってそれぞれの領域を1個の代表値で表し，標本化によって取り出したアナログ信号の振幅を，その代表値で近似することを［A］という．

(3) 復号化回路で復号した出力からアナログ信号を復調するために用いる補間フィルタには，［B］が用いられる．

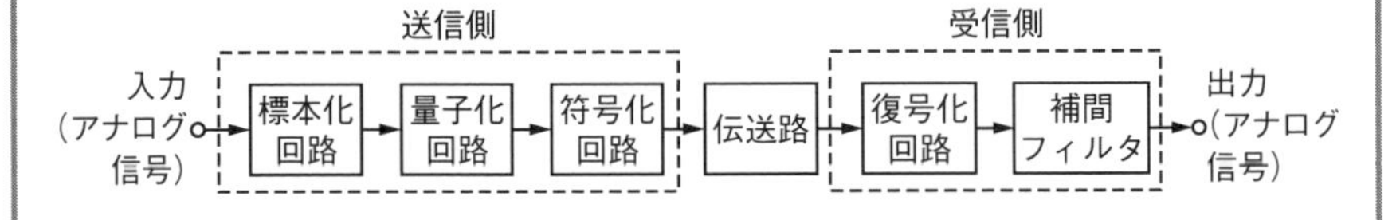

	A	B
1	量子化	高域フィルタ（HPF）
2	量子化	低域フィルタ（LPF）
3	符号化	低域フィルタ（LPF）
4	符号化	高域フィルタ（HPF）

答え▶▶▶2

出題傾向　下線の部分を穴埋めにした問題も出題されています．

問題 11 ★★★　➡4.4.1

次の記述は，PCM 通信方式における量子化等について述べたものである．［　　］内に入れるべき字句の正しい組合せを下の番号から選べ．

(1) 直線量子化では，どの信号レベルに対しても同じステップ幅で量子化される．このとき，量子化雑音電力 N は，信号電力 S の大小に関係なく一定である．したがって，入力信号電力が［A］ときは，信号に対して量子化雑音が相対的に大きくなる．

(2) 信号の大きさにかかわらず S/N をできるだけ一定にするため，送信側において［B］を用い，受信側において［C］を用いる方法がある．

	A	B	C
1	大きい	乗算器	圧縮器
2	大きい	圧縮器	識別器
3	大きい	乗算器	伸張器
4	小さい	伸張器	識別器
5	小さい	圧縮器	伸張器

答え▶▶▶5

問題 12 ★★★　➡4.4.1

次の記述は，デジタル無線通信に用いられる 1 つの回路（装置）について述べたものである．該当する回路の一般的な名称として適切なものを下の番号から選べ．

周波数選択性フェージングなどによる伝送特性の劣化は，波形ひずみとなって現れてビット誤り率が大きくなる原因となるため，伝送中に生じる受信信号の振幅や位相のひずみをその変化に応じて補償する回路が用いられる．この回路は，周波数領域で補償する回路と時間領域で補償する回路に大別される．

1　符号器　　2　導波器　　3　分波器　　4　等化器　　5　圧縮器

答え▶▶▶4

問題 13 ★★　➡4.4.3

次の記述は，直接拡散（DS）を用いた符号分割多重（CDM）伝送方式の一般的な特徴について述べたものである．［　　］内に入れるべき字句の正しい組合せを下の番号から選べ．

(1) CDM 伝送方式は，送信側で用いた擬似雑音符号と［ A ］符号でしか復調できないため秘話性が高い．

(2) 拡散後の信号（チャネル）の周波数帯域幅は，拡散前の信号の周波数帯域幅よりはるかに［ B ］．

(3) この伝送方式は，受信時に混入した狭帯域の妨害波は受信側で拡散されるので，狭帯域の妨害波に［ C ］．

	A	B	C
1	同じ	広い	強い
2	同じ	狭い	弱い
3	異なる	広い	弱い
4	異なる	狭い	強い

答え▶▶▶ 1

出題傾向　下線の部分を穴埋めにした問題も出題されています．

問題 14 ★★★

→ 4.4.4

次の記述は，直交周波数分割多重（OFDM）伝送方式について述べたものである．このうち誤っているものを下の番号から選べ．ただし，OFDM 伝送方式で用いる多数のキャリアをサブキャリアという．

1　各サブキャリアを分割してユーザが利用でき，必要なチャネル相当分を周波数軸上に多重化できる．

2　図に示すサブキャリアの周波数間隔 Δf は，有効シンボル期間長（変調シンボル長）T_s の逆数と等しく（$\Delta f = 1/T_s$）なっている．

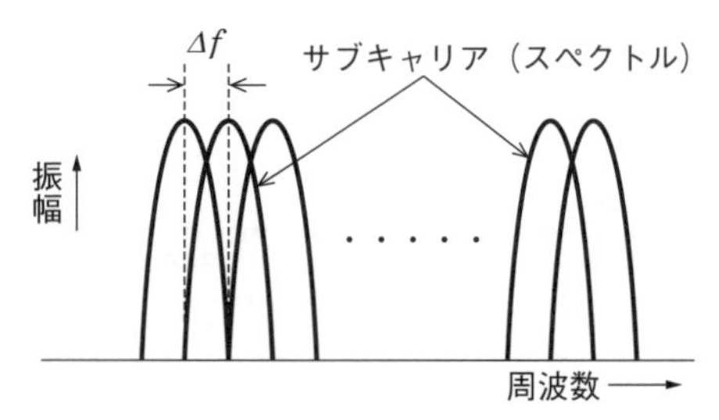

サブキャリア間のスペクトルの関係を示す略図

3　高速のビット列を多数のサブキャリアを用いて周波数軸上で分割して伝送することで，サブキャリア1本当たりのシンボルレートを高くできる．
4　OFDM伝送方式を用いると，シングルキャリアをデジタル変調した場合に比べ，マルチパスによる遅延波の影響を受け難い．
5　ガードインターバルは，遅延波によって生じる符号間干渉を軽減するために付加される．

解説　3　×「シンボルレートを**高く**できる」ではなく，正しくは，「シンボルレートを**低く**できる」です．

答え▶▶▶3

問題15 ★★　➡4.4.4

OFDM（直交周波数分割多重）において，キャリア間隔（基本周波数）が20 kHzのときの有効シンボル期間長（変調シンボル長）の値として，正しいものを下の番号から選べ．

1　10 μs　　2　20 μs　　3　30 μs　　4　40 μs　　5　50 μs

解説　キャリア間隔（基本周波数）の逆数を計算すると

$$\frac{1}{20\times10^{3}}=0.5\times10^{-4}=50\times10^{-6}\ \mathrm{s}=\mathbf{50\ \mu s}$$

答え▶▶▶5

出題傾向　有効シンボル期間長（変調シンボル長）が与えられ，キャリア間隔（基本周波数）を求める問題も出題されています．与えられた数値の逆数を計算すれば正解が得られます．

4.5 衛星通信

赤道上空約36 000 kmの円軌道に打ち上げられた静止衛星が地球を回る公転周期は地球の自転周期と同じで，その周期は約24時間です．公転方向は地球の自転の方向と同じです．静止衛星から地球に到来する電波は極めて微弱で，春分と秋分のころに，地球局の受信アンテナの主ビームの見通し線上から到来する太陽雑音の影響を受けることがあります．また，春分と秋分を中心とした一定の期間に，衛星の電源に用いられる太陽電池の充電ができなくなる時間帯が生じます．

衛星通信は，広域性，同報性，信頼性などに優れています．

静止衛星の高度は地表からは約 36 000 km，地球の中心からは約 42 000 km です．

4.5.1　静止衛星の配置

図 4.10 に示すように 3 つの静止衛星を等間隔に配置すれば，極地域を除く全世界と通信が可能になります．

衛星通信で使用される周波数は，電波の窓と呼ばれる 1 ～ 10 GHz の周波数帯が適しています．1 GHz より低い周波数では雑音の問題，10 GHz より高い周波数では，降雨など気象条件による影響などが顕著になり電波の減衰が大きくなります．

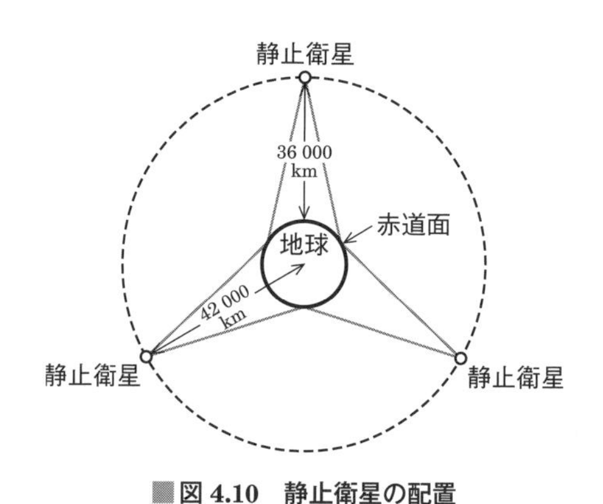

■図 4.10　静止衛星の配置

衛星通信で出題される衛星は静止衛星です．

関連知識　静止衛星と地球局の伝送時間

静止衛星と地球局間の距離は約 36 000 km なので，相手局までの距離は 2 倍の 72 000 km（$= 7.2 \times 10^7$ m）となります．電波は 1 秒間に 3×10^8 m 進むので，電波が 72 000 km 進むのに要する時間を x とすると

$$1 : 3 \times 10^8 = x : 7.2 \times 10^7$$

$$x = \frac{7.2 \times 10^7}{3 \times 10^8} = 0.24 \text{ s}$$

となります．つまり，電波が通信衛星を経由して地球に戻る時間は約 2.4 秒です．

4.5.2 衛星通信の多元接続

複数の地球局が1つの衛星にアクセスして通信することができることを**多元接続**（Multiple Access）といいます．多元接続には周波数を分割する**FDMA**，時間を分割する**TDMA**，符号を分割する**CDMA**などがあり，衛星に搭載されている中継装置の回線を分割して多くの地球局が共用します．

FDMAは，複数の地球局に中継器の周波数を分割して割り当てる方式で，ガードバンドが必要となります．1つの搬送波で1つの信号を送る**SCPC**（Single Channel Per Carrier）と，1つの搬送波で複数の信号を多重化して送る**MCPC**（Multiple Channel Per Carrier）があります．

SCPC方式は，送出する1つのチャネルに対して1つの搬送波を割り当て，1つの中継器（トランスポンダ）の周波数帯域内に複数の異なる周波数の搬送波を等間隔に並べる方式です．同時に送信できる搬送波の数は，中継器の送信電力を搬送波の送信電力で割ったものになります．FDMAは同時に多数の局が使用すると，中継器の非直線性のため通信品質が劣化します．そのため，中継器の増幅器の動作点を飽和レベルから下げる必要があることから，利用効率が低下します．

あらかじめ回線を割り当てる方式を**プリアサイメント**（pre-assignment）**方式**といい，要求のあるごとに回線を割り当てる方式を**デマンドアサイメント**（demand assignment）**方式**といいます．プリアサイメント方式は，通信容量の大きい地球局間の通信に用いられ，デマンドアサイメント方式は，地球局の通信容量が小さく，衛星中継器を多くの地球局が共用する場合に用いられ，通信が終了すると割り当てられた回線は解消されます．

TDMAは，複数の地球局が同じ周波数を用いて，時間を分割して各々の信号が重複しないように衛星の中継器を使用する方式で，断続する搬送波が互いに重なり合わないようにするため，**ガードタイム**を設ける必要があります．

CDMAは，スペクトル拡散技術により，擬似雑音符号を使用することにより，同じ周波数を使い時間も分割することなく，1つの搬送波で多重通信ができる方式で，秘話性にも富む長所がありますが，広い帯域の周波数を必要とします．

4.5.3 VSATシステム

VSAT（Very Small Aperture Terminal）システムは，中継装置（トランスポンダ）を持つ宇宙局（静止衛星），回線制御及び監視機能を持つ制御地球局（親局又はハブ局）ならびに小型の地球局（子局又はユーザー局）で構成されてネットワークが組まれており，音声，画像，データ，FAX などを送受信できます．地球局のアンテナは 1 ～ 2 m 程度のオフセットパラボラアンテナが使用され，出力は 15 ～ 30 W 程度です．親局から複数の受信専用局に送信する片方向の通信や子局間で通信を行う point-to-point 方式などがあります．使用周波数は，上り回線に 14 GHz 帯，下り回線に 12 GHz 帯が用いられています．

VSAT 地球局（ユーザー局）は小型軽量の装置ですが，静止衛星を使用しているため，車両に搭載して走行中に通信はできません．

問題 16 ★★ ➡4.5

次の記述は，対地静止衛星を用いた衛星通信の特徴について述べたものである．□内に入れるべき字句の正しい組合せを下の番号から選べ．なお，同じ記号の□内には，同じ字句が入るものとする．

(1) 静止衛星の［A］は赤道上空にあり，静止衛星が地球を一周する［B］周期は地球の［C］周期と等しく，また，静止衛星は地球の［C］の方向と同一方向に周回している．

(2) 静止衛星から地表に到来する電波は極めて微弱であるため，静止衛星による衛星通信は，春分と秋分のころに地球局の受信アンテナビームの見通し線上から到来する［D］の影響を受けることがある．

	A	B	C	D
1	円軌道	公転	自転	空電雑音
2	円軌道	自転	公転	空電雑音
3	円軌道	公転	自転	太陽雑音
4	極軌道	自転	公転	太陽雑音
5	極軌道	公転	自転	空電雑音

答え▶▶▶ 3

下線の部分を穴埋めにした問題や，「10 GHz 以上の電波を使用する衛星通信は，『降雨』による信号の減衰を受けやすい」といった問題も出題されています．

問題 17 ★★★ ➡4.5.1 ➡4.5.2

次の記述は，対地静止衛星を利用する通信について述べたものである．このうち正しいものを下の番号から選べ．

1 衛星の電源には太陽電池が用いられるため，年間を通じて電源が断となることがないので，蓄電池等は搭載する必要がない．

2 衛星通信に 10 GHz 以上の電波が用いられる場合は，大気圏の降雨による減衰が少ないので，信号の劣化も少ない．

3 VSAT 制御地球局には小型のオフセットパラボラアンテナを，VSAT 地球局には大口径のカセグレンアンテナを用いることが多い．

4 電波が，地球上から通信衛星を経由して再び地球上に戻ってくるのに約 0.1 秒を要する．

5 3 個の通信衛星を赤道上空に等間隔に配置することにより，極地域を除く地球上のほとんどの地域をカバーする通信網が構成できる．

解説 1 × 「…**年間を通じて電源が断となることがない**ので，蓄電池等を搭載する必要が**ない**」ではなく，正しくは，「…**春分と秋分を中心とした一定の期間に太陽電池の充電ができなくなる時間帯が生じる**ので，蓄電池等を搭載する必要が**ある**」です．

2 × 「…減衰が**少ない**ので，信号の劣化も**少ない**」ではなく，正しくは，「…減衰が**多い**ので，信号の劣化も**多い**」です．

3 × 「…**小型のオフセットパラボラアンテナ**を，VSAT 地球局には**大口径のカセグレンアンテナ**を用いることが多い」ではなく，正しくは，「…**大口径のカセグレンアンテナ**を，VSAT 地球局には**小型のオフセットパラボラアンテナ**を用いることが多い」です．

4 × 「**約 0.1 秒**」ではなく，正しくは，「**約 0.24 秒**」です．

5 ○ 正しいです．

答え▶▶▶5

4章

問題 18 ★★ ➡4.5.2

衛星通信において，衛星中継器の回線（チャネル）を地球局に割り当てる方式のうち，「呼の発生のたびに回線（チャネル）を設定し，通信が終了すると解消する割り当て方式」の名称として，正しいものを下の番号から選べ．

1　FDMA
2　TDMA
3　SCPC
4　デマンドアサイメント
5　プリアサインメント

解説　「呼の発生のたびに」とは「要求があるごとに」です．

答え▶▶▶4

デマンド（demand）は要求するという意味です．

問題 19 ★★★ ➡4.5.2

次の記述は，衛星通信の接続方式等について述べたものである．このうち誤っているものを下の番号から選べ．

1　TDMA方式は，隣接する通信路間の衝突が生じないように，ガードタイムを設けている．
2　CDMA方式は，各地球局に対して使用する時間を割り当てる方式である．
3　FDMA方式は，各地球局に対して使用する周波数帯域を割り当てる方式である．
4　SCPC方式では，1つのチャネルを1つの搬送周波数に割り当てている．
5　デマンドアサイメント（Demand - assignment）は，通信の呼が発生する度に衛星回線を設定する．

解説　2　×　「…**時間**を割り当てる方式…」ではなく，正しくは，「…**擬似雑音符号**を割り当てる方式…」です．

答え▶▶▶2

問題 20 ★★★ ➡4.5.2

次の記述は，直接スペクトル拡散方式を用いた符号分割多元接続（CDMA）について述べたものである．このうち誤っているものを下の番号から選べ．

1 拡散後の信号（チャネル）の周波数帯域幅は，拡散前の信号の周波数帯域幅よりはるかに広い．
2 同一周波数帯域幅内に複数の信号（チャネル）は混在できない．
3 傍受されにくく秘話性が高い．
4 遠近問題の解決策として，送信電力制御という方法がある．

答え▶▶▶2

誤っている選択肢を選ぶ問題として，選択肢1の内容を「拡散後の信号（チャネル）の周波数帯域幅は，拡散前の信号の周波数帯域幅よりはるかに狭い．」とした問題も出題されています．

問題 21 ★★★ ➡4.5.3

次の記述は，衛星通信に用いられるVSATシステムについて述べたものである．このうち正しいものを下の番号から選べ．

1 VSATシステムは，1.6 GHz帯と1.5 GHz帯のUHF帯の周波数が用いられている．
2 VSATシステムは，一般に中継装置（トランスポンダ）を持つ宇宙局，回線制御及び監視機能を持つ制御地球局（ハブ局）ならびに小型の地球局（ユーザー局）で構成される．
3 VSAT地球局（ユーザー局）は，小型軽量の装置であり，主に車両に搭載して走行中の通信に用いられている．
4 VSAT地球局（ユーザー局）には，八木・宇田アンテナ（八木アンテナ）が用いられることが多い．

解説 1 × 「**1.6 GHz帯**と**1.5 GHz帯**の**UHF**帯の周波数」ではなく，正しくは「**14 GHz帯**と**12 GHz帯**の**SHF帯**の周波数」です．

3 × VSAT地球局（ユーザー局）は，静止衛星を使用するため，**走行中の車両で使用することはできません．**

4 × VSAT地球局（ユーザー局）は，**パラボラアンテナ**などが用いられています．

答え▶▶▶2

5章 中継方式

この章から 2 問出題

マイクロ波通信は電波の伝搬の性質上，中継装置が必要になります．各種中継方式の特徴について学びます．

長距離地上マイクロ波回線は，直接波を利用します．マイクロ波は，伝搬損失や地球の曲面の影響などで，数 km ～数十 km 間隔で中継局が必要になります．中継方式には次のようなものがあります．

5.1 ヘテロダイン（非再生）中継方式

ヘテロダイン中継方式は**図 5.1** に示すように，受信したマイクロ波を，増幅の容易な中間周波数に変換して増幅した後，再びマイクロ波に周波数変換して送信する方式です．回線単位で回線を切り換え，分岐，挿入が可能で長距離通信用に用いられます．

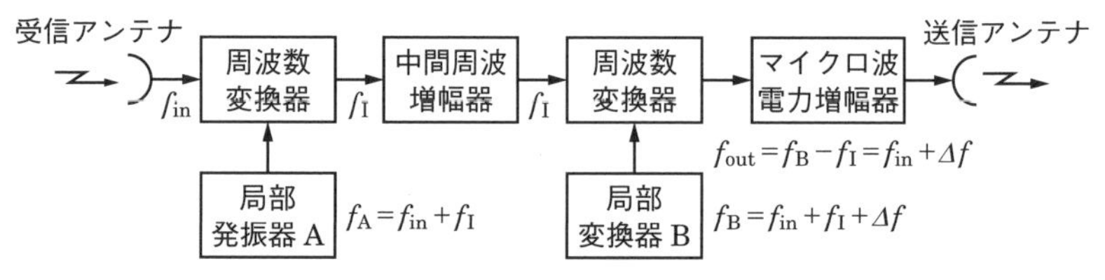

■図 5.1　ヘテロダイン中継方式

受信周波数と送信周波数が同じ場合は図 5.1 で，局部発振器 A と B の周波数を同一にします．送信周波数と受信周波数の間に周波数 Δf の間隔をとるには，局部発振器 B の周波数を Δf だけ高くすると，送信周波数が Δf だけ高く設定され，Δf だけ低くすると送信周波数が Δf だけ低く設定されます．

5.2 再生中継方式

再生中継方式は，**図 5.2** に示すように，受信したマイクロ波を，ベースバンド信号に復調し同期の取直し等を行った後，再び変調して送信する方式です．

アナログ回線においては，変調や復調時に生じる非直線性ひずみが累積します．通話群の分岐や挿入が容易で，主に短距離通信用に用いられます．

デジタル回線においては，中継毎にベースバンド信号として，波形の整形，再

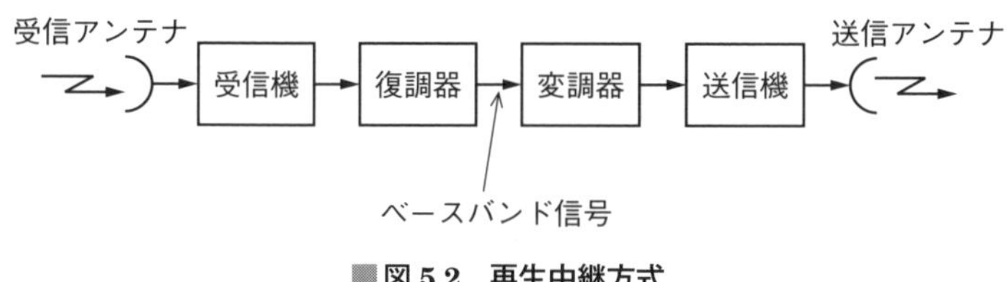

■図 5.2　再生中継方式

生を行った後，同期を取り直して再び変調して送信するため波形ひずみが累積しません．

5.3 直接中継方式

直接中継方式は**図 5.3** に示すように，受信したマイクロ波を低雑音固体増幅器等で増幅し，受信周波数と同じ周波数（又は少し変化させた周波数）を再送信する方式です．

図 5.3 に示す直接中継方式は，周波数偏移局部発振器で送信周波数を変化させる方式のものです．

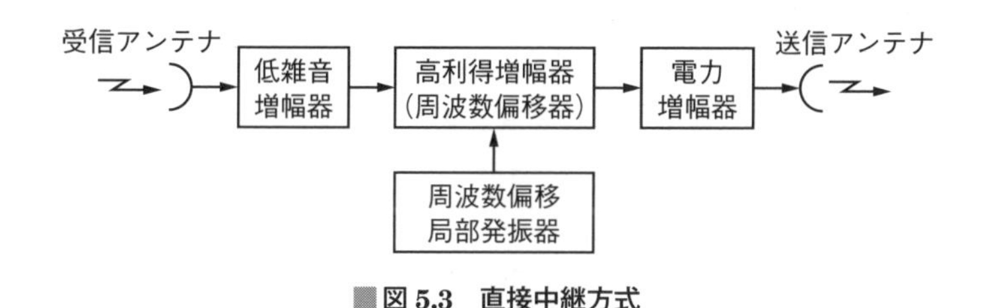

■図 5.3　直接中継方式

5.4 無給電中継方式

無給電中継方式は反射板を設置して電波を反射させる中継方式です．電力損失は反射板が大きいほど小さくなり，反射板の大きさが一定の場合，電波の波長が短いほど利得が大きくなります．

無給電中継方式は中継距離をできるだけ短くすることが必要となります．反射板は大きな反射板を山頂に設置するような場合，風対策も必要となります．

反射板の例を**図 5.4** に示します．

■図 5.4　反射板の例

5.5　2周波中継方式

2周波中継方式は**図 5.5** に示すように，各中継所の送信周波数に同一周波数，ならびに，受信周波数に同一周波数を使う方式です．周波数を2波しか使用しないため，周波数の有効利用が図れます．また，2周波中継方式では**図 5.6** に示すような電波干渉が生じることがあります．

干渉には，異なる方向の送信波が入る「フロントバック干渉」，2中継区間以上の遠くの電波が入る「**オーバーリーチ干渉**」などがあります．

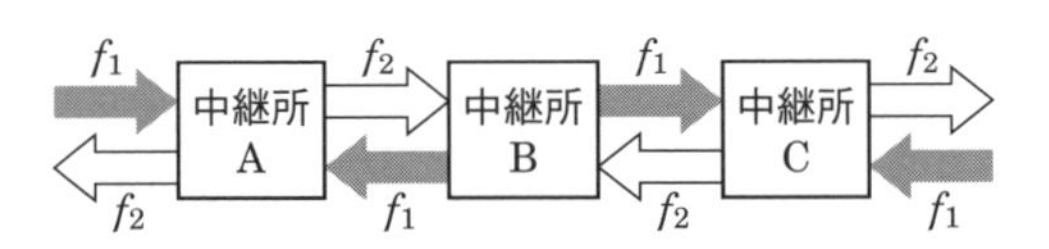

■図 5.5　2周波中継方式

各中継所に入る（受信する）周波数はそれぞれ同じであり，また，出る（送信する）周波数もそれぞれ同じです．

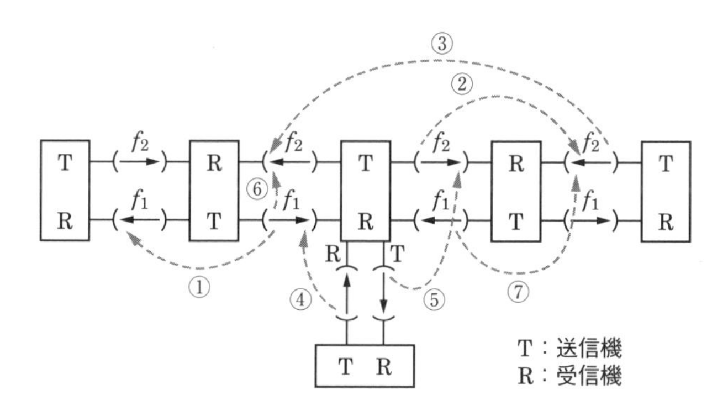

①送信アンテナフロント-バック結合
②受信アンテナフロント-バック結合
③オーバリーチ
④受信アンテナフロント-サイド結合
⑤送信アンテナフロント-サイド結合
⑥アンテナサイド-サイド結合
⑦アンテナバック-バック結合

図 5.6　2 周波中継方式の干渉経路

問題 1 ★★★ ➡5.1 ～ ➡5.4

次の記述は，マイクロ波（SHF）多重無線回線の中継方式について述べたものである．［　　］内に入れるべき字句の正しい組合せを下の番号から選べ．

(1) 受信したマイクロ波を中間周波数などに変換しないで，マイクロ波のまま所定の送信電力レベルに増幅して送信する方式を［ A ］中継方式という．この方式は中継装置の構成が［ B ］である．

(2) 受信したマイクロ波を復調して信号の等化増幅及び同期の取直し等を行った後，再び変調してマイクロ波で送信する方式を［ C ］中継方式という．

	A	B	C
1	無給電	複雑	非再生（ヘテロダイン）
2	無給電	簡単	再生
3	直接	複雑	非再生（ヘテロダイン）
4	直接	簡単	再生
5	直接	簡単	非再生（ヘテロダイン）

答え▶▶▶ 4

出題傾向　「非再生（ヘテロダイン）中継方式は，『デジタル』通信に多く使用されている」といった穴埋めの問題も出題されています．

問題 2 ★★★　➡5.2

地上系マイクロ波（SHF）のデジタル多重通信回線における再生中継方式についての記述として，正しいものを下の番号から選べ．

1　中継局において，受信したマイクロ波を固体増幅器等でそのまま増幅して送信する方式である．

2　反射板等で電波の方向を変えることで中継を行い，中継用の電力を必要としない方式である．

3　中継局において，受信したマイクロ波を中間周波数に変換して増幅し，再びマイクロ波に変換して送信する方式である．

4　中継局において，受信したマイクロ波をいったん復調して信号の波形を整え，同期を取り直してから再び変調して送信する方式である．

解説　1　×　直接中継方式の説明です．

2　×　無給電中継方式の説明です．

3　×　ヘテロダイン中継方式の説明です．

答え▶▶▶4

問題 3 ★　➡5.3

地上系マイクロ波（SHF）の多重通信回線における直接中継方式についての記述として，正しいものを下の番号から選べ．

1　中継局において，受信したマイクロ波を固体増幅器等でそのまま増幅して送信する方式である．

2　中継局において，受信したマイクロ波を中間周波数に変換して増幅し，再びマイクロ波に変換して送信する方式である．

3　中継局において，受信したマイクロ波をいったん復調して信号の波形を整え，同期を取り直してから再び変調して送信する方式である．

4　反射板等で電波の方向を変えることで中継を行い，中継用の電力を必要としない方式である．

解説　2　×　ヘテロダイン中継方式の説明です．

3　×　再生中継方式の説明です．

4　×　無給電中継方式の説明です．

答え▶▶▶1

問題 4 ★★★　➡5.4

次の記述は，地上系マイクロ波（SHF）多重通信の無線中継方式の一つである反射板を用いた無給電中継方式について述べたものである．このうち誤っているものを下の番号から選べ．

1　見通し外の2地点が比較的近距離の場合に利用され，反射板を用いて電波を目的の方向へ送出する．

2　中継による電力損失は，反射板の面積が大きいほど少ない．

3　反射板の面積が一定のとき，その利得は波長が長くなるほど大きくなる．

4　中継による電力損失は，電波の到来方向が反射板に直角に近いほど少ない．

解説　3　×　「…利得は波長が**長く**なるほど大きくなる」ではなく，正しくは，「…利得は波長が**短く**なるほど大きくなる」です．

答え▶▶▶3

問題 5 ★★　➡5.1 ➡5.2

次の記述は，地上系マイクロ波（SHF）多重無線回線の中継方式について述べたものである．[　　]内に入れるべき字句の正しい組合せを下の番号から選べ．

(1)　受信したマイクロ波を中間周波数に変換し，増幅した後，再びマイクロ波に変換して送信する方式を[A]中継方式という．

(2)　受信したマイクロ波を復調し，信号の等化増幅及び同期の取直し等を行った後，変調して再びマイクロ波で送信する方式を[B]中継方式といい，[C]通信に多く使用されている．

	A	B	C
1	再生	直接	デジタル
2	再生	直接	アナログ
3	非再生（ヘテロダイン）	再生	アナログ
4	非再生（ヘテロダイン）	直接	アナログ
5	非再生（ヘテロダイン）	再生	デジタル

解説　中継局において，受信したマイクロ波を中間周波数に変換して増幅し，再びマイクロ波に変換して送信する方式は**非再生（ヘテロダイン）中継方式**です．

中継局において，受信したマイクロ波をいったん復調して信号の波形を整え，また同期を取り直してから再び変調して送信する方式は**再生中継方式**で，**デジタル通信**に使用されます．

答え▶▶▶5

問題 6 ★★★　➡5.5

次の記述は，図に示すマイクロ波（SHF）通信における2周波中継方式の，一般的な送信及び受信の周波数配置について述べたものである．[　　]内に入れるべき字句の正しい組合せを下の番号から選べ．

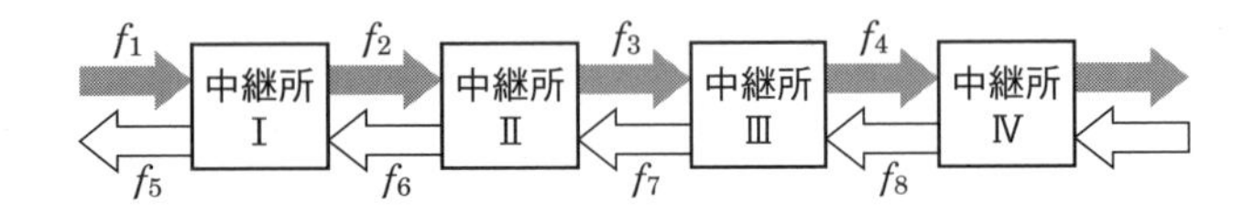

(1) 中継所Ⅰが送信する f_2 と中継所Ⅱが受信する f_7 は，[A]周波数である．

(2) 中継所Ⅱが中継所Ⅰと中継所Ⅲに対して送信する f_6 と f_3 は，[B]周波数である．

(3) 中継所Ⅰの送信する f_2 が，[C]の受信波に干渉するオーバーリーチの可能性がある．

	A	B	C
1	異なる	同じ	中継所Ⅲ
2	異なる	同じ	中継所Ⅳ
3	異なる	異なる	中継所Ⅲ
4	同じ	異なる	中継所Ⅳ
5	同じ	同じ	中継所Ⅳ

check
図5.5に示すように，各中継所の受信周波数はすべて同じ，送信周波数もすべて同じです．

解説　問題の図より，$f_1 = f_6 = f_3 = f_8$ 及び $f_5 = f_2 = f_7 = f_4$ が成り立ちます．

答え▶▶▶5

問題 7 ★★　➡5.5

次の記述は，地上系のマイクロ波（SHF）多重通信において生ずることのある干渉について述べたものである．このうち誤っているものを下の番号から選べ．

1　干渉波は，干渉雑音とも呼ばれる．
2　干渉波は，受信機で復調後，雑音となり，信号対雑音比（S/N）が低下するのでビット誤りに影響を与える．
3　ラジオダクトによるオーバーリーチ干渉を避けるには，中継ルートを直線的に設定する．
4　アンテナ相互間の結合による干渉を軽減するには，サイドローブの少ないアンテナを用いる．
5　送受信アンテナのサーキュレータの結合及び受信機のフィルタ特性により，送受間干渉の度合いが異なる．

解説　3　×「…**中継ルートを直線的に設定する**」ではなく，正しくは「…**中継ルートを直線的に設定しない**」です．

答え▶▶▶3

6章 レーダー

この章から 2 問出題

パルスレーダーの原理と最大・最小探知距離，距離・方位分解能などの性能，移動体の速度測定が可能な CW ドップラーレーダーについて学びます．

レーダー（RADAR）は，RAdio Detection And Ranging の頭文字で命名されたものです．周波数の高いマイクロ波の電波を放射し，物標からの反射波を受信することにより物体の存在，距離，方位などを知ることができる一次レーダーと，放射した質問電波を受信した局からの応答電波を受信することで情報を得る二次レーダーがあります．また，レーダーにはパルス波を使用する**パルスレーダー**と持続波を使用する **CW レーダー**があります．

6.1 パルスレーダー

6.1.1 パルスレーダーの測定原理

パルスレーダーは，マイクロ波の電波を，回転する高利得のアンテナから**図 6.1** に示すパルス波で放射し，物標からの反射波を受信して距離と方位を探知する機器です．大電力を必要とし，送信機にはマグネトロンが使用されます．

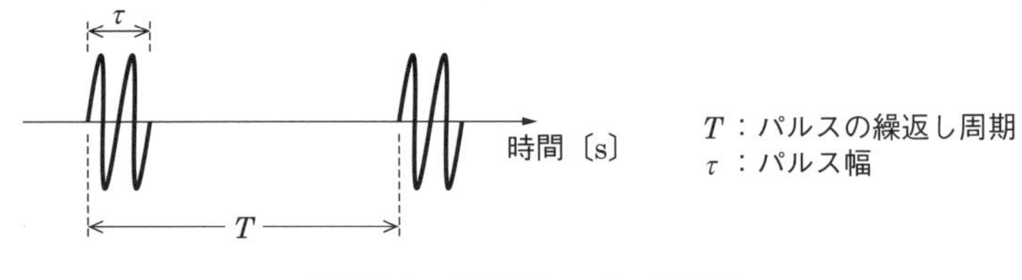

図 6.1 パルスレーダーの波形

図 6.2 のように送信点から物標までの距離を R〔m〕，電波の速度を c（$=3\times10^8$ m/s），送信パルスを送信して受信されるまでの時間を t〔s〕とすると

$$R=\frac{ct}{2}\ \text{〔m〕} \tag{6.1}$$

となります．ここで，時間を〔μs〕単位とすると

$$R=\frac{3\times10^8\times10^{-6}t}{2}=150t\ \text{〔m〕} \tag{6.2}$$

となります．

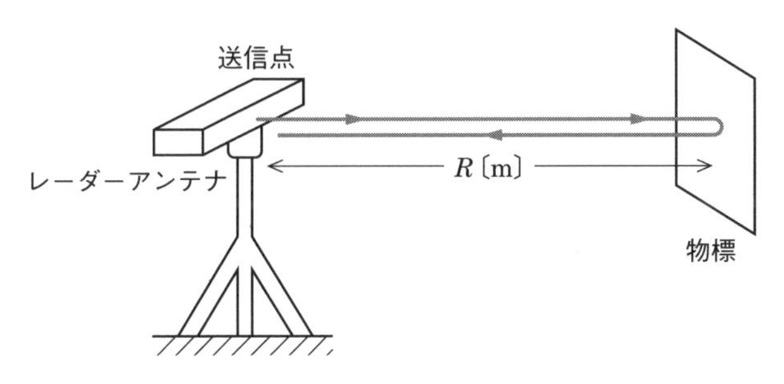

■図 6.2 パルスレーダーによる距離の測定

関連知識 レーダー方程式

レーダーで使用する電波の波長を λ〔m〕，物標までの距離を d〔m〕，送信電力を P_t〔W〕，アンテナ利得を G，アンテナの実効面積を A_e〔m²〕，物標の実効反射面積を σ〔m²〕とすると，$G = 4\pi A_e/\lambda^2$ なので，受信電力 P_r〔W〕は次式で表すことができます．

$$P_r = \frac{A_e \sigma G P_t}{(4\pi d^2)^2} = \frac{\sigma G^2 \lambda^2 P_t}{(4\pi)^3 d^4} \text{〔W〕} \quad (6.3)$$

式 (6.3) をレーダー方程式といいます．式 (6.3) より探知距離 d は次のようになります．

$$d = \sqrt[4]{\frac{\sigma G^2 \lambda^2 P_t}{(4\pi)^3 P_r}} \text{〔m〕} \quad (6.4)$$

式 (6.4) は，探知距離は送信電力の四乗根に比例することを示しています．

送信電力だけで探知距離を 2 倍にするには送信電力を 16 倍にする必要があります．

6.1.2 パルスレーダーの性能

パルスレーダーの性能には次に示すものがあります．

(1) 最大探知距離

物標を探知できる最大の距離のことを**最大探知距離**といいます．最大探知距離を大きくするには次に示す方法があります．

- アンテナの**利得を大きく**する
- アンテナの高さを高くする
- **送信電力を大きく**する（**パルス幅を広く**し，パルス繰返し周波数を低くする）
- 受信機の**感度を良くする**（受信機の内部雑音を小さくする）

(2) 最小探知距離

物標を探知できる最小の距離を**最小探知距離**といいます．パルス波を送信している間は受信できないため，最小探知距離を短くするには，**パルス幅を狭く**すればよいことになります．パルス幅の狭い信号を受信する（近距離の目標を探知する）には，受信機の受信周波数帯域を**広く**し，パルス幅を**狭く**する必要があります．

(3) 距離分解能

レーダーから同一方向にある物標を分離して見ることのできる最小の距離のことを**距離分解能**といいます．

距離分解能を良くするためには，次に示す方法があります．

- パルス幅が**狭く**する
- 距離測定レンジをできるだけ**短い**レンジにする

なお，同一方向で距離の差がパルス幅の半分（1/2）に相当する距離より短い2つの物標は識別できません．

(4) 方位分解能

レーダーから同一距離にある2つの物標を見分けることのできる最小角度のことを**方位分解能**といいます．アンテナの水平面内のビーム幅を狭くすると方位分解能は良くなります．

指向性とは，アンテナがどの程度，特定の方向に電波を集中して放射できるか，又は，到来する電波に対して，どの程度感度が良いかを表すものです．

問題 1 ★★★　➡6.1

パルスレーダーにおいて，パルス波が発射されてから，物標による反射波が受信されるまでの時間が80 μs であった．このときの物標までの距離の値として，最も近いものを下の番号から選べ．

1　6 km　　2　8 km　　3　10 km　　4　12 km　　5　15 km

check

式（6.1）の $R = ct/2$ を使って物標までの距離を求めます．

解説 物標までの距離を R〔m〕，電波の速度を c（$=3\times10^8$ m/s），反射波が受信されるまでの時間が 80 μs であるので，物標までの距離は次式で求まります．

$$R=\frac{ct}{2}=\frac{3\times10^8\times80\times10^{-6}}{2}=120\times10^2=12\times10^3\ \text{m}=\mathbf{12\ km}$$

答え▶▶▶4

問題 2 ★★★ ➡6.1.2(1)

次の記述は，パルスレーダーの最大探知距離を向上させる一般的な方法について述べたものである．このうち誤っているものを下の番号から選べ．

1 アンテナの利得を大きくする．
2 送信パルスの幅を広くし，パルス繰返し周波数を低くする．
3 送信電力を大きくする．
4 受信機の感度を良くする．
5 アンテナの海抜高又は地上高を低くする．

解説 5 × 「アンテナの海抜高又は地上高を**低く**する」ではなく，「アンテナの海抜高又は地上高を**高く**する」です．

答え▶▶▶5

問題 3 ★★ ➡6.1.2(2)

次の記述は，パルスレーダーの最小探知距離について述べたものである．[　　]内に入れるべき字句の正しい組合せを下の番号から選べ．

(1) 最小探知距離は，主としてパルス幅に[A]する．
(2) 受信機の帯域幅を[B]し，パルス幅を[C]するほど近距離の目標が探知できる．

	A	B	C
1	反比例	広く	狭く
2	反比例	狭く	広く
3	比例	狭く	広く
4	比例	広く	広く
5	比例	広く	狭く

解説　最小探知距離は 150τ〔m〕です．パルス幅 τ が大きくなると最小探知距離も長くなります（τ に**比例**します）．

近距離の目標を探知するということは最小探知距離を小さくすることです．そのためには**周波数帯域幅を広く**し，**パルス幅を狭く**します．

答え▶▶▶5

問題 4 ★★★　➡6.1

パルスレーダー送信機において，最小探知距離が 75 m であった．このときのパルス幅の値として，最も近いものを下の番号から選べ．ただし，最小探知距離は，パルス幅のみによって決まるものとし，電波の伝搬速度を 3×10^8 m/s とする．

1　0.1 μs　　2　0.125 μs　　3　0.25 μs　　4　0.5 μs　　5　1.0 μs

check　パルス幅が τ〔μs〕のとき，最小探知距離 $R_{min} = 150\tau$〔m〕です．

解説　最小探知距離 R_{min} は

$$R_{min} = 150\tau \text{〔m〕} \quad \cdots ①$$

式①より，$R_{min} = 75$ m を代入して

$$\tau = \frac{75}{150} = \frac{1}{2} = \mathbf{0.5\,\mu s}$$

答え▶▶▶4

問題 5 ★★★　➡6.1

パルスレーダー送信機において，パルス幅が 0.7 μs のときの最小探知距離の値として，最も近いものを下の番号から選べ．ただし，最小探知距離は，パルス幅のみによって決まるものとし，電波の伝搬速度を 3×10^8 m/s とする．

1　210 m　　2　140 m　　3　105 m　　4　70 m

解説　最小探知距離 R_{min}〔m〕は，電波の速度を $c = 3 \times 10^8$ m/s，パルスレーダーのパルス幅を τ〔s〕とすると

$$R_{min} = \frac{1}{2} c\tau \text{〔m〕} \quad \cdots ①$$

となります．ここで，式①に，$c = 3 \times 10^8$ m/s とパルス幅 τ〔μs〕とすれば

$$R_{min} = \frac{1}{2} c\tau = \frac{3 \times 10^8 \times \tau \times 10^{-6}}{2} = \frac{3 \times 10^2 \times \tau}{2} = 150\tau \text{〔m〕} \quad \cdots ②$$

式②に $\tau = 0.7\,\mu\text{s}$ を代入すると

$$R_{\min} = 150\tau = 150 \times 0.7 = \mathbf{105\ m}$$

答え▶▶▶ 3

問題 6 ★★★ ➡6.1.2(3)

次の記述は，パルスレーダーの距離分解能について述べたものである．[　　] 内に入れるべき字句の正しい組合せを下の番号から選べ．

(1) 距離分解能は，パルス幅が [A] ほど良くなる．

(2) 同一方向で距離の差がパルス幅の 1/2 に相当する距離より短い 2 つの物体は識別 [B]．

(3) 距離測定レンジは，できるだけ [C] レンジを用いた方が距離分解能が良くなる．

	A	B	C
1	狭い	できる	短い
2	狭い	できない	短い
3	狭い	できる	長い
4	広い	できない	短い
5	広い	できる	長い

解説 (1) 距離分解能は 150τ〔m〕で表され，パルス幅 τ が**狭い**ほど良くなります．

(2) **解図**に示すように，物標 A と物標 B の反射波の差を t，パルス幅を τ とすると，$t \leqq \tau$ となると識別不可能になります．$t = \tau$ のときの式 (6.1) の R が分解能になります．よって

$$R = \frac{ct}{2} = c \times \frac{\tau}{2}$$

となり，パルス幅の 1/2 に相当する距離より短い 2 つの物体は識別できません．

物標 A の反射波　物標 B の反射波

τ　t

■解図

答え▶▶▶ 2

下線の部分を穴埋めにした問題も出題されています．

問題 7 ★★★ ➡6.1.2(4)

次の記述は，パルスレーダーの方位分解能を向上させる一般的な方法について述べたものである．このうち正しいものを下の番号から選べ．

1 送信パルス幅を広くする．
2 パルス繰返し周波数を低くする．
3 表示画面上の輝点を大きくする．
4 アンテナの海抜高又は地上高を低くする．
5 アンテナの水平面内のビーム幅を狭くする．

解説 方位分解能はアンテナの水平面の指向性が鋭いほど良くなります．そのためにはアンテナの**水平面内のビーム幅を狭く**します．

答え▶▶▶5

問題 8 ★★★ ➡6.1.2

次の記述は，パルスレーダーのビーム幅と探知性能について述べたものである．［ ］内に入れるべき字句の正しい組合せを下の番号から選べ．

(1) 図1は，レーダーアンテナの水平面内指向性を表したものである．図において最大放射方向電力の［ A ］倍の電力値になる幅（角度）θ_1 を一般にビーム幅という．

(2) ビーム幅が狭いほど，方位分解能が［ B ］なる．

(3) 図2に示す物標の観測において，レーダーアンテナのビーム幅を θ_1 とするとき画面上での物標の表示は，ほぼ［ C ］となる．

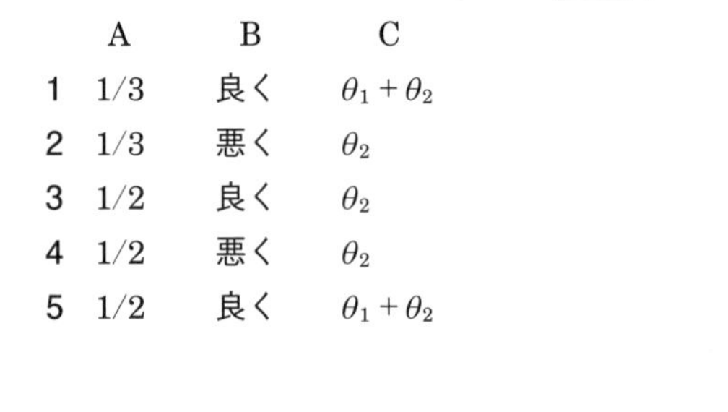

	A	B	C
1	1/3	良く	$\theta_1+\theta_2$
2	1/3	悪く	θ_2
3	1/2	良く	θ_2
4	1/2	悪く	θ_2
5	1/2	良く	$\theta_1+\theta_2$

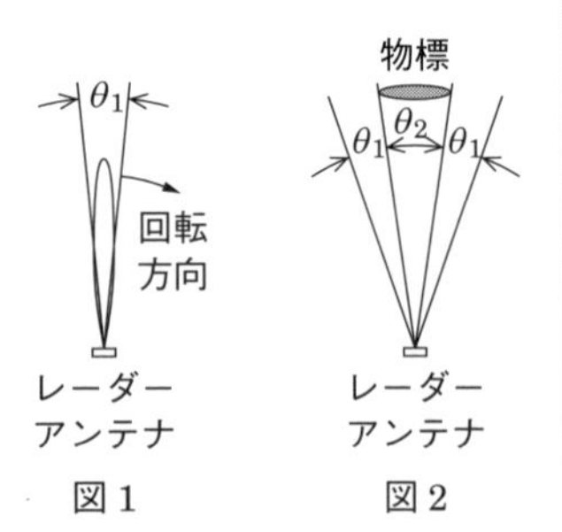

図1 図2

解説 (1) ビーム幅θ_1は，最大放射方向電力の**1/2倍**になる角度です．

(2) θ_1が狭いほど方位分解能は**良く**なります．

(3) 物標からの反射波は，アンテナのビーム幅内にある間は受信されます．**解図**に示すように，レーダーアンテナのビーム幅θ_1の中心をA，Bとすると，Aの右側の$\theta_1/2$の間にあるときも反射波が受信され映像が現れます．同様にBの左側の$\theta_1/2$の間にあるときも反射波が受信され映像が現れます．

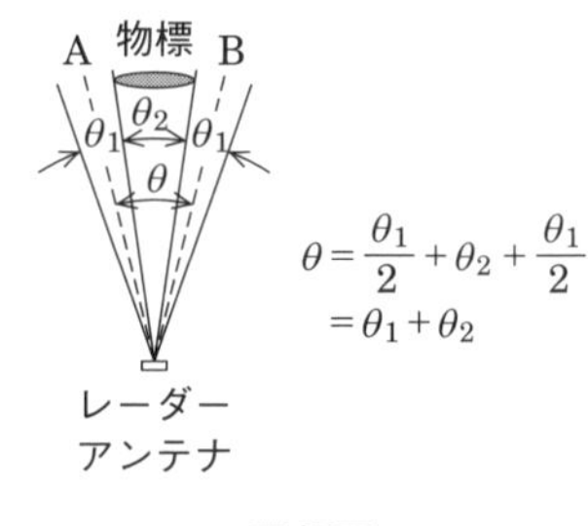

$$\theta = \frac{\theta_1}{2} + \theta_2 + \frac{\theta_1}{2} = \theta_1 + \theta_2$$

■解図

したがって，レーダー画面上の物標の表示は，ほぼ，$\dfrac{\theta_1}{2} + \theta_2 + \dfrac{\theta_1}{2} = \theta_1 + \theta_2$となります．これは方位拡大効果による誤差で物標の幅が実際より拡大して表示されます．

答え▶▶▶5

問題 9 ★★★ ➡6.1.2

次の記述は，パルスレーダーの性能について述べたものである．このうち誤っているものを下の番号から選べ．

1 距離分解能は，同一方向にある2つの物標を識別できる能力を表し，パルス幅が狭いほど良くなる．
2 方位分解能は，アンテナの水平面内のビーム幅でほぼ決まり，ビーム幅が狭いほど良くなる．
3 最小探知距離は，主としてパルス幅に比例し，パルス幅をτ〔μs〕とすれば，約300τ〔m〕である．
4 最大探知距離は，アンテナ利得を大きくし，アンテナの高さを高くすると大きくなる．
5 最大探知距離は，送信電力を大きくし，受信機の感度を良くすると大きくなる．

解説 3 最小探知距離は「**300τ〔m〕**」ではなく，「**150τ〔m〕**」です．

答え▶▶▶3

6.2 気象用レーダー

気象用のレーダーは，アンテナを回転させながらマイクロ波を発射します．このとき，雨や雪の反射波は変動しますが，建物などの建築物からの反射波は変動しないことを利用して，雨や雪のみを観測することができます．また，反射した電波の強さによって雨や雪の強さを，反射波の時間によって距離を測定しています．さらに，周波数のずれ（ドップラー効果）を利用することで，風の強さも観測できます．

気象観測用レーダーの表示方式には，**図 6.3** のように，送受信アンテナを中心として物標の距離と方位を 360 度に表示した PPI（Plan Position Indication）方式と，**図 6.4** のように，横軸を距離として縦軸に高さを表示した RHI（Range Height Indication）方式が用いられています．

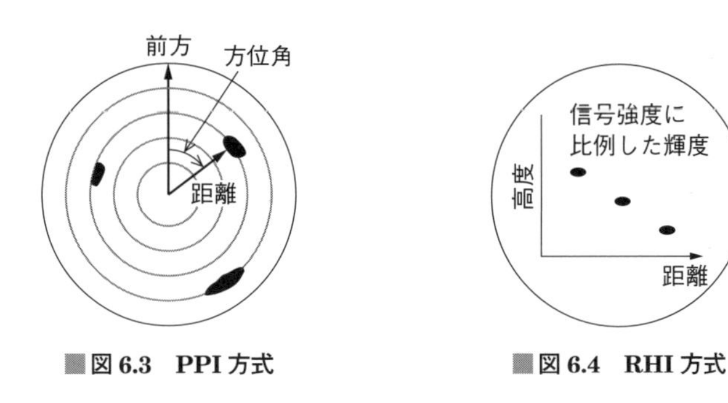

図 6.3　PPI 方式

図 6.4　RHI 方式

問題 10 ★★★　➡ 6.2

次の記述は，気象観測用レーダーについて述べたものである．[　　]内に入れるべき字句の正しい組合せを下の番号から選べ．

(1) 気象観測用レーダーの表示方式には，送受信アンテナを中心として物標の距離と方位を 360 度に表示した[A]方式と，横軸を距離として縦軸に高さを表示した[B]方式が用いられている．

(2) 気象観測に不必要な山岳や建築物からの反射波のほとんどは，その強度が[C]ことを利用して除去することができる．

	A	B	C
1	PPI	RHI	変動している
2	PPI	RHI	変動しない
3	RHI	PPI	変動しない
4	RHI	PPI	変動している

答え▶▶▶2

6.3　パルスレーダー特有の電子回路

パルスレーダーの受信機で使用される特有の電子回路に次のものがあります.

6章

6.3.1　STC 回路

STC（Sensitivity Time Control）**回路**はレーダー受信機で近距離を受信する場合に増幅度を下げ，映像を見やすくする回路で，海面反射制御回路ともいいます．海面からの反射波が強いとレーダー画面の中心部分が明るくなり過ぎて近距離にある物標が見づらくなります．そのため，近距離の強い反射波に対しては感度を下げ（悪くし），遠距離になるにつれて感度を上げる（良くする）ことで，探知しやすくなります.

パルスレーダーの受信機に用いられる STC 回路，FTC 回路，IAGC 回路の特徴をおさえておこう.

6.3.2　FTC 回路

FTC（Fast Time Constant）**回路**は雨や雪などからの反射により，物標が見えにくく識別が困難になることを防止するため，検出後の出力を**微分**して物標を際立たせる回路です.

関連知識 IAGC 回路

IAGC（Instantaneous Automatic Gain Control）**回路**は**図 6.5** のように挿入し，強い反射波がある場合，中間周波増幅器が飽和し，微弱な信号が受信不能になることを防止するために，中間周波増幅器の利得を制御する回路です．

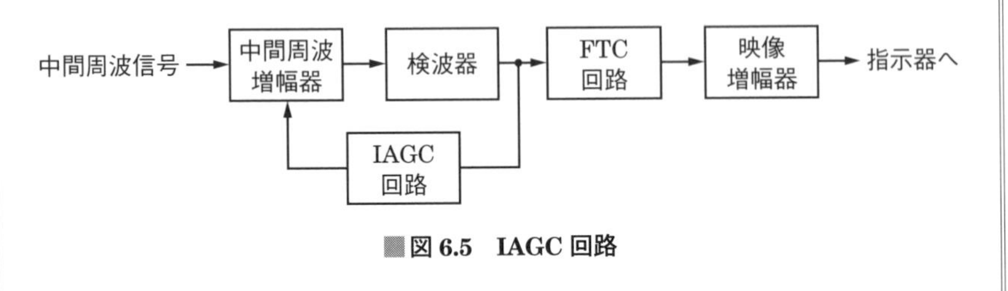

図 6.5 IAGC 回路

問題 11 ★★★

➡ 6.3

次の記述は，パルスレーダーの受信機に用いられる回路について述べたものである．[　　]内に入れるべき字句の正しい組合せを下の番号から選べ．

(1) 近距離からの強い反射波があると，PPI 表示の表示部の中心付近が明るくなり過ぎて，近くの物標が見えなくなる．このとき，STC 回路により近距離からの強い反射波に対しては感度を[A]，遠距離になるにつれて感度を[B]て，近距離にある物標を探知しやすくすることができる．

(2) 雨や雪などからの反射波によって，物標の識別が困難になることがある．このとき，FTC 回路により検波後の出力を[C]して，物標を際立たせることができる．

	A	B	C
1	上げ（良くし）	下げ（悪くし）	反転
2	上げ（良くし）	下げ（悪くし）	積分
3	上げ（良くし）	下げ（悪くし）	微分
4	下げ（悪くし）	上げ（良くし）	積分
5	下げ（悪くし）	上げ（良くし）	微分

答え ▶▶▶ 5

出題傾向 下線の部分を穴埋めにした問題も出題されています．

問題 12 ★★ ➡6.3

次の記述は，パルスレーダーの受信機に用いられる回路について述べたものである．該当する回路の名称を下の番号から選べ．

この回路は，パルスレーダーの受信機において，雨や雪などからの反射波により，物標からの反射信号の判別が困難になるのを防ぐため，検波後の出力を微分して物標を際立たせるために用いるものである．

1　STC 回路　　2　FTC 回路　　3　AFC 回路
4　AGC 回路　　5　IAGC 回路

解説　FTC 回路についての説明です．

答え▶▶▶ 2

6.4 CW レーダー

CW レーダーは連続波（CW：Continus Wave）を使用したレーダーです．CW レーダーには放射した連続波とその反射波のドップラー効果を利用して，速度を計測するドップラーレーダーや搬送波を周波数変調（FM）することにより，速度に加えて距離も測定可能にした**FM-CW レーダー**があります．

電波のドップラー周波数は，自動車などの移動体の走行速度に比例します．ドップラー周波数を測定することにより，移動体の走行速度を測定することができます．

速度 v〔m/s〕で移動する物標の進行方向と角度 ϕ で周波数 f〔Hz〕の電波を当て測定したドップラー周波数 f_d〔Hz〕は

$$f_d = \frac{2vf}{c}\cos\phi \quad (c = 3 \times 10^8 \text{〔m/s〕}) \tag{6.5}$$

となります．

関連知識　ドップラー効果（ドップラーは人名です）

自分に近づいてくる救急車のサイレンの音は高く聞こえ，遠ざかって行く救急車のサイレンの音は低く聞こえます．また，自分が乗っている電車が踏切に近づくと，踏切の警報音の音が高く聞こえ，電車が踏切から遠ざかる場合には，踏切の警報音が低く聞こえます．救急車の例のように，自分に音源が近づいて来る場合や，踏切の警報音のように音源が固定で，自分が音源に近づいていく場合も音が高く聞こえます．周波数が高くなることは，波長が短くなることを意味します．ドップラー効果は音だけでなく，電波や光でも起きます．

問題 13 ★★★ ➡6.4

次の記述は，ドップラー効果を利用したレーダーについて述べたものである．□内に入れるべき字句の正しい組合せを下の番号から選べ．

(1) アンテナから発射された電波が移動している物体で反射されるとき，反射された電波の［A］が偏移する現象をドップラー効果という．

(2) 移動している物体が，電波の発射源に近づいているときは，移動している物体から反射された電波の周波数は，発射された電波の周波数より［B］なる．

(3) この効果を利用したレーダーでは，移動物体の速度測定や［C］に利用される．

	A	B	C
1	振幅	高く	海底の地形の測量
2	振幅	低く	竜巻や乱気流の発見や観測
3	周波数	高く	竜巻や乱気流の発見や観測
4	周波数	低く	竜巻や乱気流の発見や観測
5	周波数	低く	海底地形の測量

解説 ドップラー効果は電波の**周波数**が偏移します．

ドップラー周波数 f_d は

$$f_d = \frac{2vf}{c} \text{〔Hz〕}$$

で表されます．発射源が近づいているときは v が大きくなるため，f_d は**高く**なります．

ドップラーレーダーは速度の測定や気象用として**竜巻や乱気流の観測**に用いられています．

答え▶▶▶3

出題傾向 下線の部分を穴埋めにした問題も出題されています．

7章　空中線・給電線

この章から 3 問出題

アンテナと給電線は電波の送受信に必要で，アンテナの長さは電波の波長に関係します．基本アンテナと各種アンテナの特徴，給電線及び整合について学びます．

7.1　アンテナの長さと電波の波長

空中線は電波を送信・受信するために必要で**アンテナ**ともいいます（以下「アンテナ」とします）．アンテナには，主に短波帯以下の周波数で使用されるダイポールアンテナなどの**線状アンテナ**，主に超短波帯～極超短波帯で使用される全方向性のブラウンアンテナ，強い指向性を持つ**八木アンテナ**，主にマイクロ波領域で使用される**パラボラアンテナ**，ホーンアンテナなどの**開口面アンテナ**があります．

電波は 300 万メガヘルツ以下の電磁波のことをいい，電波の速度 c は 3×10^8 m/s です．電波の波長 λ〔m〕，周波数 f〔Hz〕，速度 c〔m/s〕の関係は

$$c = f\lambda \qquad (7.1)$$

となります．また，アンテナの長さは波長と密接な関係があります．

電波の波長 λ，周波数 f，速度 c の関係（$c = f\lambda$）は覚えておこう．

式(7.1) より，波長 λ を求めると次式になります．

$$\lambda = \frac{c}{f} \qquad (7.2)$$

電波の速度 c は，$c = 3 \times 10^8$ m/s ですので，周波数の単位が〔MHz〕で与えられている場合の波長 λ は，次のようになります．

$$\lambda = \frac{3 \times 10^8}{f \times 10^6} = \frac{300}{f\text{〔MHz〕}} \qquad (7.3)$$

問題 1　➡7.1

周波数 80 MHz の電波の波長を求めよ．

解説　電波の波長を λ，周波数を f，電波の速度を c とすると

$$\lambda = \frac{c}{f} = \frac{3 \times 10^8}{80 \times 10^6} = \frac{30}{8} = \mathbf{3.75\ m}$$

問題 2 ➡7.1

波長 7 500 m の電波の周波数を求めよ.

解説　電波の波長を λ，周波数を f，電波の速度を c とすると

$$f = \frac{c}{\lambda} = \frac{3 \times 10^8}{7\,500} = \frac{3 \times 10^5}{7.5} = 40\,000\ \text{Hz} = \mathbf{40\ kHz}$$

出題傾向　電波の波長や周波数を求める問題は出題されませんが，式（7.1）の関係はよく使うので覚えておきましょう.

7.2　アンテナのインピーダンス，指向性，利得

7.2.1　入力インピーダンス

図 7.1 に示すように給電点からアンテナを見たインピーダンスをアンテナの**入力インピーダンス**又は，**給電点インピーダンス**といいます．入力インピーダンスを $\dot{Z}_i$〔Ω〕とすると，$\dot{Z}_i = R + jX$ で表すことができます（R は放射抵抗と損失抵抗の和，X は放射リアクタンスとアンテナ自身のリアクタンスの和）.

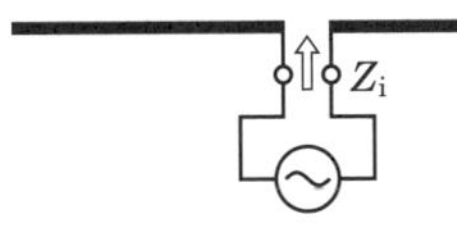

■図 7.1　アンテナの入力インピーダンス

7.2.2　指向性

指向性とは，アンテナが「どの程度，特定の方向に電波を集中して放射できるか」又は「到来電波に対してどの程度感度が良いか」を表すものです.

どの方向でも電波の強さが同じになるアンテナを**全方向性（無指向性）アンテナ**といいます．また，八木アンテナやパラボラアンテナのように，送受信する距離が同じでも，方向により電波の強さが異なるアンテナを**単一指向性アンテナ**といいます．全方向性アンテナの水平面の特性の概略を**図 7.2**，指向性アンテナの水平面の特性の概略を**図 7.3** に示します．ビーム幅は**半値角**とも呼ばれ，主ローブの電界強度がその最大値の $\mathbf{1/\sqrt{2}}$ になる 2 つの方向で挟まれた角度 θ で表されます.

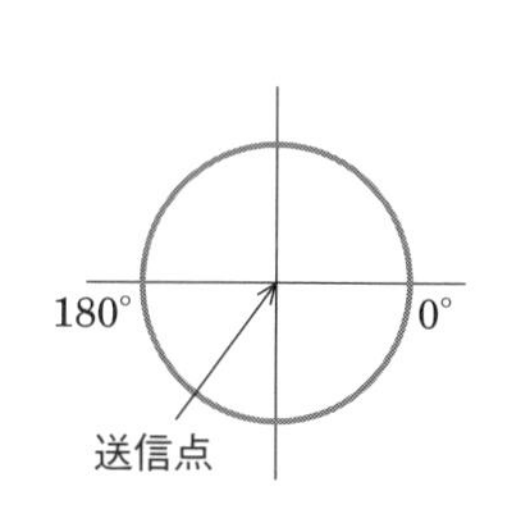

■図 7.2　全方向性アンテナの水平面の特性

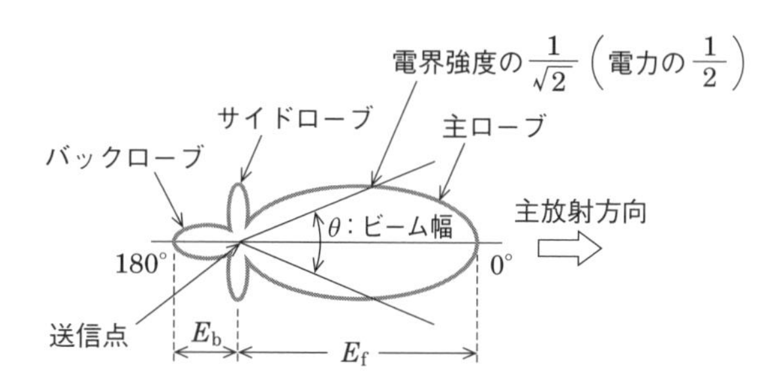

■図 7.3　単一指向性アンテナの水平面の特性

全方向性アンテナはアンテナの向きに関係しないため，放送や携帯電話などの移動体通信に向いています．単一指向性アンテナはテレビの電波の受信など，通信の相手が決まっている場合に向いています．

7.2.3 利得

利得はアンテナの性能を表す指標の１つで，数値が大きくなれば高性能になります．利得が大きなアンテナを使用すると，送信電力が小電力でも遠くまで電波が到達します．

任意のアンテナから電力 P〔W〕で送信し，距離 d〔m〕離れた最大放射方向における電界強度が E〔V/m〕であったとします．任意のアンテナを基準アンテナに取り換えて電力 P_0〔W〕で送信したとき，同一地点における電界強度が同じく E〔V/m〕になったとします．このときの任意のアンテナの利得は次式で表すことができます．

$$A = \frac{P_0}{P} \text{（真数）} \tag{7.4}$$

式(7.4) を dB 表示すると，次式になります．

$$G = 10 \log_{10} \frac{P_0}{P} \text{〔dB〕} \tag{7.5}$$

アンテナ利得には，等方性アンテナを基準とした**絶対利得**と，半波長ダイポールアンテナを基準とした**相対利得**があります．絶対利得を G_a〔dB〕，相対利得を G_r〔dB〕とすると，その関係は次のようになります．

$$G_a = G_r + 2.15 \text{〔dB〕} \tag{7.6}$$

等方性アンテナは均一放射体でどの方向にも放射が一様になる仮想のアンテナのことです.

あるアンテナから送信される電力を等方性アンテナでの送信電力に置き換えたものを，**等価等方輻射電力**（EIRP：Equivalent Isotropic Radiated Power）といいます．等価等方輻射電力 P_E〔W〕は，空中線に供給される電力 P_T〔W〕と与えられた方向における空中線の絶対利得 G_T を用いると，次式になります．

$$P_E = P_T \times G_T \text{〔W〕} \tag{7.7}$$

効率良く電波を送受信するには,「アンテナの指向性」,「利得」,「整合がとれていること」が重要になります.

問題 3 ★★★ ➡7.2.2

次の記述は，図に示す単一指向性アンテナの電界パターン例について述べたものである．このうち誤っているものを下の番号から選べ．

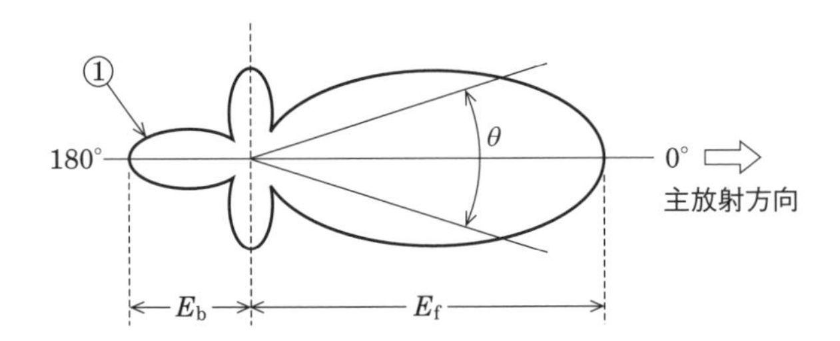

1　前後比は，E_f/E_b で表される．

2　①のことをバックローブともいう．

3　ビーム幅は，電界強度が最大値の 1/2 になる 2 つの方向で挟まれた角度 θ で表される．

4　カセグレンアンテナは，単一指向性アンテナの 1 つである．

解説　3　×「電界強度が最大値の **1/2** になる」ではなく，正しくは「電界強度が最大値の $\mathbf{1/\sqrt{2}}$ になる」です．

答え▶▶▶ 3

問題 4 ★ ➡7.2.3

半波長ダイポールアンテナに対する相対利得が 12.5 dB のアンテナを絶対利得で表したときの値として，最も近いものを下の番号から選べ．ただし，アンテナの損失はないものとする．

1 6.20 dB　2 14.65 dB　3 16.35 dB　4 17.50 dB　5 18.65 dB

解説 絶対利得を G_a〔dB〕，相対利得を G_r〔dB〕とすると，両者の関係は $G_a = G_r + 2.15$ dB なので，$G_a = 12.5 + 2.15 =$ **14.65 dB** となります．

答え▶▶▶2

出題傾向 絶対利得から相対利得を求める問題も出題されています．

7章

問題 5 ★★★ ➡7.2.3

無線局の送信アンテナに供給される電力が 50 W，送信アンテナの絶対利得が 37 dB のとき，等価等方輻射電力（EIRP）の値として，最も近いものを下の番号から選べ．ただし，等価等方輻射電力 P_E〔W〕は，送信アンテナに供給される電力を P_T〔W〕，送信アンテナの絶対利得を G_T（真数）とすると，次式で表されるものとする．また，1 W を 0 dBW とし，$\log_{10} 2 = 0.3$ とする．

$$P_E = P_T \times G_T \text{〔W〕}$$

1 52 dBW　2 54 dBW　3 57 dBW　4 61 dBW　5 63 dBW

送信アンテナの絶対利得 37 dB を真数（倍率）に変換し，P_E〔W〕を計算し〔dBW〕を求めます．

解説 送信アンテナの絶対利得 37 dB の真数（倍率）を G_T とすると，次式が成立します．

$$37 = 10 \log_{10} G_T \quad \cdots ①$$

式①の両辺を 10 で割ると

$$3.7 = \log_{10} G_T \quad \cdots ②$$

式②より

$$G_T = 10^{3.7} = 10^{(4-0.3)} = 10^4 \times 10^{-0.3}$$

$$= \frac{10^4}{10^{0.3}} = \frac{10\,000}{2} = 5\,000 \quad \cdots ③$$

$\log_{10} 2 = 0.3$ より $10^{0.3} = 2$ となります．$10^{3.7}$ を $10^{0.3}$ が使える形に変形します．

式③の $G_T = 5\,000$ と $P_T = 50$ W から等価等方輻射電力 P_E〔W〕を求めます．

$$P_E = P_T \times G_T = 50 \times 5\,000 = 5^2 \times 10^4 \text{ W} \quad \cdots ④$$

式④の等価等方輻射電力 P_E〔W〕を〔dBW〕で表すと

$$10 \log_{10}(5^2 \times 10^4) = 10(\log_{10}5^2 + \log_{10}10^4) = 10(2\log_{10}5 + 4\log_{10}10)$$

$$= 10(2\log_{10}5 + 4 \times 1) = 10\left(2\log_{10}\frac{10}{2} + 4\right)$$

$$= 10(2\log_{10}10 - 2\log_{10}2 + 4) = 10(2 \times 1 - 2 \times 0.3 + 4)$$

$$= 10 \times 5.4 = \mathbf{54\ dBW}$$

答え▶▶▶2

7.3 基本アンテナ

7.3.1 半波長ダイポールアンテナ

図 7.4 に示すアンテナを**半波長ダイポールアンテナ**といい，長さが電波の波長の 1/2 に等しい非接地アンテナです．半波長ダイポールアンテナの電流分布を**図 7.5** に示します．入力インピーダンス $\dot{Z}_i$〔Ω〕は，$\dot{Z}_i = 73.13 + j42.55$ Ω となります．通常，アンテナの長さを少し短くして容量性とし，リアクタンス成分 42.55 Ω が 0 になるようにして使います．

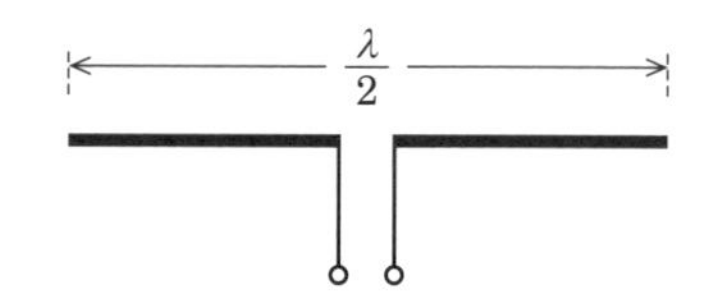

■図 7.4　半波長ダイポールアンテナ

また，水平面の指向特性は**図 7.6** のような 8 字特性になります．

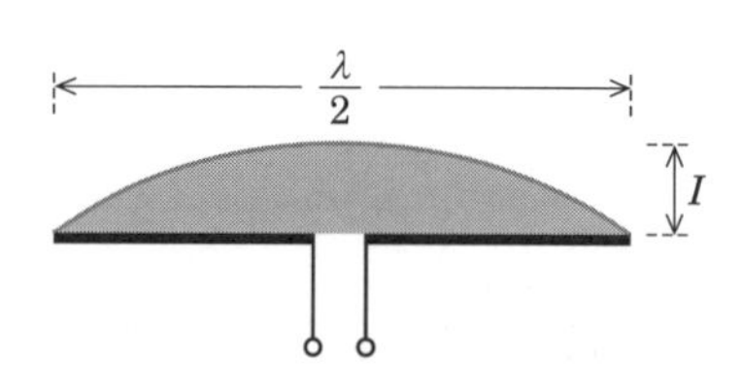

■図 7.5　半波長ダイポールアンテナの電流分布

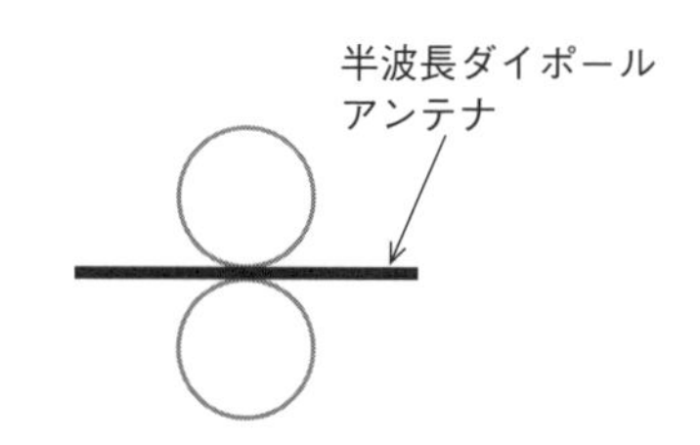

■図 7.6　半波長ダイポールアンテナの水平面の指向特性

(1) 半波長ダイポールアンテナの実効長

半波長ダイポールアンテナの実効長は，次のようにして求めます．**図 7.7**（a）において，グレー部分の面積 S を求めると，$S = I\lambda/\pi$（積分を使用して計算しなければならないので結果だけを示します）になります．この S が図 7.7（b）の面積に等しいので，実効長を h_e とすると $h_e I = I\lambda/\pi$ となり，これから，半波長ダイポールアンテナの実効長は，次式で与えられます．

$$h_e = \frac{\lambda}{\pi} \text{〔m〕} \tag{7.8}$$

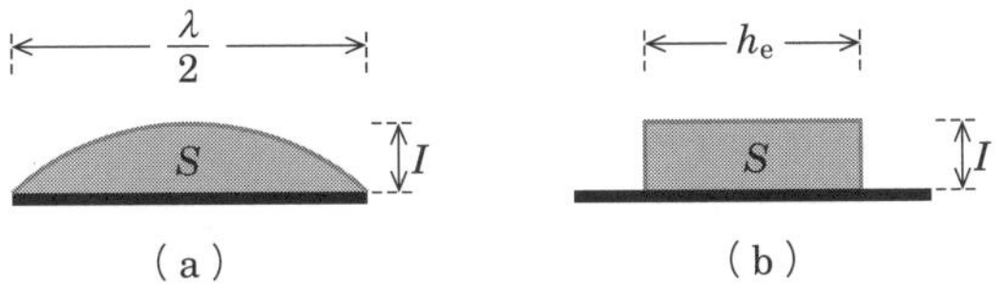

（a）　（b）

■図 7.7　半波長ダイポールアンテナの実効長

(2) 折返し半波長ダイポールアンテナ

図 7.8 に示すように半波長ダイポールアンテナを折り曲げたアンテナを**折返し半波長ダイポールアンテナ**といいます．半波長ダイポールアンテナの電流を I〔A〕とすると，折返し半波長ダイポールアンテナでは $2I$ となり，放射電力 P〔W〕は，$P = 73(2I)^2 = 292I^2$ になります．すなわち，給電点の入力抵抗は 292 Ω になります．半波長ダイポールアンテナと折返し半波長ダイポールアンテナの特徴を比較したものを**表 7.1** に示します．

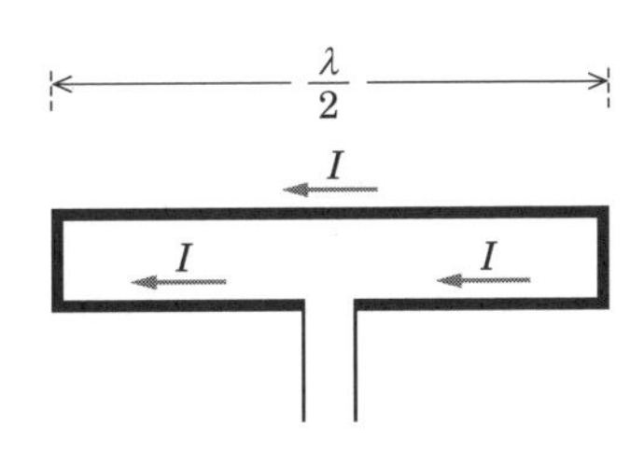

■図 7.8　折返し半波長ダイポールアンテナ

■表 7.1　半波長ダイポールアンテナと折返し半波長ダイポールアンテナの比較

<table>
<tr><th>アンテナ名称</th><th>実効長</th><th>入力抵抗</th><th>指向特性</th><th>その他</th></tr>
<tr><td>半波長ダイポールアンテナ</td><td>$\frac{\lambda}{\pi}$〔m〕</td><td>73 Ω</td><td rowspan="2">同じ</td><td></td></tr>
<tr><td>折返し半波長ダイポールアンテナ</td><td>$\frac{2\lambda}{\pi}$〔m〕</td><td>292 Ω</td><td>広帯域</td></tr>
</table>

折返し半波長ダイポールアンテナは八木アンテナの放射器として用いられています.

7.3.2　1/4 波長垂直アンテナ

1/4 波長垂直アンテナは，長さが電波の波長の 1/4 に等しい接地アンテナです．**図 7.9** に 1/4 波長垂直アンテナとその電流分布を示します．電流分布はアンテナの先端で 0，基部で最大になります．

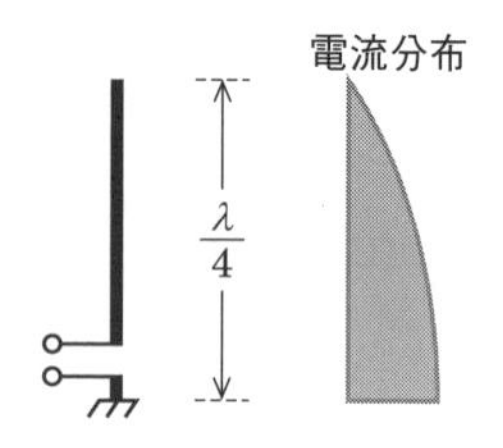

図 7.9　1/4 波長垂直アンテナと電流分布

放射抵抗は半波長ダイポールアンテナの 1/2 となるので 36.57 Ω になります．水平面内の指向性は図 7.2 のような全方向性（無指向性）になります．

1/4 波長垂直アンテナの実効長 h_e は，$h_e = \lambda/2\pi$〔m〕です.

問題 6 ★★　➡7.3.1

次の記述は，半波長ダイポールアンテナについて述べたものである．このうち誤っているものを下の番号から選べ．ただし，波長を λ〔m〕とする.

1　放射抵抗は，約 73 Ω である.
2　実効長は，λ/π〔m〕である.
3　絶対利得は，1.64 dB である.
4　大地に対して水平に設置した場合の水平面内指向特性は，8 字特性である.

解説　3　×　絶対利得は，**2.15 dB** です．なお，1.64 は真数なので，1.64 を dB 表示すると，$10 \log_{10} 1.64 \fallingdotseq 10 \times 0.215 = 2.15$ dB となります.

答え▶▶▶ 3

問題 7 ★★★　➡7.3.1

次の記述は，図に示す素子の太さが同じ二線式折返し半波長ダイポールアンテナについて述べたものである．［　　］内に入れるべき字句の正しい組合せを下の番号から選べ.

(1) 周波数特性は，同じ太さの素子の半波長ダイポールアンテナに比べてやや[A]特性を持つ．

(2) 入力インピーダンスは，半波長ダイポールアンテナの約[B]倍である．

(3) 指向特性は，半波長ダイポールアンテナと[C]．

	A	B	C
1	狭帯域	2	大きく異なる
2	狭帯域	2	ほぼ同じである
3	狭帯域	4	ほぼ同じである
4	広帯域	2	大きく異なる
5	広帯域	4	ほぼ同じである

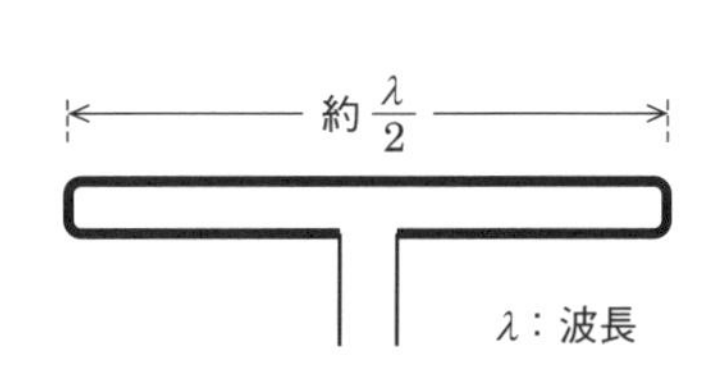

解説 表 7.1 に示すように，折返し半波長ダイポールアンテナは半波長ダイポールアンテナと比べて**広帯域**の特性を持ちます．また，折返し半波長ダイポールアンテナの入力インピーダンス（292 Ω）は，半波長ダイポールアンテナ（73 Ω）の約 **4 倍**となります．折返し半波長ダイポールアンテナの指向特性は，半波長ダイポールアンテナと**同じ**です．

答え▶▶▶ 5

問題 8 ★★ ➡ 7.3.1

固有周波数 800 MHz の半波長ダイポールアンテナの実効長の値として，最も近いものを下の番号から選べ．ただし，$\pi = 3.14$ とする．

1 4.5 cm　2 6.0 cm　3 7.5 cm　4 9.8 cm　5 11.9 cm

check
半波長ダイポールアンテナの実効長 h_e は $h_e = \lambda/\pi$ で求めます．まず，問題で与えられた f（$= c/\lambda$）を用いて λ を求めてから h_e を求めます．

解説 周波数を f，電波の速度を c とすると，800 MHz の波長 λ は

$$\lambda = \frac{c}{f} = \frac{3 \times 10^8}{800 \times 10^6} = \frac{3}{8} = 0.375 \text{ m}$$

となります．よって，半波長ダイポールアンテナの実効長 h_e は

$$h_e = \frac{\lambda}{\pi} = \frac{0.375}{3.14} \fallingdotseq 0.119 \text{ m} = \mathbf{11.9\ cm}$$

答え▶▶▶ 5

7.4 実際のアンテナ

7.4.1　スリーブアンテナとコーリニアアレーアンテナ

図 7.10 に示すような同軸ケーブルの中心導体に長さが 1/4 波長の導線，同軸ケーブルの外導体に長さが 1/4 波長のスリーブ（袖（そで）という意味）と呼ばれる銅や真ちゅうなどで作られた円筒を取り付けたアンテナを**スリーブアンテナ**といいます．半波長ダイポールアンテナと同様な動作をするので，放射抵抗は約 73 Ω，水平面内の指向特性は無指向性で垂直面内の指向特性は 8 字形となります．

スリーブアンテナはタクシー無線や簡易無線などの基地局に使用されています．スリーブアンテナを**図 7.11** のように垂直方向の一直線上に等間隔に多段接続したものを**コーリニアアレーアンテナ**といいます．

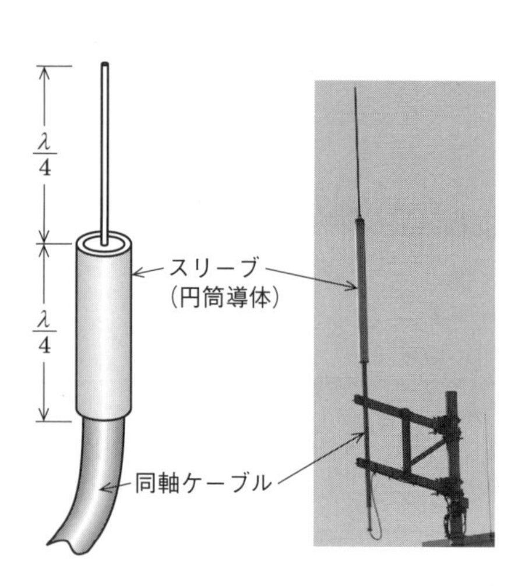

■図 7.10　スリーブアンテナ

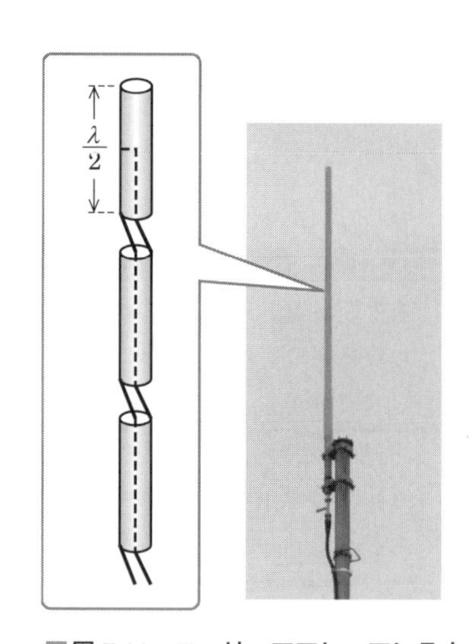

■図 7.11　コーリニアアレーアンテナ

7.4.2　ブラウンアンテナ

スリーブアンテナの金属円筒部を導線に代えても同様な動作をします．この導線を地線と呼びます．通常，地線は 4 本で水平方向にそれぞれ 90° 間隔に開くと，**図 7.12** に示す**ブラウンアンテナ**になります．ブラウンアンテナの水平面内の指向性は無指向性で放射抵抗は約 20 Ω になります．

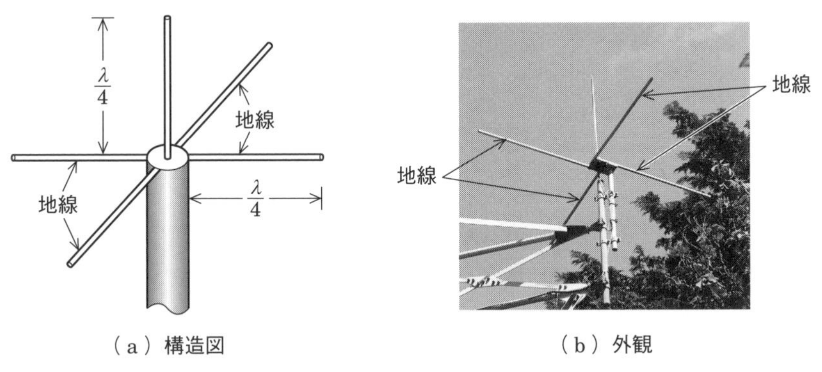

（a）構造図　　（b）外観

■図 7.12　ブラウンアンテナ

ブラウンアンテナは，スリーブアンテナのスリーブを4本に分割し，それを水平に開いたものです．

なお，ブラウンアンテナの放射抵抗は約 20 Ω なので，特性インピーダンスが 50 Ω の同軸ケーブルを接続すると不整合となります．整合をとるため，アンテナの導体部を折り返すなどの工夫をして，特性インピーダンス 50 Ω の同軸ケーブルをそのまま使用できるような工夫がなされています．

ブラウンアンテナは主に基地局など，無線局間の通信用アンテナとして使用されています．

7.4.3 八木・宇田アンテナ

図 7.13 に 3 素子の八木・宇田アンテナ（八木アンテナ）の構造図と外観を示します．

送信機又は受信機に接続する素子を**放射器**といい，半波長ダイポールアンテナ又は折返し半波長ダイポールアンテナを使用します．放射器を折返し半波長ダイポールアンテナにするとアンテナの周波数特性が広帯域になります．放射器の前後の **1/4 波長**離れた位置に無給電素子を配置します．放射器より少し長い素子を**反射器**といいます．放射器より少し短い素子を**導波器**といいます．反射器は**誘導性**，導波器は容量性になります．導波器の本数を増やすと，指向性がさらに鋭

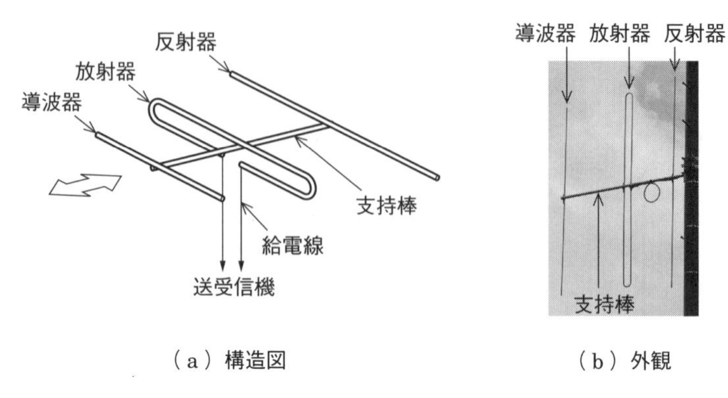

（a）構造図　　（b）外観

■図 7.13　3 素子八木・宇田アンテナ

くなります．八木・宇田アンテナはテレビの受信用をはじめ，短波～極超短波帯の送受信アンテナなどに使われています．

7.4.4　コーナレフレクタアンテナ

コーナレフレクタアンテナは**図 7.14** に示すように，半波長ダイポールアンテナの後側に反射板を設置したアンテナです．反射板の開き角 α が変わると利得及び指向性が変わり，$\alpha = 90°$ の場合，半波長ダイポールアンテナと反射板を鏡面とする 3 個の影像アンテナによる電界成分が合成されて半波長ダイポールアンテナに比べ利得が大きくなります．また，$S = \lambda/2$ 程度のとき，サイドローブは最も少なくなり，指向性は単一指向性になります．

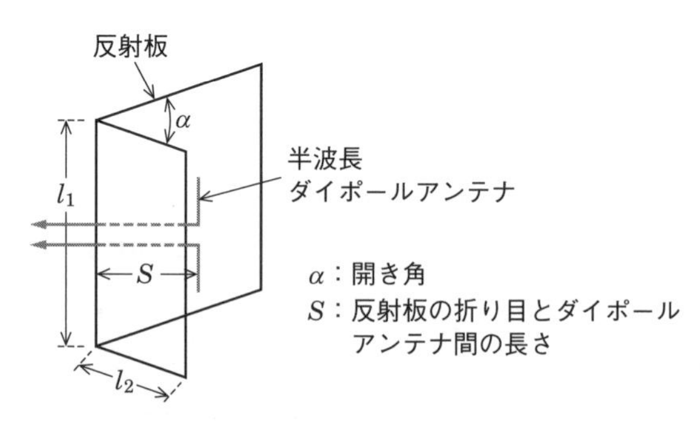

■図 7.14　コーナレフレクタアンテナ

7.4.5 パラボラアンテナ

図 7.15 にパラボラアンテナの原理を示します．パラボラ（parabola）は放物線という意味で，放物線を軸のまわりに回転させて作った面を放物面といいます．**パラボラアンテナ**は，回転放物面の形をした反射器と一次放射器から構成されるアンテナで，一次放射器から発射された電波は平面波となって放射されます．パラボラアンテナは波長の短いマイクロ波（SHF）帯のアンテナとして，宇宙通信用送受信アンテナ，電波望遠鏡，衛星放送受信用などに使われています．

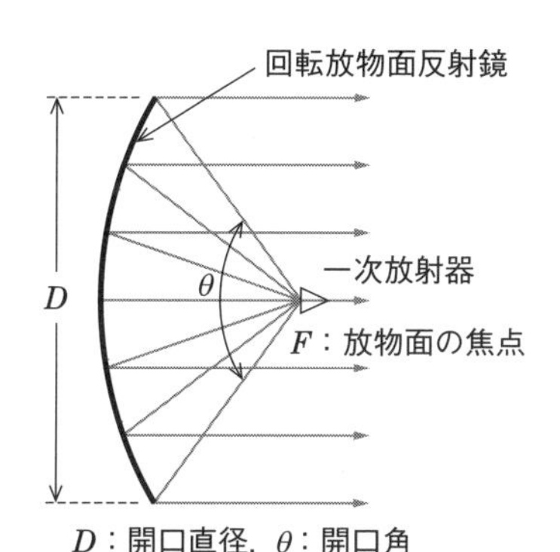

■図 7.15 パラボラアンテナ

パラボラアンテナのような開口面アンテナの指向性 θ は，電波の波長を λ〔m〕，開口直径を D〔m〕とすると，近似的に次式で表すことができます．

$$\theta = 70\frac{\lambda}{D}\text{〔度〕} \tag{7.9}$$

パラボラアンテナの利得は絶対利得（等方性アンテナを基準とした利得）で表されることが多く，電波の波長を λ〔m〕，開口部の面積を S〔m^2〕，開口効率を η とすると，利得 G_a は次式で表されます．

$$G_a = \frac{4\pi S}{\lambda^2}\eta \tag{7.10}$$

式（7.10）の利得を dB 表示すると，利得 G〔dB〕は次のようになります．

$$G = 10\log_{10}\left(\frac{4\pi S}{\lambda^2}\eta\right)\text{〔dB〕} \tag{7.11}$$

式（7.11）の開口部の面積 S を開口直径 D〔m〕で表すと，$S = \pi\left(\frac{D}{2}\right)^2$ であるので，$\frac{4\pi S}{\lambda^2}\eta = \frac{\pi^2 D^2}{\lambda^2}\eta$ となり，式（7.11）は次式になります．

$$G = 10\log_{10}\left(\frac{4\pi S}{\lambda^2}\eta\right) = 10\log_{10}\left(\frac{\pi^2 D^2}{\lambda^2}\eta\right)\text{〔dB〕} \tag{7.12}$$

式（7.12）より，開口面の直径 D が大きくなるほど，また波長 λ が短くなるほど利得が大きくなります．

パラボラアンテナの開口面の面積 S と有効面積 A との間には，$A=\eta S$ の関係が成立し，η を**開口効率**と呼んでいます．実際のパラボラアンテナでは，開口効率は 0.6 程度になります．

7.4.6　オフセットパラボラアンテナ

図 7.16 の断面図に示すように，パラボラアンテナの放物面の中心軸から離れた一部分を使用するアンテナを**オフセットパラボラアンテナ**（オフセットアンテナとも呼ぶ）といいます．

一次放射器が電波をブロックしないため，電波の散乱を防止できます．また，サイドローブも少なくなり，アンテナ効率も良くなります．

オフセットパラボラアンテナは，**図 7.17** に示すように，地上とほぼ垂直に設置することができるため，降雪に強く，家庭用の衛星放送受信用の多くはオフセットアンテナが用いられています．

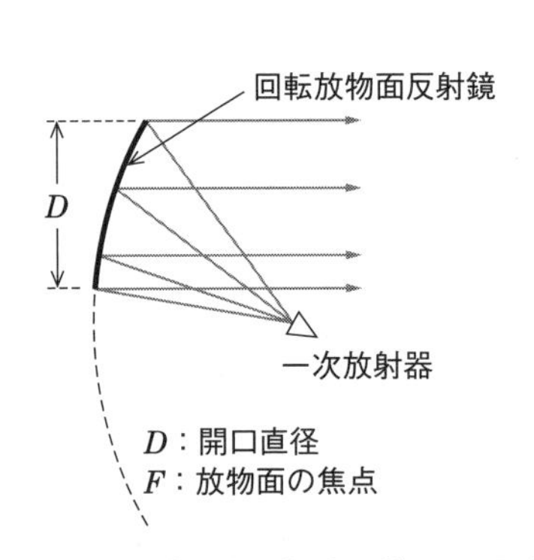

■図 7.16　オフセットパラボラアンテナ

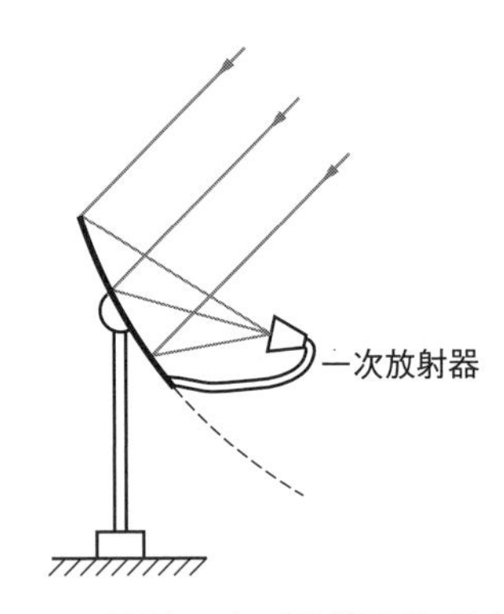

■図 7.17　オフセットパラボラアンテナの設置

7.4.7　カセグレンアンテナ

主反射鏡（放物面）とその光軸上に副反射鏡（双曲面）を設置する方式のアンテナを**カセグレンアンテナ**といいます（**図 7.18**）．

カセグレンアンテナの一次放射器の位置とパラボラアンテナの一次放射器の位

置を比べると，一次放射器を放物面反射鏡に近づけることができるので給電線（導波管）を短くすることができます．

カセグレンアンテナは開口部の大きな一次放射器を使えるため，広い周波数特性を得ることができます．宇宙通信用や衛星通信用の大型アンテナとして用いられます．

カセグレンアンテナの名称はカセグレン式反射望遠鏡を製作したフランス人のカセグレンからきています．

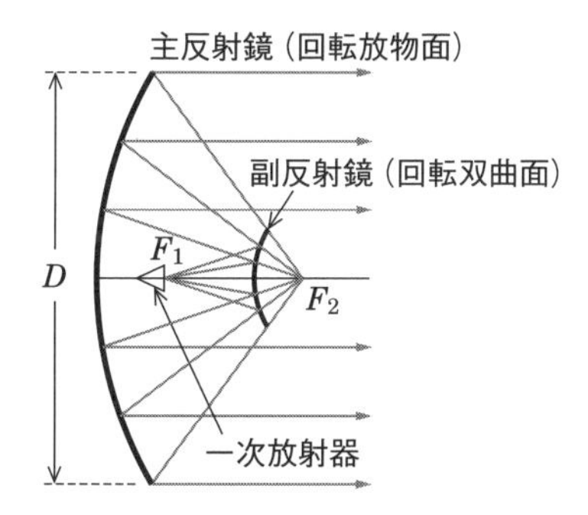

■図 7.18　カセグレンアンテナ

関連知識　**グレゴリアンアンテナ**

図 7.19 の断面図に示すように，**主反射鏡**（放物面）**とその光軸上に副反射鏡**（楕円面）**を設置する方式のアンテナをグレゴリアンアンテナ**といいます．

グレゴリアンアンテナの主反射鏡の開口直径は使用する電波の波長の 100 倍程度で，絶対利得は 50 ～ 70 dB，副反射鏡の大きさは主反射鏡の 1/10 程度，開口効率 η は 0.6 ～ 0.8 ほどです．

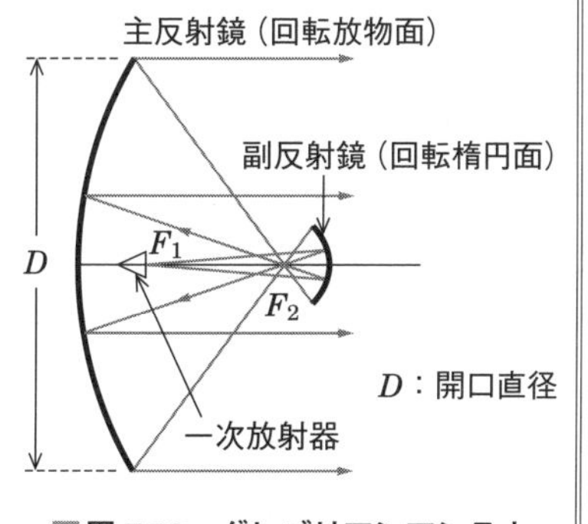

■図 7.19　グレゴリアンアンテナ

7.4.8　ホーンアンテナ

ホーンアンテナは**電磁ホーン**とも呼ばれ，**図 7.20** に示すように，導波管の先端を角錐形や円錐形等の形状で開口したアンテナです．構造が簡単で，調整もほとんど不要です．主にマイクロ波（SHF）以上の周波数で使用され，反射鏡付きアンテナの一次放射器としても用いられます．

ホーンの開口面積を一定にした場合，ホーンの長さを長く（開口角を小さく）すれば利得が増加します．ホーンアンテナは導波管と空間を整合させる一種の変成器ともいえます．

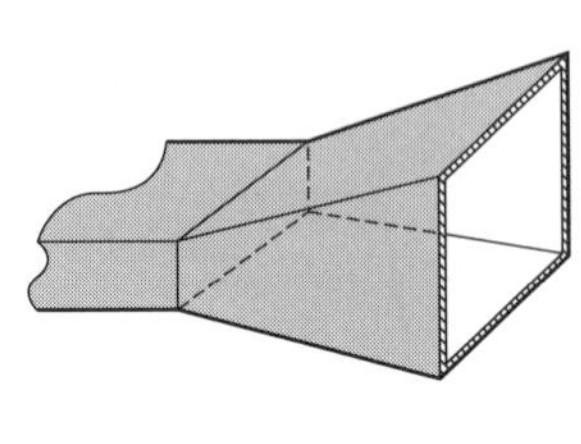

（a）角錐形

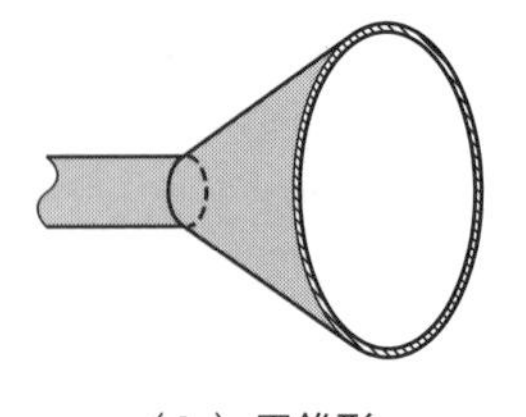

（b）円錐形

■図 7.20　ホーンアンテナ

7.4.9　スロットアレーアンテナ

図 7.21 に示すように，方形導波管の短辺にスロット（溝）を切ったアンテナを**スロットアレーアンテナ**といいます．導波管の E 面（電界面）管壁に，交互に $\boldsymbol{\lambda_g/2}$（λ_g は管内波長）間隔で，y 軸との角度 θ でスロットを切り，導波管の一方からマイクロ波を給電し，伝搬する電波を漏えいさせるアンテナです．

水平方向の指向性は**スロット数が多くなれば**なるほど鋭くなり（**主ビーム幅が狭くなり**），垂直方向の指向性は，水平方向と比べ広くなります．このような指向性をファンビームといいます．耐風圧性もあるため，船舶用のレーダアンテナなどに適しています．

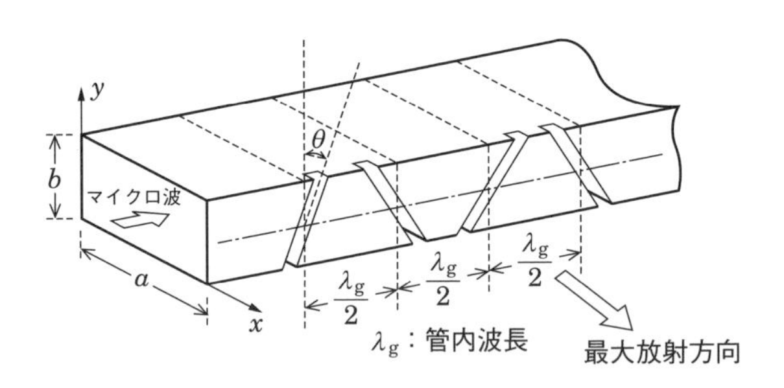

■図 7.21　スロットアレーアンテナ

7.4.10　アダプティブアレーアンテナ

アダプティブアレーアンテナ（Adaptive Array Antenna）は複数のアンテナ素子で構成され，各アンテナの信号の**振幅と位相**に重みをつけて合成することにより**電気的**に指向性を変えることができるアンテナです．希望する電波にアンテナのメインローブを向け，不要な**干渉波**の到来方向にヌル点を向けることにより**干渉波**を弱めることができます．

問題 9 ★★ ➡7.4

次の記述は，VHF 及び UHF 帯で用いられる各種のアンテナについて述べたものである．このうち誤っているものを下の番号から選べ．

1　八木・宇田アンテナ（八木アンテナ）は，一般に導波器の数を多くするほど利得は増加し，指向性は鋭くなる．

2　折返し半波長ダイポールアンテナの入力インピーダンスは，半波長ダイポールアンテナの入力インピーダンスの約 2 倍である．

3　ブラウンアンテナは，水平面内指向性が全方向性である．

4　コーナレフレクタアンテナは，サイドローブが比較的少なく，前後比の値を大きくできる．

5　コリニアアレーアンテナは，スリーブアンテナに比べ，利得が大きい．

解説　2　半波長ダイポールアンテナの入力インピーダンスは約 73 Ω で，アンテナに流れる電流を I とすると，電力 P は，$P = 73I^2$ です．折返し半波長ダイポールアンテナに流れる電流は $2I$ ですので，電力 P は，$P = 73(2I)^2 = 292I^2$ になります．よって，折返し半波長ダイポールアンテナの入力インピーダンスは 292 Ω となり，半波長ダイポールアンテナの入力インピーダンスの **4 倍**になります．

答え▶▶▶2

問題 10 ★★★ ➡7.4.1

次の記述は，垂直偏波で用いる一般的なコーリニアアレーアンテナについて述べたものである．［　　］内に入れるべき字句の正しい組合せを下の番号から選べ．

(1) 原理的に，放射素子として［ A ］アンテナを垂直方向の一直線上に等間隔に多段接続した構造のアンテナであり，隣り合う各放射素子を互いに同振幅，同位相の電流で励振する．

(2) 水平面内の指向性は，［ B ］である．

(3) コーリニアアレーアンテナは，ブラウンアンテナに比べ，利得が［ C ］．

7章

	A	B	C
1	1/4 波長垂直接地	8 字形特性	大きい
2	1/4 波長垂直接地	全方向性	小さい
3	垂直半波長ダイポール	全方向性	大きい
4	垂直半波長ダイポール	8 字形特性	小さい

解説 コーリニアアレーアンテナはスリーブアンテナを一直線上に等間隔に多段接続したものです．スリーブアンテナは半波長ダイポールアンテナと同じ特性を持っており，水平面の指向特性は**全方向性**で垂直面内の指向性が鋭くなります．

答え▶▶▶3

出題傾向 下線の部分を穴埋めにした問題も出題されています．

問題 11 ★★ ➡7.4.4

次の記述は，図に示す八木・宇田アンテナについて述べたものである．このうち誤っているものを下の番号から選べ．

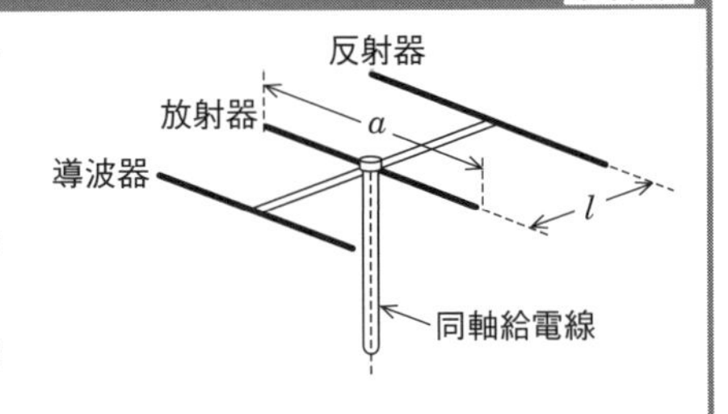

1 放射器の長さ a は，ほぼ 1/2 波長である．

2 反射器は，放射器より少し長く，容量性のインピーダンスとして働く．

3 アンテナの周波数特性をより広帯域にするには，素子の直径を太くしたり，放射器を折り返したりする方法がある．

4 導波器の数を増やすことによって，より利得を高くすることができる．

5 放射器と反射器の間隔 を 1/4 波長程度にして用いる．

解説 2 × 反射器は，**誘導性インピーダンス**になるように放射器より少し長くします．なお，導波器は容量性インピーダンスになるように放射器より少し短くします．

答え▶▶▶2

問題 12 ★★ ➡7.4.4 ➡2.5

相対利得 12 dB の八木・宇田アンテナ（八木アンテナ）から送信した最大放射方向にある受信点の電界強度は，同じ送信点から，無損失の半波長ダイポールアンテナに 4 W の電力を供給し送信したときの，最大放射方向にある同じ受信点の電界強度と同じであった．このときの八木・宇田アンテナ（八木アンテナ）の供給電力の値として，最も近いものを下の番号から選べ．ただし，$\log_{10} 2 = 0.3$ とする．

1　0.1 W　　2　0.125 W　　3　0.25 W　　4　0.5 W　　5　1.0 W

八木アンテナから電力 P〔W〕で送信したとき，距離 d〔m〕離れた最大放射方向における電界強度が E〔V/m〕，基準アンテナである無損失の半波長ダイポールアンテナから距離 d〔m〕離れた同一地点で同じ電界強度 E〔V/m〕を生じさせる電力を P_0〔W〕とすると，八木アンテナの利得 G（真数）は，$G = P_0/P$ となります．

解説　八木アンテナの利得（真数）を G とすると

$$12 = 10 \log_{10} G \quad \cdots ①$$

式①の両辺を 10 で割ると

$$1.2 = \log_{10} G \quad \cdots ②$$

式②より

$$G = 10^{1.2} = 10^{(0.3+0.3+0.3+0.3)}$$
$$= 10^{0.3} \times 10^{0.3} \times 10^{0.3} \times 10^{0.3}$$
$$= 2 \times 2 \times 2 \times 2 = 16$$

$\log_{10} 2 = 0.3$ より $10^{0.3} = 2$ となります．$10^{1.2}$ を $10^{0.3}$ が使える形に変形します．

$P_0 = 4$ W，$G = 16$ を $G = P_0/P$ に代入して P を求めると

$$P = \frac{P_0}{G} = \frac{4}{16} = \mathbf{0.25\ W}$$

$G = 10^{1.2} = (10^{0.3})^4 = 2^4 = 16$ として計算することもできます．

答え▶▶▶ 3

問題 13 ★★★ ➡7.4.4 ➡8.3

無損失の半波長ダイポールアンテナに4Wの電力を供給し送信したとき，最大放射方向にある受信点の電界強度が2mV/mであった．同じ送信点から，八木・宇田アンテナ（八木アンテナ）に2Wの電力を供給し送信したとき，最大放射方向にある同じ距離の同じ受信点での電界強度が4mV/mとなった．八木・宇田アンテナ（八木アンテナ）の相対利得の値として，最も近いものを下の番号から選べ．ただし，$\log_{10} 2 = 0.3$とする．

1 6 dB　2 9 dB　3 12 dB　4 15 dB　5 18 dB

check

半波長ダイポールアンテナにP〔W〕の電力を供給したとき，d〔m〕離れた場所の電界強度Eは，$E = \dfrac{7\sqrt{P}}{d}$となります．アンテナの利得がGの場合の電界強度は，$E = \dfrac{7\sqrt{GP}}{d}$となります（詳しくは8.3節参照）．

解説 半波長ダイポールアンテナの場合，次式が成立します．

$$d = \frac{7\sqrt{P}}{E} = \frac{7\sqrt{4}}{0.002} \quad \cdots ①$$

八木アンテナの場合，次式が成立します．

$$d = \frac{7\sqrt{GP}}{E} = \frac{7\sqrt{2G}}{0.004} \quad \cdots ②$$

式①＝式②なので

$$\frac{7\sqrt{4}}{0.002} = \frac{7\sqrt{2G}}{0.004} \quad \cdots ③$$

式③を変形すると

$$7\sqrt{4} \times 0.004 = 7\sqrt{2G} \times 0.002$$

$$2 \times 0.004 = \sqrt{2G} \times 0.002$$

$$4 = \sqrt{2G} \quad \cdots ④$$

式④を2乗すると

$16 = 2G$　よって　$G = 8$（真数）

利得8（真数）をdB表示すると

$$10\log_{10} 8 = 10\log_{10} 2^3 = 30\log_{10} 2 = 30 \times 0.3 = \mathbf{9\,dB}$$

答え▶▶▶2

問題 14 ★ ➡7.4.4

次の記述は，図に示すコーナレフレクタアンテナの構造及び特徴について述べたものである．このうち誤っているものを下の番号から選べ．ただし，波長を λ〔m〕とする．

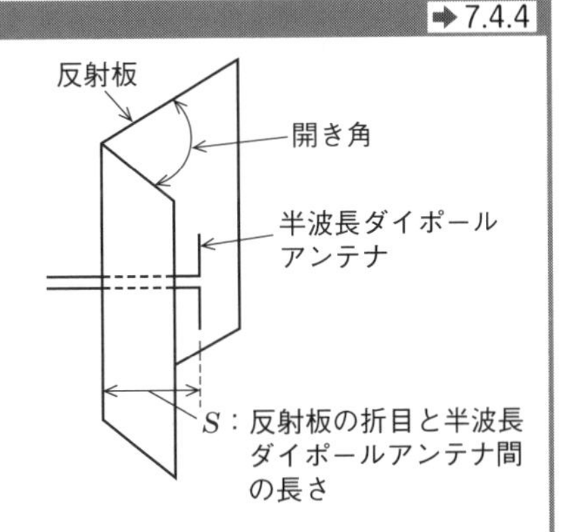

1 反射板の開き角が変わると，利得及び指向性（放射パターン）が変わる．

2 反射板の開き角が 90 度の場合，半波長ダイポールアンテナと反射板を鏡面とする 3 個の影像アンテナによる電界成分が合成される．

3 反射板の開き角が 90 度の場合，半波長ダイポールアンテナに比べ，利得が大きい．

4 反射板の開き角が 90 度の場合，$S = \lambda$ 程度のとき，副放射ビーム（サイドローブ）は最も少なく，指向性は単一指向性である．

解説 4 × 「$S = \boldsymbol{\lambda}$ 程度のとき」ではなく，正しくは「$S = \boldsymbol{\lambda}/\mathbf{2}$ 程度のとき」です．

答え▶▶▶ 4

問題 15 ★★★ ➡7.4.5

次の記述は，図に示す回転放物面を反射鏡として用いる円形パラボラアンテナについて述べたものである．このうち誤っているものを下の番号から選べ．

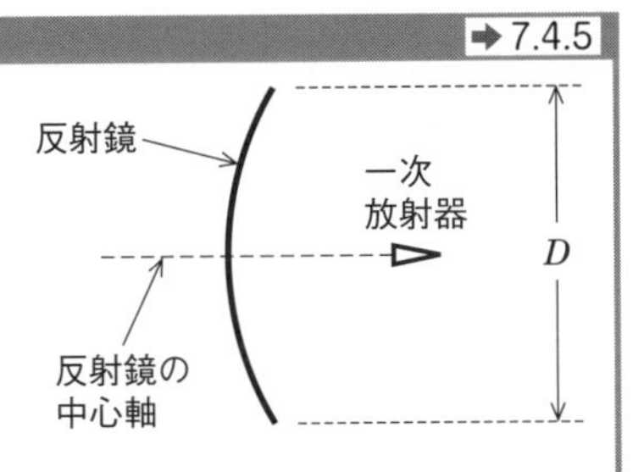

1 一次放射器は，回転放物面の反射鏡の焦点に置く．

2 放射される電波は，ほぼ平面波である．

3 利得は，波長が短くなるほど大きくなる．

4 一次放射器などが鏡面の前方に置かれるため電波の通路を妨害し，電波が散乱してサイドローブが生じ，指向特性を悪化させる．

5 主ビームの電力半値幅の大きさは，開口面の直径 D と波長に比例する．

解説　主ビームの電力半値幅の大きさは，開口面の**直径 D に反比例**し，波長に比例します．

答え▶▶▶ 5

同様の誤っている選択肢を選ぶ問題として，「利得は，開口面の面積と波長に比例する」（正しくは，「利得は，開口面の面積に比例し，波長に反比例する」）も出題されています．

問題 16 ★★　➡ 7.4.5

周波数 6 GHz で直径が 0.96 m のパラボラアンテナの絶対利得の値（真数）として，最も近いものを下の番号から選べ．ただし，アンテナの開口効率を 0.6，$\pi = 3.14$ とする．

1　109　　2　694　　3　723　　4　2 180　　5　2 271

check

電波の波長を λ〔m〕，開口面積を S〔m²〕，開口効率を η とすると，利得 G_a〔dB〕は $G_a = 10\log_{10}\left(\dfrac{4\pi S}{\lambda^2}\eta\right)$〔dB〕です．

解説　電波の速度を c〔m/s〕，周波数を f〔Hz〕とすると，6 GHz の電波の波長 λ〔m〕は

$$\lambda = \frac{c}{f} = \frac{3\times10^8}{6\times10^9} = \frac{3}{60} = \frac{1}{20}\ \text{m} \quad \cdots①$$

となります．また，半径が 0.48 m なので，開口面積 S〔m²〕は

$$S = \pi\times(0.48)^2\ 〔\text{m}^2〕 \quad \cdots②$$

となります．ここで，式（7.10）に，式①の λ と式②の S，問題文で与えられた $\eta = 0.6$ を代入すると

$$G_a = \frac{4\pi S}{\lambda^2}\eta = \frac{4\pi\times\pi\times(0.48)^2\times0.6}{\left(\dfrac{1}{20}\right)^2}$$

$$= (20)^2\times4\pi\times\pi\times(0.48)^2\times0.6 = 400\times4\times3.14\times3.14\times0.23\times0.6$$

$$= 2\,177 \fallingdotseq \mathbf{2\,180}$$

答え▶▶▶ 4

出題傾向

開口面積 S と開口効率 η が与えられ，利得を求める問題も出題されています．

問題 17 ★　➡7.4.7

図は，マイクロ波帯で用いられるアンテナの原理的な構成例を示したものである．このアンテナの名称として，正しいものを下の番号から選べ．

1　グレゴリアンアンテナ
2　コーナレフレクタアンテナ
3　スリーブアンテナ
4　ホーンレフレクタアンテナ
5　カセグレンアンテナ

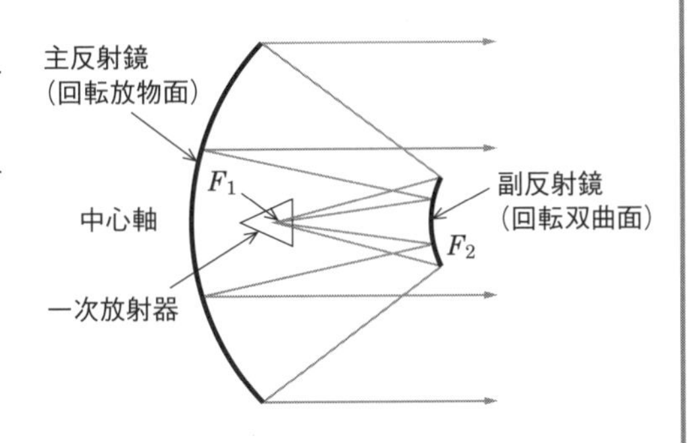

F_1：回転双曲面の焦点
F_2：回転双曲面と回転放物面の焦点

答え▶▶▶5

出題傾向　カセグレンアンテナのほかにオフセットパラボラアンテナも出題されています．

問題 18 ★★★　➡7.4.9

次の記述は，図に示すレーダーに用いられるスロットアレーアンテナについて述べたものである．［　　］内に入れるべき字句の正しい組合せを下の番号から選べ．ただし，λ_g は管内波長とする．

(1) 方形導波管の側面に，［ A ］の間隔（D）ごとにスロットを切り，隣り合うスロットの傾斜を逆方向にする．

(2) スロットの一対から放射される電波の電界の水平成分は同位相となり，垂直成分は逆位相となるので，スロットアレーアンテナ全体としては［ B ］偏波を放射する．

	A	B
1	$\lambda_g/4$	垂直
2	$\lambda_g/4$	水平
3	$3\lambda_g/4$	水平
4	$\lambda_g/2$	垂直
5	$\lambda_g/2$	水平

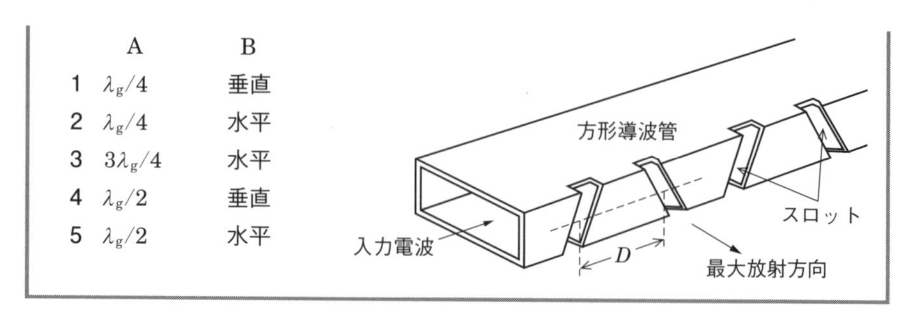

解説　スロットの一対から放射される電波の電界を次のように考えます．

方形導波管の短辺（E 面）に間隔が $\boldsymbol{\lambda_g/2}$ ごとにスロットが切ってあるので，管壁を流れる電流は**解図**（a）のように $\lambda_g/2$ ごとに入れ替わります．電流をスロットで切ると解図（b）のように電界 E が生じ，電界 E は，水平方向の電界成分 E_H と垂直方向の電界成分 E_V に分解することができます．また，垂直方向の電界成分 E_V は互いに逆方向になるので打ち消し合うことになり，水平方向の電界成分 E_H は同位相になるので加えられて強くなります．したがって，**水平偏波**の電波になります．

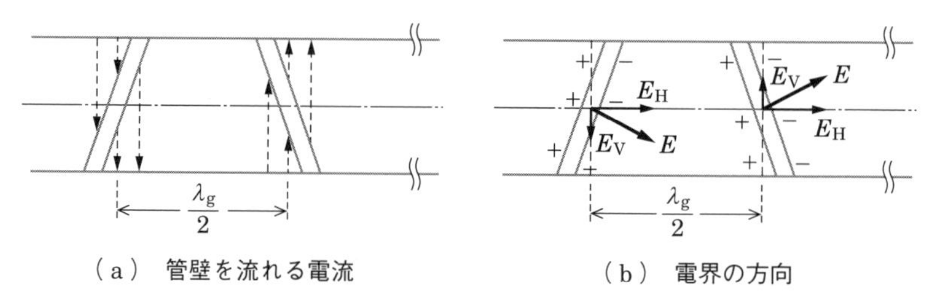

（a）　管壁を流れる電流　　　（b）　電界の方向

■解図

答え▶▶▶5

問題 19 ★★★　➡7.4.10

次の記述は，アダプティブアレーアンテナ（Adaptive Array Antenna）の特徴について述べたものである．[　　]内に入れるべき字句の正しい組合せを下の番号から選べ．なお，同じ記号の[　　]内には，同じ字句が入るものとする．

(1) 一般に，アダプティブアレーアンテナは複数のアンテナ素子から成り，各アンテナの信号の[A]に適切な重みを付けて合成することにより[B]に指向性を制御することができ，電波環境の変化に応じて指向性を適応的に変えることができる．

(2) さらに，[C]の到来方向にヌル点（null：指向性パターンの落ち込み点）を向け，[C]を弱めて通信の品質を改善することもできる．

	A	B	C
1	振幅と位相	機械的	希望波
2	振幅と位相	電気的	干渉波
3	振幅と位相	電気的	希望波
4	周波数	機械的	干渉波
5	周波数	電気的	希望波

答え▶▶▶ 2

出題傾向　下線の部分を穴埋めにした問題も出題されています．

7.5 給電線と整合

我々の家庭のコンセントに来ている周波数の低い商用電源は，線路上のどこでも電圧・電流の値は同じになり，集中定数回路で扱います．しかし，電波のように周波数の高い（波長の短い）回路や線路を扱う場合，**図 7.22** に示すように抵抗 R，インダダタンス L，コンダクタンス G，キャパシタンス C（R，G，L，C は目に見えない）が連続的に分布している分布定数回路として取り扱います．分布定数回路の代表的なものに給電線があります．

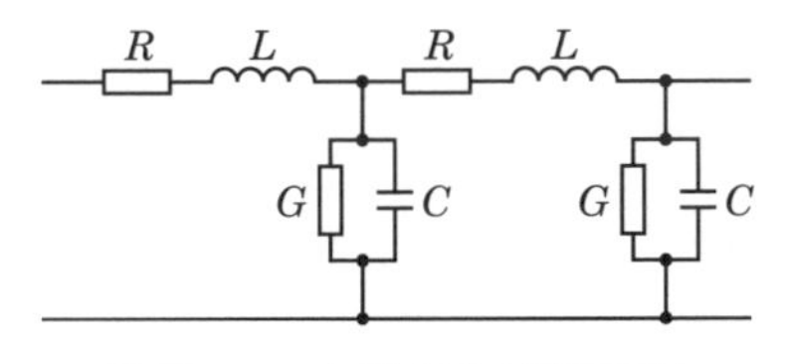

■図 7.22　伝送線路の等価回路

図 7.22 の伝送線路の単位長当たりのインピーダンスは，使用する角周波数を ω とすると

$$\dot{Z} = R + j\omega L \tag{7.13}$$

アドミタンスは，$\dot{Y} = G + j\omega C$ となり

$$\dot{Z}_0 = \sqrt{\frac{R + j\omega L}{G + j\omega C}} \tag{7.14}$$

となります．R と G が極めて小さいとすると，Z_0 は次式で表すことができます．

$$Z_0 = \sqrt{\frac{L}{C}} \tag{7.15}$$

このときの Z_0 を**特性インピーダンス**といいます．

給電線は送信機又は受信機とアンテナ間を接続するケーブルで，固有の特性インピーダンスを持っています．給電線には，**図 7.23** のような，**平行二線式線路**，**同軸ケーブル**，**導波管**などがあります．給電線をフィーダともいいます．

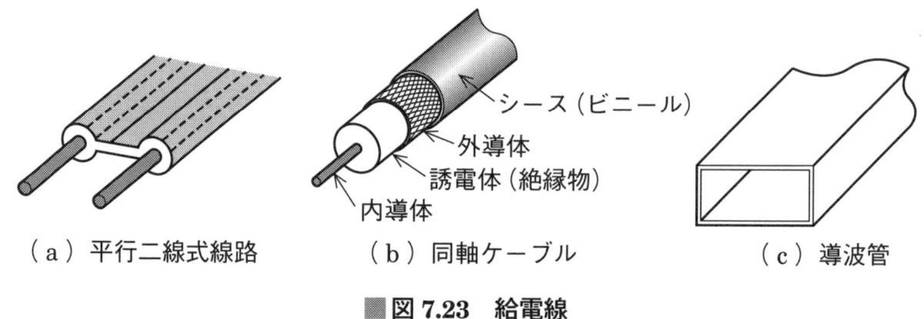

■図 7.23　給電線

平行二線式線路と同軸ケーブルを伝わる電磁波は，空中を伝わる電波と同じ，伝送方向に電界も磁界もない **TEM**（Transverse Electric and Magnetic wave）**モード**と呼ばれるモードです．

導波管は，円形の金属管や方形の金属管で作られており，導波管内を伝わる電磁波は伝送方向に磁界成分のみを持つ **TE**（Transverse Electric wave）**モード**，又は，伝送方向に電界成分のみを持つ **TM**（Transverse Magnetic wave）**モード**と呼ばれるモードがあります．

7.5.1 平行二線式線路

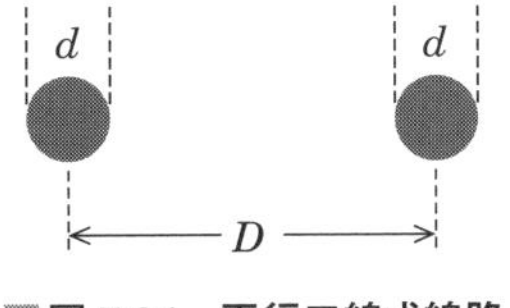

■図 7.24 平行二線式線路

平行二線式線路は**図 7.24** に示すような，二本の電線が平行に位置している伝送線路です．

特性インピーダンス Z_0 は，$\boldsymbol{Z_0 = 277 \log_{10} \dfrac{2D}{d}}$

（平行二線式線路の直径を d，2 本のケーブルの中心間距離を D，比誘電率を $\varepsilon_s = 1$ とします）

7.5.2 同軸ケーブル

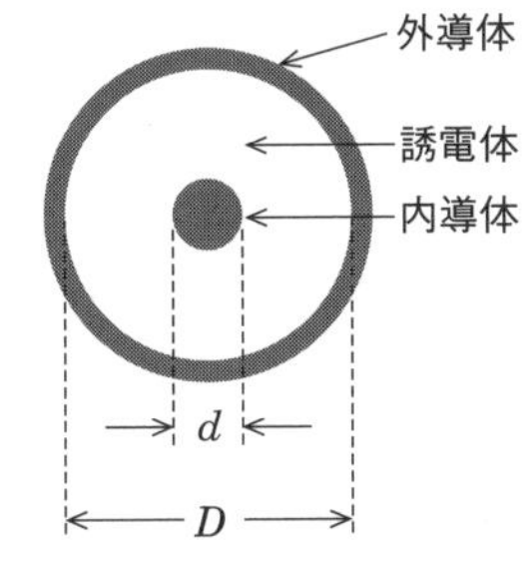

■図 7.25 同軸ケーブル

同軸ケーブルは，**図 7.25** のように，銅線の内導体，ポリエチレンなどの誘電体（絶縁物），銅の網線などで構成される外導体でできています．

特性インピーダンス Z_0 は，$Z_0 = \dfrac{138}{\sqrt{\varepsilon_s}} \log_{10} \dfrac{D}{d}$

（外導体の内径を D，内導体の外径を d とし，内導体と外導体間に充填されている誘電体の比誘電率を ε_s とします）

$\varepsilon_s = 1$ とすれば，$\boldsymbol{Z_0 = 138 \log_{10} \dfrac{D}{d}}$ となります．

平行二線式線路や同軸ケーブルの特性インピーダンス Z_0 は，単位長当たりのインダクタンス L とキャパシタンス C を求め，$Z_0 = \sqrt{L/C}$ に代入して求めます．

7.5.3 導波管

(1) 導波管の性質

図 7.26 に方形導波管を示します．$a = \lambda/2$ のときの波長を遮断波長（$\lambda_c = 2a$）といいます．**図 7.27** は方形導波管の長辺 a が遮断波長のときの電界成分を図示したもので，進行方向には磁界成分のみがあり，電界成分はありません．導波管は，遮断波長より長い波長の電磁波は伝送することは不可能なので，一種の高域通過フィルタです．

図 7.28 は断面の長辺 a 側に電界が密になる部分が 1 箇所，短辺 b 側にはない状態を示し，TE_{10} モードと呼ばれるものです．方形導波管は，ほとんど TE_{10} モー

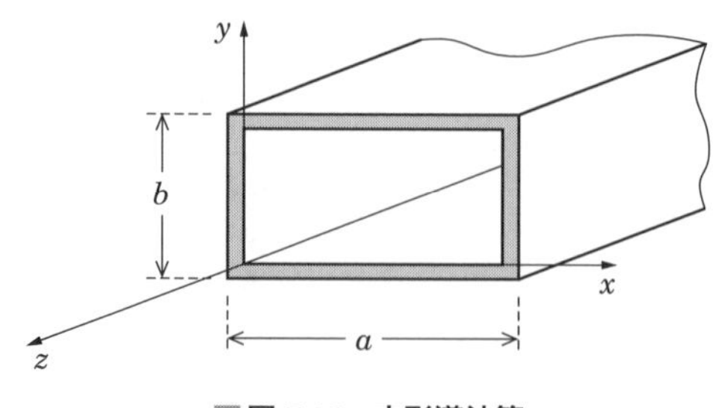

■図 7.26　方形導波管

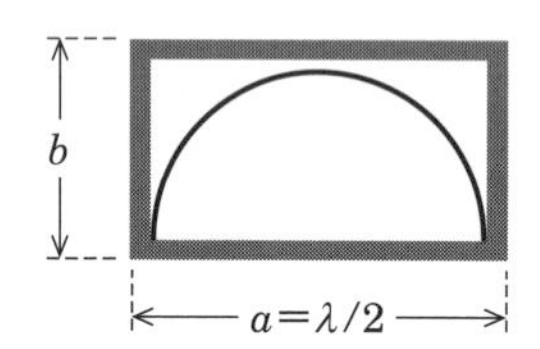

■図 7.27　導波管の遮断波長

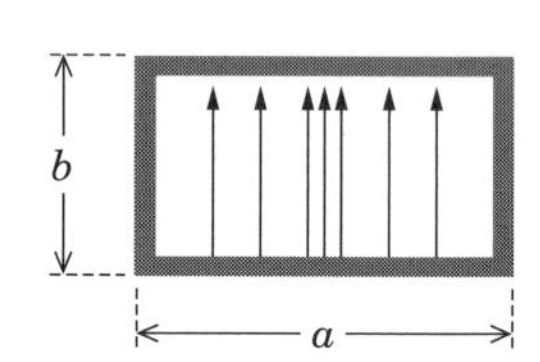

■図 7.28　方形導波管の電界（TE_{10}）

ドで使用されます．

波長λと管内波長λ_gには次のような関係があります．

$$\lambda_g = \frac{\lambda}{\sqrt{1-\left(\dfrac{\lambda}{2a}\right)^2}} \tag{7.16}$$

（λ_cを遮断波長とすると，$2a=\lambda_c$の関係がある）

(2) リアクタンス素子としての動作

図 7.29 のように導波管内に金属板を挿入すると，キャパシタンスとして動作します．電界と直角に隙間があると，電界に平行に流れる電流が遮断され，コンデンサとして動作します．

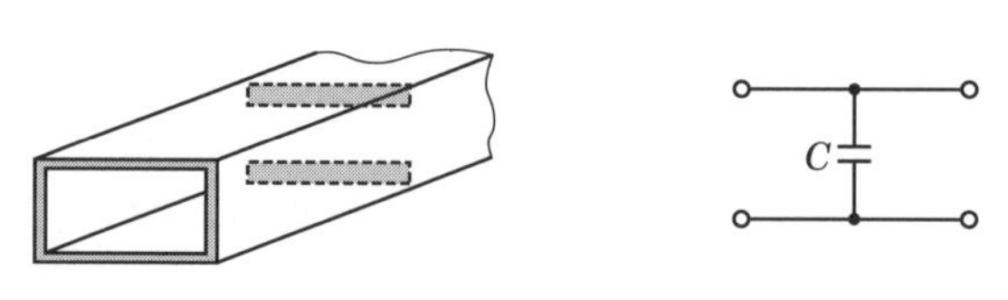

■図 7.29　容量性窓と等価回路

図 7.30 のように電界と同じ方向に隙間があると，磁界と直角なので金属板には磁界と直角に電流が流れることになり，磁気エネルギーが蓄えられてインダクタンスとして動作します．

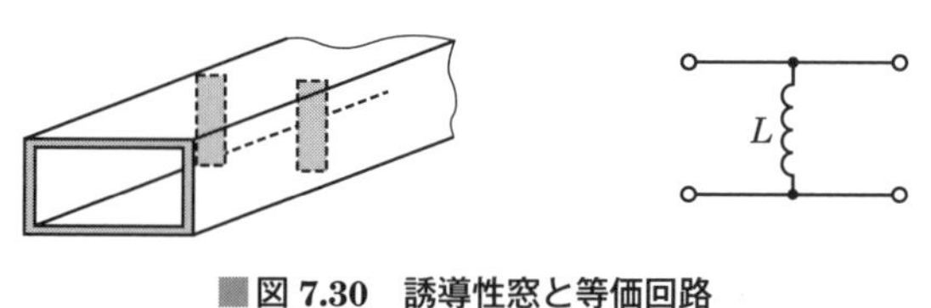

■図 7.30　誘導性窓と等価回路

図 7.31 は図 7.29 と図 7.30 を混合したもので，*LC* 並列回路として動作します．

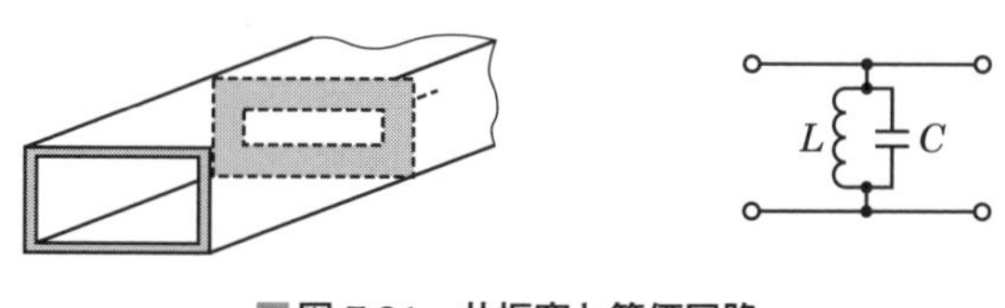

■図 7.31　共振窓と等価回路

(3) T 形分岐回路

図 7.32 (a) は分岐導波管が主導波管の電界に平行な面（E 面）で分岐しているので **E 分岐**又は **E 面 T 分岐**といいます．E 分岐は主導波管の長辺を管軸方向に流れる電流が切断され，分岐導波管に直列に流れるので直列分岐です．電波を①から入力すると，図 7.32 (b) に示すように②と③に出力され，②から入力すると，同様に①と③に出力されます．電波を③から入力すると，図 7.32 (c) に示すように，①と②へ**同振幅・逆位相**で出力されます．

図 7.32 (d) は主導波管の磁界に平行な面（H 面）で分岐しているので **H 分岐**又は **H 面 T 分岐**といいます．H 分岐は並列分岐です．電波を①から入力すると，②と③に出力され，②から入力すると，①と③に出力されます．電波を③から入力すると，①と②へ**同振幅・同位相**で出力されます．

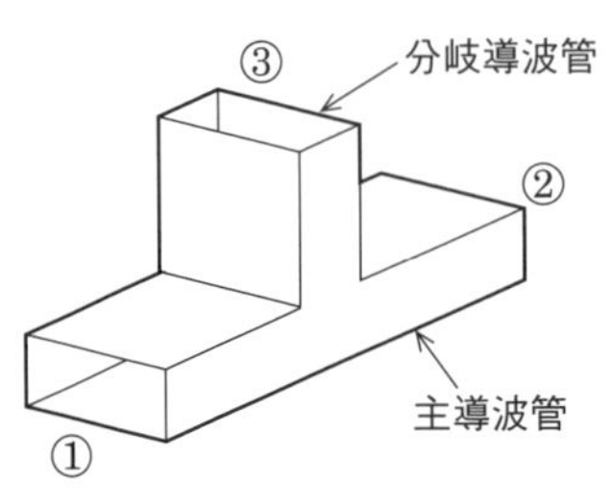

（a）E 分岐

（b）① に入力の場合の電界

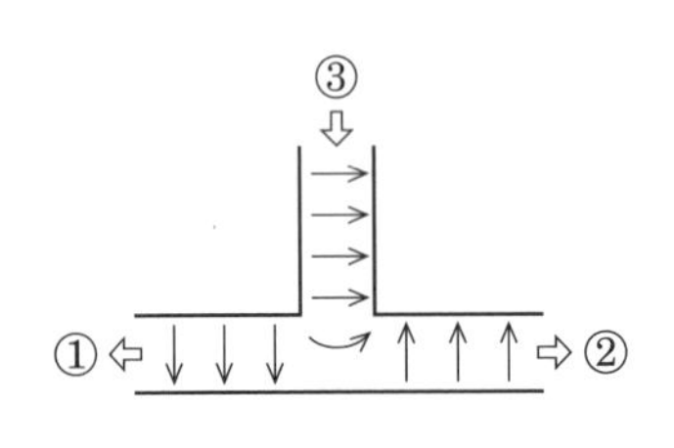

（c）③ に入力の場合の電界

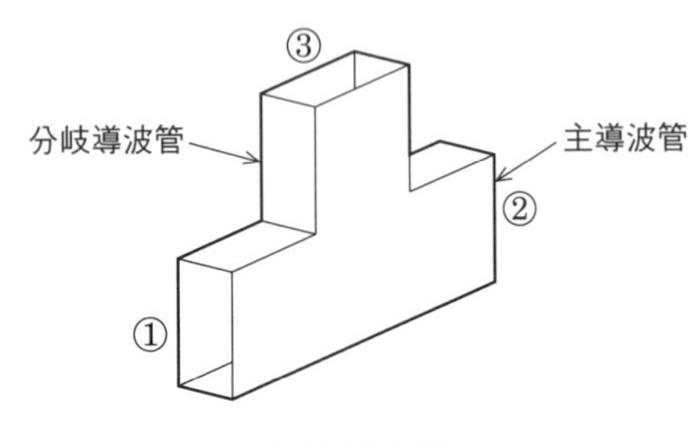

（d）H 分岐

■図 7.32　T 形分岐回路

(4) マジック T

実際のマジック T の例と構造を**図 7.33** に示します．

（a）外観

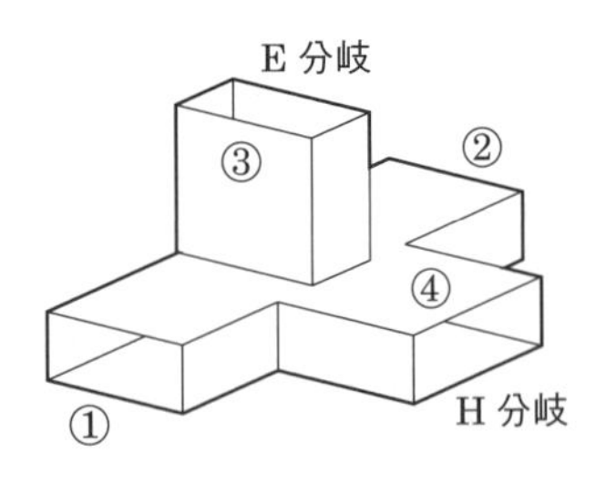

（b）構造

■図 7.33　マジック T

マジックTの動作は次の通りです．

④から入力された電波は2分され，①及び②に同振幅・同位相で出力されますが，③には出力されません．

③から入力された電波は2分され，①及び②に同振幅・逆位相で出力されますが，④には出力されません．

①から入力された電波は③及び④には出力されますが，②には出力されません．

②から入力された電波は③及び④には出力されますが，①には出力されません．

7.5.4　定在波と電圧定在波比

同軸ケーブルの特性インピーダンス Z_0 とアンテナのインピーダンス Z_L の値が等しくないときは，反射波が生じます．**入射波と反射波が干渉すると定在波が発生**します．

入射波の電圧を V_i，反射波の電圧を V_r とすると，反射係数 Γ は

$$|\Gamma| = \frac{V_r}{V_i} \tag{7.17}$$

となります．また，**電圧定在波比**（VSWR：Voltage Standing Wave Ratio）を S とすると

$$S = \frac{1+|\Gamma|}{1-|\Gamma|} \tag{7.18}$$

となります．なお，反射がなく，整合している（$V_r = 0$）場合，反射係数 Γ は0となり，S は1となります．

同軸ケーブルの特性インピーダンスとアンテナのインピーダンスの値が異なると，反射波を生じ，電波の放射効率が低下します．

7.5.5　サーキュレータ

Yサーキュレータは**図7.34**のような構造です．Y接合した方形導波管の接合部の中心に円柱状のフェライトを置き，この円柱の軸方向に静磁界を加えます．ポート①から電波を加えるとポート②からのみ出力，ポート②から電波を入力するとポート③からのみ出力，ポート③から電波を入力するとポート①からのみ出力し，他のポートへは出力されません．

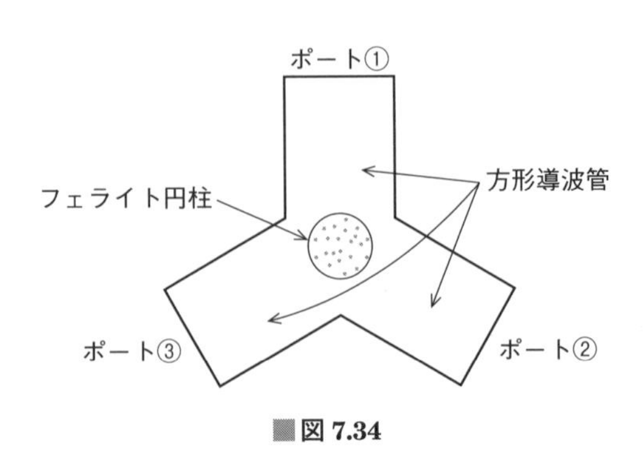

■図 7.34

問題 20 ★★ ➡7.5

次の記述は，送信アンテナと給電線との接続について述べたものである．このうち誤っているものを下の番号から選べ．

1　アンテナと給電線のインピーダンスが整合していないと，反射損が生じる．

2　アンテナと給電線のインピーダンスが整合しているときの電圧定在波比（VSWR）の値は 0 である．

3　アンテナと給電線のインピーダンスが整合していないと，給電線に定在波が生じる．

4　アンテナと給電線のインピーダンスの整合をとるには，整合回路などによりアンテナの給電点インピーダンスと給電線の特性インピーダンスを合わせる．

解説　2　×　「…電圧定在波比（VSWR）の値は **0** である」ではなく，正しくは「…電圧定在波比（VSWR）の値は **1** である」です．

答え▶▶▶ 2

問題 21 ★★ ➡7.5.2

次の記述は，図に示す同軸ケーブルについて述べたものである．このうち誤っているものを下の番号から選べ．

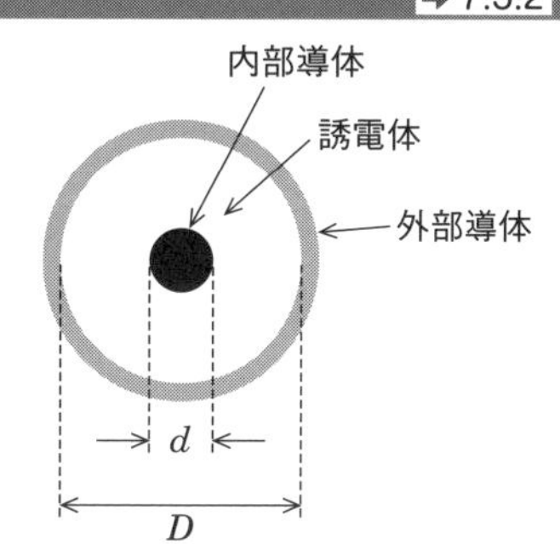

1 使用周波数が高くなるほど誘電損が大きくなる．

2 不平衡形の給電線である．

3 外部導体の内径寸法 D と内部導体の外径寸法 d の比 D/d の値が小さくなるほど，特性インピーダンスは大きくなる．

4 送信機及びアンテナに接続して使用する場合は，それぞれのインピーダンスと同軸ケーブルの特性インピーダンスを整合させる必要がある．

解説 3 × 「特性インピーダンスは**大きく**なる」ではなく，正しくは「特性インピーダンスは**小さく**なる」です．

同軸ケーブルの特性インピーダンス Z_0 は

$$Z_0 = \frac{138}{\sqrt{\varepsilon_s}} \log_{10} \frac{D}{d} \text{〔}\Omega\text{〕}$$

となり，D/d の値が小さくなると，Z_0 は小さくなります．

答え▶▶▶3

出題傾向 正しいものを選ぶ問題として，「使用周波数が高くなるほど誘電損が大きくなる」も出題されています．

問題 22 ★★★ ➡7.5.2

次の記述は，同軸ケーブルについて述べたものである．[　　]内に入れるべき字句の正しい組合せを下の番号から選べ．

(1) 同軸ケーブルは，一本の内部導体のまわりに同心円状に外部導体を配置し，両導体間に誘電体を詰めた不平衡形の給電線であり，伝送する電波が外部へ漏れ[A]，外部からの誘導妨害を受け[B]．

(2) 不平衡の同軸ケーブルと半波長ダイポールアンテナを接続するときは，平衡給電を行うため[C]を用いる．

	A	B	C
1	やすく	やすい	バラン
2	にくく	にくい	スタブ
3	やすく	やすい	スタブ
4	にくく	にくい	バラン

答え▶▶▶4

出題傾向　下線の部分を穴埋めにした問題も出題されています.

問題 23 ★ ➡7.5.3

図に示す方形導波管の TE_{10} 波の遮断周波数の値として，正しいものを下の番号から選べ.

1　4 GHz
2　6 GHz
3　9 GHz
4　10 GHz
5　12 GHz

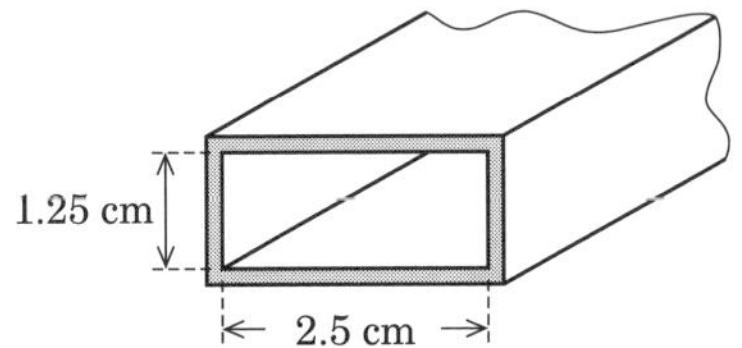

check　遮断波長 $\lambda = 2a$ より λ を求め，$f = c/\lambda$ より遮断周波数を求めます.

解説　遮断波長を λ とすると，$\lambda = 2 \times 2.5 = 5$ cm となります.

また，遮断周波数を f とすると

$$f = \frac{c}{\lambda} = \frac{3 \times 10^8}{0.05} = 6 \times 10^9 \text{ Hz} = \mathbf{6\ GHz}$$

答え▶▶▶2

出題傾向　遮断周波数 f が問題で与えられ，長辺の長さ a を求める問題も出題されています.

問題 24 ★★★ ➡7.5.3

図中の斜線で示す導波管窓（スリット）素子の働きに対応する等価回路として，正しいものを下の番号から選べ．ただし，電磁波は TE_{10} モードとする．

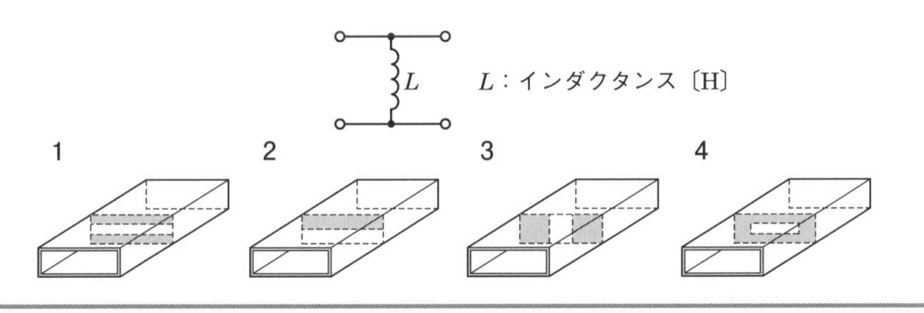

答え▶▶▶3

出題傾向 静電容量 C の容量性窓（選択肢 1）を選ぶ問題も出題されています．

問題 25 ★★ ➡7.5.3

次の記述は，**図 1** と**図 2** に示す T 形分岐回路について述べたものである．このうち誤っているものを下の番号から選べ．ただし，電磁波は TE_{10} モードとする．

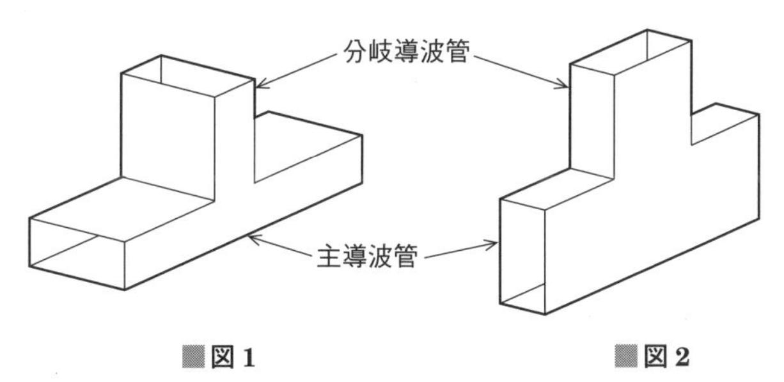

■**図 1**　■**図 2**

1　図 1 に示す T 形分岐回路は，E 面分岐又は直列分岐ともいう．

2　図 1 において，TE_{10} 波が分岐導波管から入力されると，主導波管の左右に等しい大きさで伝送される．

3　図 2 に示す T 形分岐回路は，H 面分岐又は並列分岐ともいう．

4　図 2 において，TE_{10} 波が分岐導波管から入力されると，主導波管の左右の出力は逆位相となる．

解説　4　図2の主導波管の左右の出力は，**逆位相**ではなく，**同位相**です．

答え▶▶▶ 4

問題 26 ★★★　➡7.5.3

次の記述は，図に示すマジックTについて述べたものである．このうち誤っているものを下の番号から選べ．ただし，電磁波はTE_{10}モードとする．

E分岐
側分岐
③
②
①
④
側分岐
H分岐

1　TE_{10}波を④（H分岐）から入力すると，①と②（側分岐）に逆位相で等分されたTE_{10}波が伝搬する．
2　TE_{10}波を③（E分岐）から入力すると，①と②（側分岐）に逆位相で等分されたTE_{10}波が伝搬する．
3　④（H分岐）から入力したTE_{10}波は，③（E分岐）へは伝搬しない．
4　マジックTは，インピーダンス測定回路に用いられる．

解説　1　×　「**逆位相**」ではなく，正しくは「**同位相**」です．

答え▶▶▶ 1

問題 27 ★★★　➡7.5.5

次の記述は，図に示す導波管サーキュレータについて述べたものである．［　　］内に入れるべき字句の正しい組合せを下の番号から選べ．なお，同じ記号の［　　］内には，同じ字句が入るものとする．

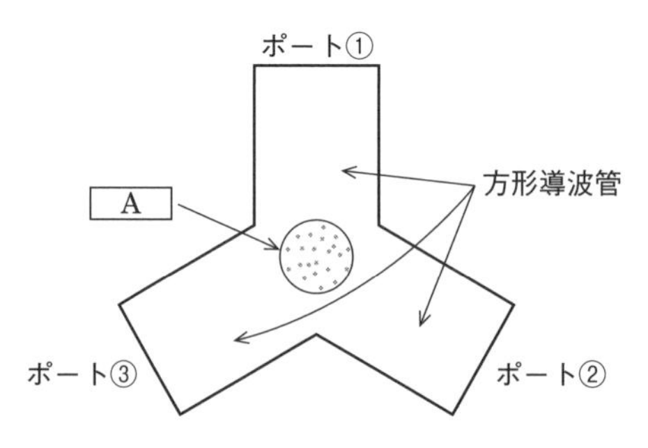

(1) Y接合した方形導波管の接合部の中心に円柱状の[A]を置き，この円柱の軸方向に適当な大きさの[B]を加えた構造である．

(2) TE_{10} モードの電磁波をポート①へ入力するとポート②へ，ポート②へ入力するとポート③へ，ポート③へ入力するとポート①へそれぞれ出力し，それぞれ他のポートへの出力は極めて小さいので，各ポート間に可逆性が[C]．

	A	B	C
1	セラミックス	静磁界	ある
2	セラミックス	静電界	ない
3	フェライト	静電界	ある
4	フェライト	静磁界	ない

解説　Y接合した方形導波管の接合部の中心に円柱状の**フェライト**を置き，この円柱の軸方向に**静磁界**を加えます．

ポート①から入力した電磁波はポート②へ出力されますが，ポート②に入力された電磁波はポート①へ出力されません．すなわち**可逆性はありません．**

答え▶▶▶4

出題傾向　下線の部分を穴埋めにした問題も出題されています．

7章

8章 電波伝搬

この章から 2 問出題

電波伝搬は地上波伝搬，対流圏伝搬，電離層伝搬に大別できます．本章では，主にVHF から SHF 帯の電波伝搬の特徴，電界強度の計算方法などを学びます．

8.1 電波の伝わり方

電波は，真空中では，1 秒間に 3×10^8 m（30 万 km）進みます．しかし，電波が伝搬する媒質が違う（例えば，乾燥した大気中や水蒸気を多く含んだ大気中など）と，周波数は変化しませんが，波長が変化し，電波の速度が変化します（なお，媒質中の電波の速度は真空中の速度と比べると遅くなります）．

長波帯（LF：Low Frequency），中波帯（MF：Medium Frequency），短波帯（HF：High Frequency），超短波帯（VHF：Very High Frequency），極超短波帯（UHF：Ultra High Frequency），マイクロ波帯（SHF：Super High Frequency），ミリ波帯（EHF：Extremely High Frequency）で電波の伝わり方が違うのは，各々の周波数の電波と媒質の相互作用が相違するからです．

電波の伝わり方の種類には，地面から近い順番に「地上波伝搬」，「対流圏伝搬」，「電離層伝搬」があります．電波の伝わり方を図に示したものを**図 8.1**，電波の伝わり方を分類したものを**表 8.1** に示します．

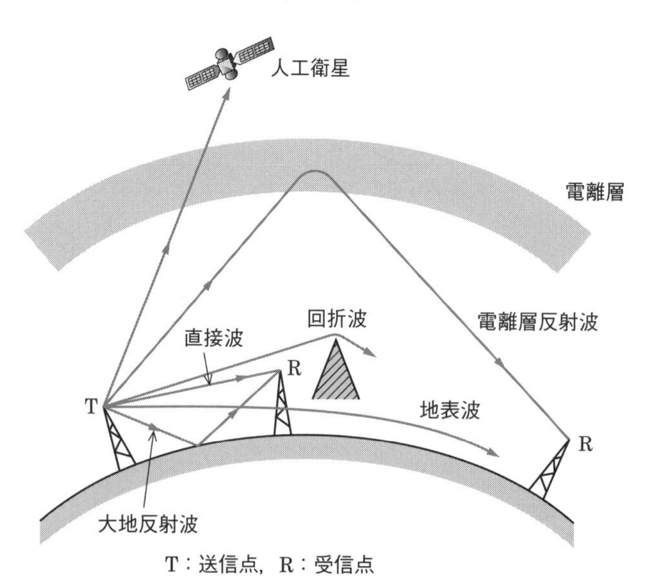

■図 8.1　電波の伝わり方

■表 8.1 電波の伝わり方の分類

伝搬の種類	名　称	特　徴
地上波伝搬	直接波	送信アンテナから受信アンテナに直接伝搬
	大地反射波	地面で反射し伝搬
	地表波	地表面に沿って伝搬
	回折波	山の陰のような見通し外でも伝搬
対流圏伝搬	対流圏波	大気（屈折率）の影響を受けて伝搬
電離層伝搬	電離層反射波	遠距離通信可能

注）電離層伝搬を考えなくてもよい伝搬を対流圏伝搬といいます．

8.1.1 地上波伝搬

送受信間の距離が近く，大地，山，海などの影響を受けて伝搬する電波を**地上波**といいます．地上波には，「直接波」「大地反射波」「地表波」「回折波」があります．地上波が伝搬することを**地上波伝搬**といいます．

8.1.2 対流圏伝搬

地上からの高さが 12 km 程度（緯度，経度，季節により高さは変化します）までを**対流圏**といいます．対流圏では高度が高くなるに従って大気が薄くなり，100 m につき温度が約 0.6℃下がります．大気が薄くなると屈折率が小さくなり，電波はわん曲して伝搬するようになります．このように対流圏の影響を受けて電波が伝搬することを**対流圏伝搬**といいます．

8.1.3 電離層伝搬

電離層は地表から約 60 ～ 400 km のところにあります．電離層密度は，太陽活動・季節・時刻などで常に変化します．電離層は**図 8.2** に示すように，地表から近い方から，D 層，E 層，F 層と命名されています．電離層は短波（HF）帯の電波伝搬に大きな影響を与えます．電離層で反射する伝搬を**電離層伝搬**といい，通常，超短波（VHF）帯以上の電波は電離層を突き抜けてしまいますが，夏季の昼間に出現することがある**スポラジック E 層**と呼ばれる電子密度が高い特殊な電離層によって，超短波（VHF）帯の電波が反射し，見通し距離外の遠距離に伝搬することがあります．

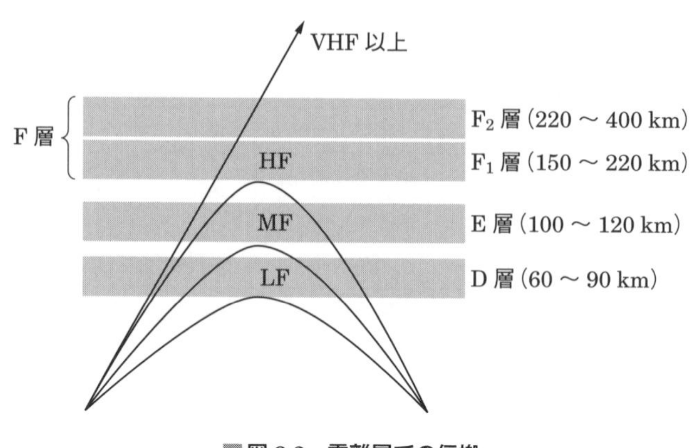

■図 8.2　電離層での伝搬

関連知識　電離層での反射

電離層（電離圏ということが多い）に鏡のような反射板があるわけではありません．電離層の上に行くほど電子が増えるため，屈折率が小さくなり，電離層に入射した電波は下側にわん曲して伝わるようになります．これを反射といっています．どの程度わん曲するかは周波数によって違い，中波（MF）や短波（IIF）の電波は反射しますが，超短波（VHF）帯や極超短波（UHF）帯の電波は反射しないで突き抜けてしまいます．

Column　電離層になぜ A 層，B 層，C 層がないの？

電離層があることを確認したのは，アップルトン（イギリスのノーベル賞受賞者）です．論文の中で，電離層反射波の電界を表すのに E を用いたので E 層と命名しました．その後，E 層より高い場所に反射層が見つかり，F 層と命名しました．同様に，E 層より低い場所にも反射層が見つかり，D 層と命名されました．よって，D 層～ F 層しかなく，A 層，B 層，C 層はありません．

問題 1　★★★　➡8.1.3

次の記述は，スポラジック E 層（Es 層）について述べたものである．このうち正しいものを下の番号から選べ．

1　通常 E 層を突き抜けてしまう超短波（VHF）帯の電波が，スポラジック E 層（Es 層）で反射され，見通し距離をはるかに越えた遠方まで伝搬することがある．

2　スポラジック E 層（Es 層）の電子密度は，D 層より小さい．

3　スポラジック E 層（Es 層）は，F 層とほぼ同じ高さに発生する．

4 スポラジックE層（Es層）は，我が国では，冬季の夜間に発生することが多い．
5 スポラジックE層（Es層）は，発生すると数ヶ月間消滅しない．

解説 1 ○ 正しい内容です．
2 × 電子密度は，「D層より小さい」ではなく，「E層より大きい」です．
3 × 「F層」ではなく，「E層」とほぼ同じ高さに発生します．
4 × 「冬季の夜間」ではなく，「夏季の昼間」に発生します．
5 × 「数ヶ月間消滅しない」ではなく，「数ヶ月継続することが多い」です．

答え▶▶▶1

誤っている選択肢を選ぶ問題も出題されています．また，「○スポラジックE（Es）層は，局所的，突発的に発生する．」といった選択肢も出題されています．

8章

8.2 VHF，UHF，SHF 電波の伝搬

8.2.1 超短波（VHF）の電波伝搬

VHFの電波伝搬には以下の特徴があります．

- 直進するが，回折して山や建物などの障害物の背後にも届くことがある．
- 電離層はほとんど利用できないが，**夏の昼間にスポラジックE層が出現して遠距離通信ができる**ことがある．
- 地形や建物の影響は，周波数が**高い**ほど大きい．
- 見通し距離内では，受信点の高さを変化させると，直接波と大地反射波との干渉により，受信電界強度が変動する．
- 標準大気中を伝搬する電波の見通し距離は，幾何学的な見通し距離より**長く**なる．

8.2.2 極超短波（UHF）の電波伝搬

UHFの電波伝搬には以下の特徴があります．

- UHFの電波は電離層を突き抜けるので，電離層は利用できない．
- 見通し距離内の通信では，直接波と大地反射波が利用される．

- UHF 電波は VHF 電波に比べ，受信アンテナの高さを変えると電波の強さが大きく変化し，建造物や樹木などの障害物による減衰も大きくなる．

8.2.3　マイクロ波（SHF）の電波伝搬

SHF の電波伝搬には以下の特徴があります．

- 光と同じように直進性が強く，見通し距離内の通信に使用される．
- 電離層の影響はほとんど受けない．
- 標準大気中では，高度が高くなると屈折率が減少するため，一般の地球の半径より大きな半径の円弧状の伝搬路に沿って伝搬する．
- 伝搬路中に降雨域があると減衰する（特に **10 GHz 以上**の周波数で減衰が著しく，**降雨量が多いほど**，また，**波長が短いほど大きくなる**）．
- 波長が短くなるので，小型で指向性の鋭いアンテナを使用できる．

VHF，UHF，SHF 電波伝搬は，基本的には見通し距離内伝搬ですが，例外もあります．

問題 2 ★★　➡8.2.1

次の記述は，VHF 帯の電波の伝搬について述べたものである．このうち誤っているものを下の番号から選べ．

1　スポラジック E（Es）層と呼ばれる電離層によって，見通し外の遠方まで伝わることがある．
2　地形や建物の影響は，周波数が高いほど大きい．
3　見通し距離内では，受信点の高さを変化させると，直接波と大地反射波との干渉により，受信電界強度が変動する．
4　標準大気中を伝搬する電波の見通し距離は，幾何学的な見通し距離より短くなる．

解説　4　×「幾何学的な見通し距離より**短く**なる」でなく，正しくは「幾何学的な見通し距離より**長く**なる」です．

答え▶▶▶4

問題 3 ★★★ ➡8.2.3

次の記述は，マイクロ波（SHF）帯の電波の大気中における減衰について述べたものである．［　］内に入れるべき字句の正しい組合せを下の番号から選べ．

(1) 伝搬路中の降雨域で受ける減衰は，降雨量が多いほど［A］，電波の波長が長いほど［B］．

(2) 雨や霧や雲などによる吸収や散乱により減衰が生じる．雨の影響は，概ね［C］の周波数の電波で著しい．

	A	B	C
1	大きく	小さい	10 GHz 以上
2	大きく	大きい	10 GHz 未満
3	大きく	大きい	10 GHz 以上
4	小さく	大きい	10 GHz 未満
5	小さく	小さい	10 GHz 以上

答え▶▶▶ 1

8.3 自由空間中における電界強度と平面大地上の電波伝搬

自由空間は周囲に何もない状態で無限に広がる空間のことです．真空中が理想的ですが，真空でなくても，導電性のない均一な媒質で満たされており，電波の反射，散乱，吸収，回折などのない空間のことです．

8.3.1 等方性アンテナによる自由空間の電界強度

等方性アンテナを基準とした，任意のアンテナの絶対利得を G_a（真数）としたときの自由空間における電界強度は，次式となります．

$$E = \frac{\sqrt{30 G_a P}}{d} \ \text{[V/m]} \tag{8.1}$$

P：空中線電力〔W〕，d：送受信点間の距離〔m〕

8.3.2 半波長アンテナによる自由空間の電界強度

半波長ダイポールアンテナを基準とした，任意のアンテナの相対利得を G_r（真数）とした場合の自由空間における電界強度は，次式となります．

$$E = \frac{7\sqrt{G_r P}}{d}\ \text{〔V/m〕} \tag{8.2}$$

P：空中線電力〔W〕，d：送受信点間の距離〔m〕

等方性アンテナと半波長ダイポールアンテナを基準とした電界強度を求める式は確実に覚えておこう．

関連知識　平面大地上の電波伝搬

自由空間ではなく，**図 8.3** に示すような，送信点（送信アンテナ）から受信点（受信アンテナ）間を伝わる直接波 r_1 だけでなく，平面大地で反射する反射波 r_2 がある場合の電界強度は，直接波と大地反射波の合成になります．その電界強度 E は次式になります．

$$E = \frac{88\sqrt{GP}\,h_1 h_2}{\lambda d^2}\ \text{〔V/m〕} \tag{8.3}$$

P：送信電力〔W〕，G：アンテナの利得（真数），λ：電波の波長〔m〕
h_1：送信アンテナの高さ〔m〕，h_2：受信アンテナの高さ〔m〕

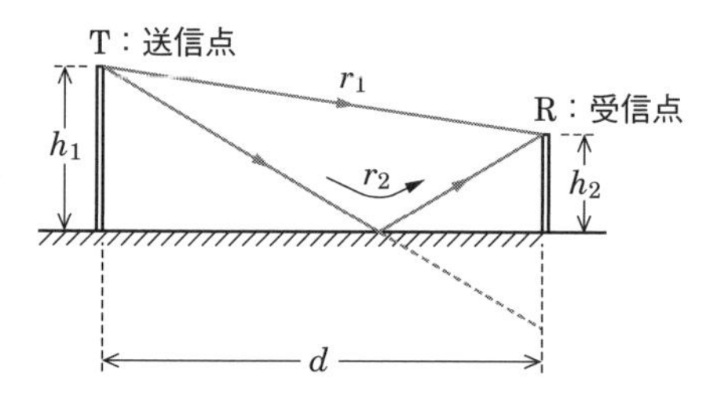

図 8.3　平面大地上の電波伝搬

問題 4　★★　➡8.3.2

自由空間において，相対利得が 13 dB の指向性アンテナに 5 W の電力を供給して電波を放射したとき，最大放射方向で送信点からの距離が 10 km の受信点における電界強度の値として，最も近いものを下の番号から選べ．

ただし，電界強度 E は，放射電力を P〔W〕，送受信点間の距離を d〔m〕，アンテナの相対利得を G（真数）とすると，次式で表されるものとする．また，アンテナ及び給電系の損失はないものとし，$\log_{10} 2 = 0.3$ とする．

$$E = \frac{7\sqrt{GP}}{d}\ \text{〔V/m〕}$$

1 1 mV/m　2 3 mV/m　3 5 mV/m
4 7 mV/m　5 9 mV/m

Check
相対利得の 13 dB の真数（倍率）G を求めて，与えられた式に代入します．
$\log_{10} 2 = 0.3$ より，$10^{0.3} = 2$ です．

解説 相対利得の 13 dB の真数（倍率）を G とすると，次式が成立します．

$$13 = 10 \log_{10} G \quad \cdots ①$$

式①の両辺を 10 で割ると

$$1.3 = \log_{10} G \quad \cdots ②$$

式②より

$$G = 10^{1.3} = 10^{(1+0.3)} = 10^1 \times 10^{0.3}$$
$$= 10 \times 2 = 20$$

$10^{1.3}$ を $10^{1+0.3}$ として $10^{0.3}$ を使える形に変形します．

よって，電界強度 E は

$$E = \frac{7\sqrt{GP}}{d} = \frac{7\sqrt{20 \times 5}}{10 \times 10^3} = \frac{70}{10 \times 10^3} = 7 \times 10^{-3}\ \text{V/m} = \mathbf{7\ mV/m}$$

答え▶▶▶4

問題 5 ★★ ➡8.3.2

自由空間において，半波長ダイポールアンテナに対する相対利得が 9 dB の指向性アンテナに 50 W の電力を供給して電波を放射したとき，最大放射方向の受信点における電界強度が 4 mV/m となる送受信点間距離として，最も近いものを下の番号から選べ．

ただし，電界強度 E は，放射電力を P〔W〕，送受信点間の距離を d〔m〕，アンテナの相対利得を G（真数）とすると，次式で表されるものとする．また，アンテナ及び給電系の損失はないものとし，$\log_{10} 2 = 0.3$ とする．

$$E = \frac{7\sqrt{GP}}{d}\ \text{〔V/m〕}$$

1 20 km　2 25 km　3 30 km　4 35 km　5 40 km

Check
相対利得の 9 dB の真数（倍率）G を求めて，与えられた式に代入します．
$\log_{10} 2 = 0.3$ より，$10^{0.3} = 2$ です．

解説　相対利得の 9 dB の真数（倍率）を G とすると，次式が成立します．

$$9 = 10\log_{10} G \quad \cdots ①$$

式①の両辺を 10 で割ると

$$0.9 = \log_{10} G \quad \cdots ②$$

式②より

$$G = 10^{0.9} = 10^{(0.3+0.3+0.3)}$$
$$= 10^{0.3} \times 10^{0.3} \times 10^{0.3} = 2 \times 2 \times 2 = 8$$

$10^{0.9}$ を $10^{0.3+0.3+0.3}$ として $10^{0.3}$ を使える形に変形します．

よって，送受信点間の距離 d は

$$d = \frac{7\sqrt{GP}}{E} = \frac{7\sqrt{8 \times 50}}{4 \times 10^{-3}} = \frac{7 \times 20}{4 \times 10^{-3}} = 35 \times 10^3 \text{ m} = \mathbf{35\ km}$$

答え▶▶▶4

問題 6 ★★　➡8.3

次の記述は，自由空間における電波伝搬について述べたものである．［　　］内に入れるべき字句の正しい組合せを下の番号から選べ．

(1) 等方性アンテナから，距離 d〔m〕のところにおける自由空間電界強度 E〔V/m〕は，放射電力を P〔W〕とすると，次式で表される．

$$E = \frac{\sqrt{30P}}{d} \text{〔V/m〕}$$

また，半波長ダイポールアンテナに対する相対利得 G（真数）のアンテナの場合，最大放射方向における自由空間電界強度 E_r〔V/m〕は，次式で表される．

$E_r \fallingdotseq$ ［ A ］〔V/m〕

(2) 半波長ダイポールアンテナに対する相対利得が 15 dB の指向性アンテナに，2 W の電力を供給した場合，最大放射方向で，受信点における電界強度が 5 mV/m となる送受信点間距離の値は，約［ B ］〔km〕である．ただし，アンテナ及び給電系の損失はないものとし，$\log_{10} 2$ の値は 0.3 とする．

	A	B
1	$\dfrac{G\sqrt{30P}}{d}$	49.6
2	$\dfrac{G\sqrt{30P}}{d}$	24.8
3	$\dfrac{7\sqrt{GP}}{d}$	11.2
4	$\dfrac{7\sqrt{GP}}{d}$	7.9

解説 (1) 半波長ダイポールアンテナに対する相対利得 G（真数）のアンテナの場合，距離 d〔m〕のところの最大放射方向における自由空間電界強度 E_r〔V/m〕は，電力が P〔W〕のとき

$$E_r \fallingdotseq \frac{7\sqrt{GP}}{d} \text{〔V/m〕} \quad \cdots①$$

(2) 15 dB の真数 G を求めると

$$15 = 10 \log_{10} G \quad \cdots②$$

式②の両辺を 10 で割ると

$$1.5 = \log_{10} G \quad \cdots③$$

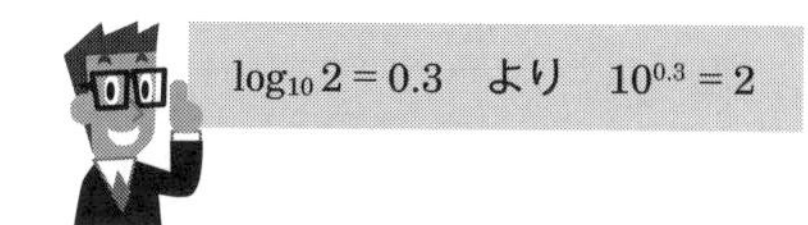

式③より，$G = 10^{1.5} = (10^{0.3})^5 = 2^5 = 32$

式①を $d =$ の形に変形して，$G = 32$，$P = 2$ W，$E_r = 0.005$ V/m を代入すると，送受信点間距離 d〔m〕は

$$d = \frac{7\sqrt{GP}}{E_r} = \frac{7\sqrt{32 \times 2}}{0.005} = \frac{7\sqrt{64}}{5 \times 10^{-3}} = \frac{7 \times 8}{5} \times 10^3 = 11.2 \times 10^3 \text{ m} = \mathbf{11.2\ km}$$

答え▶▶▶3

8.4 自由空間基本伝送損失

利得 1 の等方性アンテナから P_t〔W〕の電力が放射されているとすると，距離 d〔m〕離れた場所 R 点の単位面積当たりの電力（電力密度）p〔W/m²〕は次式で表すことができます．

$$p = \frac{P_t}{4\pi d^2} \text{〔W/m}^2\text{〕} \tag{8.4}$$

受信アンテナの実効面積を A_e〔m²〕，利得を G_r，電波の波長を λ〔m〕とすると，A_e と G_r の関係は次式で表されます．

$$G_r = \frac{4\pi A_e}{\lambda^2} \tag{8.5}$$

ここで，R 点における受信電力を P_r〔W〕とすると，P_r は

$$P_r = p \times A_e = \frac{P_t}{4\pi d^2} \times \frac{G_r \lambda^2}{4\pi} = \left(\frac{\lambda}{4\pi d}\right)^2 G_r P_t \tag{8.6}$$

となります．いま，受信アンテナの利得 $G_r = 1$ とすると，式 (8.6) は次式になります．

$$P_r = \left(\frac{\lambda}{4\pi d}\right)^2 P_t \tag{8.7}$$

式（8.7）より P_t/P_r を求め，Γ_0 と置くと

$$\Gamma_0 = \frac{P_t}{P_r} = \left(\frac{4\pi d}{\lambda}\right)^2 \tag{8.8}$$

となり，式（8.8）を**自由空間基本伝送損失**と呼びます．

式（8.8）は，周波数が10倍（すなわち，波長が1/10）になれば，Γ は100倍になることを示しています．

自由空間基本伝送損失 Γ を求める式とdB表示を覚えておこう．

問題 7 ★★★　➡8.4

電波の伝搬において，送受信アンテナ間の距離を4 km，使用周波数を12 GHzとした場合の自由空間基本伝送損失の値として，最も近いものを下の番号から選べ．ただし，$\log_{10} 2 = 0.3$ 及び $\pi^2 = 10$ とする．

1　138 dB　　2　135 dB　　3　132 dB　　4　129 dB　　5　126 dB

check　12 GHzの波長を求め，自由空間基本伝送損失の式 $(4\pi d/\lambda)^2$ に代入します．

解説　12 GHzの電波の波長 λ〔m〕は

$$\lambda = \frac{c}{f} = \frac{3\times10^8}{12\times10^9} = \frac{1}{40}\ \mathrm{m}$$

自由空間基本伝送損失 Γ_0（真数）は，送受信アンテナ間の距離を d〔m〕，電波の波長を λ〔m〕とすると

$$\Gamma_0 = \left(\frac{4\pi d}{\lambda}\right)^2 \quad \cdots ①$$

$d = 4\times10^3$ m，$\lambda = \dfrac{1}{40}$ m を式①に代入すると

$$\Gamma_0 = \left(\frac{4\pi d}{\lambda}\right)^2 = \left(\frac{4\times4\times10^3}{\frac{1}{40}}\right)^2 \times \pi^2$$

$$= (4\times4\times40\times10^3)^2\times10 = (2^6\times10^4)^2\times10 = 2^{12}\times10^9$$

ここで，Γ_0 を dB 表示すると

$$10\log_{10}(2^{12}\times10^{9}) = 10(\log_{10}2^{12}+\log_{10}10^{9}) = 10(12\log_{10}2+9\log_{10}10)$$
$$= 10(12\times0.3+9\times1) = \mathbf{126\ dB}$$

答え▶▶▶5

問題中に $\Gamma_0=(4\pi d/\lambda)^2$ が与えられる場合もありますが，この問題のように式が与えられない問題も出題されるので，自由空間基本伝送損失の式は覚えておきましょう．

8.5 受信機の入力電力

図 8.4 に示す送受信システムの受信機の入力電力は次のように計算できます．

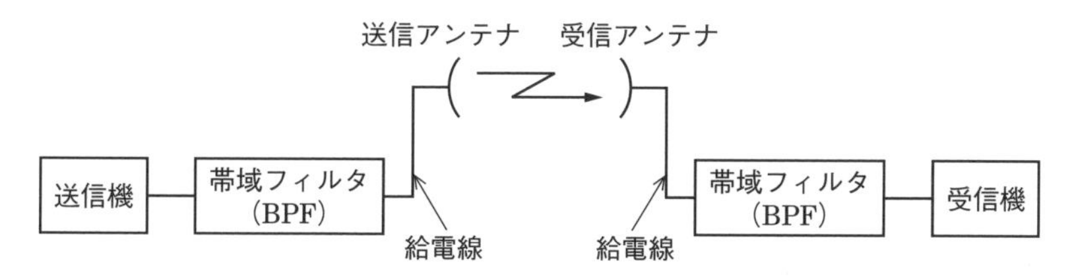

■図 8.4　マイクロ波回線の送受信システム

送信電力を P_t〔dBm〕，送信アンテナの利得を G_t〔dB〕，送信用給電線の損失を F_t〔dB〕，自由空間基本伝送損失を Γ〔dB〕，受信アンテナの利得を G_r〔dB〕，受信用給電線の損失を F_r〔dB〕とすると，受信機の入力電力 P_r〔dBm〕は次式で表すことができます．

$$P_r = P_t + G_t - F_t - \Gamma + G_r - F_r \text{〔dBm〕} \tag{8.9}$$

受信側，送信側に帯域フィルタが接続されている場合，送信側の帯域フィルタの損失を FL_t〔dB〕，受信側の帯域フィルタの損失を FL_r〔dB〕とすると，受信機の入力電力 P_r〔dBm〕は次式で表すことができます．

$$P_r = P_t - FL_t - F_t + G_t - \Gamma + G_r - F_r - FL_r \text{〔dBm〕} \tag{8.10}$$

問題 8 ★ ➡8.5

図に示すマイクロ波回線において，A局から送信機出力電力2Wで送信したときのB局の受信機入力電力の値として，最も近いものを下の番号から選べ．ただし，自由空間基本伝送損失を135dB，送信及び受信アンテナの絶対利得をそれぞれ39dB，送信及び受信帯域フィルタの損失をそれぞれ1dB，送信及び受信給電線の長さをそれぞれ10mとし，給電線損失を0.2dB/mとする．また，1mWを0dBm，$\log_{10} 2 = 0.3$とする．

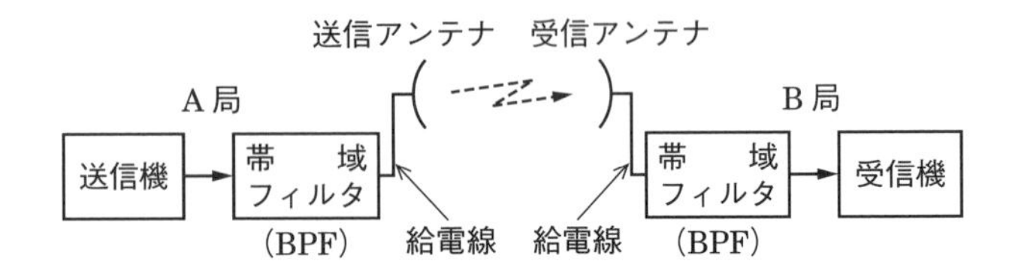

1　−15dBm　　2　−20dBm　　3　−25dBm
4　−30dBm　　5　−35dBm

check 式(8.10)を使用して計算します．

解説　2W = 2000mW．送信機出力電力をP_tとし，〔dBm〕単位に変換すると次のようになります．

$$P_t = 10\log_{10} 2000 = 10\log_{10}(2\times10^3) = 10(\log_{10} 2 + \log_{10} 10^3)$$
$$= 10(0.3+3) = 10\times3.3 = 33\text{ dBm} \quad \cdots ①$$

10mの長さの給電線の損失は

$$0.2\times10 = 2\text{ dB}$$

送信側の給電線の損失をF_t，受信側の給電線の損失をF_rとすると

$$F_t = 2\text{ dB} \quad F_r = 2\text{ dB} \quad \cdots ②$$

送信側の帯域フィルタの損失をFL_t，受信側の帯域フィルタの損失をFL_rとすると

$$FL_t = 1\text{ dB} \quad FL_r = 1\text{ dB} \quad \cdots ③$$

送信及び受信アンテナの絶対利得をそれぞれG_t，G_rとすると

$$G_t = 39\text{ dB} \quad G_r = 39\text{ dB} \quad \cdots ④$$

自由空間基本伝送損失をΓとすると

$$\Gamma = 135\text{ dB} \quad \cdots ⑤$$

受信機入力電力の値P_rは，式(8.10)に式①〜⑤の値を代入して

$$P_r = P_t - FL_t - F_t + G_t - \Gamma + G_r - F_r - FL_r$$
$$= 33 - 1 - 2 + 39 - 135 + 39 - 2 - 1 = \mathbf{-30\ dBm}$$

答え▶▶▶4

8.6　真空中の見通し距離と標準大気中の見通し距離

8.6.1　真空中の見通し距離（幾何学的見通し距離）

地球に大気がない状態（真空中）と仮定したときの見通し距離は次のように計算できます．**図 8.5** において，地球の半径を r〔m〕，アンテナの地上高を h〔m〕，真空中の見通し距離を d〔m〕とします．

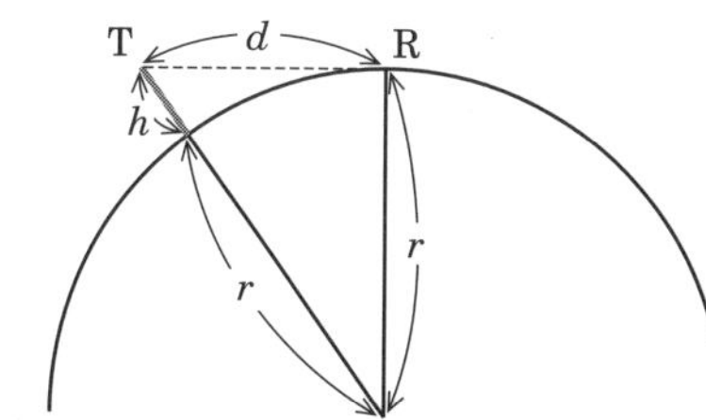

r：地球の半径〔m〕
h：アンテナの高さ〔m〕
T：送信点
R：受信点

■図 8.5　真空中の見通し距離 d

ピタゴラスの定理より，$(r+h)^2 = r^2 + d^2$ となり，d は次式で求まります．

$$d = \sqrt{(r+h)^2 - r^2} = \sqrt{r^2 + 2rh + h^2 - r^2} = \sqrt{2rh + h^2} \fallingdotseq \sqrt{2rh} \quad (8.11)$$

h^2 は，$2rh$ と比較するときわめて小さいので省略することができます．

式（8.11）に地球の半径 $r = 6.37 \times 10^6$ m（6 370 km）を代入すると次式になります．

$$d = \sqrt{2rh} = \sqrt{2 \times 6.37 \times 10^6 \times h} = \sqrt{12.74 \times h} \times 10^3$$
$$\fallingdotseq 3.57\sqrt{h} \times 10^3 \text{〔m〕} \quad (8.12)$$

式（8.12）の見通し距離 d を km 単位に変換すると次式になります．

$$d \fallingdotseq 3.57\sqrt{h} \text{〔km〕} \quad (8.13)$$

図 8.6 に示す送受信点間の見通し距離 d（$d = d_1 + d_2$）は，式（8.13）を使用

し次のように計算できます．ただし，送信アンテナの地上高を h_1〔m〕，受信アンテナの地上高を h_2〔m〕とします．

$$d = d_1 + d_2 = 3.57\sqrt{h_1} + 3.57\sqrt{h_2} = 3.57(\sqrt{h_1} + \sqrt{h_2})\ \text{〔km〕} \qquad (8.14)$$

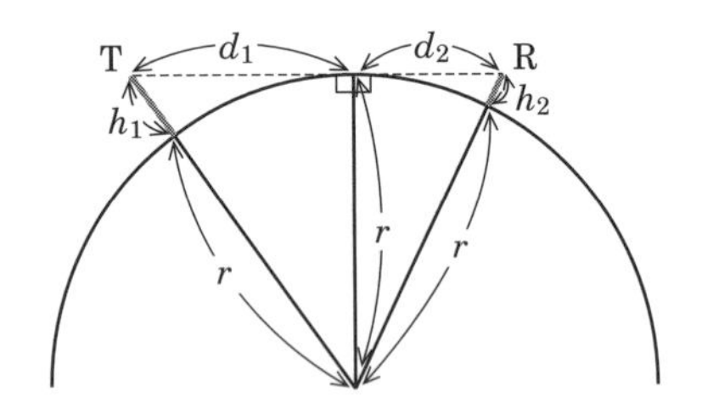

■図 8.6　送受信点間の見通し距離

8.6.2　標準大気中の見通し距離（電波の見通し距離）

式（8.14）は，大気がないと仮定した場合の見通し距離です．我々が住んでいる地球は大気に覆われており，温度，湿度，気圧などが常に変化し，上空に行くほど大気中の屈折率は小さくなります．したがって，電波は彎曲して伝搬し，計算が複雑になります．そこで，電波の経路を直線として表すために地球の半径を実際より大きくした地球を考えます．この仮想の地球半径を**等価地球半径**と呼び，実際の地球の半径を **4/3 倍**します．等価地球半径と地球半径の比を**等価地球半径係数**といい，K で表します（実際の地球の半径を 6 370 km とすると，半径を 4/3 倍した仮想の地球の半径は約 8 493 km となります）．

図 8.6 において，地球の半径 r を 4/3 倍して計算すると標準大気中の見通し距離を求めることができます．式（8.11）の r の代わりに Kr を代入すると次式になります．

$$d = \sqrt{2Krh} = \sqrt{2 \times (4/3) \times 6.37 \times 10^6 \times h} \fallingdotseq 4.12\sqrt{h} \times 10^3\ \text{〔m〕} \qquad (8.15)$$

式（8.15）の標準大気中の見通し距離 d を km 単位に変換すると次式になります．

$$d \fallingdotseq 4.12\sqrt{h}\ \text{〔km〕} \qquad (8.16)$$

送受信点間の標準大気中の見通し距離は，式（8.14）の係数 3.57 を 4.12 に変更すればよいので，次式で求めることができます．ただし，送信アンテナの地上高 h_1 と受信アンテナの地上高 h_2 の単位はともに〔m〕です．

$$d = 4.12(\sqrt{h_1} + \sqrt{h_2})\ \text{〔km〕} \qquad (8.17)$$

問題 9 ★★★ ➡8.6.2

次の記述は，等価地球半径について述べたものである．このうち正しいものを下の番号から選べ．ただし，大気は標準大気とする．

1 電波は電離層のE層の電子密度の不均一による電離層散乱によって遠方まで伝搬し，実際の地球半径に散乱域までの地上高を加えたものを等価地球半径という．

2 等価地球半径は，真の地球半径を3/4倍したものである．

3 地球の中心から静止衛星までの距離を半径とした球を仮想したとき，この球の半径を等価地球半径という．

4 大気の屈折率は，地上からの高さとともに減少し，大気中を伝搬する電波は送受信点間を弧を描いて伝搬する．この電波の通路を直線で表すため，仮想した地球の半径を等価地球半径という．

解説 大気の屈折率は高さとともに減少するので，電波は彎曲して伝搬します．地球の半径を**4/3倍**すると，電波は直進すると見なすことができ，計算が楽になります．この仮想の地球半径のことを**等価地球半径**といいます．

答え▶▶▶4

8章

問題 10 ★★★ ➡8.6

大気中における電波の屈折を考慮して，等価地球半径係数 $K=4/3$ のときの，球面大地での見通し距離 d を求める式として，正しいものを下の番号から選べ．ただし，h_1〔m〕及び h_2〔m〕は，それぞれ送信及び受信アンテナの地上高とする．

1 $d \fallingdotseq 3.57(h_1^2+h_2^2)$〔km〕　　2 $d \fallingdotseq 3.57(\sqrt{h_1}+\sqrt{h_2})$〔km〕

3 $d \fallingdotseq 4.12(h_1^2+h_2^2)$〔km〕　　4 $d \fallingdotseq 4.12(\sqrt{h_1}+\sqrt{h_2})$〔km〕

答え▶▶▶4

出題傾向 等価地球半径係数 $K=1$ のときも出題されています．そのときは2が正解となるので注意しましょう．

問題 11 ★★★ ➡8.6.2

送信アンテナの地上高を 36 m，受信アンテナの地上高を 25 m としたとき，送受信アンテナ間の電波の見通し距離の値として，最も近いものを下の番号から選べ．ただし，大地は球面とし，標準大気中における電波の屈折を考慮するものとする．

1 36 km　2 45 km　3 51 km　4 62 km　5 70 km

check 電波の屈折を考慮するときの式（8.17）を使って，電波の見通し距離を求めます．

解説 大地は球面とし，標準大気中における電波の屈折を考慮するので，式（8.17）の $d \fallingdotseq 4.12\,(\sqrt{h_1}+\sqrt{h_2})$〔km〕（$h_1$：送信アンテナの高さ〔m〕，$h_2$：受信アンテナの高さ〔m〕）を使用して計算すればよいことになります．

$$d = 4.12\,(\sqrt{h_1}+\sqrt{h_2}) = 4.12\,(\sqrt{36}+\sqrt{25}) = 4.12(6+5) = 45.32 \fallingdotseq \mathbf{45\ km}$$

答え▶▶▶2

8.7 電波の屈折，散乱，回折

屈折率の相違する媒質を電波が通過する場合は，媒質の境界面で電波は屈折して進行します．

8.7.1 媒質中の電波の速度

電波の速度は，真空中で最も速く，3×10^8m/s になります．電波の速度は大気などの媒質中では必ず遅くなります．真空中の電波の速度を c，媒質中の電波の速度を c'，媒質の屈折率を n（媒質によって決まる 1 より大きな定数）とすると，次式が成立します．

$$c' = \frac{c}{n} \tag{8.18}$$

式(8.18）を書き換えると，屈折率 n は次式となります．

$$n = \frac{c}{c'} > 1 \tag{8.19}$$

標準大気の屈折率 n は，地表で温度が 15℃のとき，$n = 1.000\,325$ ほどになり，1 より大きな値になり，電波の速度は真空中より遅くなります（標準大気とは，等価地球半径係数 $K = 4/3$ を満たす大気のこと）.

関連知識　電波の屈折

図 8.7 に示すように，電波が異なる媒質に入射する場合には電波が屈折します．入射角及び屈折角は「電波が異なる媒質に入射するとき，入射角及び屈折角は，2 つの媒質の境界面の垂線からの角度で測る」と決められています.

図 8.7 において異なる媒質の境界面における電波（平面波）の屈折を考えます．媒質 I の屈折率を n_1，媒質 II の屈折率を n_2 とすると次式が成立します.

$$\frac{\sin\theta_2}{\sin\theta_1} = \frac{n_1}{n_2} \tag{8.20}$$

これを**スネルの法則**といい，屈折に関する基本の法則です．$n_1 \sin\theta_1 = n_2 \sin\theta_2$ としても同じです.

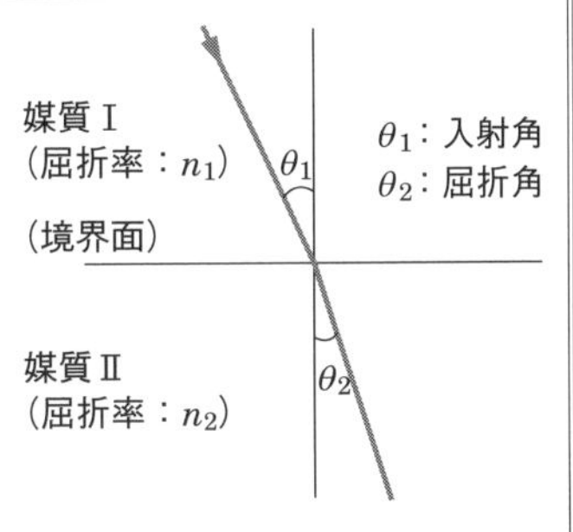

■図 8.7　異なる媒質の境界面における角度の測り方

8.7.2　電波の散乱と回折

大気の温度分布や水蒸気量などは一定ではありません．そのため，屈折率などが周囲と違う領域ができることがあります．そのようなところに電波が入射すると，電波が再放射されて四方八方に広がります．これを**電波の散乱**といいます．電離層に電波が入射する場合にも，電離層にある電子が電波によって励振され電波を四方に散乱させることもあります.

光は障害物の陰には伝わりませんが，長波や中波などはもちろん，超短波やマイクロ波などの電波も障害物の陰にも回り込むことがあります．これを**電波の回折**といいます.

(1) 見通し線上にナイフエッジがある場合の背後の電界強度

図 8.8 は送受信点間の見通し線上にナイフエッジ（刃形山岳）がある場合の電波伝搬の様子及び電界強度を示したものです.

特徴は次のとおりです.

- 受信点が見通し線上にある場合の電界強度は，ナイフエッジがない場合の自由空間の電界強度 E_0 の **1/2 倍**（すなわち $E_0/2$）となる.
- 受信点が見通し線の下方の領域にある場合の電界強度は，$E_0/2$ から減少していく．

- 受信点が見通し線の上方の領域（干渉領域）にある場合の電界強度は，送信点からの直接波とナイフエッジから再放射される電波の合成となる．直接波と再放射波が干渉を起こし，受信点の高さが高くなるにつれて減衰振動しながら，自由空間の電界強度値 E_0 に近づいていく．

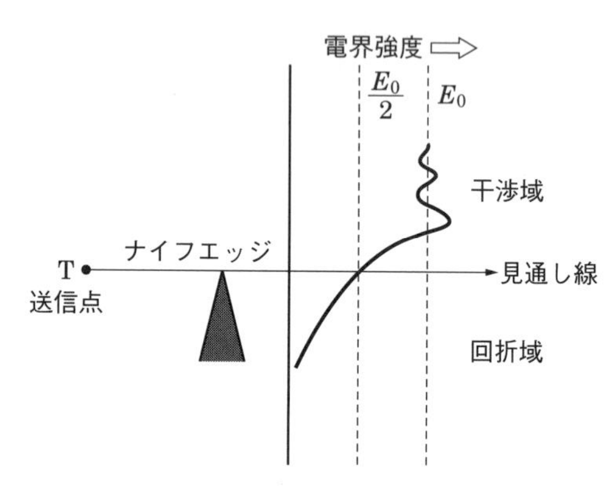

図 8.8　見通し線上にナイフエッジがある場合の背後の電界強度

(2) フレネルゾーン

図 8.9 のように送信点をT，受信点をR，送信点からの距離 d_1 のところにナイフエッジがあるとします．ナイフエッジの頂点Pと見通し線の交点をOとします．$TP = D_1$，$PR = D_2$，$TO = d_1$，$OR = d_2$，$d = d_1 + d_2$，$OP = r$（クリアランス〈ギャップの意味〉）とします．

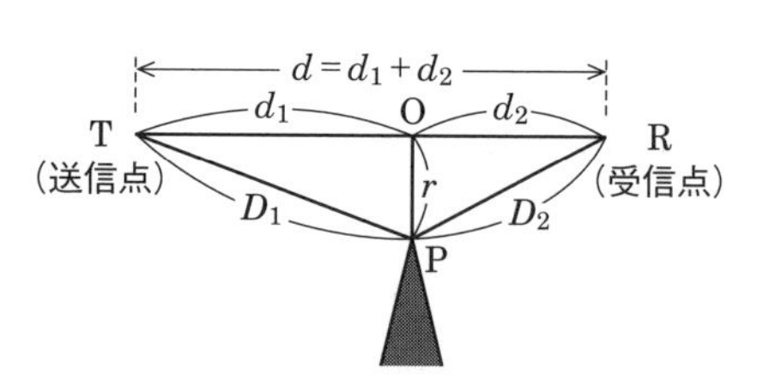

図 8.9　見通しがきく場所の山岳回折

電波の経路差を l とすると，経路差は次式で表すことができます．

$$l = (D_1 + D_2) - (d_1 + d_2) = \sqrt{d_1{}^2 + r^2} + \sqrt{d_2{}^2 + r^2} - (d_1 + d_2)$$

$$= \frac{r^2\,(d_1 + d_2)}{2d_1 d_2} \qquad (8.21)$$

送信点からの距離 d_1 のところに垂直な Q 面を考え，見通し線と Q 面の交点を O とします．すると，送受信点間の最短距離は TOR となります．そこで，電波経路が $\lambda/2$，$2\lambda/2$，$3\lambda/2 \cdots n\lambda/2$ だけ長くなる点を，それぞれ，P_1，P_2，$P_3 \cdots P_n$ とします．

式 (8.21) の r を任意の r_n に置き換えて，$n\lambda/2$ に等しくすると，任意の経路の式を導くことができます．r を任意の r_n に置きかえ，r_n を求めると次式になります．

$$r_n = \sqrt{n\lambda \frac{d_1 d_2}{d_1 + d_2}} \tag{8.22}$$

$n = 1$ のときを**第 1 フレネルゾーン**と呼び，その値は次式になります．

$$r_1 = \sqrt{\lambda \frac{d_1 d_2}{d_1 + d_2}} \tag{8.23}$$

マイクロ波通信においては，第 1 フレネルゾーン内に障害物がないようにするのが望ましいとされています．

8.7.3 ラジオダクト

地上高 h〔m〕の地点における屈折率 n（n は地上高が高くなると減少）と地球の半径 r〔m〕を関連づけた式（省略）を**修正屈折示数**（指数）M といいます．縦軸に地上高 h〔m〕，横軸に修正屈折示数（指数）M で表した**図 8.10** を ***M* 曲線**といいます．

図 8.10 の（d）～（f）の M 曲線は傾きが負（右肩下がり）になる部分があります．この部分を**逆転層**と呼びます．逆転層は「海風や陸風などで空気が移動することによる温度の急激な変化」「放射冷却による温度の急激な変化」「高気圧の沈降」などの気象現象により起こります．VHF 帯や UHF 帯の電波がラジオダクト内に閉じ込められると見通し外まで伝搬することがあります．

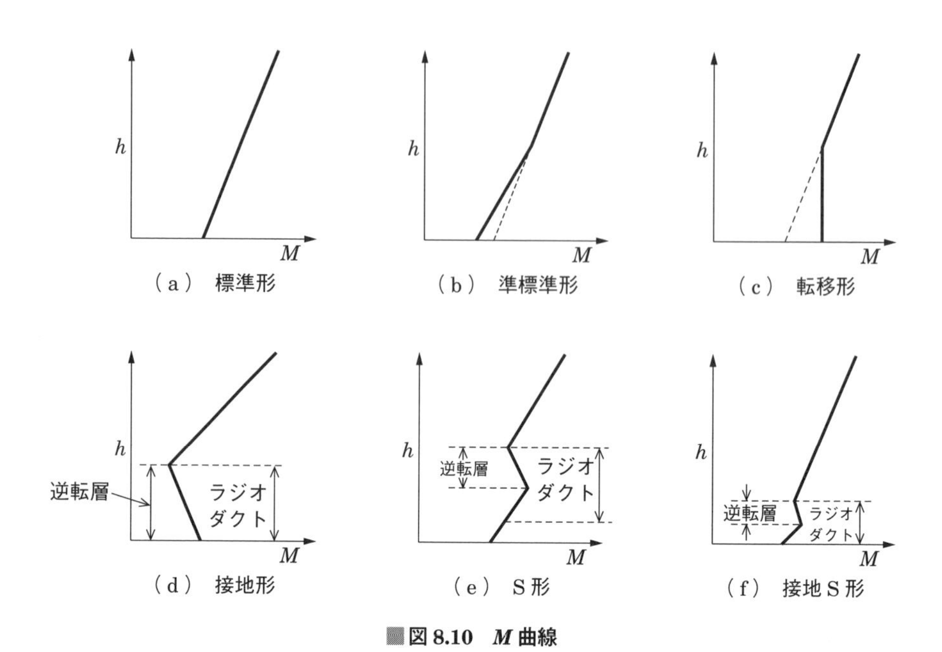

■図 8.10　*M* 曲線

問題 12 ★★　➡8.6.2 ➡8.7

次の記述は，電波の対流圏伝搬について述べたものである．このうち正しいものを下の番号から選べ．

1　標準大気中では，電波の見通し距離は幾何学的な見通し距離と等しい．
2　標準大気中の屈折率は，地上からの高さに比例して増加する．
3　標準大気中では，等価地球半径は真の地球半径より小さい．
4　標準大気における M 曲線は，グラフ上で 1 本の直線で表される．
5　ラジオダクトが発生すると電波がダクト内に閉じ込められて減衰し，遠方まで伝搬しない．

解説　1　×　電波の見通し距離は幾何学的な見通し距離より長くなります．
2　×　屈折率は高さが高くなると**小さく**なります．
3　×　等価地球半径は真の地球半径より**大きい**（4/3 倍）です．
5　×　ラジオダクトが発生すると遠方まで**伝搬します**．

答え▶▶▶ 4

問題 13 ★★ ➡8.7.2

次の記述は，図に示すマイクロ波通信の送受信点間の見通し線上にナイフエッジがある場合，受信地点において，受信点の高さを変化したときの受信点の電界強度の変化などについて述べたものである．このうち誤っているものを下の番号から選べ．ただし，大地反射波の影響は無視するものとする．

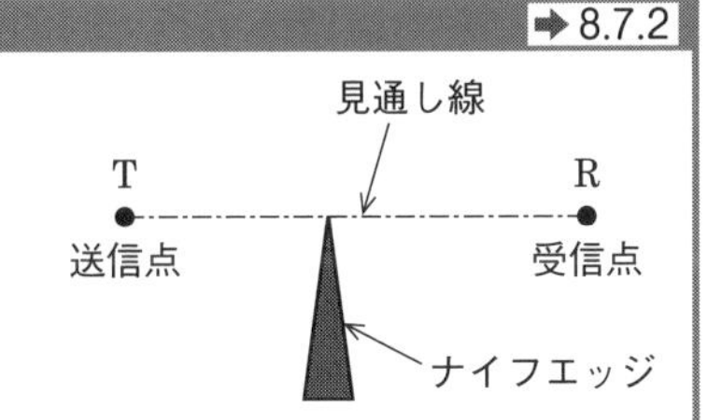

1　見通し線より下方の領域へは，ナイフエッジによる回折波が到達する．

2　見通し線より上方の領域では，受信点を高くするにつれて受信点の電界強度は，自由空間の伝搬による電界強度より強くなったり，弱くなったり，強弱を繰り返して自由空間の伝搬による電界強度に近づく．

3　見通し線より下方の領域では，受信点を低くするにつれて受信点の電界強度は低下する．

4　受信点の電界強度は，見通し線上では，自由空間の電界強度のほぼ $1/\sqrt{2}$ となる．

解説　4「電界強度のほぼ $\mathbf{1/\sqrt{2}}$」ではなく，正しくは「電界強度のほぼ $\mathbf{1/2}$」です．

答え▶▶▶4

問題 14 ★★★ ➡8.7.2

次の記述は，マイクロ波回線の設定の際に考慮される第1フレネルゾーンについて述べたものである．[　　]内に入れるべき字句の正しい組合せを下の番号から選べ．ただし，使用する電波の波長を λ とする．

(1) 図に示すように，送信点Tと受信点Rを焦点とし，TPとPRの距離の和が，焦点間の最短の距離TRよりも[A]だけ長い点Pの軌跡を描くと，直線TRを軸とする回転楕円体となり，この楕円体の内側の範囲を第1フレネルゾーンという．

(2) 一般的には，自由空間に近い良好な伝搬路を保つため，回線途中にある山や建物などの障害物が第1フレネルゾーンに入らないようにクリアランスを設ける必要がある．

(3) 図に示す第1フレネルゾーンの断面の半径 r は，使用する周波数が高くなるほど[B]なる．

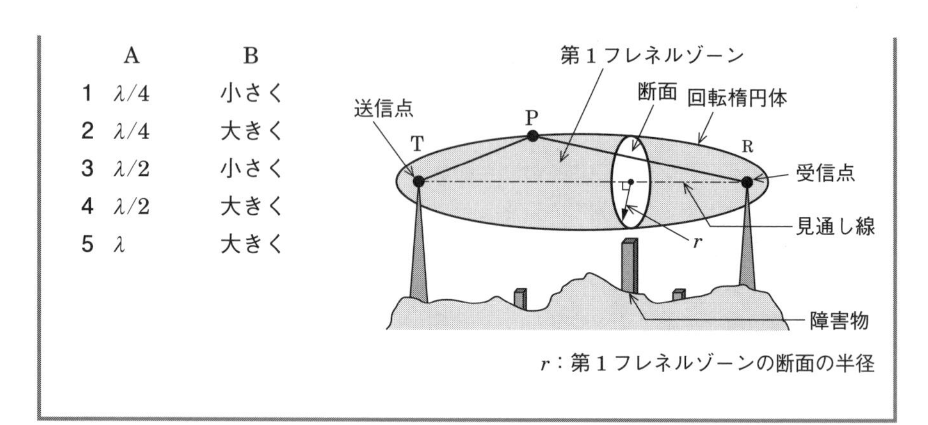

	A	B
1	$\lambda/4$	小さく
2	$\lambda/4$	大きく
3	$\lambda/2$	小さく
4	$\lambda/2$	大きく
5	λ	大きく

解説　式（8.23）より，$\lambda = c/f$ を用いると次式となります．

$$r = \sqrt{\lambda \times \frac{d_1 d_2}{d_1 + d_2}} = \sqrt{\frac{c}{f} \times \frac{d_1 d_2}{d_1 + d_2}} \quad \cdots ①$$

式①より，周波数 f が大きくなるほど，r は**小さく**なります．

答え▶▶▶3

出題傾向　下線の部分を穴埋めにした問題も出題されています．

問題 15 ★★★　➡8.7.2

次の記述は，図に示すマイクロ波回線の第１フレネルゾーンについて述べたものである．□内に入れるべき字句の正しい組合せを下の番号から選べ．

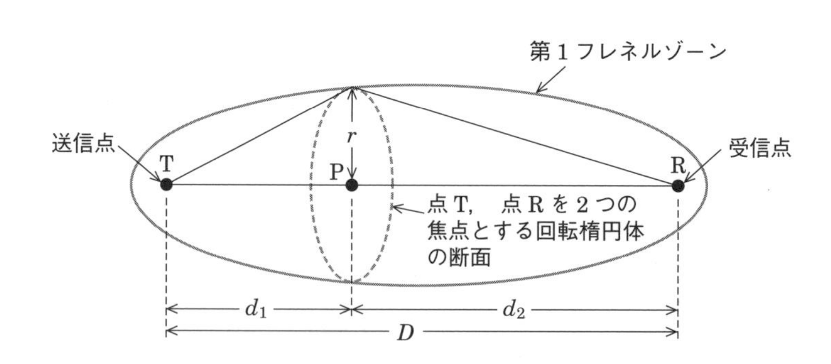

(1) 送信点 T から受信点 R 方向に測った距離 d_1〔m〕の点 P における第 1 フレネルゾーンの回転楕円体の断面の半径 r〔m〕は，点 P から受信点 R までの距離を d_2〔m〕，波長を λ〔m〕とすれば，次式で与えられる．

$r \fallingdotseq$ [A]

(2) 周波数が 6 GHz，送受信点間の距離 D が 24 km であるとき，d_1 が 6 km の点 P における r は，約 [B] である．

	A	B
1	$\sqrt{d_1/(d_1+d_2)}$	6 m
2	$\sqrt{d_1/(d_1+d_2)}$	8 m
3	$\sqrt{\lambda d_1 d_2/(d_1+d_2)}$	10 m
4	$\sqrt{\lambda d_1 d_2/(d_1+d_2)}$	12 m
5	$\sqrt{\lambda d_1 d_2/(d_1+d_2)}$	15 m

Check
周波数 6 GHz の電波の波長 λ〔m〕を求めます．
電波の速度を $c = 3\times10^8$ m/s，周波数を f〔Hz〕とすると，$\lambda = c/f$ です．

解説 第 1 フレネルゾーンを表す式は式（8.23）の通りですので，$\sqrt{\lambda d_1 d_2/(d_1+d_2)}$ となります．波長 λ は

$$\lambda = \frac{3\times10^8}{6\times10^9} = \frac{3}{60} = 0.05 \text{ m}$$

$$d_2 = D - d_1 = 24 - 6 = 18 \text{ km}$$

となり，r の値は，次のように計算できます．

$$r \fallingdotseq \sqrt{\frac{\lambda d_1 d_2}{d_1+d_2}} = \sqrt{\frac{0.05\times6\times10^3\times18\times10^3}{6\times10^3+18\times10^3}}$$

$$= \sqrt{\frac{5.4\times10^6}{24\times10^3}} = \sqrt{\frac{5\,400}{24}} = \sqrt{225} = \mathbf{15\ m}$$

答え▶▶▶ 5

問題 16 ★ ➡8.7.3

次の記述は，図に示す対流圏電波伝搬における M 曲線について述べたものである．[　] 内に入れるべき字句の正しい組合せを下の番号から選べ．

(1) 標準大気のときの M 曲線は，[A] である．

(2) 接地形ラジオダクトが発生しているときの M 曲線は，[B] である．

(3) 接地形ラジオダクトが発生すると，電波は，ダクト［ C ］を伝搬し，見通し距離外まで伝搬することがある．

	A	B	C
1	③	④	外
2	③	④	内
3	②	④	外
4	③	①	内
5	②	①	内

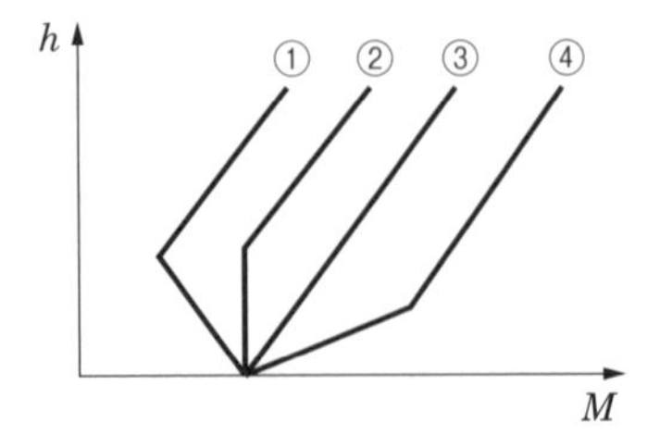

解説　(1) 標準大気の M 曲線は図 8.10 (a) となります．

(2) 接地形ラジオダクトが発生しているときの M 曲線は図 8.10 (d) となります．

(3) ダクトができると，電波がダクト内に閉じ込められ，導波管の中を伝わるのと似たような状態になり，見通し距離外まで伝搬することがあります．

答え▶▶▶ 4

8.8 フェージング

送受信間の電波伝搬通路上に存在する様々な原因によって，受信電界強度が変動する現象を**フェージング**といいます．フェージングは，中波や短波など電離層伝搬のある周波数帯の電波によく起こる現象ですが，対流圏におけるマイクロ波の見通し内伝搬においてもフェージングが起きます．

8.8.1 フェージングの種類

(1) 干渉性フェージング

送受信間の電波の通路が複数存在する場合に起こるフェージングを**干渉性フェージング**といいます．超短波（VHF）や極超短波（UHF）の対流圏伝搬の場合，直接波と大地反射波が干渉することによって生じます．

(2) 吸収性フェージング

電波は電離層を突き抜けるとき減衰を受けます．電離層の状態は一定ではなく常に変化しているので，電波の減衰状態も変化することになります．このときに発生するフェージングを**吸収性フェージング**といいます．吸収性フェージングの周期は長く，マイクロ波領域においては，雨，雪，霧，気体分子による減衰や吸収度の相違によりフェージングが生じます．

(3) 跳躍性フェージング

電離層で反射する最高の周波数を臨界周波数といいます．電離層は常に変化しているので，臨界周波数も変化することになります．臨界周波数付近の周波数の電波は電離層を突き抜けたり，反射したりすることで，受信電界強度が大きく変化します．このようなフェージングを**跳躍性フェージング**といい，日の出や日没時に多く発生します．

(4) 偏波性フェージング

電離層反射波はだ円偏波です．受信アンテナにおいては，誘起される起電力が偏波の状況に応じて変動します．このようなフェージングを**偏波性フェージング**といいます．

(5) 周波数選択性フェージング

振幅変調された電波は，搬送波，上側波，下側波からなっています．上側波と下側波には同じ情報が含まれています．電離層の伝搬特性が周波数によって相違する場合，上側波がフェージングの影響を受け，下側波がフェージングの影響を受けないということもあります．このようなフェージングを**周波数選択性フェージング**といいます．

(6) K 形フェージング

大気の屈折率は，温度，湿度，気圧などの影響で変動するので，電波通路も常に変動します．屈折率の変動は等価地球半径係数 K が変化することと同じと考えることができます．等価的に ***K* の値の変動**が原因になるフェージングを **K 形フェージング**といい，干渉性 K 形フェージングと回折性 K 形フェージングがあります．

干渉性 K 形フェージングは K の値の変動で，直接波と大地反射が干渉するもの，**回折性 K 形フェージング**は，電波が見通し距離すれすれを伝搬する場合，K の値の変動によって，電波経路が地面に近づき回折損を生じるフェージングです．

(7) ダクト形フェージング

温度の逆転層が生じてラジオダクトが発生した場合に起こるフェージングを**ダ**

クト形フェージングといい，変動幅が大きく，激しく変化することがあります．ダクト形フェージングには，干渉性ダクト形フェージングと減衰性ダクト形フェージングの２種類があります．

干渉性ダクト形フェージングは，ダクトが送信点や受信点の近くに発生した場合，電波経路が複数存在して干渉を生じるフェージング，**減衰性ダクト形フェージング**は，送信点がダクトの中にある場合，直接波が減衰して生じるフェージングです．

(8) シンチレーションフェージング

対流圏においては，雨，雪，霧などに起因する大気の局所的な乱れが発生します．このような大気の乱れの中にマイクロ波が入射すると電波が再放射し散乱を起こします．この散乱波が直接波と干渉すると，受信電界強度が**短い周期で小幅に変動**を生じます．これを**シンチレーションフェージング**といいます．

(9) 移動局のフェージング

基地局から送信された電波を移動局で受信すると，電波が移動局周辺の建築物などの影響で反射，回折，定在波を生じ，定在波の中を移動局が移動するとフェージングが発生します．このフェージングは**周波数が高い**ほど，**移動速度が速い**ほど変動が速いフェージングになります．反射や回折などのため移動局に到来する電波の遅延時間には差が出てきます．到来する電波の遅延時間を横軸，受信レベルを縦軸にして作成したものを**遅延プロファイル**と呼びます．

8.8.2　フェージングの軽減法

同時に品質が劣化する確率の**小さい**２つ以上の受信系（通信系）の出力を合成又は選択することによって，**フェージングの影響**を軽減しようとする方式を**ダイバーシティ方式**といいます．

(1) スペースダイバーシティ

数波長離れた場所に２つ以上の受信アンテナを設置し，これらの出力を合成又は選択してフェージングを軽減する方式を**スペース（空間）ダイバーシティ**といいます．

(2) ルートダイバーシティ

10 GHz 帯以上の中継回線で用いられ，局地的な降雨減衰に対処するために，離れた場所に受信点を設置し，受信状態の良い受信点を選択する方式を**ルートダ**

イバーシティといいます.

(3) 周波数ダイバーシティ

フェージングの状態は周波数によって大きく異なります．複数の周波数を使用して同一内容の信号を送信し，受信側で受信した複数の周波数の中から受信状態が良好なものを選択もしくは合成する方式を**周波数ダイバーシティ**といいます.

(4) 偏波ダイバーシティ

受信機に偏波の異なるアンテナを設置し，合成した出力又は電界強度の強い方を選択する方式を**偏波ダイバーシティ**といいます.

(5) 角度ダイバーシティ

鋭い指向性を持った複数のアンテナをそれぞれ別々の方向に向けて受信し，受信電界を位相調整したあとに合成する方式を**角度ダイバーシティ**といいます.

問題 17　➡8.8.1

次の記述は，マイクロ波（SHF）のフェージングについて述べたものである．□内に入れるべき字句の正しい組合せを下の番号から選べ.

(1) 大気層の揺らぎなどにより部分的に屈折率が変化し，電波の一部が散乱して直接波と干渉するため，受信電界強度が［A］変動する現象をシンチレーションフェージングという.

(2) 大気層において高さによる湿度の急変や［B］があるとき，ラジオダクトが発生し，受信電界強度が不規則に変動する現象をダクト形フェージングという.

(3) 大気屈折率の分布状態が時間的に変化して地球の［C］が変化するため，直接波と大地反射波との干渉状態や大地による回折状態が変化して生ずるフェージングをK形フェージングという.

	A	B	C
1	比較的長い周期で大幅に	温度の逆転層	自転の角速度
2	比較的長い周期で大幅に	大気成分割合の変化	自転の角速度
3	比較的長い周期で大幅に	温度の逆転層	等価半径係数
4	比較的短い周期で小幅に	大気成分割合の変化	自転の角速度
5	比較的短い周期で小幅に	温度の逆転層	等価半径係数

答え▶▶▶5

下線の部分を穴埋めにした問題も出題されています.

問題 18 ★★ ➡8.8.1

次の記述は，陸上の移動体通信の電波伝搬特性について述べたものである．［　　］内に入れるべき字句の正しい組合せを下の番号から選べ．

(1) 基地局から送信された電波は，移動局周辺の建物などにより反射，回折，定在波を生じ，この定在波の中を移動局が移動すると受信波にフェージングが発生する．一般に，周波数が［ A ］ほど，また移動速度が［ B ］ほど変動が速いフェージングとなる．

(2) さまざまな方向から反射，回折して移動局に到来する電波の遅延時間に差があるため，広帯域伝送では，一般に帯域内の各周波数の振幅と位相の変動が一様でない．到来する電波の遅延時間を横軸にとり，各到来波の受信レベルを縦軸にプロットしたものは，［ C ］と呼ばれる．

	A	B	C
1	低い	速い	遅延プロファイル
2	低い	遅い	M 曲線
3	高い	速い	M 曲線
4	高い	遅い	M 曲線
5	高い	速い	遅延プロファイル

答え▶▶▶5

問題 19 ★★★ ➡8.8.2

次の記述は，マイクロ波通信等におけるダイバーシティ方式について述べたものである．□内に入れるべき字句の正しい組合せを下の番号から選べ．

(1) ダイバーシティ方式とは，同時に回線品質が劣化する確率が［A］2つ以上の通信系を設定して，それぞれの通信系の出力を選択又は合成することによりフェージングの影響を軽減するものである．

(2) 十分に遠く離した2つ以上の伝送路を設定し，これを切り替えて使用する方法は［B］ダイバーシティ方式といわれる．

(3) 2つの受信アンテナを空間的に離すことにより2つの伝送路を構成し，この出力を選択又は合成する方法は［C］ダイバーシティ方式といわれる．

	A	B	C
1	小さい	ルート	スペース
2	小さい	周波数	偏波
3	大きい	ルート	偏波
4	大きい	周波数	スペース
5	大きい	ルート	スペース

8章

答え▶▶▶1

下線の部分を穴埋めにした問題も出題されています．また，各ダイバーシティ方式の説明の中から誤っているものを選ぶ問題も出題されていますので，それぞれの特徴を覚えておきましょう．

9章 電　源

この章から 1 問出題

交流電源から直流電力を得る方法，各種電池と蓄電池の特性，無停電電源装置の概要について学びます．

9.1 電源回路

スマートフォンや携帯電話機だけでなく，テレビジョン受像機や電子通信機器のほとんどは直流で動作しています．テレビジョン受像機のような大型の電子機器は，通常，家庭用の交流商用電源を直流に変換して使用しています．

スマートフォンや携帯ラジオのように，移動して使用する機器には乾電池や蓄電池などの直流電源が使われています．

図 9.1 は交流電圧を直流電圧に変換する電源回路の仕組みを示したものです．交流電圧を変圧器で所定の交流電圧に昇圧又は降下させ，整流回路で直流（脈流）に変換します．整流回路の出力電圧は交流成分を多く含んでいるので，平滑回路を使って交流成分を除去し，より直流に近づけて負荷に供給します．

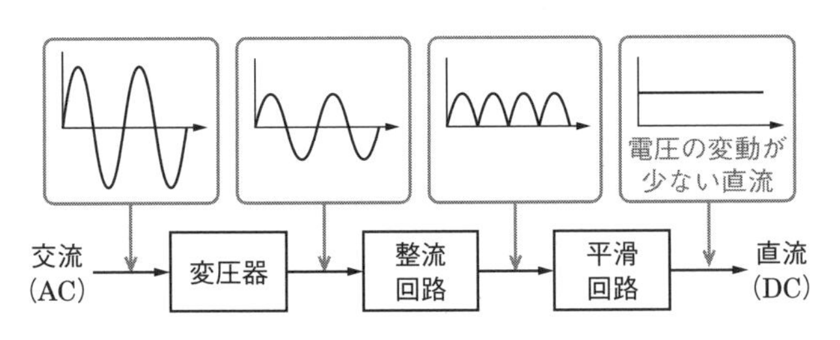

図 9.1　電源回路の仕組み

9.1.1　変圧器

鉄心に 2 つのコイルを巻いたものを**変圧器**（トランス）といいます．変圧器は，任意の交流電圧を得ることができます．変圧器の図記号を**図 9.2**，実際の小型の変圧器を**図 9.3** に示します．

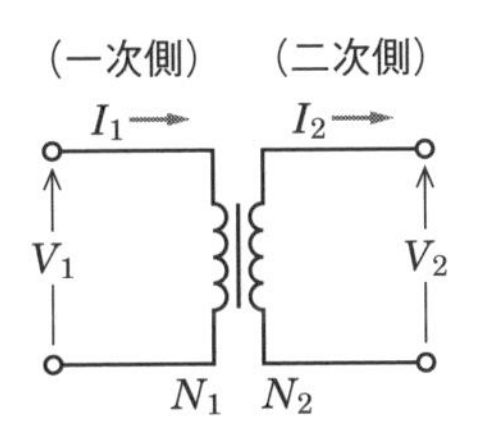

■図 9.2　変圧器の図記号

■図 9.3　小型変圧器

変圧器は交流電圧を任意の大きさの交流電圧に変換します．直流電圧を変換することはできません．

9.1.2　整流回路

整流回路は，交流を直流に変換する回路で，ダイオードなどの整流器で構成されています．整流回路には半波整流回路や全波整流回路など，多くの種類があります．

(1) 半波整流回路

半波整流回路は**図 9.4** に示すように，ダイオード 1 本で交流電圧を直流電圧に変換する回路です．半波整流回路の整流波形は図 9.4 のようになります．

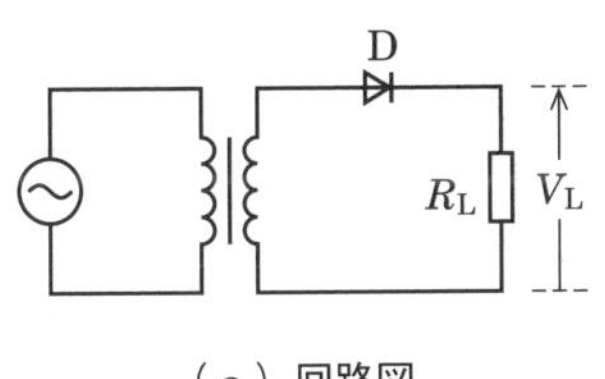

(a) 回路図

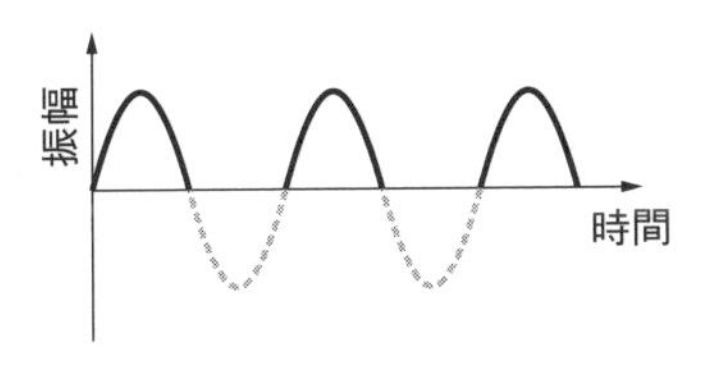

(b) 整流波形

■図 9.4　半波整流回路

(2) 全波整流回路

全波整流回路は**図 9.5** に示すように，ダイオード 2 本で交流電圧を直流電圧に変換する回路です．この回路は半波整流回路の変圧器の 2 倍の巻数の変圧器が必要ですが，**図 9.6** に示すようなダイオードを 4 本使用した回路（ブリッジ回路と呼ぶ）を使えば半波整流回路の変圧器を使用して全波整流回路を構成することができます．

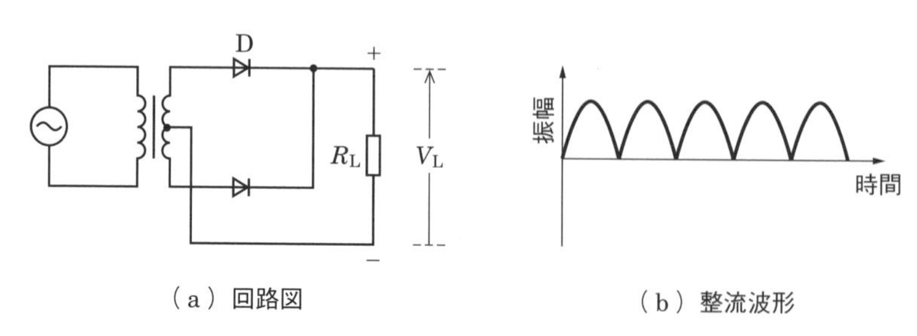

（a）回路図

（b）整流波形

■図 9.5　全波整流回路

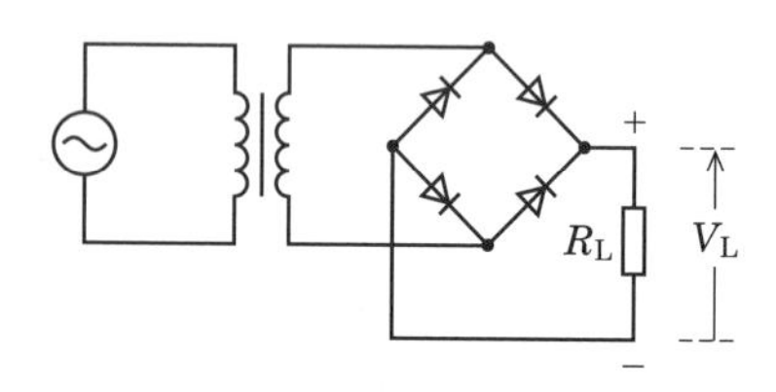

■図 9.6　全波整流回路（ブリッジ回路）

9.1.3　平滑回路

整流回路で整流された電圧は交流成分が残っている不完全な直流なので，そのままでは電子通信機器などに使用できません．そこで，交流成分を除去する必要があり，この回路が**平滑回路**です．平滑回路の例を**図 9.7** に示します．図 9.7 (a) のようにダイオード D にすぐコンデンサ C が接続されているのを，**コンデンサ入力形平滑回路**，図 9.7 (b) のようにダイオード D にすぐチョークコイル L が接続されているのを**チョーク入力形平滑回路**といいます．図 9.6 の全波整流回路に平滑回路を接続した場合の入力・出力波形を**図 9.8** に示します．

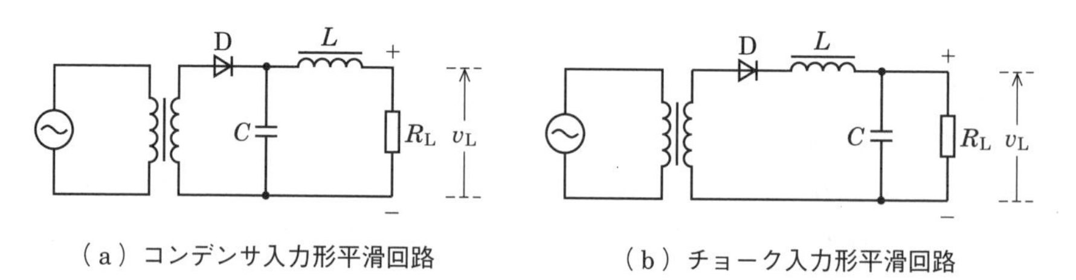

（a）コンデンサ入力形平滑回路

（b）チョーク入力形平滑回路

■図 9.7　平滑回路の例

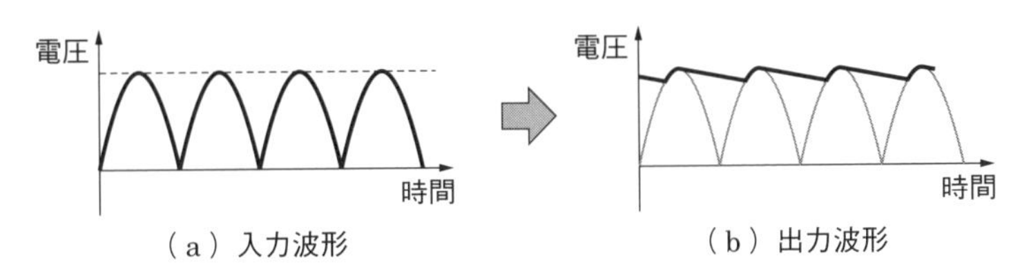

（a）入力波形　（b）出力波形

■図 9.8　平滑回路の入力・出力波形

関連知識　安定化回路

整流回路と平滑回路で直流が得られますが，入力交流電圧の変動や負荷電流の変動があると出力直流電圧が変動します．負荷が変動しても，一定の直流電圧が得られるようにした電子回路が安定化回路です．

9.1.4　サイリスタによる電力制御

サイリスタ（thyristor）は SCR（Silicon Controlled Rectifier）又はシリコン制御整流素子とも呼ばれ，**図 9.9**（a）に示すように P 形半導体と N 形半導体を **PNPN 接合**させたダイオードの一種で，**アノード**（A），**カソード**（K），**ゲート**（G）から構成されています．ゲートに電流を流さないときは OFF 状態で，ゲートに電流を流すと ON 状態になり，負の電圧にならない限り再び OFF にはなりません．すなわち，スイッチング素子です．サイリスタの図記号を図 9.9（b）に示します．

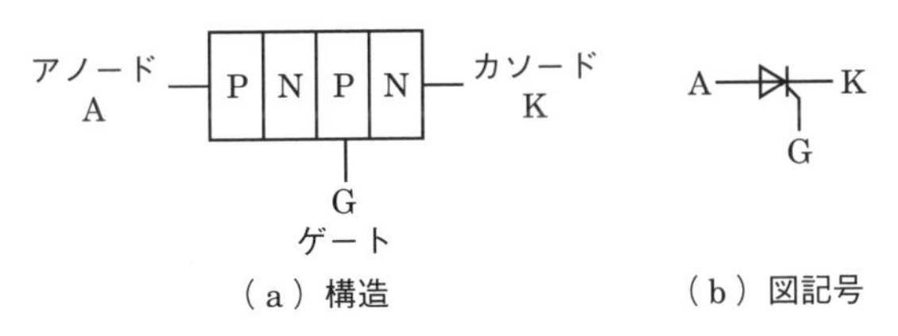

（a）構造　（b）図記号

■図 9.9　サイリスタの構造と図記号

サイリスタを使用すると，整流回路の電力制御が可能になります．図 9.4 の回路のダイオードをサイリスタに置き換え，**図 9.10**（a）の交流電圧が入力されるとします．図 9.10（b）に示すようにサイリスタのゲートに信号が入力されると出力は図 9.10（c）になります．すなわち，ゲートに加える信号の位置（位相）を変えることにより，整流回路の電力を制御できることになるので，**スイッチング素子**としての働きをするといえます．

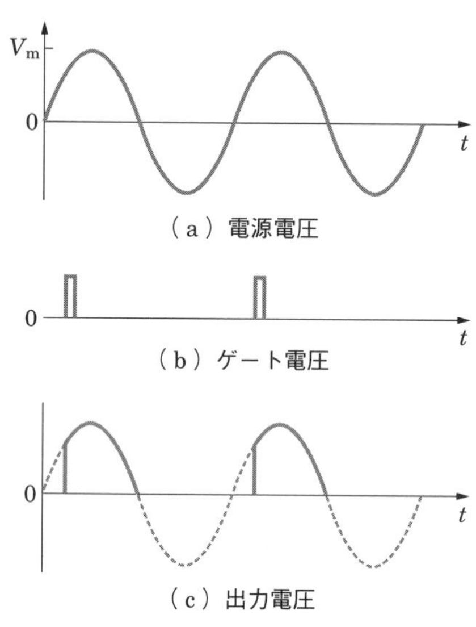

（a）電源電圧

（b）ゲート電圧

（c）出力電圧

図 9.10 サイリスタによる電力制御

問題 1 ★★ ➡ 9.1.3

次の記述は，平滑回路について述べたものである．□内に入れるべき字句の正しい組合せを下の番号から選べ．

(1) 平滑回路は，一般に，コンデンサ C 及びチョークコイル L を用いて構成し，整流回路から出力された脈流の交流分（リプル）を取り除き，直流に近い出力電圧を得るための［A］である．

(2) 図は，［B］入力形平滑回路である．

	A	B
1	帯域フィルタ（BPF）	コンデンサ
2	高域フィルタ（HPF）	コンデンサ
3	高域フィルタ（HPF）	チョーク
4	低域フィルタ（LPF）	コンデンサ
5	低域フィルタ（LPF）	チョーク

L
入力
C
出力

解説 チョークはチョークコイルのことで，大きなインダクタンスを持っているので交流に対して大きなインピーダンスを持ち，交流分を阻止します．

答え ▶▶▶ 5

出題傾向 下線の部分を穴埋めにした問題も出題されています．また，コンデンサ入力形を選ぶ問題も出題されています．

問題 2 ★★★ ➡9.1.4

次の記述は，図に示す図記号のサイリスタについて述べたものである．[　　]内に入れるべき字句の正しい組合せを下の番号から選べ．

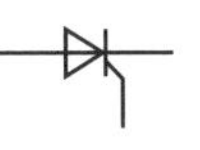

(1) P 形半導体と N 形半導体を用いた[A]構造からなり，アノード，[B]及びゲートの 3 つの電極がある．

(2) 導通（ON）及び非導通（OFF）の 2 つの安定状態をもつ[C]素子である．

	A	B	C
1	PNP	ドレイン	増幅
2	PNP	カソード	スイッチング
3	PNP	カソード	増幅
4	PNPN	ドレイン	増幅
5	PNPN	カソード	スイッチング

解説 サイリスタは図 9.9（a）のように **PNPN** 構造で，アノード，**カソード**，ゲートの 3 つの電極があり，**スイッチング**素子として働きます．

答え▶▶▶5

出題傾向 下線の部分を穴埋めにした問題も出題されています．

9.2 電池と蓄電池

電池はイタリアのボルタが 1800 年に発明した「ボルタ電池」（正極：銅，負極：亜鉛，電解液：希硫酸）が最初で，今から 200 年以上前のことです．

1859 年に，フランスのプランテが「鉛蓄電池」を発明し，1887 年には，日本の屋井先蔵が「乾電池」を発明しました．

現在では，さまざまな種類の電池や蓄電池が考案され，電子通信機器や電気自動車など多方面に使われています．

電池には，化学反応により電気を発生させる**化学電池**，光や熱を電気に変換する**物理電池**があります．化学電池には，乾電池のように使い捨ての**一次電池**，充放電を繰り返すことで何回も使用できる**二次電池**があります．物理電池には，太陽電池や熱電池があります．これらをまとめたものを**図 9.11** に示します．

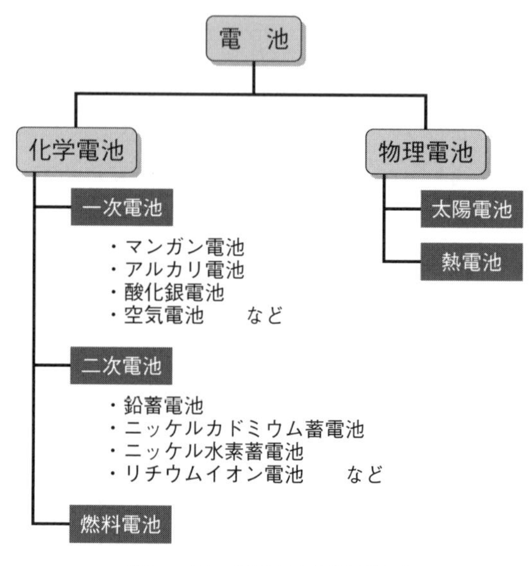

■図 9.11　化学電池と物理電池

9.2.1　鉛蓄電池

正極に二酸化鉛，負極に鉛，電解液に希硫酸を使用したものです．1つのセル当たりの公称電圧は **2 V** です．大きな電流を取り出すことができ，**メモリー効果はありません**．短所としては，重くて，電解液に希硫酸を使用しているので，破損した場合は危険であることです．鉛蓄電池の劣化の原因は，主に，電極の劣化によるものです．

鉛蓄電池は，満充電状態のまま放電しない場合でも，電池内部では化学反応が起きていますので，時間の経過とともに電池容量が低下します（これを**自己放電**といいます）．そのため，全く使用しないときでも，1～3か月に1回程度は充電し，電圧の低下を防ぐ必要があります．

鉛蓄電池は，自動車のバッテリーや各種施設の非常用の蓄電池として，広く使われています．

電池を使いきらない状態で何度も充電を繰り返すことにより，早く電圧が低下してしまい，使える容量が減ってくる現象をメモリー効果といいます．

鉛蓄電池には，**ベント形鉛蓄電池**と**制御弁式鉛蓄電池**があり，それぞれの特徴を次に示します．

① ベント形鉛蓄電池：充電中に水が蒸発し圧力が上昇するので，圧力を開放するためにベント（通気孔）を設けてあります．

② 制御弁式鉛蓄電池：充電中に水が電気分解されても，水素の発生を抑え，硫酸塩と水にして電解液の中に戻します．そのため，**補水が不要**になるのでメンテナンスフリーの蓄電池として使えます．**シール鉛蓄電池**とも呼ばれています．

関連知識　過充電と過放電

蓄電池を充電する際，100％になった後もそのまま充電を続ける状態を過充電といいます．過充電を続けると，電池内部の状態が不安定になり，電池が劣化したり，引火や爆発が起きることがあります．

一方，電池の容量が0％になっても，さらにエネルギーを取り出そうと放電してしまう状態のことを過放電といいます．過放電は電池の劣化を進める原因となり，液漏れを起こす可能性があります．

9.2.2　リチウムイオン蓄電池

正極にコバルト酸リチウム，負極に炭素，電解液に有機電解液を使用したものです．

1セル当たりの電圧は3.7 Vです．大電流の放電には向きませんが，軽くて大きな電力が得られることから，携帯電話，ノートパソコン，ビデオカメラのようなモバイル端末に広く使用されています．また，パワーアシスト自転車や電気自動車用蓄電池としても注目されています．

自己放電が小さく，メモリー効果はありません．過充電や過放電には弱いので保護回路が必要です．

関連知識 ニッケルカドミウム蓄電池

正極にオキシ水酸化ニッケル，負極にカドミウム，電解液に水酸化カリウム水溶液を使用したものです．1セル当たりの公称電圧は**1.2 V**ですが，容量が大きく大電流を流すことができますので，大きな電力を必要とする家電製品（電動歯ブラシ，電気シェーバー，電動工具など）に使われています．自己放電があり，時計の電源のように消費電力が小さく長期間動作させるような用途には向いていません．電圧が0Vになるまで放電しても，充電すれば回復します．メモリー効果が大きいといった欠点があります．

9.2.3 電池の容量

電池の容量は，充電した電池が放電し終わるまでに放出した電気量で決まります．

電池の容量はAh〔アンペア時〕で表します．例えば，容量30 Ahの充電済みの電池に電流が1A流れる負荷を接続して使用したとき，この電池は通常30時間連続して使用できます．もし，電流を2A流したときは，この電池は15時間連続して使用できます．

関連知識 時間率

電池の容量には，時間率が設けられています．時間率はその時間に使用した場合に取り出せる容量を表し，「電池の容量÷時間率＝取り出せる電流」になります．時間率は蓄電池によって異なり，オートバイは10時間率，自動車（国内）は5時間率，自動車（欧州）は20時間率が採用されています．

例えば，200 Ah（10時間率）の容量を持つ鉛蓄電池の場合，20Aの電流を10時間放電できる計算になります．しかし，大電流で放電する場合は放電時間が短くなりますので，40Aの電流を5時間放電することはできません（すなわち，容量が小さくなるので注意が必要です）．

9.2.4 蓄電池の充電方式

(1) 浮動充電方式

図9.12に示すように，交流電源を整流装置で直流に変換し負荷に供給しながら，負荷に並列に接続された鉛蓄電池などの蓄電池を充電する方式を**浮動充電**（フローティング）**方式**といいます．

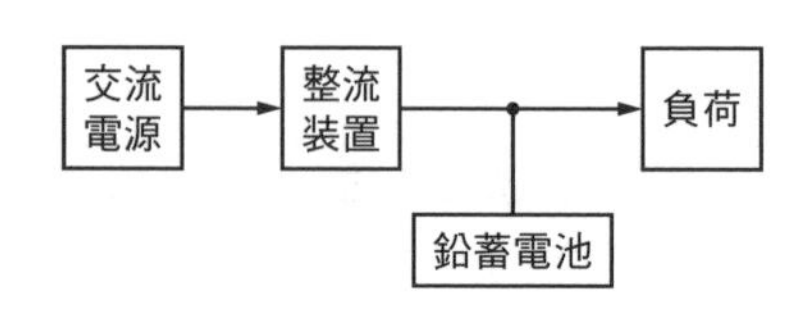

■図9.12 浮動充電方式

整流装置（直流電源）からの電流のほとんどは負荷に供給され，一部が蓄電池の自己放電を補うため使われます．過放電や過充電を繰り返すことが少ないので，寿命が長くなります．また，蓄電池は負荷電流の大きな変動に伴う電圧変動を吸収する役割もあります．また，常に負荷と接続されているので，停電時（蓄電池に切り替えた際）に瞬断がないといった利点もあります．

(2) トリクル充電方式

蓄電池の自己放電を補うため，バッテリーの特性に負荷や影響を与えない程度の微弱な電流によって充電する方式を**トリクル充電**といいます（「トリクル」は，水滴などが「したたる」「ぽたぽた落ちる」という意味です）．

トリクル充電方式は，常に満充電状態に保つことが可能になることから，無停電電源装置（UPS）や防災用の蓄電池に使用されています．

問題 3 ★ ➡9.2.1

次の記述は，鉛蓄電池について述べたものである．［　　］内に入れるべき字句の正しい組合せを下の番号から選べ．

(1) 鉛蓄電池は，［ A ］電池の代表的なものであり，電解液には［ B ］が用いられる．

(2) 鉛蓄電池の容量が，10 時間率で 30 Ah のとき，この蓄電池は，3 A の電流を連続して 10 時間流すことができる．この蓄電池で 30 A の電流を流すことのできる時間は，1 時間［ C ］．

	A	B	C
1	一次	蒸留水	より長い
2	一次	希硫酸	より短い
3	一次	希硫酸	より長い
4	二次	希硫酸	より短い
5	二次	蒸留水	より長い

解説 鉛蓄電池は充電ができる**二次**電池で，電解液は**希硫酸**です．

30 Ah（10 時間率）の蓄電池は 3 A を 10 時間流せますが，これより大きい 30 A は 1 時間**より短い**時間しか使用できません．

答え▶▶▶4

問題 4 ★★★ ➡9.2.1

次の記述は，無線中継所等において広く使用されているシール鉛蓄電池について述べたものである．このうち誤っているものを下の番号から選べ．

1 正極は二酸化鉛，負極は金属鉛，電解液は希硫酸が用いられる．
2 通常，密閉構造となっているため，電解液が外部に流出しない．
3 定期的な補水（蒸留水）は，不必要である．
4 シール形鉛蓄電池を構成する単セルの電圧は，約 24 V である．
5 電解液は，放電が進むにつれて比重が低下する．

解説 4 × 単セルの電圧は約 **2 V** です．

答え▶▶▶ 4

出題傾向 シール鉛蓄電池について選択肢が次のようになる場合があります．誤っているものだけではなく，正しいものを選ぶ問題も出題されていますので注意しましょう．

× 正極はカドミウム，負極は金属鉛，電解液には希硫酸が用いられる．（「カドミウム」ではなく「二酸化鉛」）
○ シール鉛蓄電池を構成する単セルの電圧は約 2 V である．
× 電解液は，放電が進むにつれて比重が上昇する．（「上昇」ではなく「下降」）
× 定期的な補水（蒸留水）は必要である．（「必要」ではなく「不要」）
× 通常，電解液が外部に流出するので設置には注意が必要である．（「電解液が外部に流出するので設置には注意が必要である」ではなく「密閉構造となっているため，電解液は外部に流出しない」）

問題 5 ★★★ ➡9.2.2

次の記述は，リチウムイオン蓄電池について述べたものである． ［　　］ 内に入れるべき字句の正しい組合せを下の番号から選べ．

(1) セル 1 個（単電池）当たりの公称電圧は，1.2 V より ［ A ］．
(2) ニッケルカドミウム蓄電池に比べ，小型軽量で ［ B ］ エネルギー密度であるため移動機器用電源として広く用いられている．
(3) 容量の 100% まで充電された状態のリチウムイオン蓄電池を高温で貯蔵すると，容量劣化が ［ C ］ なる．

	A	B	C
1	低い	低	少なく
2	低い	高	大きく
3	高い	低	少なく
4	高い	高	大きく
5	高い	高	少なく

解説 リチウムイオン蓄電池を高温で貯蔵すると劣化が大きくなり，液漏れ，発熱，破裂，発火などの原因となります．

答え ▶▶▶ 4

出題傾向 リチウムイオン蓄電池の特徴として，メモリー効果が「ない」を選ぶ問題も出題されています．

問題 6 ★★ ➡ 9.2.4

次の記述は，図に示す浮動充電方式について述べたものである．このうち正しいものを下の番号から選べ．

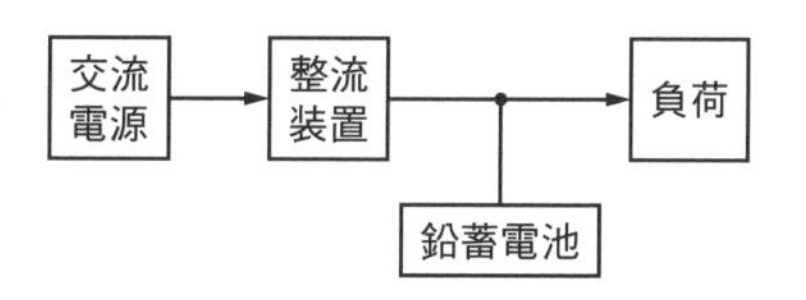

1 通常（非停電時），負荷への電力の大部分は鉛蓄電池から供給される．
2 停電などの非常時において，鉛蓄電池から負荷に電力を供給するときの瞬断がない．
3 電圧変動を鉛蓄電池が吸収するため直流出力電圧が不安定である．
4 鉛蓄電池には，負荷電流に比例した電流で充電を行う．

解説 1 × 「…**鉛蓄電池**から供給される」ではなく，正しくは「…**整流装置**から供給される」です．

2 ○ 正しいです．

3 × 「…直流出力電圧が**不安定である**」ではなく，正しくは「…直流出力電圧が**安定している**」です．

4 × 「…**負荷電流に比例した電流**で充電を行う」ではなく，正しくは「…**自己放電を補う程度の微小電流**で充電を行う」です.

答え▶▶▶2

9.3 無停電電源装置

無停電電源装置は，電力会社からの商用電源が停止した場合，自動的に蓄電池や発電機に切り替わり商用電源の代わりをする装置です.

交流を出力する無停電電源装置を **UPS**（Uninterruptible Power Supply），又は，**CVCF**（Constant Voltage Constant Frequency）といい，常時インバータ給電方式や常時商用給電方式などがあります.

無停電電源装置の出力に必要なのは，定電圧・定周波数の交流であり，インバータの PWM 制御を利用して得られます.

9.3.1 インバータ

鉛蓄電池などの直流電源の電圧をスイッチング回路でスイッチングし，交流に変換します．変圧器を使用すれば交流電圧は昇降圧が可能になり，任意の交流電圧を得ることができます．このように，直流電力から交流電力に変換する装置を**インバータ**といいます.

この交流出力電圧を整流し，平滑回路を付ければ直流電圧が得られるので，DC-DC コンバータになります.

9.3.2 常時インバータ給電方式

図 9.13 に**常時インバータ給電方式**の原理を示します．商用電源が正常な場合は，商用電源を整流器で直流に変換し，蓄電池を浮動充電するとともに，インバータで交流に変換し交流電力を供給します．商用電源が切断した場合は蓄電池の電力をインバータで交流に変換して交流電力を供給します．この方式は常時インバータが動作しているので損失が多い部分もありますが，電源の切替えはスムーズに行えます.

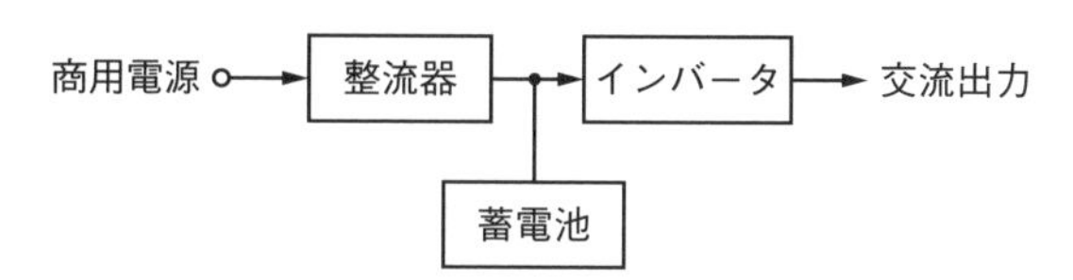

■図 9.13　常時インバータ給電方式

浮動充電は，蓄電池を負荷に対して並列に接続し，蓄電池の定格電圧より少し高い電圧で電池の放電を補う程度に充電しつつ負荷に電力供給する方法です．

9.3.3　常時商用電源給電方式

図 9.14 に**常時商用電源給電方式**の原理を示します．商用電源が正常な場合は商用電源を直接負荷に供給すると共に蓄電池も充電します．商用電源が切断した場合，蓄電池の電力をインバータで交流に変換して負荷に交流電力を供給します．この方式はインバータが動作するのは，非常時のみですので損失は少なくなりますが，電源の切替時に変動が生じることがあります．

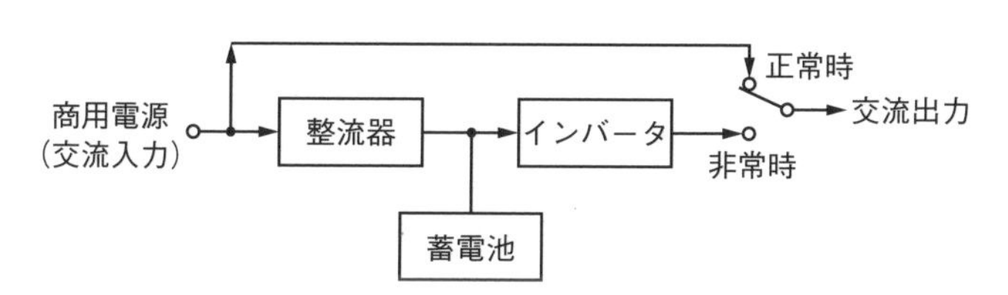

■図 9.14　常時商用電源給電方式

問題 7 ★★ ➡9.3

次の記述は，一般的な無停電電源装置について述べたものである．[　　] 内に入れるべき字句の正しい組合せを下の番号から選べ．

(1) 定常時には，商用電源からの交流入力が [A] 器で直流に変換され，インバータに直流電力が供給される．インバータはその直流電力を交流電力に変換し負荷に供給する．

(2) 商用電源が停電した場合は，[B] 電池に蓄えられていた直流電力がインバータにより交流電力に変換され，負荷には連続して交流電力が供給される．

(3) 無停電電源装置の出力として一般的に必要な [C] の交流は，インバータのPWM 制御を利用し得ることができる．

	A	B	C
1	変圧	一次	可変電圧・可変周波数
2	変圧	二次	定電圧・定周波数
3	整流	一次	可変電圧・可変周波数
4	整流	一次	定電圧・定周波数
5	整流	二次	定電圧・定周波数

解説 (1) 交流入力を**整流**器で直流に変換します．

(2) 充電できるのは**二次**電池です．

(3) 無停電電源装置の出力は**定電圧・定周波数**です．

答え▶▶▶5

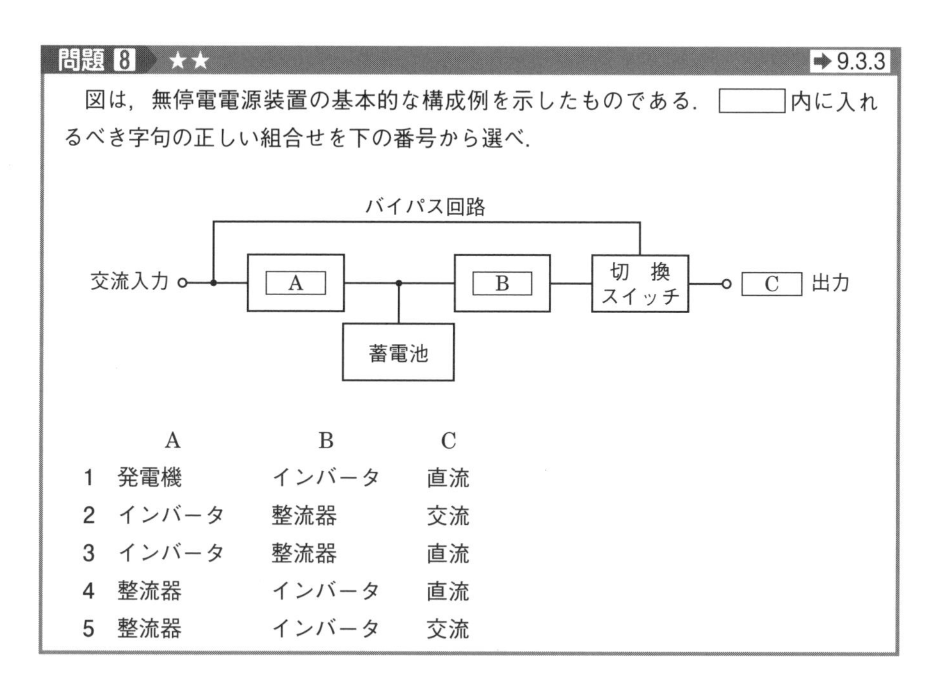

問題 8 ★★ ➡9.3.3

図は，無停電電源装置の基本的な構成例を示したものである．[　　　]内に入れるべき字句の正しい組合せを下の番号から選べ．

	A	B	C
1	発電機	インバータ	直流
2	インバータ	整流器	交流
3	インバータ	整流器	直流
4	整流器	インバータ	直流
5	整流器	インバータ	交流

解説　蓄電池の電圧は直流なので，まず，交流入力をAの**整流器**で直流に変換します．次にBの**インバータ**で直流を交流に変換し，出力は**交流**出力になります．

inverseは，「反対の」，「逆の」という意味があります．インバータ（Inverter）は，直流を交流に変換する回路です．

答え▶▶▶5

10章 測　定

この章から **2** 問出題

各種指示計器，テスタ，周波数カウンタ，マイクロ波電力の測定，オシロスコープやスペクトルアナライザなど，基本的な電子測定器の原理について学びます．

10.1 指示計器と使い方

10.1.1 指示計器

指示計器は構造が簡単で安価なため，現在も広く使用されており，「直流電圧計」「直流電流計」「交流電圧計」「交流電流計」「高周波電流計」などがあり，用途によって使い分けします．

電流計や電圧計の各種指示計器には，コイルやダイオードを用いたものなど，さまざまな部品が使用されています．なお，高周波電流計には，熱電対を用いた熱電対形電流計を用います．

10.1.2 電圧計と電流計の使い方

電圧を測定するときは**図 10.1** に示すように測定したい場所に並列に電圧計を接続します．そのときの電圧計は測定する電圧より大きな電圧を測定できるものを使用します．回路に流れる電流を測定するときは**図 10.2** に示すように回路に直列に電流計を接続します．そのときの電流計は流れる電流より大きな電流を測定できるものを挿入します．直流の電圧又は電流を測定する場合，極性に十分注意する必要があります（交流には極性がありません）．

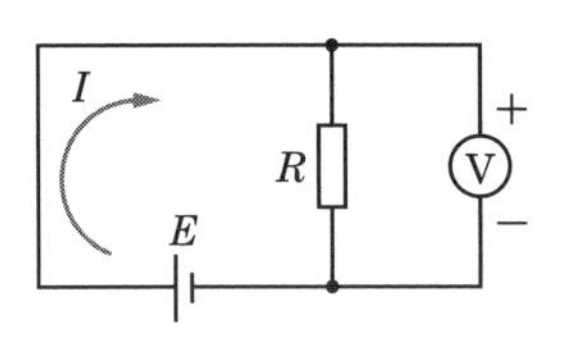

■図 10.1　電圧の測定

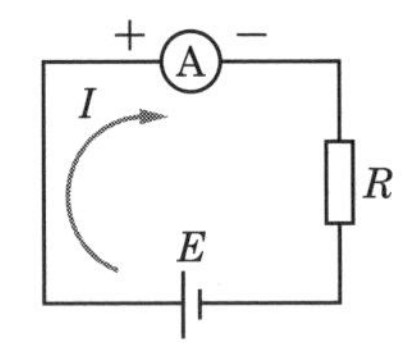

■図 10.2　電流の測定

電圧を測定するときは，測定する回路に並列に電圧計を接続します．
電流を測定するときは，回路に直列に電流計を接続します．

10.1.3　分流器

電流計の測定範囲を拡大するために，**図 10.3** で示した**分流器** R_s を使います．内部抵抗 r〔Ω〕で最大目盛が I〔A〕の電流計の測定範囲を n 倍に拡大するために必要な分流器 R_s は

$$R_s = \frac{r}{n-1} \qquad (10.1)$$

となります．

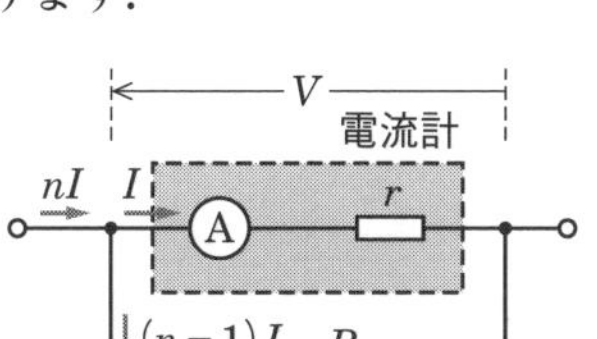

■図 10.3　電流計と分流器

10.1.4　倍率器

電圧計の測定範囲を拡大するために，**図 10.4** で示した**倍率器** R_m を使います．内部抵抗 r〔Ω〕で最大目盛が V〔V〕の電圧計の測定範囲を n 倍に拡大するために必要な倍率器 R_m は

$$R_m = (n-1)\,r \qquad (10.2)$$

となります．

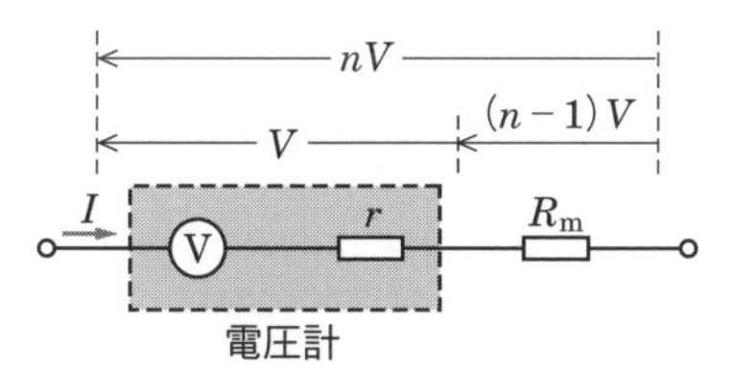

■図 10.4　電圧計と倍率器

問題 1 ★　➡10.1.3

内部抵抗 r〔Ω〕の電流計に，$r/5$〔Ω〕の値の分流器を接続したときの測定範囲の倍率として，正しいものを下の番号から選べ．

1　12倍　　2　10倍　　3　8倍　　4　6倍　　5　4倍

check 分流器の式（10.1）を使って n を求めます．

解説 $R_s = \dfrac{r}{n-1}$ に，$R_s = \dfrac{r}{5}$ を代入して，n を求めると

$$\frac{r}{5} = \frac{r}{n-1}$$

$n - 1 = 5$　よって　$n = \mathbf{6}$

答え ▶▶▶ 4

問題 2 ★ ➡ 10.1.4

内部抵抗 r〔Ω〕の電圧計に $9r$〔Ω〕の値の倍率器を接続したときの測定範囲の倍率として，正しいものを下の番号から選べ．

1　6倍　　2　7倍　　3　8倍　　4　9倍　　5　10倍

check 倍率器の式（10.2）を使って n を求めます．

解説 $R_m = (n-1)r$ に，$R_m = 9r$ を代入して n を求めると

$9r = (n-1)r$

$9 = n - 1$　よって　$n = \mathbf{10}$

答え ▶▶▶ 5

10.2 テスタ

電気回路や電子回路の保守点検などに容易に使用できる測定器をテスタ（回路計）といいます．テスタには，測定時の針の振れを読み取るアナログ式テスタと，数値がそのまま表示されるデジタル式テスタがあります．

10.2.1 アナログ式テスタ

アナログ式テスタ（**図 10.5**）は，可動コイル形電流計に分流器と倍率器，整流器を組み合わせることで，直流電圧（DCV），直流電流（DCA），交流電圧（ACV），抵抗（Ω）の測定を可能にしています．なお，**交流電流は測定できません**（詳しくは後述の関連知識を参照）．

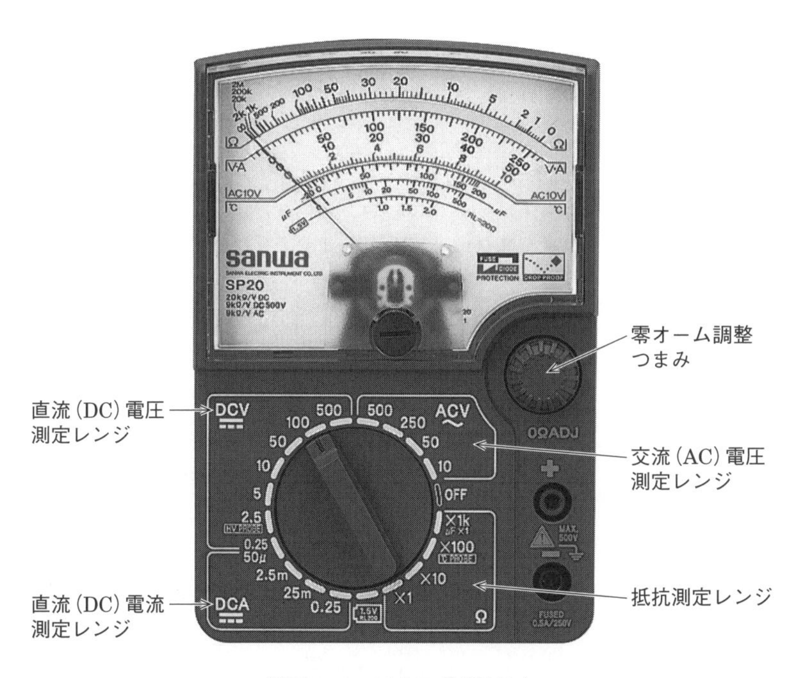

■図 10.5　アナログ式テスタ

直流はDC（Direct Current），交流はAC（Alternating Current）です．

アナログ式テスタを用いた測定をする前には次のことを確認します．

- メータの指針が目盛左端の0点の位置にあるかどうか．
  →ずれている場合は零位調節ネジで調節する
- 測定対象に合ったレンジになっているかどうか．
  →電流のレンジで電圧を測定すると機器の故障や事故となります
- 適切な大きさのレンジになっているか．
  →レンジ以上の入力があると機器の故障や事故につながるので，測定値が予測できないときは最大レンジにします
- 乾電池の残量が残っているか
  →抵抗を測定する際には電源が必要なので，抵抗を測定できるアナログ式テスタには乾電池が内蔵されています

保管する際にも注意が必要です．抵抗のレンジにしておくと電池が消耗するおそれがあります．また，次回測定する際に，入力レンジのミス（電流のレンジで電圧を測定，レンジを超えた入力）によるテスタの破損や事故を防ぐために，**保管時はOFFレンジ**にしておきます．

関連知識　なぜアナログ式テスタは交流電流を測定できないのか

電圧測定時はテスタには極少ない電流しか流れませんが，電流測定時はテスタにすべての電流が流れます．交流電流は直流電流と比較すると大電流を扱うことが多いことから，アナログ式テスタで交流電流を測定することは非常に危険です（テスタの破損や焼損につながります）．したがって，安全確保の観点から，廉価な小型のアナログ式テスタは交流電流が測定できないようになっています．大きな値の交流電流を測定する場合，回路に挿入する必要がなく間接的に電流の測定可能なクランプメータなどを使います．

10.2.2　デジタル式テスタ

デジタル式テスタ（**図10.6**）はデジタルマルチメータともいいます．

デジタル式テスタは，**図10.7**に示すように，**直流電圧測定が基本**になっています．測定量をすべて直流電圧に変換しAD変換器でデジタル信号に変換した後，測定値を液晶などで表示します．電圧，電流，抵抗の測定原理を次に示します．

図10.6　デジタル式テスタ

(1) 直流電圧（DCV）の測定は，分圧器で電圧を分圧してAD変換器に加えます．

(2) 交流電圧（ACV）の測定は，分圧器で電圧を分圧し，整流器で直流電圧に変換してAD変換器に加えます．

(3) 直流電流（DCA）の測定は，電流電圧変換器で直流電圧に変換してAD変換器に加えます．

(4) 交流電流（ACA）の測定は，電流電圧変換器で交流電圧に変換し，整流器で直流電圧に変換してAD変換器に加えます．

(5) 抵抗の測定は，抵抗電圧変換器（被測定抵抗に既知の直流電流を流し，抵抗の両端に生じる直流電圧を使う）で直流電圧に変換してAD変換器に加えます．

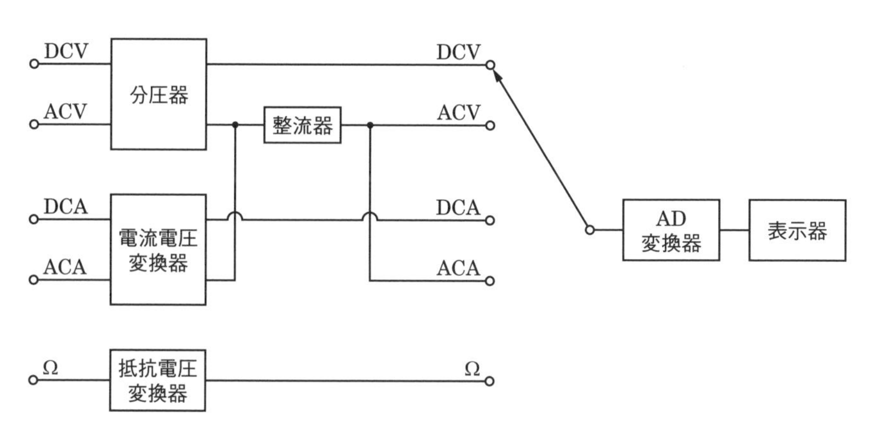

■図 10.7　デジタル式テスタの構成

アナログ式テスタの内部は直流電流計と抵抗器が主体ですが，デジタル式テスタは，電圧，電流，抵抗を直流電圧に変換する回路と AD 変換器が主体です．

AD 変換器の方式には数々の方式がありますが，ノイズ除去効果に優れている**積分方式**が多く用いられています．デジタル式テスタの特徴は，「入力インピーダンスが高いので被測定物に接続したときの被測定量の変動が小さい」，「高分解能の測定が可能」，「読み取り誤差が少ない」などが挙げられます．

10章

問題 3 ★★　➡ 10.2.1

次の記述は，一般的なアナログ方式のテスタ（回路計）について述べたものである．このうち誤っているものを下の番号から選べ．

1　テスタに内蔵されている乾電池は，抵抗測定で使用される．

2　テスタを使用する際，テスタの指針が零（0）を指示していることを確かめてから測定に入る．

3　通常，100 kHz 以上の高周波の電流値も直接測定できる．

4　0 Ω 調整用のつまみをいっぱいに回しても，指針を 0 Ω に調整することができないときは，乾電池が消耗しているので，電池を新しいものに交換する．

5　測定が終了しテスタを保管する場合，テスタの切換えスイッチの位置は，OFF のレンジがついていないときには，最大の電圧レンジにしておく．

解説 3 ×「電流値**も直接測定できる**」ではなく，正しくは「電流値**は直接測定できない**」です．

答え▶▶▶3

問題4 ★★ ➡10.2

次の記述は，デジタルマルチメータについて述べたものである．[　　]内に入れるべき字句の正しい組合せを下の番号から選べ．

(1) 増幅器，A-D 変換器，クロック信号発生器及びカウンタなどで構成され，A-D 変換器の方式には[A]などがある．

(2) 電圧測定において，アナログ方式の回路計（テスタ）に比べて入力インピーダンスが[B]，被測定物に接続したときの被測定量の変動が小さい．

(3) 直流電圧，直流電流，交流電圧，交流電流，抵抗などが測定でき，被測定量は，通常，[C]に変換し測定される．

	A	B	C
1	積分形	低く	交流電圧
2	積分形	高く	直流電圧
3	微分形	低く	交流電圧
4	微分形	高く	交流電圧
5	微分形	低く	直流電圧

解説 アナログ式テスタは，分流器，倍率器，整流器などを組み合わせて作られていますが，デジタルマルチメータは，電圧，電流，抵抗などをすべて**直流電圧**に変換して測定します．

答え▶▶▶2

出題傾向 下線の部分を穴埋めにした問題も出題されています．

10.3 測定器

10.3.1 周波数カウンタ（計数形）

計数形の周波数カウンタは周波数を測定しデジタル表示する計測器です（**図10.8**）．

■図 10.8　周波数カウンタ
【写真提供：岩崎通信機株式会社】

図 10.9 に周波数カウンタのブロック図を示します．水晶発振器と分周回路からなる基準時間発生器でゲートを開く時間を決め，その間に何個のパルス信号が入ってくるかを計数します．したがって，水晶発振器の周波数確度，安定度が測定精度に影響を与えることになります．また，周波数カウンタで避けられない誤差に±1 カウント誤差があります．**±1 カウント誤差**は，デジタル機器特有の誤差で，入力信号とゲート信号が同期していないために生じる誤差です．

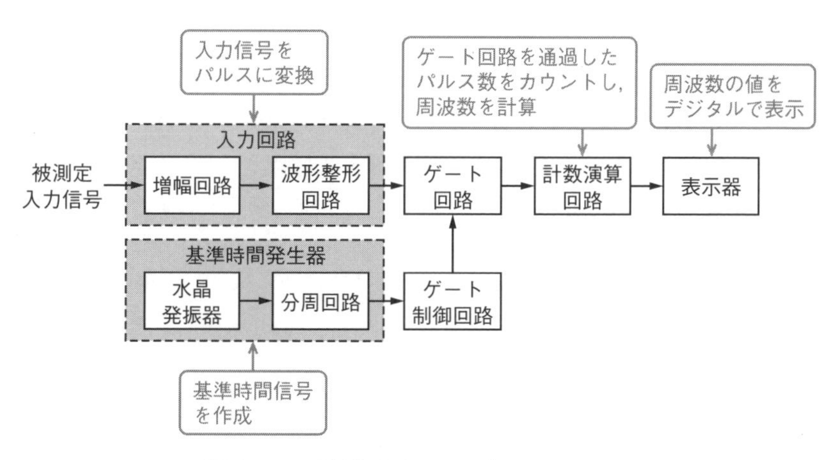

■図 10.9　周波数カウンタのブロック図

関連知識　±1 カウント誤差

周波数カウンタを使用して周波数を測定する場合，避けられない誤差に±1 カウント誤差があります．これは，**図 10.10** に示すように入力信号パルスとゲートパルスが同期していないため，ゲートの開くタイミングにより，計数時間が同じであっても 1 カウントの誤差が起こります．

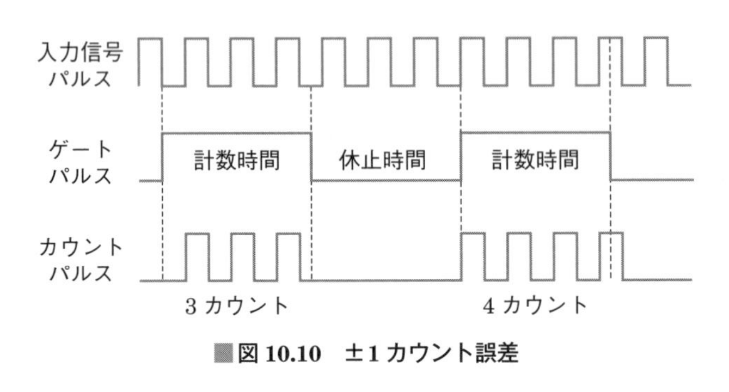

図 10.10　±1 カウント誤差

10.3.2　ボロメータ形電力計

マイクロ波領域の周波数では，電圧，電流の測定は容易でなく電力測定も困難となります．そこで，マイクロ波電力の測定には，温度変化により抵抗値が変化する**ボロメータ**と呼ばれる素子とブリッジ回路を使用します．

(1) ボロメータ

ボロメータ素子には，**バレッタ**，**サーミスタ**があり，いずれの素子もマイクロ波電力を吸収すると温度が上昇し，その抵抗値が変化します．ボロメータにマイクロ波の電力を吸収させ，温度の上昇による抵抗の変化を測定して電力を求めます．

(2) サーミスタによる電力測定

サーミスタ素子を使用したマイクロ波電力測定の基本回路を**図 10.11** に示します．R_S はサーミスタの抵抗です．

マイクロ波を加えない状態でブリッジの平衡をとります．すなわち，可変抵抗 R を調節して，検流計 G をゼロにします．そのとき電流計 A の値を I_1 とします．このときのサーミスタの抵抗 R_S は，$R_S = (R_1 R_3)/R_2$ となります．また，サーミスタで消費される電力を P_1 とすると，$P_1 = I_1^2 R_S$ になります．

次に，サーミスタにマイクロ波電力を加えると，抵抗値が減少してブリッジの

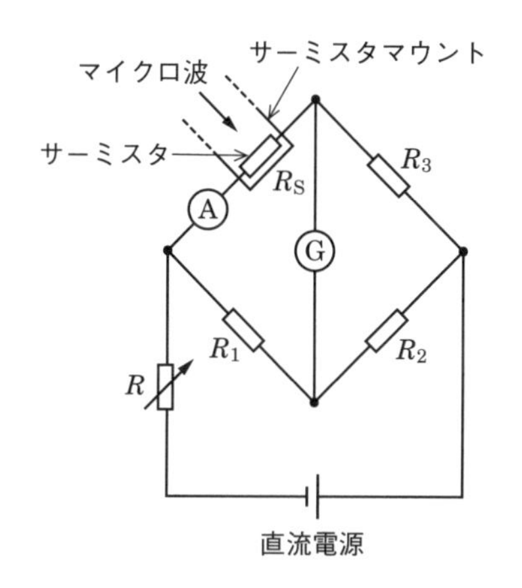

■図 10.11　ボロメータ形電力計の基本回路

平衡がくずれるので再度ブリッジを平衡させます．このとき電流計 A の値を I_2 とします．

このときサーミスタで消費される電力を P_2 とすると，$P_2 = I_2^2 R_S$ になり，求めるマイクロ波電力 P_S は次のようになります．

$$P_S = P_1 - P_2 = (I_1^2 - I_2^2) R_S = (I_1^2 - I_2^2) \frac{R_1 R_3}{R_2} \qquad (10.3)$$

このような電力計を**ボロメータ形電力計**といい，数十 mW 程度の小電力の測定に用いられます．

10.3.3　方向性結合器

方向性結合器は，**図 10.12** に示すように主導波管と副導波管を 1/4 波長（管内波長）離れた①と②の結合孔で結合した構造をしています．主導波管内のマイクロ波の一部を結合孔で副導波管に取り込みます．①，②の結合孔を通して副導波管に入る電力は非常に小さいので大電力の測定が可能です．

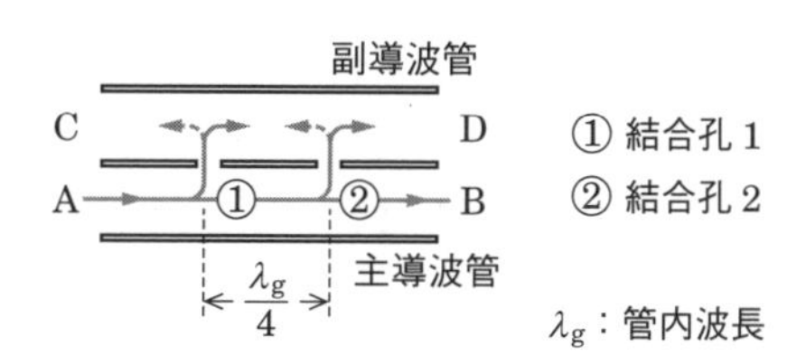

■図 10.12　方向性結合器

導波管内を伝わるマイクロ波の電圧定在波比の測定には，方向性結合器を使用します．

図 10.13 のように，方向性結合器に電力計 1，電力計 2 を接続します．A からマイクロ波を入射し，B に負荷を接続します．A から入射されたマイクロ波の一部は①の結合孔 1 及び②の結合孔 2 を通って電力計 1 に向かいます．電力計 2 に向かうマイクロ波の通路差は $\lambda_g/2$（$\lambda_g/4+\lambda_g/4$）の違いがあり相殺されます．したがって，電力計 1 は入射波電力を測定することになります（電力計 1 の入射波電力を P_f とします）．

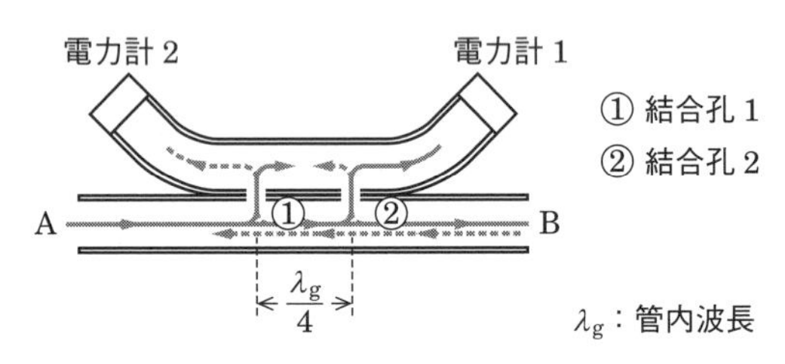

■図 10.13　方向性結合器による定在波比の測定

導波管と負荷の整合がとれていないと，B の負荷から反射波を生じます．負荷で反射されたマイクロ波は A の方向に向かい，一部は①，②の結合孔を通り，電力計 2 に向かいます．電力計 1 に向かうマイクロ波は通路差が $\lambda_g/2$ あり相殺されます．したがって，電力計 2 は反射波電力を測定することになります（電力計 2 の反射波電力の値を P_r とします）．

入射波電圧を V_f，入射波電力を P_f，反射波電圧を V_r，反射波電力を P_r とすると，**反射係数** Γ は次式で表すことができます．

$$\Gamma=\frac{\text{反射波電圧 } V_r}{\text{入射波電圧 } V_f}=\frac{\sqrt{P_r}}{\sqrt{P_f}} \tag{10.4}$$

したがって，**定在波比**（SWR：Standing Wave Ratio）は，次式で求めることができます．

$$\mathrm{SWR}=\frac{V_f+V_r}{V_f-V_r}=\frac{\sqrt{P_f}+\sqrt{P_r}}{\sqrt{P_f}-\sqrt{P_r}}=\frac{1+\sqrt{P_r}/\sqrt{P_f}}{1-\sqrt{P_r}/\sqrt{P_f}}=\frac{1+\Gamma}{1-\Gamma} \tag{10.5}$$

（反射係数には電圧反射係数と電流反射係数があり，位相が逆になるので，Γ を $|\Gamma|$ とすることが多い）

10.3.4 標準信号発生器

標準信号発生器は，周波数と出力レベルが可変できる確度の高い高周波の発振器です（**図 10.14**）．振幅変調波や周波数変調波も得ることができるので，いわば微弱な出力を持つ送信機のような機器であり，受信機など通信機器類の特性測定などに適しています．

図 10.14 標準信号発生器
【写真提供：岩崎通信機株式会社】

標準信号発生器には，アナログ式の標準信号発生器と PLL 回路を使用したシンセサイザ方式の標準信号発生器などいろいろな信号発生器があります．

標準信号発生器が備えていることを要する項目には次のようなものがあります．

（1） 出力周波数及びレベルが正確で安定していること．
（2） 出力インピーダンスが一定であること．
（3） 出力端子以外から高周波信号の漏れがないこと．
（4） 出力のスプリアスが少ないこと．
（5） 出力の周波数特性が良いこと．
（6） 変調度が正確であること．

10.3.5 オシロスコープ

オシロスコープ（**図 10.15**）は，振幅（電圧）成分対時間領域の関係をブラウン管や液晶画面などの表示器に表示させる測定器で，**アナログオシロスコープ**（図 10.15 (a)）と**デジタルオシロスコープ**（図 10.15 (b)）があります．オシロスコープ画面の目盛は，横軸は時間〔s〕，縦軸は電圧〔V〕です．

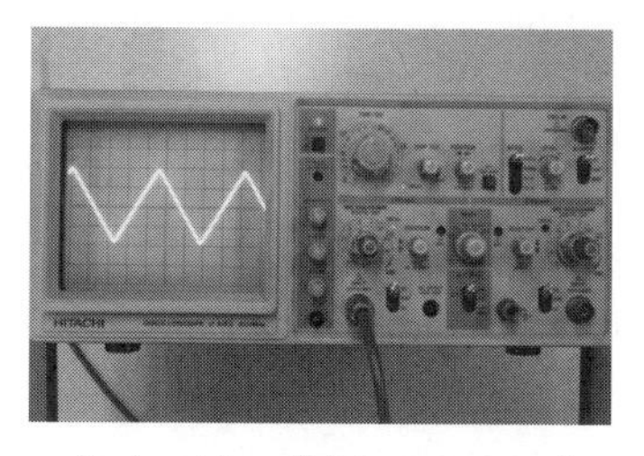

（a）アナログオシロスコープ

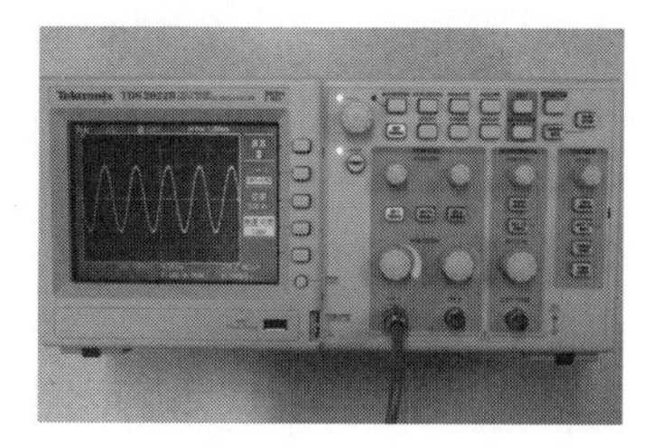

（b）デジタルオシロスコープ

図 10.15 オシロスコープ

オシロスコープを使用して位相差を測定できます．**図 10.16** に示すように被測定回路の入力信号と出力信号の位相差を測定したい場合，入力信号，出力信号をオシロスコープの水平軸，垂直軸に加えると，**図 10.17** のような**リサジュー図形**と呼ばれる図形が現れます．

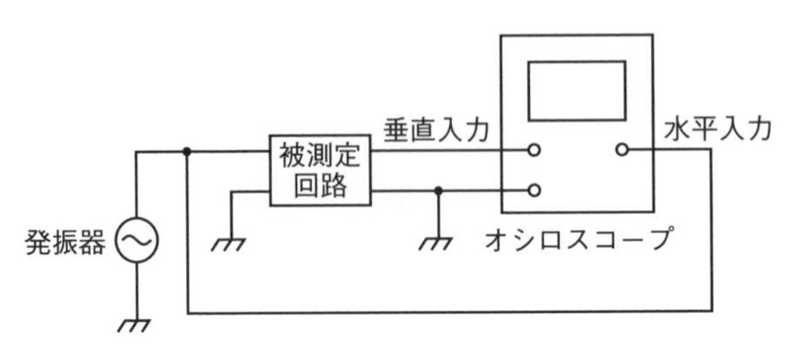

■図 10.16　オシロスコープを使用した位相差測定回路

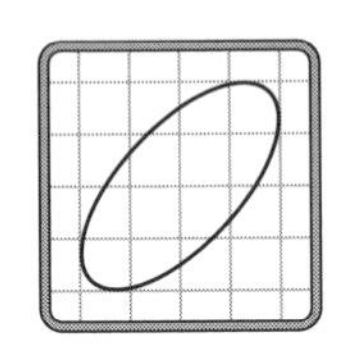

■図 10.17　リサジュー図形

また，周波数の既知の発振器と未知の発振器がある場合，リサジュー図形を描かせることにより周波数が未知の発振器の周波数を知ることもできます．

(1) アナログオシロスコープの構成

アナログオシロスコープの構成例を**図 10.18** に示します．入力信号は垂直増幅回路で増幅されて垂直偏向板とトリガ回路に加えられます（トリガは引金の意味）．トリガ回路でのこぎり波発生回路を動作させます．のこぎり波は水平増幅回路で増幅されて水平偏向板に加わり，入力信号の時間経過波形を観測することができます．

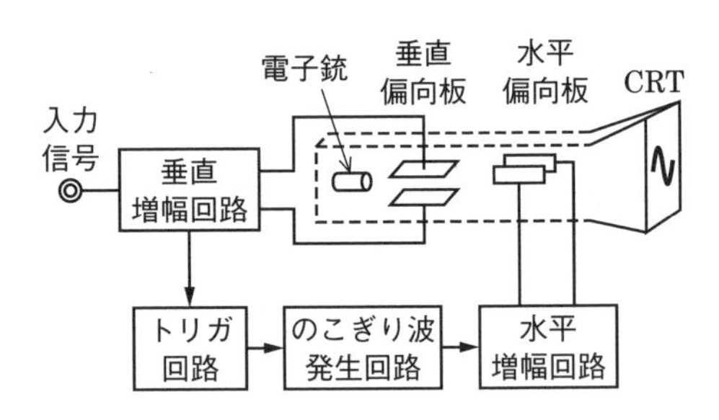

■図 10.18　アナログオシロスコープの構成例

(2) デジタルオシロスコープの構成

デジタルオシロスコープの構成例を**図 10.19** に示します．入力信号は垂直増幅回路で増幅されて A-D 変換器でデジタル値に変換されメモリ回路に入ります．また，入力信号はトリガ回路にも入力され，トリガパルスでメモリ回路の書込みを制御します．メモリ回路から読み出し，処理した後，表示器に表示されます．

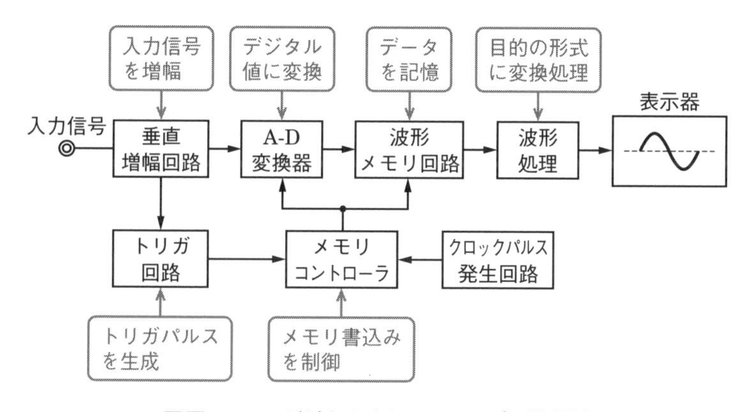

■図 10.19　デジタルオシロスコープの構成例

10.3.6　スペクトルアナライザ

スペクトルアナライザは振幅対周波数領域（横軸が周波数，縦軸が振幅）の観測が可能な測定器です（**図 10.20**）．信号に含まれる周波数成分ごとの振幅を測定することができます．

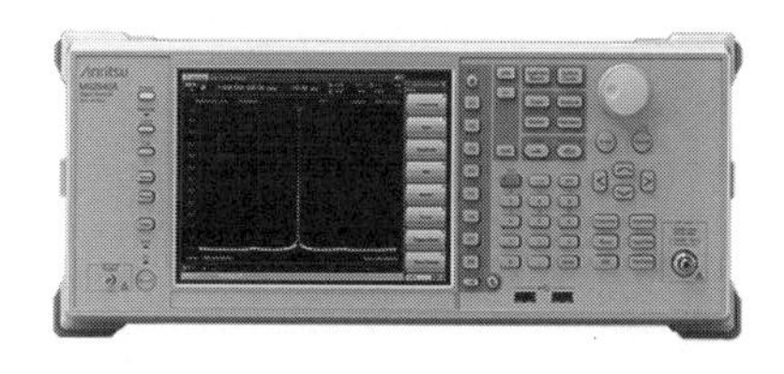

■図 10.20　スペクトルアナライザ
【写真提供：アンリツ株式会社】

オシロスコープ画面の横軸は時間〔s〕ですが，スペクトルアナライザの横軸は周波数〔Hz〕です．

スーパヘテロダイン方式のスペクトルアナライザの構成例を**図 10.21** に示します．

測定する信号は減衰器と低域フィルタを通過して周波数混合器に入ります．周波数混合器で中間周波数に変換され，中間周波（IF）フィルタ，中間周波（IF）増幅器を経て検波器に入力されます．検波された信号はビデオフィルタで直流領域の雑音を除いて，A-D 変換されデジタル化され，CPU で処理されて表示されます．スーパヘテロダイン方式のスペクトルアナライザは，スーパヘテロダイン方式の受信機の局部発振器を掃引発振器に代えたと考えることができます．

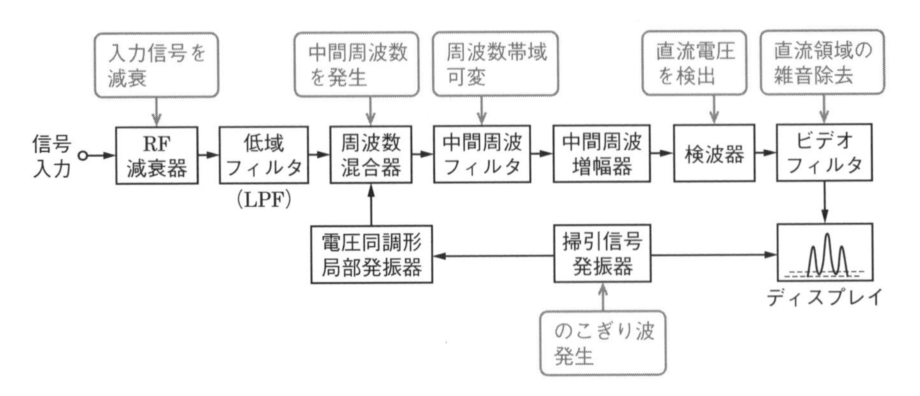

■図 10.21 スペクトルアナライザの構成例

問題 5 ★★ ➡10.3.1

次の記述は，図の周波数カウンタ（計数形周波数計）の動作原理について述べたものである．このうち誤っているものを下の番号から選べ．

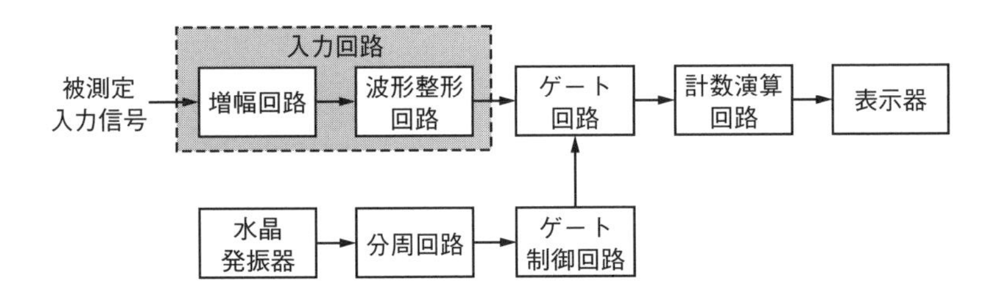

1 被測定入力信号は入力回路でパルスに変換され，被測定入力信号と同じ周期を持つパルス列が，ゲート回路に加えられる．

2 水晶発振器と分周回路で，擬似的にランダムな信号を作り，ゲート制御回路の制御信号として用いる．

3 T 秒間にゲート回路を通過するパルス数 N を，計数演算回路で計数演算すれば，周波数 F は，$F = N/T$〔Hz〕として測定できる．

4 被測定入力信号の周波数が高い場合は，波形整形回路とゲート回路の間に分周回路が用いられることがある．

解説　2　×「**擬似的にランダムな信号**を作り」ではなく，正しくは「**基準時間信号**を作り」です．

注）実際の試験問題では，図 10.9 の「基準時間発生器」という字句は書かれていません．

答え▶▶▶2

出題傾向　図 10.9 の「波形整形回路」と「基準時間発生器」を穴埋めにした問題も出題されています．

問題 6 ★★★　➡10.3.2

次の記述は，図に示すボロメータ形電力計を用いたマイクロ波電力の測定方法の原理について述べたものである．[　　]内に入れるべき字句の正しい組合せを下の番号から選べ．

(1) 直流ブリッジ回路の一辺を構成しているサーミスタ抵抗 R_S の値は，サーミスタに加わったマイクロ波電力及びブリッジの直流電流に応じて変化する．

(2) マイクロ波入力のない状態において，可変抵抗 R を加減してブリッジの平衡をとり，サーミスタに流れる電流 I_1〔A〕を電流計 A で読み取る．このときのサーミスタ抵抗 R_S の値は [　A　]〔Ω〕で表される．

(3) 次に，サーミスタにマイクロ波電力を加えると，サーミスタの発熱により R_S が変化し，ブリッジの平衡が崩れるので，再び R を調整してブリッジの平衡をとる．このときのサーミスタに流れる電流 I_2〔A〕を電流計 A で読み取れば，サーミスタに吸収されたマイクロ波電力は [　B　]〔W〕で求められる．

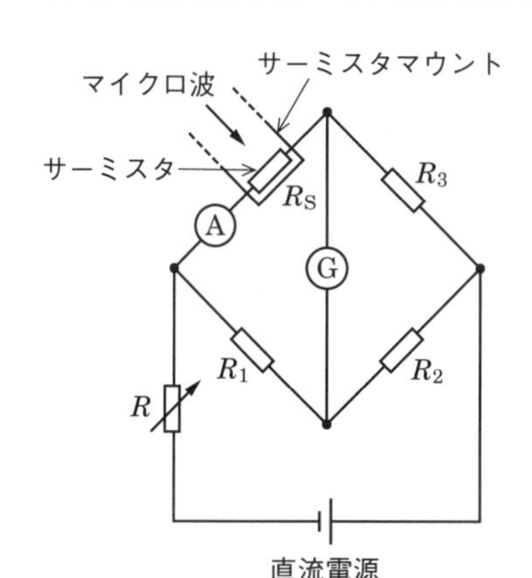

R_S：サーミスタ抵抗〔Ω〕
G：検流計
R_1, R_2, R_3：抵抗〔Ω〕
R：可変抵抗〔Ω〕

	A	B
1	R_1R_3/R_2	$(I_1^2-I_2^2)R_1R_3/R_2$
2	R_1R_3/R_2	$(I_1-I_2)R_1R_3/R_2$
3	R_1R_2/R_3	$(I_1^2-I_2^2)R_1R_2/R_3$
4	R_1R_2/R_3	$(I_1+I_2)R_1R_2/R_3$
5	R_2R_3/R_1	$(I_1^2+I_2^2)R_2R_3/R_1$

答え▶▶▶1

問題 7 ★ ➡10.3.2

次の記述に該当する測定器の名称を下の番号から選べ.

温度によって抵抗値が変化しやすい素子に，マイクロ波電力を吸収させ，ジュール熱による温度上昇によって起こる抵抗変化を測ることにより，電力測定を行うものである．素子としては，バレッタやサーミスタがあり，主に小電力の測定に用いられる.

1 熱電対電力計
2 カロリメータ形電力計
3 ボロメータ電力計
4 CM 形電力計
5 誘導形電力量計

答え▶▶▶3

問題 8 ★★★ ➡10.3.3

図に示す方向性結合器を用いた導波管回路の定在波比（SWR）の測定において，①にマイクロ波電力を加え②に被測定回路，③に電力計 I，④に電力計 II を接続したとき，電力計 I 及び電力計 II の指示値がそれぞれ M_1 及び M_2 であった．このときの反射係数 Γ 及び SWR を示す式の正しい組合せを下の番号から選べ.

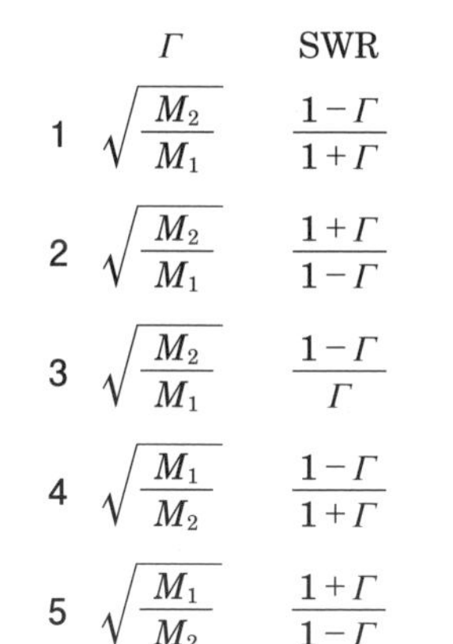

	Γ	SWR
1	$\sqrt{\dfrac{M_2}{M_1}}$	$\dfrac{1-\Gamma}{1+\Gamma}$
2	$\sqrt{\dfrac{M_2}{M_1}}$	$\dfrac{1+\Gamma}{1-\Gamma}$
3	$\sqrt{\dfrac{M_2}{M_1}}$	$\dfrac{1-\Gamma}{\Gamma}$
4	$\sqrt{\dfrac{M_1}{M_2}}$	$\dfrac{1-\Gamma}{1+\Gamma}$
5	$\sqrt{\dfrac{M_1}{M_2}}$	$\dfrac{1+\Gamma}{1-\Gamma}$

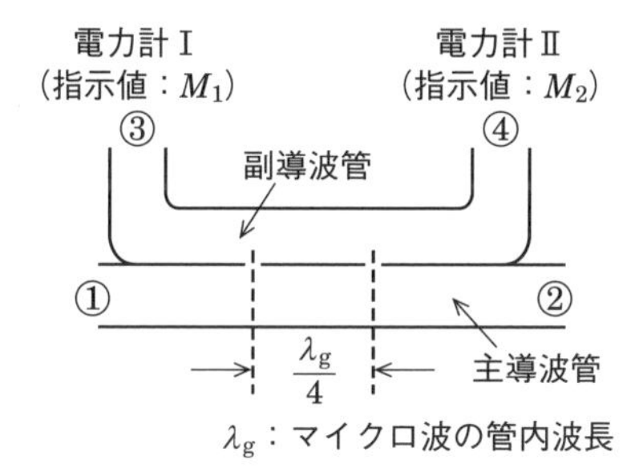

解説　反射係数をΓとすると

$$\Gamma=\frac{③の電圧}{④の電圧}=\frac{\sqrt{電力計Ⅰの電力}}{\sqrt{電力計Ⅱの電力}}=\sqrt{\frac{\boldsymbol{M_1}}{\boldsymbol{M_2}}}$$

答え▶▶▶5

問題 9 ★★　➡10.3.3

同軸給電線とアンテナの接続部において，通過型高周波電力計で測定した進行波電力が 4 W，反射波電力が 0.25 W であるとき，接続部における定在波比（SWR）の値として，最も近いものを下の番号から選べ.

1　0.6　　2　1.7　　3　2.0　　4　2.5　　5　16.0

解説　進行波電力をP_f〔W〕，反射波電力をP_r〔W〕すると

$$\mathrm{SWR}=\frac{\sqrt{P_f}+\sqrt{P_r}}{\sqrt{P_f}-\sqrt{P_r}}=\frac{\sqrt{4}+\sqrt{0.25}}{\sqrt{4}-\sqrt{0.25}}=\frac{2+0.5}{2-0.5}=\frac{2.5}{1.5}=1.67\fallingdotseq\mathbf{1.7}$$

答え▶▶▶2

問題 10 ★★　➡10.3.4

次の記述は，マイクロ波用標準信号発生器として一般に必要な条件について述べたものである．このうち誤っているものを下の番号から選べ.

1 出力インピーダンスが連続的に可変であること.
2 出力の周波数特性が良いこと.
3 出力の周波数が正確で安定であること.
4 出力レベルが正確で安定であること.
5 出力のスプリアスが少ないこと.

解説 1 × 周波数が変化しても**出力インピーダンスは一定**であることが望ましいです.

答え▶▶▶1

問題 11 ★★ ➡10.3.5

次の記述は，オシロスコープについて述べたものである. [　　] 内に入れるべき字句の正しい組合せを下の番号から選べ. ただし，同じ記号の [　　] 内には，同じ字句が入るものとする.

垂直軸入力及び水平軸入力に正弦波電圧を加えたとき，それぞれの正弦波電圧の [A] が整数比になると，画面に各種の静止図形が現れる. この図形を [B] といい，交流電圧の [A] の比較や [C] の観測を行うことができる.

	A	B	C
1	周波数	アイパターン	ひずみ率
2	周波数	リサジュー図形	位相差
3	周波数	アイパターン	位相差
4	振幅	リサジュー図形	位相差
5	振幅	アイパターン	ひずみ率

解説 オシロスコープは**周波数**の比較や**位相差**の観測ができます. 垂直軸に周波数が f_1 の電圧，水平軸に周波数 f_2 の電圧を加えると，$f_1 = f_2$ のときは**解図** (a)，$f_1 = 2f_2$ のときは解説図 (b) のようになります. これらを**リサジュー図形**といいます. アイパターンについては 10.5 節を参照してください.

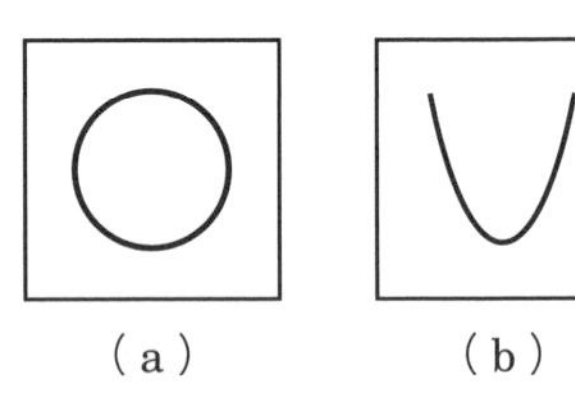

■解図 リサジュー図形

答え▶▶▶2

問題 12 ★★ ➡10.3.5

オシロスコープを用いて正弦波交流電圧 v を観測したとき，図に示す波形が得られた．このとき，v の実効値 V 及び周波数 f の値の組合せとして，最も近いものを下の番号から選べ．ただし，オシロスコープの設定は，表に示すものとする．

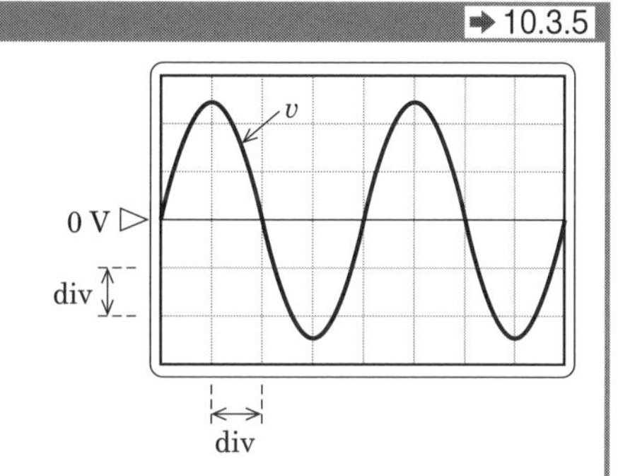

	V	f
1	3.5 V	1.25 kHz
2	3.5 V	2.5 kHz
3	5 V	1.25 kHz
4	5 V	2.5 kHz

垂直軸	水平軸
2 V/div	0.2 ms/div

div：画面上の 1 目盛

check　縦軸は電圧なので，v の最大値 V_m は 2.5 div（目盛）です．横軸は時間なので周期 T は 4 div（目盛）です．これらから実効値 V と周波数 f を求めます．

解説　画面の交流電圧の最大値 V_m は，2.5 目盛分なので

$$V_m = 2.5 \times 2 = 5\ \text{V}$$

実効値 V_e は

$$V_e = V_m/\sqrt{2} = 5/1.41 \fallingdotseq \mathbf{3.5\ V}$$

となります．

また，1 周期は 4 目盛分なので

$$4 \times 0.2 = 0.8\ \text{ms}$$

となります．周波数 f は周期の逆数なので

$$f = \frac{1}{0.8 \times 10^{-3}} = \frac{1}{0.8} \times 10^3 = 1.25 \times 10^3\ \text{Hz} = \mathbf{1.25\ kHz}$$

答え▶▶▶ 1

問題 13 ★★ ➡10.3.6

次の記述は，図に示すスーパヘテロダイン方式スペクトルアナライザの原理的な構成例について述べたものである．［　　］内に入れるべき字句の正しい組合せを下の番号から選べ．

(1) ディスプレイの垂直軸に入力信号の振幅を，水平軸に［ A ］を表示することにより，入力信号のスペクトル分布が直視できる．

(2) 掃引信号発生器で発生する「のこぎり波信号」によって周波数変調した電圧同調形局部発振器の出力と入力信号とを周波数混合器で混合する．その出力は，中間周波フィルタ，中間周波増幅器を通った後，検波器を通してビデオ信号となる．ビデオ信号は，ビデオフィルタで帯域制限された後，ディスプレイの垂直軸に加えるとともに，のこぎり波信号を水平軸に加える．測定可能な周波数の範囲は，中間周波フィルタの中心周波数及び［ B ］の周波数範囲によってほぼ決まる．

(3) 周波数の分解能は，［ C ］の帯域幅によってほぼ決まる．

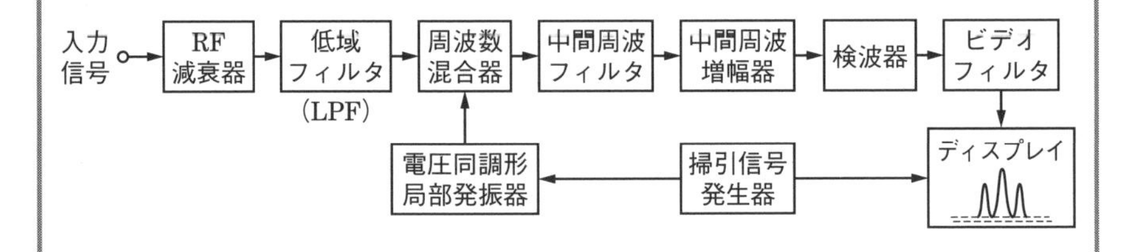

	A	B	C
1	位相	電圧同調形局部発振器	ビデオフィルタ
2	位相	掃引信号発生器	中間周波フィルタ
3	周波数	電圧同調形局部発振器	中間周波フィルタ
4	周波数	掃引信号発生器	中間周波フィルタ
5	周波数	掃引信号発生器	ビデオフィルタ

答え▶▶▶3

出題傾向 図中の「RF減衰器」「検波器」「電圧同調形局部発振器」を空欄にした問題も出題されています．

問題 14 ★ ➡10.3.6

次の記述は，スペクトルアナライザに必要な特性の一部について述べたものである．____内に入れるべき字句の正しい組合せを下の番号から選べ．

(1) 任意の周波数の信号が常に同じ確度で測定できるように，測定周波数帯域内で周波数応答が[A]特性を持っていること．

(2) 大きな振幅差のある複数信号を誤差なしに表示できるように，[B]が十分広くとれること．

(3) 互いに周波数が接近している二つ以上の信号を十分な[C]で分離できること．

	A	B	C
1	オーバーシュート	残留レスポンス	分解能
2	オーバーシュート	残留レスポンス	半値角
3	オーバーシュート	ダイナミックレンジ	分解能
4	平坦な	残留レスポンス	半値角
5	平坦な	ダイナミックレンジ	分解能

解説 ダイナミックレンジはスペクトルアナライザの重要な性能を表す指標の一つです．

答え▶▶▶5

10章

問題 15 ★★ ➡10.3.6

次の記述は，一般的なオシロスコープ及びスペクトルアナライザの特徴等について述べたものである．このうち誤っているものを下の番号から選べ．

1 オシロスコープの水平軸は振幅を，また，垂直軸は時間を表している．

2 オシロスコープは，リサジュー図形を描かせて周波数の比較や位相差の観測を行うことができる．

3 オシロスコープは，本体の入力インピーダンスが 1 MΩ と 50 Ω の 2 種類を備えるものがある．

4 スペクトルアナライザは，スペクトルの分析やスプリアスの測定などに用いられる．

5 スペクトルアナライザの水平軸は周波数を，また，垂直軸は振幅を表している．

解説 1 オシロスコープの水平軸は時間で，垂直軸は振幅を表しています．

答え▶▶▶1

問題 16 ★★ ➡ 10.3.6

次の記述に該当する測定器の名称を下の番号から選べ.

観測信号に含まれている周波数成分を求めるための測定器であり，表示器（画面）の横軸に周波数，縦軸に振幅が表示され，送信機のスプリアスや占有周波数帯幅を計測できる.

1 定在波測定器
2 周波数カウンタ
3 オシロスコープ
4 スペクトルアナライザ
5 ボロメータ電力計

解説 スペクトルアナライザは，信号を周波数軸のグラフで表示する測定器です.

答え ▶▶▶ 4

10.4 ビット誤り率の測定

デジタル通信において，伝送路の途中で混入した雑音は，符号誤りとなって現れます．誤りが発生する割合を**符号誤り率**又は**ビット誤り率**（BER：Bit Error Rate）といい，次式で表されます.

$$\mathrm{BER}=\frac{\text{誤った受信ビット数}}{\text{伝送全ビット数}} \tag{10.6}$$

BER の測定原理図を**図 10.22** に示します．BER の測定にはパルスパターン発生器と誤りパルス検出器を使用します．パルスパターン発生器でテストパターンを発生させ被測定システムに送ります．同時に誤りパルス検出器にも送信パルス

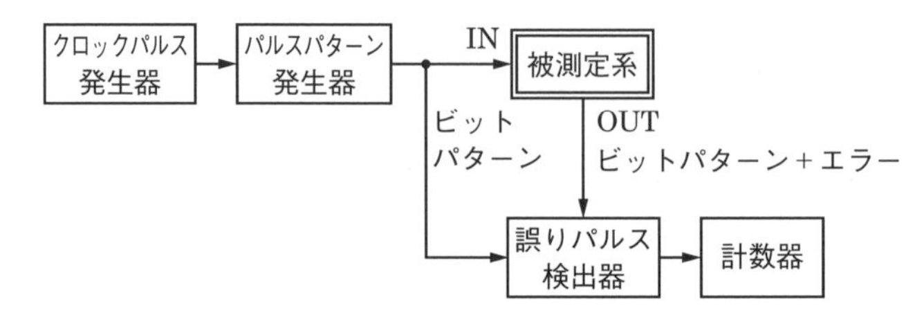

図 10.22 BER 測定の原理図

パターンを送ります．誤りパルス検出器で被測定システムからの出力と送信パルスパターンのビットごとの比較を行い，相違するビットをエラーとしてBERを算出します．

10.4.1 送受信装置が同一場所にある場合のBERの測定

地球局などの衛星を使用した折返し回線のように，送受信装置が同じ場所にある場合のBERの測定原理を**図10.23**に示します．パルスパターンが供給された送信信号が衛星で折り返して受信されると時間遅れが発生し，誤りパルス検出器に供給されるパルスパターン信号も遅延時間分遅らせます．誤りパルス検出器で誤りを検出してBERを求めます．

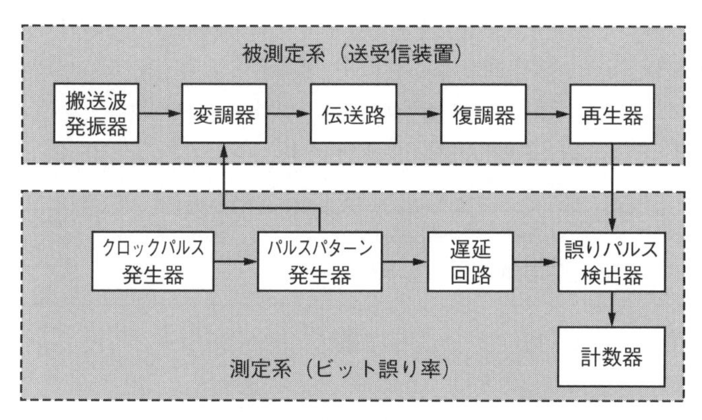

■図10.23 送受信装置が同一場所にある場合のBERの測定

10.4.2 送受信装置が離れた場所にある場合のBERの測定

送受信装置が離れた場所にある場合のBERの測定の原理を**図10.24**に示します．原理は「送受信装置が同一場所にある場合のBERの測定」と同じですが，測定系送信部と測定系受信部では同じパルスパターン発生器を持っており，それらが同期している必要があります．

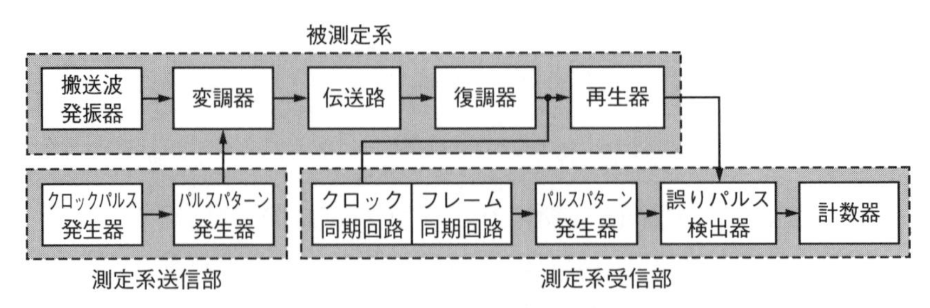

■図 10.24 送受信装置が離れた場所にある場合の BER の測定

問題 17 ★★ ➡10.4

伝送速度 5 Mbps のデジタルマイクロ波回線によりデータを連続して送信し，ビット誤りの発生状況を観測したところ，平均的に 50 秒間に 1 回の割合で，1 bit の誤りが生じていた．この回線のビット誤り率の値として，最も近いものを下の番号から選べ．ただし，観測時間は，50 秒よりも十分に長いものとする．

1 4×10^{-11}　　2 2.5×10^{-10}　　3 4×10^{-9}

4 2.5×10^{-8}　　5 4×10^{-7}

check 式 (10.6) を使って BER を計算します．

解説 5 Mbps で 50 秒間伝送したビット数は

$$5 \times 10^6 \times 50 = 25 \times 10^7 \text{ bit}$$

となります．式 (10.6) より，ビット誤り（BER は）

$$\text{BER} = \frac{\text{誤りビット数}}{\text{伝送ビット数}} = \frac{1}{25 \times 10^7} = \frac{100}{25} \times 10^{-9} = \mathbf{4 \times 10^{-9}}$$

答え▶▶▶ 3

問題 18 ★★ ➡10.4.1

図は，被測定系の送受信装置が同一場所にある場合のデジタル無線回線のビット誤り率測定のための構成例である．［　　　］内に入れるべき字句の正しい組合せを下の番号から選べ．

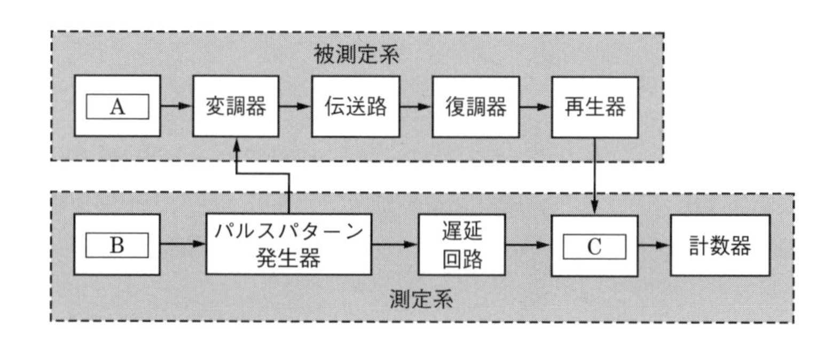

	A	B	C
1	掃引発振器	クロックパルス発生器	パルス整形回路
2	搬送波発振器	マイクロ波信号発生器	パルス整形回路
3	搬送波発振器	クロックパルス発生器	誤りパルス検出器
4	クロックパルス発生器	マイクロ波信号発生器	パルス整形回路
5	クロックパルス発生器	マイクロ波信号発生器	誤りパルス検出器

答え▶▶▶3

問題 19 ★★ ➡10.4.2

図は，被測定系の変調器と復調器とが伝送路を介して離れている場合のデジタル無線回線のビット誤り率測定の構成例を示したものである．□内に入れるべき字句の正しい組合せを下の番号から選べ．

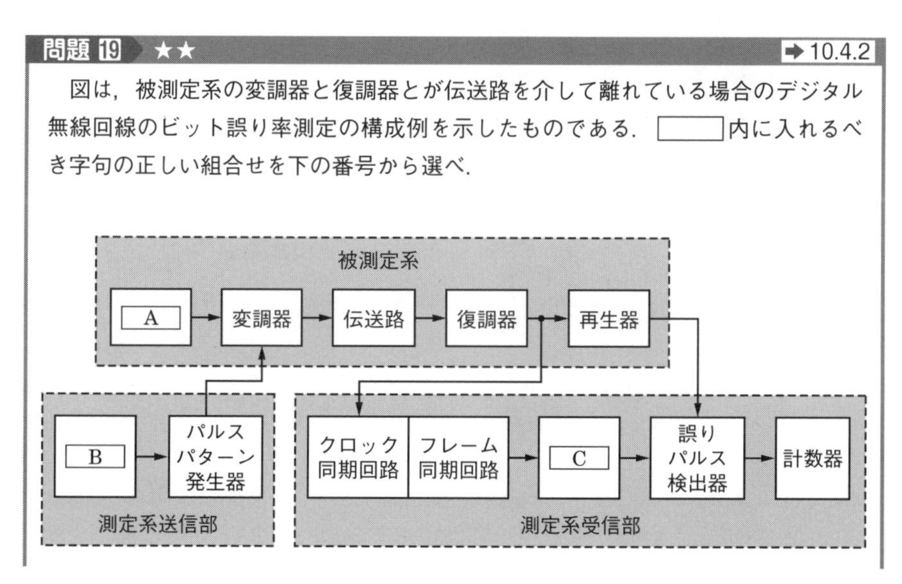

	A	B	C
1	クロックパルス発生器	搬送波発振器	パルスパターン発生器
2	搬送波発振器	掃引発振器	分周器
3	搬送波発振器	クロックパルス発生器	パルスパターン発生器
4	掃引発振器	搬送波発振器	クロックパルス発生器
5	掃引発振器	クロックパルス発生器	分周器

答え▶▶▶3

10.5 アイパターン

デジタル信号のビット誤り率の悪化の原因を診断できる測定器が**アイパターン測定器**です（図 10.25）．図 10.26 のように識別器直前のパルス波形をパルス繰返し周波数（クロック周波数）と同期してオシロスコープ上にデジタル信号を重ねあわせて表示させたもので，波形の形状から**アイパターン**といいます．

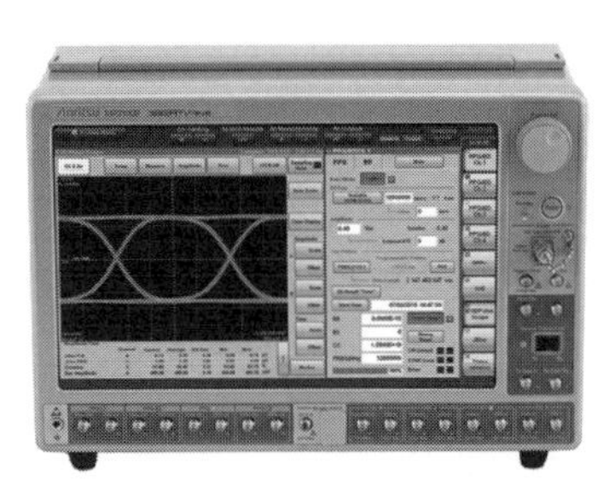

■図 10.25 アイパターン測定器
【写真提供：アンリツ株式会社】

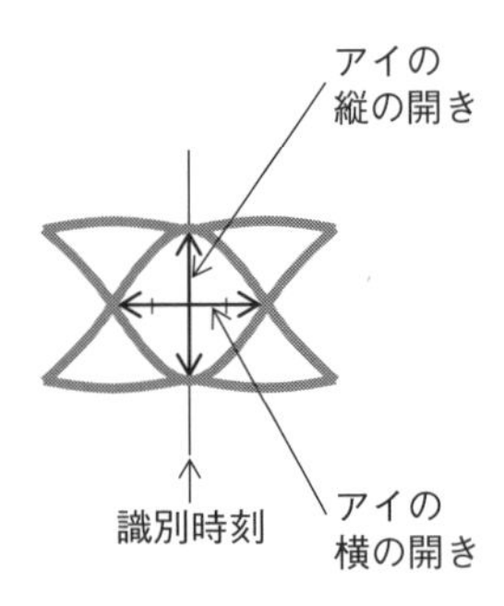

■図 10.26 アイパターン

伝送系のひずみや雑音が小さいほど，中央部のアイの開きが大きくなります．なお，アイパターンでは定量的なビット誤り率の測定はできません．

アイパターン測定器は，ビット誤り率を定量的には測定できませんが，デジタル信号のノイズやジッタなどを一目で観測することができます．

問題 20 ★★ ➡10.5

次の記述は，デジタル伝送における品質評価方法の一つであるアイパターンの観測について述べたものである．このうち誤っているものを下の番号から選べ．

1 識別器直前のパルス波形を，パルス繰返し周波数（クロック周波数）に同期して，オシロスコープ上に描かせて観測することができる．
2 デジタル伝送における波形ひずみの影響を観測できる．
3 アイパターンを観測することにより，受信信号の雑音に対する余裕度がわかる．
4 アイパターンの中央部のアイの開きが小さくなると，符号誤り率が小さくなる．

解説 4 × 「符号誤り率が**小さくなる**」ではなく，正しくは「符号誤り率が**大きくなる**」です．

答え▶▶▶4

10.6 増幅器の電力利得の測定

増幅器の電力利得を測定するためのブロック図を**図 10.27** に示します．

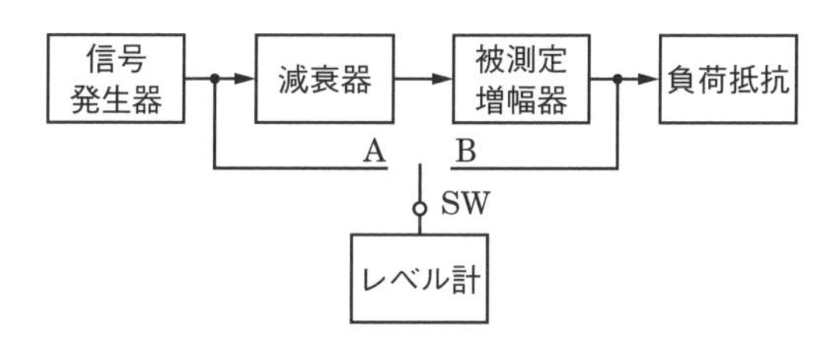

■**図 10.27 増幅器の電力利得測定ブロック図**

電力利得の測定方法は次のとおりです．

① スイッチ SW を A に接続し，信号発生器の周波数を所定の周波数（例えば 1 kHz）に設定し，出力電力を所定の値 A〔dBm〕に設定する．

② スイッチ SW を B に接続し，減衰器を調節して，レベル計の指示値を A〔dBm〕にする．

このとき，被測定増幅器の増幅度は減衰器の値と等しくなるので，減衰量を直読すれば増幅度を求めることができます．

例えば，図 10.27 において，SW を A に接続し信号発生器の出力電力を 0 dBm（＝1 mW）に設定した後，SW を B に接続し減衰器の減衰量を 15 dB としたとき，レベル計の指示値が 5 dBm であったとすると，被測定増幅器の増幅度は，20 dB ということになります．

電力利得が 20 dB の真数を A_P とすると，$20 = 10\log_{10} A_P$ となり，$A_P = 10^2 = 100$ となります．

電力利得を直読するには，SW を A に接続し信号発生器の出力電力を 0 dBm（＝1 mW）に設定した後，SW を B に接続し減衰器の減衰量を調節し，レベル計の指示値を 0 dBm にすると，減衰器の減衰量の dB 値が増幅度になります．

問題 21 ★★★ ➡ 10.6

図に示すように，送信機の出力電力を 14 dB の減衰器を通過させて電力計で測定したとき，その指示値が 75 mW であった．この送信機の出力電力の値として，最も近いものを下の番号から選べ．ただし，$\log_{10} 2 = 0.3$ とする．

1 1 050 mW　2 1 550 mW　3 1 875 mW
4 2 100 mW　5 2 325 mW

check 14 dB の減衰量を真数（倍率）に換算し，送信機の出力電力を求めます．

解説 14 dB の真数（倍率）を A_P とすると

$$14 = 10\log_{10} A_P \quad \cdots ①$$

となり，式①の両辺を 10 で割ると

$$1.4 = \log_{10} A_P \quad \cdots ②$$

となります．式②より

$\log_{10} 2 = 0.3$ より $10^{0.3} = 2$ を使える形に変形します．

$$A_P = 10^{1.4} = 10^{2-0.6} = 10^{2-0.3-0.3} = 10^2 \times 10^{-0.3} \times 10^{-0.3}$$

$$= 10^2 \times \frac{1}{10^{0.3} \times 10^{0.3}} = 100 \times \frac{1}{2 \times 2} = 25$$

よって，14 dB の減衰器を通過すると，電力が 1/25 となります．

1/25 になった電力が 75 mW なので，送信機の出力電力は

$25 \times 75 = \mathbf{1\,875\ mW}$

となります．

答え▶▶▶3

問題 22 ★★★ ➡10.6

図に示す増幅器の利得の測定回路において，切換えスイッチ S を①に接続して，レベル計の指示が 0 dBm となるように信号発生器の出力を調整した．次に減衰器の減衰量を 13 dB として，切換えスイッチ S を②に接続したところ，レベル計の指示が 10 dBm となった．このとき被測定増幅器の電力増幅度の値（真数）として，最も近いものを下の番号から選べ．ただし，信号発生器，減衰器，被測定増幅器及び負荷抵抗は整合されており，レベル計の入力インピーダンスによる影響はないものとする．また，1 mW を 0 dBm，$\log_{10} 2 = 0.3$ とする．

1　100
2　200
3　400
4　800
5　1 000

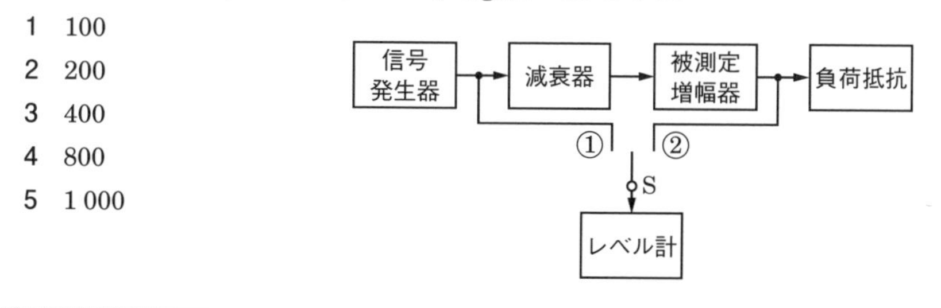

解説　スイッチ S を①に接続したときのレベルが 0 dBm，減衰器の減衰量を 13 dB としてスイッチ S を②に接続したときのレベル計の指示が 10 dBm なので，被測定増幅器の利得を G〔dB〕とすると，次式が成り立ちます．

$0 - 13 + G = 10$　よって　$G = 23$ dB　…①

式①の真数を A とすると，次式が成立します．

$23 = 10 \log_{10} A$　…②

式②の両辺を 10 で割ると

$2.3 = \log_{10} A$　…③

式③より

$A = 10^{2.3} = 10^{(2+0.3)} = 10^2 \times 10^{0.3} = 100 \times 2 = \mathbf{200}$

$\log_{10} 2 = 0.3$　より　$10^{0.3} = 2$

答え▶▶▶2

10.7 FM（F3E）送信機の占有周波数帯幅の測定

電波は変調されると周波数に幅を持ちます．全輻射電力の99％を含む周波数帯域幅を**占有周波数帯幅**といいます．

FM（F3E）送信機の占有周波数帯幅を測定する構成図を**図10.28**に示します．擬似音声発生器から擬似音声信号を送信機に加え，所定の変調を行ったFM波を擬似負荷（減衰器）に加えてスペクトルアナライザで測定し，すべての電力の測定結果をコンピュータに取り込みます．取り込んだデータを下側の周波数から積算し，その値が全電力の**0.5％**になる周波数f_1〔Hz〕を求めます．同様に上側の周波数から積算し，その値が全電力の**0.5％**になる周波数f_2〔Hz〕を求めます．**($f_2 - f_1$)〔Hz〕**が占有周波数帯幅になります．

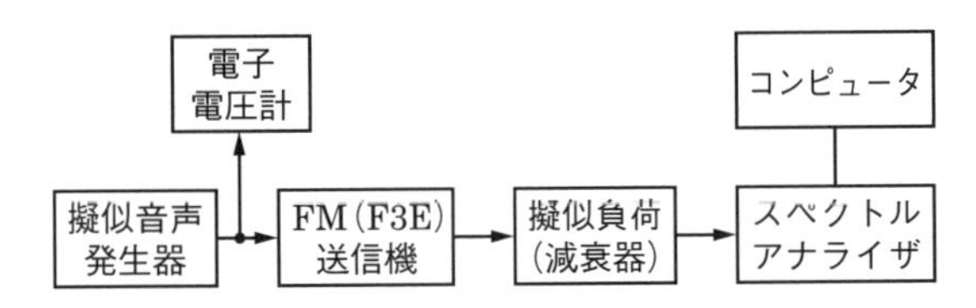

■図10.28　占有周波数帯幅の測定構成図

問題 23 ★★ ➡10.7

次の記述は，図に示す構成例を用いた FM（F3E）送信機の占有周波数帯幅の測定法について述べたものである．[　　]内に入れるべき字句の正しい組合せを下の番号から選べ．なお，同じ記号の[　　]内には，同じ字句が入るものとする．

(1) 送信機が発射する電波の占有周波数帯幅は，全輻射電力の[A]〔%〕が含まれる周波数帯幅で表される．[B]発生器から規定のスペクトルを持つ[B]信号を送信機に加え，所定の変調を行った周波数変調波を擬似負荷（減衰器）に出力する．

(2) スペクトルアナライザを規定の動作条件とし，規定の占有周波数帯幅の 2 ～ 3.5 倍程度の帯域を，スペクトルアナライザの狭帯域フィルタで掃引しながらサンプリングし，測定したすべての電力値をコンピュータに取り込む．

(3) これらの値の総和から全電力が求まる．取り込んだデータを，下側の周波数から積算し，その値が全電力の[C]〔%〕となる周波数 f_1〔Hz〕を求める．同様に上側の周波数から積算し，その値が全電力の[C]〔%〕となる周波数 f_2〔Hz〕を求める．このときの占有周波数帯幅は，[D]〔Hz〕となる．

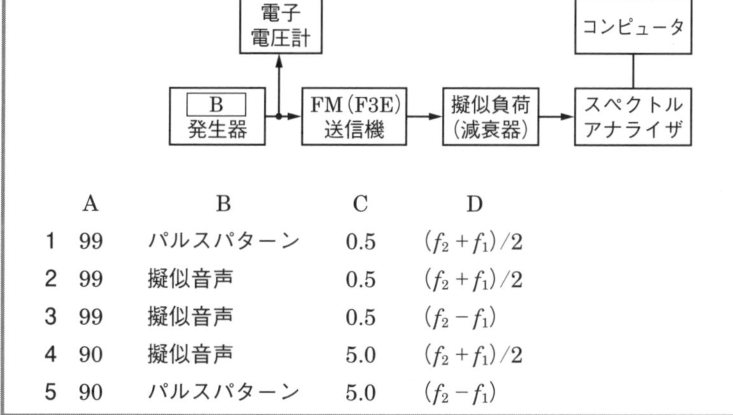

	A	B	C	D
1	99	パルスパターン	0.5	$(f_2+f_1)/2$
2	99	擬似音声	0.5	$(f_2+f_1)/2$
3	99	擬似音声	0.5	(f_2-f_1)
4	90	擬似音声	5.0	$(f_2+f_1)/2$
5	90	パルスパターン	5.0	(f_2-f_1)

答え ▶▶▶ 3

2編

法　規

INDEX

1章 電波法の概要

この章から 0～1 問出題

電波法の歴史と必要性，法律・政令・省令など電波法令の構成，電波法の構成，電波法で使われる用語の定義について学びます．

1.1 電波法の目的と電波法令

1.1.1 電波法の目的

電波法は1950年（昭和25年）6月1日に施行されました（6月1日は「電波の日」です）．電波は限りある貴重な資源ですので，許可なく自分勝手に使用することはできません．電波を秩序なしに使うと混信や妨害を生じ，円滑な通信ができなくなりますので約束事が必要になります．

この約束事が電波法令です．電波法は法律全体の解釈，理念を表しています．細目は政令や省令に記されています．

電波法が施行される前の電波に関する法律は無線電信法でした．無線電信法は「無線電信及び無線電話は政府これを管掌す」とされ，「電波は国家のもの」でした．電波法になって初めて「電波が国民のもの」になりました．

電波法　第1条（目的）

この法律は，電波の**公平且つ能率的な利用**を確保することによって，**公共の福祉を増進**することを目的とする．

1.1.2 電波法令

電波法令は電波を利用する社会の秩序維持に必要な法令です．**電波法令**は，**表1.1** に示すように，国会の議決を経て制定される法律である「**電波法**」，内閣の議決を経て制定される「**政令**」，総務大臣により制定される「**総務省令**（以下，省令という)」から構成されています．

■表1.1　電波法令の構成

電波法令	電波法（法律）		国会の議決を経て制定される
	命令	政令	内閣の議決を経て制定される
		省令（総務省令）	総務大臣により制定される

電波法は**表 1.2** に示す内容で構成されています．

表 1.2　電波法の構成

第 1 章	総則（第 1 条～第 3 条）
第 2 章	無線局の免許等（第 4 条～第 27 条の 39）
第 3 章	無線設備（第 28 条～第 38 条の 2）
第 3 章の 2	特定無線設備の技術基準適合証明等（第 38 条の 2 の 2 ～第 38 条の 48）
第 4 章	無線従事者（第 39 条～第 51 条）
第 5 章	運用（第 52 条～第 70 条の 9）
第 6 章	監督（第 71 条～第 82 条）
第 7 章	審査請求及び訴訟（第 83 条～第 99 条）
第 7 章の 2	電波監理審議会（第 99 条の 2 ～第 99 条の 15）
第 8 章	雑則（第 100 条～第 104 条の 5）
第 9 章	罰則（第 105 条～第 116 条）

政令には，**表 1.3** に示すようなものがあります．

表 1.3　政令

電波法施行令
電波法関係手数料令

省令には，**表 1.4** に示すようなものがあります．「無線局運用規則」のように「～規則」と呼ばれるものは省令です．

表 1.4　省令（総務省令）

電波法施行規則
無線局免許手続規則
無線局（基幹放送局を除く.）の開設の根本的基準
特定無線局の開設の根本的基準
基幹放送局の開設の根本的基準
無線従事者規則
無線局運用規則
無線設備規則
電波の利用状況の調査等に関する省令
無線機器型式検定規則
特定無線設備の技術基準適合証明等に関する規則
測定器等の較正に関する規則
登録検査等事業者等規則
登録修理業者規則
電波法による伝搬障害の防止に関する規則

電波法令は，「電波法」，「政令」，「省令」から構成されています．

電波法の目的は，「電波の公平且つ能率的な利用を確保することによって，公共の福祉を増進すること」です．

1.1.3　電波法の条文の構成

条文は，**表 1.5** のように，「条」「項」「号」で構成されています．

■表 1.5　条文の構成

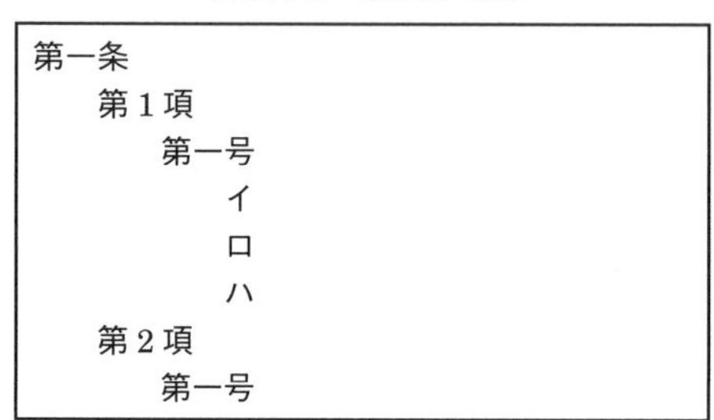

第一条
　第１項
　　第一号
　　　イ
　　　ロ
　　　ハ
　第２項
　　第一号

※注）本書では，「条」の漢数字をアラビア数字，「項」をアラビア数字，「号」の漢数字を括弧付きのアラビア数字で表すこととします．

例として電波法第 14 条の一部を示します．

電波法　第 14 条（免許状）

総務大臣は，免許を与えたときは，免許状を交付する．←（第１項の数字は省略）

2　免許状には，次に掲げる事項を記載しなければならない．　←（第２項）

(1) 免許の年月日及び免許の番号

(2) 免許人（無線局の免許を受けた者をいう．以下同じ．）の氏名又は名称及び住所

(3) 無線局の種別

(4) 無線局の目的（主たる目的及び従たる目的を有する無線局にあっては，その主従の区別を含む．）

(5)～(11) は省略

3　基幹放送局の免許状には，前項の規定にかかわらず，次に掲げる事項を記載しなければならない．　←（第 3 項）

(1) 前項各号（基幹放送のみをする無線局の免許状にあっては，(5) を除く．）に掲げる事項

以下略

例えば，上記の「無線局の種別」は，電波法第 14 条第 2 項 (3) と表します．

問題 1 ★★★　➡1.1.1

次の記述は，電波法の目的について述べたものである．電波法（第 1 条）の規定に照らし，[　　] 内に入れるべき正しい字句の組合せを下の 1 から 4 までのうちから一つ選べ．

この法律は，電波の [A] を確保することによって，[B] することを目的とする．

	A	B
1	公平且つ能率的な利用	公共の福祉を増進
2	公平な利用	混信その他の妨害を排除
3	能率的な利用	混信その他の妨害を排除
4	公平且つ能率的な利用	電波を規律

答え▶▶▶ 1

出題傾向　電波法第 1 条単独での出題頻度は少ないですが，1.2 節の電波法第 2 条とあわせてよく出題されるのでしっかりと理解しましょう．

1.2 用語の定義

用語の定義は電波法第2条に規定されています.

電波法　第2条（定義）

(1)「電波」とは，**300万MHz**以下の周波数の電磁波をいう.

300万MHzは，3×10^{12} Hzです．電波の波長をλ〔m〕とすると，電波の速度は3×10^8 m/sなので，$\lambda = (3 \times 10^8)/(3 \times 10^{12}) = 10^{-4}$ mとなります．すなわち，波長が0.1 mmより長い電磁波が「電波」ということになります．電波以外の電磁波には，赤外線，可視光線，紫外線，X線，ガンマ線などがあります.

(2)「無線電信」とは，電波を利用して，符号を送り，又は受けるための通信設備をいう.

(3)「無線電話」とは，電波を利用して，**音声その他の音響を送り，又は受けるための通信設備**をいう.

(4)「無線設備」とは，無線電信，無線電話その他電波を送り，又は受けるための**電気的設備**をいう.

(5)「無線局」とは，無線設備及び**無線設備の操作を行う者**の総体をいう．但し，受信のみを目的とするものを含まない.

「無線局」は，物的要素である「無線設備」と，人的要素である「無線設備の操作を行う者」の総体をいいます．「無線設備」というハードウェアがあっても，操作を行う人がいないと「無線局」ではありません.

(6)「無線従事者」とは，無線設備の操作又はその**監督**を行う者であって，総務大臣の免許を受けたものをいう.

問題 2 ★★★　➡1.1 ➡1.2

次の記述は，電波法の目的及び電波法に規定する用語の定義を述べたものである．電波法（第1条及び第2条）の規定に照らし，□内に入れるべき最も適切な字句の組合せを下の1から4までのうちから一つ選べ.

① 電波法は，電波の［A］な利用を確保することによって，公共の福祉を増進することを目的とする.

② 「無線設備」とは，無線電信，無線電話その他電波を送り，又は受けるための B をいう．

③ 「無線局」とは，無線設備及び C の総体をいう．ただし，受信のみを目的とするものを含まない．

	A	B	C
1	有効かつ適正	通信設備	無線設備の操作を行う者
2	公平かつ能率的	電気的設備	無線設備の操作を行う者
3	公平かつ能率的	通信設備	無線設備の操作の監督を行う者
4	有効かつ適正	電気的設備	無線設備の操作の監督を行う者

答え▶▶▶2

問題 3 ★★★ ➡1.2

電波法の用語の定義に関する次の記述のうち，電波法（第2条）の規定に照らし，この規定に定めるところに適合するものはどれか．下の1から4までのうちから一つ選べ．

1 「電波」とは，500万メガヘルツ以下の周波数の電磁波をいう．

2 「無線設備」とは，無線電信，無線電話その他電波を送るための通信設備をいう．

3 「無線局」とは，無線設備及び無線設備の管理を行う者の総体をいう．ただし，受信のみを目的とするものを含まない．

4 「無線従事者」とは，無線設備の操作又はその監督を行う者であって，総務大臣の免許を受けたものをいう．

解説 1 × 「**500万メガヘルツ**」ではなく，正しくは「**300万メガヘルツ**」です．

2 × 「電波を**送るための通信設備**」ではなく，正しくは「電波を**送り，又は受けるための電気的設備**」です．

3 × 「**管理**を行う者」ではなく，正しくは「**操作**を行う者」です．

無線電話と無線電信は「通信設備」，無線設備は「電気的設備」です．

答え▶▶▶4

2章　無線局の免許

この章から **1～2** 問出題

無線局を開設するには総務大臣の免許が必要です．免許を得るために必要な手続きと手順，免許状の有効期間や再免許など免許を得た後に必要なことを学びます．

2.1　無線局の開設と免許

無線局は自分勝手に開設することはできません．無線局を開設しようとする者は総務大臣の免許を受けなければなりません．免許がないのに無線局を開設したり，又は運用した者は，1年以下の懲役又は100万円以下の罰金に処せられます．ただし，発射する電波が著しく微弱な場合など，一定の範囲の無線局においては免許を受けなくてもよい場合もあります．

無線設備やアンテナを設置し，容易に電波を発射できる状態にある場合は無線局を開設したとみなされますので注意が必要です．

2.1.1　無線局の免許

電波法　第4条（無線局の開設）

無線局を開設しようとする者は，総務大臣の免許を受けなければならない．ただし，次の各号に掲げる無線局については，この限りでない．

(1) 発射する電波が著しく微弱な無線局で総務省令（＊1）で定めるもの

(2) 26.9 MHzから27.2 MHzまでの周波数の電波を使用し，かつ，空中線電力が0.5 W以下である無線局のうち総務省令（＊2）で定めるものであって，適合表示無線設備のみを使用するもの

(2) は市民ラジオの無線局が該当します．

〔＊1　電波法施行規則第6条（免許を要しない無線局）第1項〕

〔＊2　電波法施行規則第6条第3項〕

(3) 空中線電力が1 W以下である無線局のうち総務省令（＊3）で定めるものであって，指定された呼出符号又は呼出名称を自動的に送信し，又は受信する機能その他総務省令（＊4）で定める機能を有することにより他の無線局にその運用を阻害するような混信その他の妨害を与えないように運用することができるもので，かつ，適合表示無線設備（電波法で定める技術基準に適合していることを証する表示が付された無線設備）のみを使用するもの

〔＊3　電波法施行規則第6条第4項〕

〔＊4　電波法施行規則第6条の2，無線設備規則第9条の4（混信防止機能）〕

(3) はコードレス電話の無線局，特定小電力無線局，小電力セキュリティシステムの無線局，小電力データシステムの無線局，デジタルコードレス電話の無線局，PHS の陸上移動局などが該当します．

(4) 登録局（総務大臣の登録を受けて開設する無線局）

無線局を開設しようとする者は，総務大臣の免許を受けなければなりません．

2.1.2　無線局の免許の欠格事由

電波法第 5 条で「日本の国籍を有しない人などは，無線局の免許を申請しても免許は与えられない」と規定されています．電波は限られた希少な資源です．周波数も逼迫しており，日本国民の需要を満たすのも充分ではなく，外国人に免許を与える余裕はありません．

(1) 絶対的欠格事由（外国性の排除）

電波法　第 5 条（欠格事由）第 1 項

次の (1)～(4) のいずれかに該当する者には，無線局の免許を与えない．

(1) 日本の国籍を有しない人

(2) 外国政府又はその代表者

(3) 外国の法人又は団体

(4) 法人又は団体であって，(1) から (3) に掲げる者がその代表者であるもの又はこれらの者がその役員の 3 分の 1 以上若しくは議決権の 3 分の 1 以上を占めるもの

(2) 絶対的欠格事由の例外

電波法　第 5 条（欠格事由）第 2 項

電波法第 5 条第 1 項の規定は，次に掲げる無線局については，適用しない．

(1) 実験等無線局（科学若しくは技術の発達のための実験，電波の利用の効率性に関する試験又は電波の利用の需要に関する調査に専用する無線局をいう．）

(2) アマチュア無線局（個人的な興味によって無線通信を行うために開設する無線局をいう．）

(3) 船舶の無線局（船舶安全法第29条ノ7（非日本船舶への準用）に規定する船舶に開設するもの）
(4) 航空機の無線局（航空機に開設する無線局のうち，航空法第127条ただし書の許可を受けて本邦内の各地間の航空の用に供される航空機に開設するもの）
(5) 特定の固定地点間の無線通信を行う無線局（実験等無線局，アマチュア無線局，大使館，公使館又は領事館の公用に供するもの及び電気通信業務を行うことを目的とするものを除く．）
(6) 大使館，公使館又は領事館の公用に供する無線局（特定の固定地点間の無線通信を行うものに限る．）であって，その国内において日本国政府又はその代表者が同種の無線局を開設することを認める国の政府又はその代表者の開設するもの
(7) 自動車その他の陸上を移動するものに開設し，若しくは携帯して使用するために開設する無線局又はこれらの無線局若しくは携帯して使用するための受信設備と通信を行うために陸上に開設する移動しない無線局（電気通信業務を行うことを目的とするものを除く．）
(8) 電気通信業務を行うことを目的として開設する無線局
(9) 電気通信業務を行うことを目的とする無線局の無線設備を搭載する人工衛星の位置，姿勢等を制御することを目的として陸上に開設する無線局

(3) 相対的欠格事由

電波法　第5条（欠格事由）第3項

次の(1)～(4)のいずれかに該当する者には，無線局の免許を与えないことができる．
(1) **電波法又は放送法に規定する罪を犯し罰金以上の刑に処せられ，その執行を終わり，又はその執行を受けることがなくなった日から2年を経過しない者**
(2) **無線局の免許の取消しを受け，その取消しの日から2年を経過しない者**
(3) 電波法第27条の16第1項（第1号を除く．）又は第6項（第4号及び第5号を除く．）の規定により認定の取消しを受け，その取消しの日から2年を経過しない者
(4) 無線局の登録の取消しを受け，その取消しの日から2年を経過しない者

無線局の免許の欠格事由には，絶対的欠格事由（外国性の排除）と相対的欠格事由（反社会性の排除）があります．

関連知識　無線局の免許の申請とその後

総務大臣は無線局の免許申請を受理したときは，その申請を審査します．審査した結果，その申請が規定に適合していると認めるときは，申請者に予備免許を与えます．予備免許を受けた者は，工事落成後，総務大臣に工事落成届を提出し，その無線設備等について検査（新設検査）を受け，その無線設備，無線従事者の資格及び員数，時計及び書類などが電波法令に合致していれば，無線局免許が与えられます．

問題 1 ★★★　➡2.1.2

総務大臣が無線局の免許を与えないことができる者に関する次の事項のうち，電波法（第5条）の規定に照らし，この規定に定めるところに該当するものはどれか．下の1から4までのうちから一つ選べ．

1　無線局の免許の取消しを受け，その取消しの日から2年を経過しない者

2　無線局の免許の有効期間満了により免許が効力を失い，その効力を失った日から2年を経過しない者

3　刑法に規定する罪を犯し罰金以上の刑に処せられ，その執行を終わり，又はその執行を受けることがなくなった日から2年を経過しない者

4　無線局の予備免許の際に指定された工事落成の期限経過後2週間以内に工事が落成した旨の届出がなかったことにより免許を拒否され，その拒否の日から2年を経過しない者

答え▶▶▶1

2.2　無線局の免許の申請と審査

無線局の免許を受けようとする者は，申請書に，所定の事項を記載した書類を添えて，総務大臣に提出しなければなりません．

無線局の免許申請はいつでも行うことができますが，電気通信業務を行うことを目的として陸上に開設する移動する無線局や，基幹放送局などの無線局は，申請期間を定めて公募することになっています．

2.2.1　一般の無線局の免許の申請

電波法　第6条（免許の申請）第1項

無線局の免許を受けようとする者は，申請書に，次に掲げる事項を記載した書類を添えて，総務大臣に提出しなければならない.

(1) 目的（2以上の目的を有する無線局であって，その目的に主たるものと従たるものの区別がある場合にあっては，その主従の区別を含む.）

(2) **開設を必要とする理由**

(3) 通信の相手方及び通信事項

(4) 無線設備の設置場所（移動する無線局のうち，人工衛星の無線局についてはその人工衛星の軌道又は位置，人工衛星局，船舶の無線局，船舶地球局，航空機の無線局及び航空機地球局以外の無線局については移動範囲.）

(5) 電波の型式並びに**希望する周波数の範囲**及び空中線電力

(6) 希望する運用許容時間（運用することができる時間をいう.）

(7) 無線設備の工事設計及び**工事落成の予定期日**

(8) 運用開始の予定期日

(9) 他の無線局の免許人又は登録人（以下「免許人等」という.）との間で混信その他の妨害を防止するために必要な措置に関する契約を締結しているときは，その契約の内容

2.2.2　申請の審査

電波法　第7条（申請の審査）第1項

総務大臣は，電波法第6条第1項の申請書を受理したときは，遅滞なくその申請が次の各号のいずれにも適合しているかどうかを審査しなければならない.

(1) 工事設計が電波法第3章（無線設備）に定める技術基準に適合すること

(2) 周波数の割当てが可能であること

(3) 主たる目的及び従たる目的を有する無線局にあっては，その従たる目的の遂行がその主たる目的の遂行に支障を及ぼすおそれがないこと

(4) 総務省令で定める無線局（基幹放送局を除く.）の開設の根本的基準に合致すること

2章

問題 2 ★ ➡2.2.1

次の記述は，固定局の免許を受けようとする者が，申請書に記載しなければならない事項を掲げたものである．電波法（第6条）の規定に照らし，□内に入れるべき最も適切な字句の組合せを下の1から4までのうちから一つ選べ．

① 目的
② [A]
③ 通信の相手方及び通信事項
④ 無線設備の設置場所
⑤ 電波の型式並びに [B] 及び空中線電力
⑥ 希望する運用許容時間（運用することができる時間をいう．）
⑦ 無線設備（電波法第30条（安全施設）の規定により備え付けなければならない設備を含む．）の工事設計及び [C]
⑧ 運用開始の予定期日

	A	B	C
1	開設を必要とする理由	発射可能な周波数の範囲	工事費の支弁方法
2	開設を必要とする理由	希望する周波数の範囲	工事落成の予定期日
3	申請者が現に行っている業務の概要	発射可能な周波数の範囲	工事落成の予定期日
4	申請者が現に行っている業務の概要	希望する周波数の範囲	工事費の支弁方法

答え▶▶▶2

問題 3 ★★★ ➡2.2.2

次の記述のうち，総務大臣が基地局の免許の申請を審査する際に，審査する事項に該当しないものはどれか．電波法（第7条）の規定に照らし，下の1から4までのうちから一つ選べ．

1 工事設計が電波法第3章（無線設備）に定める技術基準に適合すること．
2 周波数の割当てが可能であること．
3 総務省令で定める無線局（基幹放送局を除く．）の開設の根本的基準に合致すること．
4 当該業務を維持するに足りる経理的基礎及び技術的能力があること．

答え▶▶▶4

2.3 予備免許

2.3.1 予備免許の付与

電波法　第8条（予備免許）第1項

総務大臣は，電波法第7条の規定により審査した結果，その申請が同条に適合していると認めるときは，申請者に対し，次に掲げる事項を指定して，無線局の予備免許を与える．

(1) **工事落成の期限**
(2) **電波の型式及び周波数**
(3) 呼出符号（標識符号を含む．），呼出名称その他の総務省令(*)で定める識別信号
（*）電波法施行規則第6条の5
(4) **空中線電力**
(5) **運用許容時間**

電波法　第8条（予備免許）第2項

総務大臣は，予備免許を受けた者から申請があった場合において，相当と認めるときは，**工事落成の期限を延長**することができる．

予備免許は正式に免許されるまでの一段階にすぎません．予備免許が付与されても，まだ正式に免許された無線局ではありませんので，「試験電波の発射」を行う場合を除いて電波の発射は禁止されています．

2.3.2 予備免許の工事設計等の変更

予備免許を受けた後，無線設備等の工事をして予備免許の内容を実現するわけですが，工事の途中で設計の変更が生じる場合があります．その場合，総務大臣の許可を受けて計画を変更することができます．

電波法　第9条（工事設計等の変更）〈抜粋〉

電波法第8条の予備免許を受けた者は，工事設計を変更しようとするときは，あらかじめ**総務大臣の許可を受けなければならない**．但し，総務省令(*)で定める軽微な事項については，この限りでない．
（*）電波法施行規則第10条

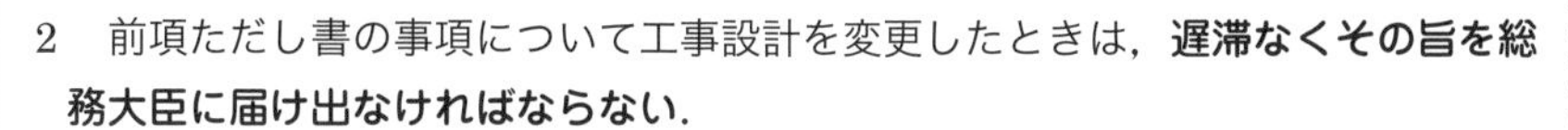

2　前項ただし書の事項について工事設計を変更したときは，**遅滞なくその旨を総務大臣に届け出なければならない**.

3　工事設計の変更は，**周波数，電波の型式又は空中線電力に変更を来すもの**であってはならず，かつ，電波法第7条第1項（1）又は第2項（1）の**技術基準（法第3章に定めるものに限る.）**に合致するものでなければならない.

4　予備免許を受けた者は，無線局の目的，通信の相手方，通信事項，放送事項，放送区域，無線設備の設置場所又は基幹放送の業務に用いられる電気通信設備を変更しようとするときは，あらかじめ総務大臣の許可を受けなければならない.

問題 4 ★ ➡2.3.1

次に掲げる事項のうち，無線局の予備免許の際に総務大臣から指定されるものはどれか．電波法（第8条）の規定に照らし，下の1から4までのうちから一つ選べ.

1　免許の有効期間
2　無線設備の設置場所
3　空中線電力
4　通信の相手方及び通信事項

解説　指定事項は，「工事の落成期限」「電波の型式及び周波数」「識別信号」「**空中線電力**」「運用許容時間」です.

答え▶▶▶3

問題 5 ★★ ➡2.3.2

次の記述は，無線局の予備免許を受けた者が行う工事設計の変更について述べたものである．電波法（第9条）の規定に照らし，[　　]内に入れるべき最も適切な字句の組合せを下の1から4までのうちから一つ選べ.

①　電波法第8条の予備免許を受けた者は，工事設計を変更しようとするときは，あらかじめ[A]なければならない．ただし，総務省令で定める軽微な事項については，この限りでない.

②　①の変更は，[B]に変更を来すものであってはならず，かつ，電波法第7条（申請の審査）第1項第1号の[C]に合致するものでなければならない.

	A	B	C
1	総務大臣の許可を受け	周波数，電波の型式又は空中線電力	技術基準（電波法第3章（無線設備）に定めるものに限る.）
2	総務大臣の許可を受け	無線設備の設置場所	無線局（基幹放送局を除く.）の開設の根本的基準
3	総務大臣に届け出	周波数，電波の型式又は空中線電力	無線局（基幹放送局を除く.）の開設の根本的基準
4	総務大臣に届け出	無線設備の設置場所	技術基準（電波法第3章（無線設備）に定めるものに限る.）

答え▶▶▶1

2.4 工事落成及び落成後の検査

予備免許を受けた者は，工事が落成したときは，その旨を総務大臣に届け出て（落成届），その無線設備等について**検査**を受けなければなりません．

この検査を**新設検査**といいます．

電波法 第10条（落成後の検査）

電波法第8条の予備免許を受けた者は，工事が落成したときは，その旨を総務大臣に届け出て，その無線設備，無線従事者の資格（主任無線従事者の要件，船舶局無線従事者証明及び遭難通信責任者の要件に係るものを含む.）及び**員数並びに時計及び書類**（以下「無線設備等」という.）について検査を受けなければならない．

落成届は文書による届け出が必要です．

2　前項の検査は，同項の検査を受けようとする者が，当該検査を受けようとする無線設備等について検査等事業者の登録（電波法第24条の2第1項）又は外国点検事業者の登録等（電波法第24条の13第1項）の登録を受けた者が総務省令で定めるところにより行った当該登録に係る**点検の結果**を記載した書類を添えて前項の届出をした場合においては，**その一部を省略**することができる．

工事落成期限経過後 2 週間以内に工事落成届が提出されないときは，総務大臣は，その無線局の免許を拒否しなければなりません．　**（電波法第 11 条）**

免許申請を審査した結果，予備免許の付与に適合していないと認めるときは，予備免許は付与されません．落成後の検査（新設検査）に不合格になった場合も免許を拒否されます．

問題 6 ★★★　➡2.4

次の記述は，無線局の落成後の検査について述べたものである．電波法（第 10 条）の規定に照らし，［　　］内に入れるべき最も適切な字句の組合せを下の 1 から 4 までのうちから一つ選べ．

① 電波法第 8 条の予備免許を受けた者は，工事が落成したときは，その旨を総務大臣に届け出て，その無線設備，無線従事者の資格（主任無線従事者の要件に係るものを含む．）及び［ A ］並びに時計及び書類（以下「無線設備等」という．）について検査を受けなければならない．

② ①の検査は，①の検査を受けようとする者が，当該検査を受けようとする無線設備等について登録検査等事業者(注 1)又は登録外国点検事業者(注 2)が総務省令で定めるところにより行った当該登録に係る［ B ］を記載した書類を添えて①の届出をした場合においては，［ C ］を省略することができる．

（注 1）登録検査等事業者とは，電波法第 24 条の 2（検査等事業者の登録）第 1 項の登録を受けた者をいう．

（注 2）登録外国点検事業者とは，電波法第 24 条の 13（外国点検事業者の登録等）第 1 項の登録を受けた者をいう．

	A	B	C
1	員数	点検の結果	その一部
2	員数	検査の結果	当該検査
3	技能	点検の結果	当該検査
4	技能	検査の結果	その一部

答え▶▶▶ 1

問題 7 ★★★ ➡2.4

次の記述のうち，無線局の予備免許を受けた者が総務大臣から指定された工事落成の期限（工事落成の期限の延長があったときは，その期限）経過後2週間以内に電波法第10条（落成後の検査）の規定による工事が落成した旨の届出をしないときに，総務大臣から受ける処分に該当するものはどれか．電波法（第11条）の規定に照らし，下の1から4までのうちから一つ選べ．

1　無線局の免許を拒否される．
2　無線局の予備免許を取り消される．
3　速やかに工事を落成するよう命ぜられる．
4　工事落成期限の延長の申請をするよう命ぜられる．

答え▶▶▶ 1

2.5 免許の有効期間と再免許

2.5.1 免許の有効期間

無線局の免許の有効期間を次に示します．

電波法 第13条（免許の有効期間）第1項

免許の有効期間は，免許の日から起算して**5年**を超えない範囲内において総務省令(*)で定める．ただし，再免許を妨げない．

〔＊電波法施行規則第7条～第9条〕

電波法施行規則 第7条（免許等の有効期間）

電波法第13条第1項の総務省令で定める免許の有効期間は，次の各号に掲げる無線局の種別に従い，それぞれ当該各号に定めるとおりとする．

(1) 地上基幹放送局（臨時目的放送を専ら行うものに限る．）
→当該放送の目的を達成するために必要な期間
(2) 地上基幹放送試験局　→2年
(3) 衛星基幹放送局（臨時目的放送を専ら行うものに限る．）
→当該放送の目的を達成するために必要な期間
(4) 衛星基幹放送試験局　→2年

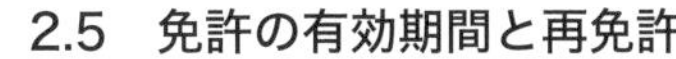

(5) 特定実験試験局（総務大臣が公示する周波数，当該周波数の使用が可能な地域及び期間並びに空中線電力の範囲内で開設する実験試験局をいう.）
→当該周波数の使用が可能な期間
(6) 実用化試験局　→2年
(7) その他の無線局　→5年

免許の有効期間は，免許の日から起算して5年を超えない範囲内において総務省令で定められています.

2.5.2　再免許

再免許は，無線局の免許の有効期間満了と同時に，今までと同じ免許内容で新たに免許することです．再免許の申請は次のように行います.

自動車の免許は「更新」といいますが，無線局の場合は「再免許」といいます.

無線局免許手続規則　第16条（再免許の申請）第1項〈一部改変〉

再免許を申請しようとするときは，所定の事項を記載した申請書を総務大臣又は総合通信局長に提出して行わなければならない.

無線局免許手続規則　第18条（申請の期間）

再免許の申請は，次の各号に掲げる無線局の種別に従い，それぞれ当該各号に掲げる期間に行わなければならない．ただし，免許の有効期間が1年以内である無線局については，その有効期間満了前1箇月までに行うことができる.

(1) アマチュア局（人工衛星等のアマチュア局を除く.）：免許の有効期間満了前1箇月以上6箇月を超えない期間
(2) 特定実験試験局：免許の有効期間満了前1箇月以上3箇月を超えない期間
(3) 前2号に掲げる無線局以外の無線局：免許の有効期間満了前**3箇月以上6箇月を超えない期間**

2　前項の規定にかかわらず，再免許の申請が総務大臣が別に告示する無線局に関するものであって，当該申請を電子申請等により行う場合にあっては，免許の有効期間満了前1箇月以上6箇月を超えない期間に行うことができる.

3　前2項の規定にかかわらず，免許の有効期間満了前1箇月以内に免許を与えられた無線局については，免許を受けた後直ちに再免許の申請を行わなければならない．

問題 8 ★★★ ➡2.5

次の記述は，無線局の免許の有効期間及び再免許の申請の期間について述べたものである．電波法（第13条），電波法施行規則（第7条）及び無線局免許手続規則（第18条）の規定に照らし，[　　]内に入れるべき最も適切な字句の組合せを下の1から4までのうちから一つ選べ．なお，同じ記号の[　　]内には，同じ字句が入るものとする．

① 免許の有効期間は，免許の日から起算して[A]を超えない範囲内において総務省令で定める．ただし，再免許を妨げない．

② 特定実験試験局（総務大臣が公示する周波数，当該周波数の使用が可能な地域及び期間並びに空中線電力の範囲内で開設する実験試験局をいう．以下同じ.）の免許の有効期間は，[B]とする．

③ 固定局の免許の有効期間は，[A]とする．

④ 再免許の申請は，特定実験試験局にあっては免許の有効期間満了前1箇月以上3箇月を超えない期間，固定局にあっては免許の有効期間満了前[C]を超えない期間において行わなければならない．ただし，免許の有効期間が1年以内である無線局については，その有効期間満了前1箇月までに行うことができる．

⑤ ④にかかわらず，免許の有効期間満了前1箇月以内に免許を与えられた無線局については，免許を受けた後直ちに再免許の申請を行わなければならない．

	A	B	C
1	5年	当該実験又は試験の目的を達成するために必要な期間	1箇月以上1年
2	5年	当該周波数の使用が可能な期間	3箇月以上6箇月
3	2年	当該実験又は試験の目的を達成するために必要な期間	3箇月以上6箇月
4	2年	当該周波数の使用が可能な期間	1箇月以上1年

答え▶▶▶2

再免許及び適合表示無線設備のみを使用する無線局その他総務省令で定める無線局の免許については，簡易な手続によることができます．　**（電波法第 15 条）**

2.6　免許状の訂正と再交付

2.6.1　免許状の訂正

電波法　第 21 条（免許状の訂正）

免許人は，免許状に記載した事項に変更を生じたときは，その**免許状を総務大臣に提出し，訂正を受けなければならない**．

無線局免許手続規則　第 22 条（免許状の訂正）第 1，3 ～ 5 項

免許人は，電波法第 21 条の免許状の訂正を受けようとするときは，次に掲げる事項を記載した**申請書**を総務大臣又は総合通信局長に提出しなければならない．

（1）免許人の氏名又は名称及び住所並びに法人にあっては，その代表者の氏名
（2）無線局の種別及び局数
（3）識別信号（包括免許に係る特定無線局を除く．）
（4）免許の番号又は包括免許の番号
（5）訂正を受ける箇所及び訂正を受ける理由

3　第 1 項の申請があった場合において，総務大臣又は総合通信局長は，新たな免許状の交付による訂正を行うことがある．
4　総務大臣又は総合通信局長は，第 1 項の申請による場合のほか，職権により免許状の訂正を行うことがある．
5　免許人は，新たな免許状の交付を受けたときは，**遅滞なく旧免許状を返さなければならない**．

2.6.2　免許状の再交付

無線局免許手続規則　第 23 条（免許状の再交付）第 1 項〈一部改変〉

免許人は，免許状を**破損し，汚し，失った**等のために免許状の再交付の申請をしようとするときは，無線局免許手続規則第 22 条第 1 項（1）～（4）及び再交付を求める理由を記載した申請書を総務大臣又は総合通信局長に提出しなければならない．

2.6.3　免許状の返納

電波法　第24条（免許状の返納）

免許がその効力を失ったときは，免許人であった者は，**1箇月以内にその免許状を返納**しなければならない．

問題 9 ★★★ ➡2.6.1

免許状に記載した事項に変更を生じたときに免許人が執らなければならない措置に関する次の記述のうち，電波法（第21条）の規定に照らし，この規定に定めるところに適合するものはどれか．下の1から4までのうちから一つ選べ．

1　遅滞なく，その旨を総務大臣に届け出なければならない．
2　免許状を総務大臣に提出し，訂正を受けなければならない．
3　速やかに免許状を訂正し，総務大臣にその旨を報告しなければならない．
4　免許状を訂正することについて，あらかじめ総務大臣の許可を受けなければならない．

答え▶▶▶2

問題 10 ★★★ ➡2.6

次の記述は，無線局（包括免許に係るものを除く.）の免許状について述べたものである．電波法（第21条及び第24条）及び無線局免許手続規則（第22条及び第23条）の規定に照らし，[　　]内に入れるべき最も適切な字句の組合せを下の1から4までのうちから一つ選べ．

① 免許人は，免許状に記載した事項に変更を生じたときは，その免許状を総務大臣に提出し，訂正を受けなければならない．
② 免許がその効力を失ったときは，免許人であった者は，[A]しなければならない．
③ 免許人は，①の免許状の訂正を受けようとするときは，次の（1）から（5）までに掲げる事項を記載した申請書を総務大臣又は総合通信局長（沖縄総合通信事務所長を含む．以下同じ.）に提出しなければならない．
　（1）免許人の氏名又は名称及び住所並びに法人にあっては，その代表者の氏名
　（2）無線局の種別及び局数　　（3）識別信号　　（4）免許の番号
　（5）訂正を受ける箇所及び訂正を受ける理由

④　免許人は，免許状を［ B ］等のために免許状の再交付の申請をしようとするときは，次の（1）から（5）までに掲げる事項を記載した申請書を総務大臣又は総合通信局長に提出しなければならない．

（1）免許人の氏名又は名称及び住所並びに法人にあっては，その代表者の氏名

（2）無線局の種別及び局数　（3）識別信号　（4）免許の番号

（5）再交付を求める理由

⑤　免許人は，新たな免許状の交付による訂正を受けたとき，又は免許状の再交付を受けたときは，［ C ］旧免許状を返さなければならない．ただし，免許状を失った等のためにこれを返すことができない場合は，この限りでない．

	A	B	C
1	速やかにその免許状を廃棄し，その旨を総務大臣に報告	破損し，汚し，失った	10日以内に
2	1箇月以内にその免許状を返納	破損し，汚し，失った	遅滞なく
3	1箇月以内にその免許状を返納	破損し，失った	10日以内に
4	速やかにその免許状を廃棄し，その旨を総務大臣に報告	破損し，失った	遅滞なく

答え▶▶▶2

下線の部分を穴埋めにした問題も出題されています．

2.7　免許内容の変更

2.7.1　免許人の意志で免許内容を変更する場合

電波法　第17条（変更等の許可）第1～2項

免許人は，無線局の目的，**通信の相手方**，**通信事項**，放送事項，放送区域，**無線設備の設置場所**若しくは基幹放送の業務に用いられる電気通信設備を変更し，又は**無線設備の変更の工事をしようとするときは，あらかじめ総務大臣の許可を受けなければならない**．ただし，次に掲げる事項を内容とする無線局の目的の変更は，これを行うことができない．

（1）基幹放送局以外の無線局が基幹放送をすることとすること

（2）基幹放送局が基幹放送をしないこととすること

2　前項本文の規定にかかわらず，基幹放送の業務に用いられる電気通信設備の変更が総務省令で定める軽微な変更に該当するときは，その変更をした後遅滞なく，その旨を総務大臣に届け出ることをもって足りる.

2.7.2　変更検査

電波法　第18条（変更検査）

電波法第17条第1項の規定により**無線設備の設置場所の変更**又は無線設備の変更の工事の許可を受けた免許人は，総務大臣の検査を受け，当該変更又は工事の結果が同条同項の許可の内容に適合していると認められた後でなければ，**許可に係る無線設備を運用してはならない**．ただし，総務省令(＊)で定める場合は，この限りでない.

（＊）電波法施行規則第10条の4

2　変更検査を受けようとする者が，当該検査を受けようとする無線設備について登録検査等事業者又は登録外国点検事業者が総務省令で定めるところにより行った当該登録に係る**点検の結果**を記載した書類を総務大臣に提出した場合においては，**その一部を省略することができる**.

2.7.3　指定事項の変更

電波法　第19条（申請による周波数等の変更）

総務大臣は，免許人又は電波法第8条の予備免許を受けた者が**識別信号**，**電波の型式**，周波数，**空中線電力**又は運用許容時間の指定の変更を申請した場合において，**混信の除去**その他特に必要があると認めるときは，その指定を変更することができる.

問題 11　★★　➡2.7.1

次の記述は，無線局の免許後の変更手続について述べたものである．電波法（第17条）に規定に照らし，□内に入れるべき最も適切な字句の組合せを下の1から4までのうちから一つ選べ.

免許人は，無線局の目的，［ A ］若しくは無線設備の設置場所を変更し，又は［ B ］ときは，あらかじめ［ C ］ならない(注)．ただし，総務省令で定める軽微な事項については，この限りでない.

（注）基幹放送局以外の無線局が基幹放送をすることとする目的の変更は，これを行うことができない.

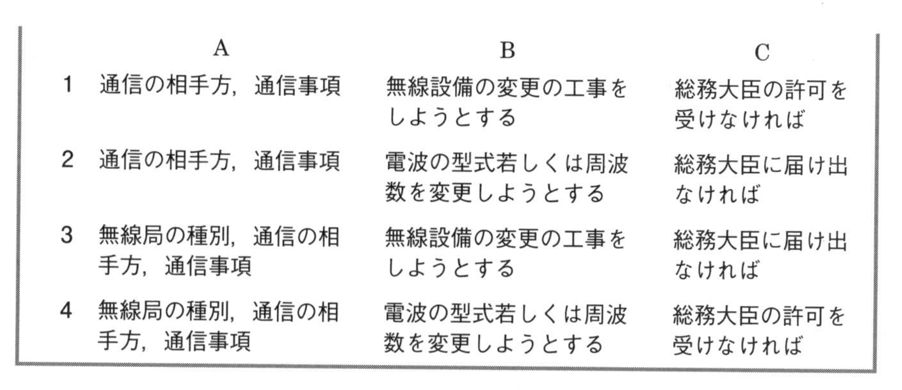

	A	B	C
1	通信の相手方，通信事項	無線設備の変更の工事をしようとする	総務大臣の許可を受けなければ
2	通信の相手方，通信事項	電波の型式若しくは周波数を変更しようとする	総務大臣に届け出なければ
3	無線局の種別，通信の相手方，通信事項	無線設備の変更の工事をしようとする	総務大臣に届け出なければ
4	無線局の種別，通信の相手方，通信事項	電波の型式若しくは周波数を変更しようとする	総務大臣の許可を受けなければ

答え▶▶▶ 1

問題 12 ★★★ ➡2.7.2

次の記述は，無線局の変更検査について述べたものである．電波法（第 18 条）の規定に照らし，[　　]内に入れるべき最も適切な字句の組合せを下の 1 から 4 までのうちから一つ選べ．

① 電波法第 17 条（変更等の許可）第 1 項の規定により [A] の変更又は無線設備の変更の工事の許可を受けた免許人は，総務大臣の検査を受け，当該変更又は工事の結果が同条同項の許可の内容に適合していると認められた後でなければ，許可に係る無線設備を運用してはならない．ただし，総務省令で定める場合は，この限りでない．

② ①の検査は，①の検査を受けようとする者が，当該検査を受けようとする無線設備について登録検査等事業者（注 1）又は登録外国点検事業者（注 2）が総務省令で定めるところにより行った当該登録に係る [B] を記載した書類を総務大臣に提出した場合においては，[C] を省略することができる．

（注 1）電波法第 24 条の 2（検査等事業者の登録）第 1 項の登録を受けた者をいう．

（注 2）電波法第 24 条の 13（外国点検事業者の登録等）第 1 項の登録を受けた者をいう．

	A	B	C
1	通信の相手方，通信事項若しくは無線設備の設置場所	検査の結果	その一部
2	通信の相手方，通信事項若しくは無線設備の設置場所	点検の結果	当該検査
3	無線設備の設置場所	検査の結果	当該検査
4	無線設備の設置場所	点検の結果	その一部

答え▶▶▶4

出題傾向　下線の部分を穴埋めにした問題も出題されています.

問題 13 ★★　→2.7.3

次の記述は，申請による周波数等の変更について述べたものである．電波法（第19条）の規定に照らし，[　　]内に入れるべき最も適切な字句の組合せを下の1から4までのうちから一つ選べ.

総務大臣は，免許人又は電波法第8条の予備免許を受けた者が識別信号，[A]，周波数，[B]又は運用許容時間の指定の変更を申請した場合において，[C]その他特に必要があると認めるときは，その指定を変更することができる.

	A	B	C
1	電波の型式	空中線の型式及び構成	電波の規整
2	電波の型式	空中線電力	混信の除去
3	無線設備の設置場所	空中線の型式及び構成	混信の除去
4	無線設備の設置場所	空中線電力	電波の規整

答え▶▶▶2

出題傾向　下線の部分を穴埋めにした問題も出題されています.

2.8　無線局の廃止

無線局を廃止するときは，廃止する前に次の（1）～（5）の事項を記載した無線局廃止届を総務大臣に提出して行います．

（1）免許人の氏名又は名称及び住所並びに法人にあっては，その代表者の氏名
（2）無線局の種別及び局数
（3）識別信号（包括免許に係る特定無線局を除く．）
（4）免許の番号又は包括免許の番号
（5）廃止する年月日

無線局を廃止すると，免許は効力を失いますので電波の発射を防止するために必要な措置を講じ，免許状を返却しなければなりません．

電波法　第 22 条（無線局の廃止）

免許人は，その**無線局を廃止するときは，その旨を総務大臣に届け出なければならない**．

電波法　第 23 条（無線局の廃止）

免許人が無線局を廃止したときは，免許は，その効力を失う．

電波法　第 24 条（免許状の返納）

免許がその効力を失ったときは，免許人であった者は，**1 箇月以内にその免許状を返納**しなければならない．

電波法　第 78 条（電波の発射の防止）

無線局の免許等がその効力を失ったときは，免許人等であった者は，遅滞なく空中線の撤去その他の総務省令で定める**電波の発射を防止する**ために必要な措置を講じなければならない．

電波の発射を防止する措置は，固定局や基幹放送局などの無線設備は「空中線を撤去すること（空中線を撤去することが困難な場合は，送信機，給電線又は電源設備を撤去すること）」，人工衛星局では「当該無線設備に対する遠隔指令の送信ができないよう措置を講じること」などです．

（電波法施行規則第 42 条の 3）

問題 14 ★★　　➡2.8

次の記述は，無線局（包括免許に係るものを除く.）の廃止等について述べたものである．電波法（第22条から第24条まで及び第78条）の規定に照らし，[　　]内に入れるべき最も適切な字句の組合せを下の1から4までのうちから一つ選べ．

① 免許人は，その無線局を[A]なければならない．
② 免許人が無線局を廃止したときは，免許は，その効力を失う．
③ 無線局の免許がその効力を失ったときは，免許人であった者は，[B]しなければならない．
④ 無線局の免許がその効力を失ったときは，免許人であった者は，遅滞なく空中線の撤去その他の総務省令で定める[C]ために必要な措置を講じなければならない．

	A	B	C
1	廃止しようとするときは，あらかじめ総務大臣の許可を受け	速やかにその免許状を廃棄し，その旨を総務大臣に報告	電波の発射を防止する
2	廃止するときは，その旨を総務大臣に届け出	速やかにその免許状を廃棄し，その旨を総務大臣に報告	他の無線局に混信その他の妨害を与えない
3	廃止するときは，その旨を総務大臣に届け出	1箇月以内にその免許状を返納	電波の発射を防止する
4	廃止しようとするときは，あらかじめ総務大臣の許可を受け	1箇月以内にその免許状を返納	他の無線局に混信その他の妨害を与えない

答え▶▶▶3

問題 15 ★★★　　➡2.8

次の記述は，無線局（登録局を除く.）の免許が効力を失ったときに免許人であった者が執るべき措置について述べたものである．電波法（第24条及び第78条）の規定に照らし，[　　]内に入れるべき最も適切な字句の組合せを下の1から4までのうちから一つ選べ．

① 無線局の免許がその効力を失ったときは，免許人であった者は，[A]しなければならない．

② 無線局の免許がその効力を失ったときは，免許人であった者は，遅滞なく［B］の撤去その他の総務省令で定める［C］を講じなければならない．

	A	B	C
1	速やかにその免許状を廃棄し，その旨を総務大臣に報告	空中線	他の無線局に混信その他の妨害を与えないために必要な措置
2	速やかにその免許状を廃棄し，その旨を総務大臣に報告	送信装置	電波の発射を防止するために必要な措置
3	1箇月以内にその免許状を返納	送信装置	他の無線局に混信その他の妨害を与えないために必要な措置
4	1箇月以内にその免許状を返納	空中線	電波の発射を防止するために必要な措置

答え ▶▶▶ 4

2.9 無線局に関する情報の公表等

電波の有効利用促進のために，周波数割当計画の公示，電波の利用状況の調査を行います．また，無線局の免許情報はインターネットで公開されています．

電波法 第25条（無線局に関する情報の公表等）

総務大臣は，無線局の免許又は登録（以下「免許等」という．）をしたときは，総務省令で定める無線局を除き，その無線局の免許状又は登録状に記載された事項のうち総務省令で定めるものをインターネットの利用その他の方法により公表する．

2　前項の規定により公表する事項のほか，総務大臣は，**自己の無線局の開設又は周波数の変更をする場合**その他総務省令で定める場合に必要とされる**混信若しくは輻輳（ふくそう）**に関する調査又は当該終了促進措置を行うために必要な限度において，当該者に対し，無線局の無線設備の工事設計その他の無線局に関する事項に係る情報であって総務省令で定めるものを提供することができる．

3　前項の規定に基づき情報の提供を受けた者は，当該情報を同項の**調査**又は終了促進措置**の用に供する目的以外の目的のために利用し，又は提供**してはならない．

問題 16 ★ ➡2.9

次の記述は，無線局に関する情報の提供について述べたものである．電波法（第25条）の規定に照らし，［　　］内に入れるべき最も適切な字句の組合せを下の1から4までのうちから一つ選べ．

① 総務大臣は，［ A ］場合その他総務省令で定める場合に必要とされる［ B ］に関する調査を行おうとする者の求めに応じ，当該調査を行うために必要な限度において，当該者に対し，無線局の無線設備の工事設計その他の無線局に関する事項に係る情報であって総務省令で定めるものを提供することができる．

② ①に基づき情報の提供を受けた者は，当該情報を［ C ］してはならない．

	A	B	C
1	電波の能率的な利用に関する調査を行う	電波の利用状況	①の調査の用に供する目的以外の目的のために利用し，又は提供
2	電波の能率的な利用に関する調査を行う	混信又はふくそう	他人に利益を与え，又は他人に損害を加える目的に使用
3	自己の無線局の開設又は周波数の変更をする	電波の利用状況	他人に利益を与え，又は他人に損害を加える目的に使用
4	自己の無線局の開設又は周波数の変更をする	混信又はふくそう	①の調査の用に供する目的以外の目的のために利用し，又は提供

答え▶▶▶4

3章 無線設備

この章から **3** 問出題

無線設備は，送信機，受信機，空中線系，付帯設備などで構成されています．電波の質，送受信設備に必要な技術的条件などについて学びます．

3.1 無線局の無線設備

無線設備は，電波法第2条（4）で，「**「無線設備」とは，無線電信，無線電話その他電波を送り，又は受けるための電気的設備をいう．**」と規定されています．

無線設備は，送信設備，受信設備，空中線系，付帯設備などで構成されます．送信設備は送信機などの送信装置，受信設備は受信機などの受信装置です．空中線系には送信用空中線や受信用空中線がありますが，送受信を一つの空中線で共用する場合もあります．送信機や受信機と空中線を接続する給電線も必要です．給電線には同軸ケーブルや導波管などがあります．付帯設備には，安全施設，保護装置，周波数測定装置などがあります．

無線設備は，免許を要する無線局はもちろん，免許を必要としない無線局も電波法で規定する技術的条件に適合するものでなければなりません．

電波法に基づく命令の規定の解釈に関して，電波法施行規則第2条第1項で（1）～（93）まで定義されています．用語の意味がわからない場合は電波法施行規則第2条を確認するとよいでしょう．

電波法施行規則 第2条（定義等）第1項〈抜粋〉

（16）「単向通信方式」とは，**単一の通信の相手方に対し，送信のみを行う通信方式**をいう．

（17）「単信方式」とは，**相対する方向で送信が交互に行われる通信方式**をいう．

（18）「複信方式」とは，**相対する方向で送信が同時に行われる通信方式**をいう．

（19）「半複信方式」とは，**通信路の一端においては単信方式であり，他の一端においては複信方式である通信方式**をいう．

（20）「同報通信方式」とは，**特定の2以上の受信設備に対し，同時に同一内容の通報の送信のみを行う通信方式**をいう．

（44）「無給電中継装置」とは，**送信機，受信機その他の電源を必要とする機器を使用しないで電波の伝搬方向を変える中継装置**をいう．

(45)「無人方式の無線設備」とは，**自動的に動作する無線設備であって，通常の状態においては技術操作を直接必要としないもの**をいう．

(64)「混信」とは，他の無線局の正常な業務の運行を**妨害**する電波の発射，輻(ふく)射又は**誘導**をいう．

問題 1 ★★ ➡3.1

通信方式の定義を述べた次の記述のうち，電波法施行規則（第2条）の規定に照らし，この規定に定めるところに適合しないものはどれか．下の1から4までのうちから一つ選べ．

1 「単信方式」とは，単一の通信の相手方に対し，送信のみを行う通信方式をいう．

2 「複信方式」とは，相対する方向で送信が同時に行われる通信方式をいう．

3 「半複信方式」とは，通信路の一端においては単信方式であり，他の一端においては複信方式である通信方式をいう．

4 「同報通信方式」とは，特定の2以上の受信設備に対し，同時に同一内容の通報の送信のみを行う通信方式をいう．

解説　1 「**単一の通信の相手方に対し，送信のみを行う**通信方式」ではなく，正しくは「**相対する方向で送信が交互に行われる**通信方式」です．

答え▶▶▶ 1

問題 2 ★★★ ➡3.1

次の記述のうち，「無給電中継装置」の定義に適合するものはどれか．電波法施行規則（第2条）の規定に照らし，下の1から4までのうちから一つ選べ．

1 送信機，受信機その他の電源を必要とする機器を使用しないで電波の伝搬方向を変える中継装置をいう．

2 自動的に動作する無線設備であって，通常の状態においては技術操作を直接必要としないものをいう．

3 受信装置のみによって電波の伝搬方向を変える中継装置をいう．

4 電源として太陽電池を使用して自動的に中継する装置をいう．

答え▶▶▶ 1

問題 3 ★★ ➡3.1

次の記述は，「混信」の定義について述べたものである．電波法施行規則（第2条）の規定に照らし，［　　］内に入れるべき最も適切な字句の組合せを下の1から4までのうちから一つ選べ．

「混信」とは，他の無線局の正常な業務の運行を［ A ］する電波の発射，輻射（ふく）又は［ B ］をいう．

	A	B
1	妨害	誘導
2	妨害	反射
3	制限	誘導
4	制限	反射

答え▶▶▶ 1

問題 4 ★★★ ➡3.1

次の記述のうち，「無人方式の無線設備」の定義に適合するものはどれか．電波法規施行規則（第2条）の規定に照らし，下の1から4までのうちから一つ選べ．

1　無線設備の操作を全く必要としない無線設備をいう．
2　自動的に動作する無線設備であって，通常の状態においては技術操作を直接必要としないものをいう．
3　他の無線局が遠隔操作をすることによって動作する無線設備をいう．
4　無線従事者が常駐しない場所に設置されている無線設備をいう．

答え▶▶▶ 2

3.2　電波の型式と周波数の表示

3.2.1　電波の型式の表示

電波法施行規則　第4条の2（電波の型式の表示）〈一部改変〉

電波の主搬送波の変調の型式，主搬送波を変調する信号の性質及び伝送情報の型式は，**表3.1**～**表3.3**に掲げるように分類し，それぞれの記号をもって表示する．

■表 3.1　主搬送波の変調の型式を表す記号

主搬送波の変調の型式		記　号
(1) 無変調		N
(2) 振幅変調	両側波帯	A
	全搬送波による単側波帯	H
	低減搬送波による単側波帯	R
	抑圧搬送波による単側波帯	**J**
	独立側波帯	B
	残留側波帯	C
(3) 角度変調	**周波数変調**	**F**
	位相変調	**G**
(4) 同時に，又は一定の順序で振幅変調及び角度変調を行うもの		D
(5) パルス変調	無変調パルス列	P
	変調パルス列	
	ア　振幅変調	K
	イ　幅変調又は時間変調	L
	ウ　位置変調又は位相変調	M
	エ　パルスの期間中に搬送波を角度変調するもの	Q
	オ　アからエまでの各変調の組合せ又は他の方法によって変調するもの	V
(6) (1) から (5) までに該当しないものであって，同時に，又は一定の順序で振幅変調，角度変調又はパルス変調のうちの2以上を組み合わせて行うもの		W
その他のもの		X

■表 3.2　主搬送波を変調する信号の性質を表す記号

主搬送波を変調する信号の性質		記　号
(1) 変調信号のないもの		0
(2) **ディジタル信号である単一チャネルのもの**	**変調のための副搬送波を使用しないもの**	**1**
	変調のための副搬送波を使用するもの	2
(3) **アナログ信号である単一チャネルのもの**		**3**
(4) ディジタル信号である2以上のチャネルのもの		7
(5) **アナログ信号である2以上のチャネルのもの**		**8**
(6) ディジタル信号の1又は2以上のチャネルとアナログ信号の1又は2以上のチャネルを複合したもの		9
(7) その他のもの		X

■表 3.3 伝送情報の型式を表す記号

伝送情報の型式		記 号
(1) 無情報		N
(2) 電信	聴覚受信を目的とするもの	A
	自動受信を目的とするもの	B
(3) ファクシミリ		**C**
(4) データ伝送，遠隔測定又は遠隔指令		**D**
(5) 電話（音響の放送を含む.）		**E**
(6) テレビジョン（映像に限る.）		F
(7) (1) から (6) までの型式の組合せのもの		W
(8) その他のもの		X

電波の型式は,「主搬送波の変調の型式」,「主搬送波を変調する信号の性質」,「伝送情報の型式」の順序に従って表記します.

〈例〉「J8E」：アナログ式の周波数分割多重方式（多重信号を単側波変調した方式）

「G1D」：インマルサットなどに使われている位相変調したデータ伝送

「F3C」：周波数変調されたファクシミリ

3.2.2 周波数の表示

電波法施行規則 第 4 条の 3（周波数の表示）

電波の周波数は，3 000 kHz 以下のものは「kHz」，3 000 kHz をこえ 3 000 MHz 以下のものは「MHz」，3 000 MHz をこえ 3 000 GHz 以下のものは「GHz」で表示する．ただし，周波数の使用上特に必要がある場合は，この表示方法によらないことができる．

2 電波のスペクトルは，その周波数の範囲に応じ，**表 3.4** に掲げるように九の周波数帯に区分する．

■表 3.4　周波数帯の範囲と略称

周波数帯の周波数の範囲	周波数帯の番号	周波数帯の略称	メートルによる区分
3 kHz をこえ，30 kHz 以下	4	VLF	ミリアメートル波
30 kHz をこえ，300 kHz 以下	5	LF	キロメートル波
300 kHz をこえ，3 000 kHz 以下	6	MF	ヘクトメートル波
3 MHz をこえ，30 MHz 以下	7	HF	デカメートル波
30 MHz をこえ，300 MHz 以下	8	VHF	メートル波
300 MHz をこえ，3 000 MHz 以下	9	UHF	デシメートル波
3 GHz をこえ，30 GHz 以下	10	SHF	センチメートル波
30 GHz をこえ，300 GHz 以下	11	EHF	ミリメートル波
300 GHz をこえ，3 000 GHz（又は 3 THz）以下	12		デシミリメートル波

VLF：Very Low Frequency　　LF：Low Frequency
MF：Medium Frequency　　HF：High Frequency
VHF：Very High Frequency　　UHF：Ultra High Frequency
SHF：Super High Frequency　　EHF：Extremely High Frequency

問題 5 ★　➡ 3.2

次の表の各欄の記述は，それぞれ電波の型式の記号表示と主搬送波の変調の型式，主搬送波を変調する信号の性質及び伝送情報の型式に分類して表す電波の型式を示したものである．電波法施行規則（第 4 条の 2）の規定に照らし，［　　］内に入れるべき最も適切な字句の組合せを下の 1 から 4 までのうちから一つ選べ．

電波の型式の記号	電波の型式		
	主搬送波の変調の型式	主搬送波を変調する信号の性質	伝送情報の型式
J8E	A	アナログ信号である 2 以上のチャネルのもの	電話（音響の放送を含む．）
G1D	角度変調であって，位相変調	B	データ伝送，遠隔測定又は遠隔指令
F3C	角度変調であって，周波数変調	アナログ信号である単一チャネルのもの	C

	A	B	C
1	振幅変調であって，抑圧搬送波による単側波帯	デジタル信号である単一チャネルのものであって，変調のための副搬送波を使用しないもの	ファクシミリ
2	振幅変調であって，低減搬送波による単側波帯	デジタル信号である単一チャネルのものであって，変調のための副搬送波を使用するもの	ファクシミリ
3	振幅変調であって，低減搬送波による単側波帯	デジタル信号である単一チャネルのものであって，変調のための副搬送波を使用しないもの	テレビジョン（映像に限る.）
4	振幅変調であって，抑圧搬送波による単側波帯	デジタル信号である単一チャネルのものであって，変調のための副搬送波を使用するもの	テレビジョン（映像に限る.）

答え▶▶▶1

以前は電波の型式を問う問題がよく出題されていましたが，最近は出題が少なくなりました.

3.3 電波の質

電波法　第28条（電波の質）

送信設備に使用する電波の**周波数の偏差及び幅，高調波の強度等**電波の質は，総務省令(*)で定めるところに適合するものでなければならない.

（*）無線設備規則第5条～第7条

電波の質は，「周波数の偏差」「周波数の幅」「高調波の強度等」をいい，本章の最重要事項です.

3.3.1 周波数の許容偏差

送信装置から発射される電波の周波数は変動しないことが理想的です．発射される電波の源は通常水晶発振器などの発振器で信号を発生させます．精密に製作された水晶発振器はもちろん，たとえ原子発振器であっても，時間が経過すると周波数は，ずれてくる性質があります．すなわち，発射している電波の周波数は偏差を伴っていることになります．これを電波の**周波数の偏差**といいます．

電波法施行規則　第2条（定義等）第1項〈抜粋〉

(59)「周波数の許容偏差」とは，発射によって占有する周波数帯の中央の周波数の割当周波数からの許容することができる最大の偏差又は発射の**特性周波数の基準周波数**からの許容することができる最大の偏差をいい，**100万分率又はヘルツ**で表す．

電波法施行規則　第2条（定義等）第1項〈抜粋〉

(56)「割当周波数」とは，無線局に割り当てられた周波数帯の**中央の周波数**をいう．

(57)「特性周波数」とは，与えられた発射において**容易に識別し，かつ，測定することのできる周波数**をいう．

(58)「基準周波数」とは，割当周波数に対して，固定し，かつ，特定した位置にある周波数をいう．この場合において，この周波数の割当周波数に対する偏位は，特性周波数が発射によって占有する周波数帯の中央の周波数に対してもつ偏位と同一の**絶対値**及び同一の符号をもつものとする．

3.3.2　占有周波数帯幅の許容値

送信装置から発射される電波は，情報を送るために変調されます．変調されると，周波数に幅をもつことになります．この幅は変調の方式によって変化します．一つの無線局が広い「周波数の幅」を占有することは，多くの無線局が電波を使用することができなくなることを意味するので，周波数の幅を必要最小限に抑える必要があります．

占有周波数帯幅は**図3.1**に示すように，空中線電力の99％が含まれる周波数の幅と定義されています．

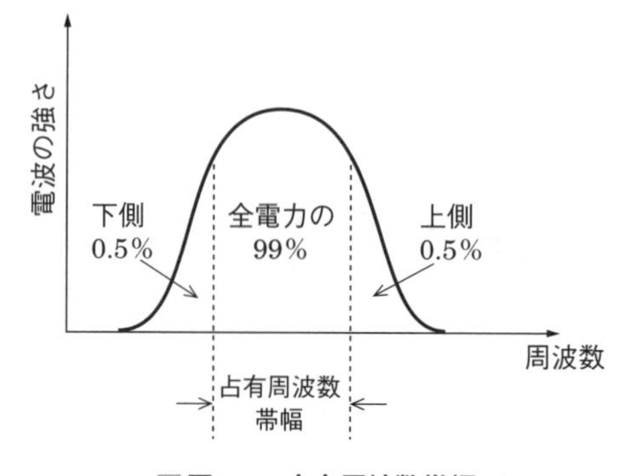

図3.1　占有周波数帯幅

電波法施行規則　**第2条（定義等）第1項〈抜粋〉**

（61）「占有周波数帯幅」とは，その上限の周波数をこえて輻射され，及びその下限の周波数未満において輻射される平均電力がそれぞれ与えられた発射によって輻射される全平均電力の**0.5%**に等しい上限及び下限の周波数帯幅をいう．ただし，周波数分割多重方式の場合，テレビジョン伝送の場合等**0.5%**の比率が占有周波数帯幅及び必要周波数帯幅の定義を実際に適用することが困難な場合においては，異なる比率によることができる．

3.3.3　不要発射の強度の許容値

発射する電波は，必然的に強度が弱いながら，その電波の周波数の2倍や3倍（これを高調波という）の周波数成分も発射しています．この「高調波の強度」が必要以上に強いと他の無線局に妨害を与えることになります．また，高調波成分だけでなく，他の不要な周波数成分も同時に発射している可能性もあります．したがって，これらの「不要発射」について厳格な規制があります．

電波法施行規則　**第2条（定義等）第1項〈抜粋〉**

（63）「スプリアス発射」とは，**必要周波数帯外**における1又は2以上の周波数の電波の発射であって，そのレベルを情報の伝送に影響を与えないで**低減**することができるものをいい，**高調波発射**，**低調波発射**，**寄生発射及び相互変調積**を含み，帯域外発射を含まないものとする．

（63）の2「帯域外発射」とは，**必要周波数帯**に近接する周波数の電波の発射で**情報の伝送のための変調の過程**において生ずるものをいう．

（63）の3「不要発射」とは，スプリアス発射及び帯域外発射をいう．

（63）の4「スプリアス領域」とは，帯域外領域の**外側**のスプリアス発射が支配的な周波数帯をいう．

（63）の5「帯域外領域」とは，**必要周波数帯**の**外側**の帯域外発射が支配的な周波数帯をいう．

これらを図で示したのが**図 3.2** です．

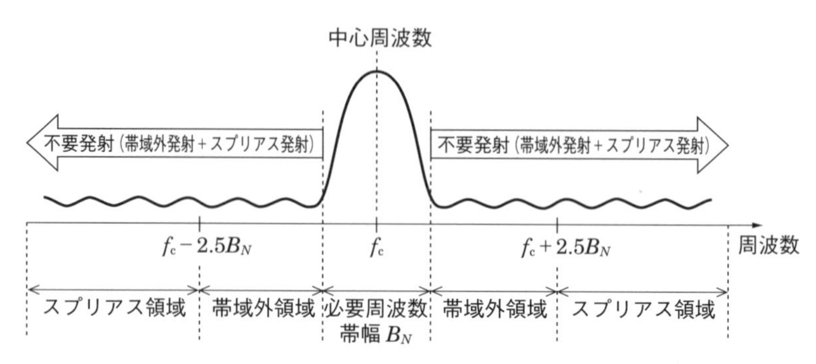

図 3.2　不要発射の周波数の範囲

問題 6 ★★★ ➡3.3

次の記述は，電波の質及び用語の定義について述べたものである．電波法（第 28 条）及び電波法施行規則（第 2 条）の規定に照らし，[　　]内に入れるべき最も適切な字句の組合せを下の 1 から 4 までのうちから一つ選べ．なお，同じ記号の[　　]内には，同じ字句が入るものとする．

① 送信設備に使用する電波の周波数の偏差及び幅，[A]電波の質は，総務省令で定めるところに適合するものでなければならない．

② 「周波数の許容偏差」とは，発射によって占有する周波数帯の中央の周波数の割当周波数からの許容することができる最大の偏差又は発射の[B]からの許容することができる最大の偏差をいい，百万分率又はヘルツで表す．

③ 「占有周波数帯幅」とは，その上限の周波数を超えて輻射され，及びその下限の周波数未満において輻射される平均電力がそれぞれ与えられた発射によって輻射される全平均電力の[C]に等しい上限及び下限の周波数帯幅をいう．ただし，周波数分割多重方式の場合，テレビジョン伝送の場合等[C]の比率が占有周波数帯幅及び必要周波数帯幅の定義を実際に適用することが困難な場合においては，異なる比率によることができる．

	A	B	C
1	高調波の強度等	特性周波数の基準周波数	0.5 パーセント
2	空中線電力の偏差等	特性周波数の基準周波数	0.1 パーセント
3	高調波の強度等	特性周波数の割当周波数	0.1 パーセント
4	空中線電力の偏差等	特性周波数の割当周波数	0.5 パーセント

答え▶▶▶ 1

出題傾向 下線の部分を穴埋めにした問題も出題されています．

問題 7 ★★★ ➡3.3.1

次の記述は，周波数に関する定義である．電波法施行規則（第2条）の規定に照らし，[　　]内に入れるべき最も適切な字句の組合せを下の1から4までのうちから一つ選べ．

① 「割当周波数」とは，無線局に割り当てられた周波数帯の[A]をいう．
② 「特性周波数」とは，与えられた発射において[B]をいう．
③ 「基準周波数」とは，割当周波数に対して，固定し，かつ，特定した位置にある周波数をいう．この場合において，この周波数の割当周波数に対する偏位は，特性周波数が発射によって占有する周波数帯の中央の周波数に対してもつ偏位と同一の[C]及び同一の符号をもつものとする．

	A	B	C
1	下限の周波数	容易に識別し，かつ，測定することのできる周波数	相対値
2	下限の周波数	必要周波数帯に隣接する周波数	絶対値
3	中央の周波数	必要周波数帯に隣接する周波数	相対値
4	中央の周波数	容易に識別し，かつ，測定することのできる周波数	絶対値

答え▶▶▶ 4

問題 8 ★★★ ➡3.3.3

次の記述は，「スプリアス発射」及び「帯域外発射」の定義を述べたものである．電波法施行規則（第2条）の規定に照らし，[　　]内に入れるべき最も適切な字句の組合せを下の1から4までのうちから一つ選べ．なお，同じ記号の[　　]内には，同じ字句が入るものとする．

① 「スプリアス発射」とは，[A]外における1又は2以上の周波数の電波の発射であって，そのレベルを情報の伝送に影響を与えないで[B]することができるものをいい，[C]を含み，帯域外発射を含まないものとする．
② 「帯域外発射」とは，[A]に近接する周波数の電波の発射で情報の伝送のための変調の過程において生ずるものをいう．

	A	B	C
1	必要周波数帯	低減	高調波発射，低調波発射，寄生発射及び相互変調積
2	送信周波数帯	低減	高調波発射及び低調波発射
3	送信周波数帯	除去	高調波発射，低調波発射，寄生発射及び相互変調積
4	必要周波数帯	除去	高調波発射及び低調波発射

答え▶▶▶ 1

3.4 送信設備の一般的条件

3.4.1 空中線電力

無線局は所定の空中線電力が空中線に供給されていないと，無線局の目的が達せられないことがある反面，過大な空中線電力が空中線に供給されると，電波が強すぎて他の無線局に妨害を与える可能性があります．空中線電力の許容値は送信設備の用途ごとに定められています．

空中線電力は「指定事項」の一つであり,「尖頭電力」「平均電力」「搬送波電力」「規格電力」があります．

空中線電力は送信機から給電線に供給される高周波の電力のことです．

電波法施行規則　第2条（定義等）第1項〈抜粋〉

(69)「尖（せん）頭電力」とは，通常の動作状態において，変調包絡線の最高尖頭における無線周波数1サイクルの間に送信機から空中線系の給電線に供給される平均の電力をいう．

(70)「平均電力」とは，通常の動作中の送信機から空中線系の給電線に供給される電力であって，変調において用いられる**最低周波数**の周期に比較して十分長い時間（通常，平均の電力が最大である約**10分の1秒間**）にわたって平均されたものをいう．

(71)「搬送波電力」とは，変調のない状態における無線周波数1サイクルの間に送信機から空中線系の給電線に供給される平均の電力をいう．ただし，この定義は，パルス変調の発射には適用しない．

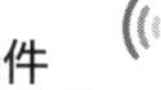

（72）「規格電力」とは，終段真空管の使用状態における出力規格の値をいう．
（78）「実効輻射電力」とは，空中線に供給される電力に，与えられた方向における空中線の**相対利得**を乗じたものをいう．
（78）の2「等価等方輻射電力」とは，空中線に供給される電力に，与えられた方向における空中線の絶対利得を乗じたものをいう．

3章

3.4.2　周波数安定のための条件

無線設備規則　第15条（周波数安定のための条件）

周波数をその許容偏差内に維持するため，送信装置は，できる限り**電源電圧又は負荷の変化**によって発振周波数に影響を与えないものでなければならない．
2　周波数をその許容偏差内に維持するため，発振回路の方式は，できる限り**外囲の温度若しくは湿度の変化**によって影響を受けないものでなければならない．
3　移動局（移動するアマチュア局を含む．）の送信装置は，実際上起こり得る**振動又は衝撃**によっても周波数をその許容偏差内に維持するものでなければならない．

無線設備規則　第16条（周波数安定のための条件）

水晶発振回路に使用する水晶発振子は，周波数をその許容偏差内に維持するため，次の（1），（2）の条件に適合するものでなければならない．
（1）発振周波数が当該送信装置の水晶発振回路により又はこれと同一の条件の回路によりあらかじめ試験を行って決定されているものであること
（2）恒温槽を有する場合は，恒温槽は水晶発振子の温度係数に応じてその温度変化の許容値を正確に維持するものであること

関連知識　恒温槽付水晶発振器

周波数安定度を向上させるために動作温度範囲にわたって影響の大きい部品を恒温槽の中で温度制御することにより，高安定化した水晶発振器で，OCXO（Oven Controlled Crystal Oscillator）と呼ばれています．周波数安定度は，1×10^{-7}～1×10^{-9}程度を得ることができます．

3.4.3　送信空中線の型式及び構成等

無線設備規則　第20条（送信空中線の型式及び構成等）

送信空中線の型式及び構成は，次の（1）から（3）に適合するものでなければならない．

（1）空中線の**利得及び能率**がなるべく大であること

（2）**整合**が十分であること

（3）満足な**指向特性**が得られること

無線設備規則　第22条（送信空中線の型式及び構成等）

空中線の指向特性は，次の（1）から（4）に掲げる事項によって定める．

（1）主輻射方向及び副輻射方向

（2）**水平面**の主輻射の角度の幅

（3）空中線を設置する位置の近傍にあるものであって電波の伝わる方向を乱すもの

（4）**給電線**よりの輻射

問題 9　★★★　➡3.4.1

空中線電力の定義を述べた次の記述のうち，電波法施行規則（第2条）の規定に照らし，この規定に定めるところに適合しないものはどれか．下の1から4までのうちから一つ選べ．

1 「規格電力」とは，終段真空管の使用状態における出力規格の値をいう．

2 「尖(せん)頭電力」とは，通常の動作状態において，変調包絡線の最高尖(せん)頭における無線周波数1サイクルの間に送信機から空中線系の給電線に供給される平均の電力をいう．

3 「搬送波電力」とは，変調のない状態における無線周波数1サイクルの間に送信機から空中線系の給電線に供給される平均の電力をいう．ただし，この定義は，パルス変調の発射には適用しない．

4 「平均電力」とは，通常の動作中の送信機から空中線系の給電線に供給される電力であって，変調において用いられる平均の周波数の周期に比較して十分長い時間（通常，平均の電力が最大である約2分の1秒間）にわたって平均されたものをいう．

解説 4 × 「**平均の**周波数…**約 2 分の 1** 秒間」ではなく，正しくは「**最低**周波数…**約 10 分の 1** 秒間」です．

答え ▶▶▶ 4

問題 10 ★★★ ➡ 3.4.1

次の記述のうち，「実効輻(ふく)射電力」の定義として，電波法施行規則（第 2 条）の規定に適合するものはどれか．下の 1 から 4 までのうちから一つ選べ．

1 「実効輻射電力」とは，空中線に供給される電力に，与えられた方向における空中線の相対利得を乗じたものをいう．
2 「実効輻射電力」とは，空中線に供給される電力に，与えられた方向における空中線の絶対利得を乗じたものをいう．
3 「実効輻射電力」とは，空中線系の給電線に供給される電力に，与えられた方向における空中線の相対利得を乗じたものをいう．
4 「実効輻射電力」とは，空中線系の給電線に供給される電力に，与えられた方向における空中線の絶対利得を乗じたものをいう．

解説 「尖頭電力」,「平均電力」,「搬送波電力」が送信機から空中線系の給電線に供給される電力に対し，「実効輻射電力」は，空中線に供給される電力です．

答え ▶▶▶ 1

問題 11 ★★★ ➡ 3.4.2

次の記述は，周波数の安定のための条件について述べたものである．無線設備規則（第 15 条）の規定に照らし，[ ] 内に入れるべき最も適切な字句の組合せを下の 1 から 4 までのうちから一つ選べ．

① 周波数をその許容偏差内に維持するため，送信装置は，できる限り [A] によって発振周波数に影響を与えないものでなければならない．
② 周波数をその許容偏差内に維持するため，発振回路の方式は，できる限り [B] によって影響を受けないものでなければならない．
③ 移動局（移動するアマチュア局を含む．）の送信装置は，実際上起り得る [C] によっても周波数をその許容偏差内に維持するものでなければならない．

	A	B	C
1	電源電圧又は負荷の変化	外囲の温度又は湿度の変化	気圧の変化
2	外囲の温度又は湿度の変化	電源電圧又は負荷の変化	振動又は衝撃
3	電源電圧又は負荷の変化	外囲の温度又は湿度の変化	振動又は衝撃
4	外囲の温度又は湿度の変化	電源電圧又は負荷の変化	気圧の変化

答え▶▶▶3

出題傾向　誤っている選択肢を選ぶ問題として，A～Cの部分が誤った内容になった問題を選ぶ問題も出題されています．

問題 12 ★★★　➡3.4.3

次に掲げる事項のうち，空中線の指向特性を定める事項に該当しないものはどれか．無線設備規則（第22条）の規定に照らし，下の1から4までのうちから一つ選べ．

1　主輻(ふく)射方向及び副輻射方向
2　空中線の利得及び能率
3　空中線を設置する位置の近傍にあるものであって電波の伝わる方向を乱すもの
4　給電線よりの輻射

答え▶▶▶2

出題傾向　選択肢が「垂直面の主輻射の角度の幅」（×）になる問題も出題されています．

問題 13 ★★★　➡3.4.3

次の記述は，送信空中線の型式及び構成等について述べたものである．無線設備規則（第20条及び第22条）の規定に照らし，［　　］内に入れるべき最も適切な字句の組合せを下の1から4までのうちから一つ選べ．

①　送信空中線の型式及び構成は，次の（1）から（3）までに掲げる事項に適合するものでなければならない．
（1）空中線の［ A ］がなるべく大であること．
（2）［ B ］が十分であること．
（3）満足な指向特性が得られること．

② 空中線の指向特性は，次の（1）から（4）までに掲げる事項によって定める．
（1）主輻（ふく）射方向及び副輻射方向
（2）［ C ］の主輻射の角度の幅
（3）空中線を設置する位置の近傍にあるものであって電波の伝わる方向を乱すもの
（4）給電線よりの輻射

	A	B	C
1	強度	整合	垂直面
2	強度	空中線からの輻射	水平面
3	利得及び能率	空中線からの輻射	垂直面
4	利得及び能率	整合	水平面

答え▶▶▶4

出題傾向　下線の部分を穴埋めにした問題も出題されています．

3.5 受信設備の一般的条件

受信設備といえども，内部に発振器が組み込まれています．これらの発振器から発する電波についても細かな規定があります．

電波法 第29条（受信設備の条件）

受信設備は，その副次的に発する電波又は高周波電流が，総務省令で定める限度を超えて**他の無線設備の機能**に支障を与えるものであってはならない．

3.5.1 副次的に発する電波等の限度

無線設備規則 第24条（副次的に発する電波等の限度）第1項

電波法第29条に規定する副次的に発する電波が**他の無線設備の機能に支障**を与えない限度は，受信空中線と**電気的常数**の等しい擬似空中線回路を使用して測定した場合に，その回路の電力が **4 nW** 以下でなければならない．

3.5.2　その他の条件

無線設備規則　第25条（その他の条件）

受信設備は，なるべく次の（1）から（4）に適合するものでなければならない．

（1）内部雑音が小さいこと

（2）感度が十分であること

（3）選択度が適正であること

（4）了解度が十分であること

問題 14　★★★　➡3.5.1

次の記述は，受信設備の条件について述べたものである．電波法（第29条）及び無線設備規則（第24条）の規定に照らし，［　　］内に入れるべき最も適切な字句の組合せを下の1から4までのうちから一つ選べ．なお，同じ記号の［　　］内には，同じ字句が入るものとする．

① 受信設備は，その副次的に発する電波又は高周波電流が，総務省令で定める限度を超えて［ A ］の機能に支障を与えるものであってはならない．

② ①の副次的に発する電波が［ A ］の機能に支障を与えない限度は，受信空中線と［ B ］の等しい擬似空中線回路を使用して測定した場合に，その回路の電力が［ C ］以下でなければならない．

③ 無線設備規則第24条（副次的に発する電波等の限度）第2項以下の規定において，別段の定めがあるものは②にかかわらず，その定めるところによるものとする．

	A	B	C
1	他の無線設備	利得及び能率	4 mW
2	他の無線設備	電気的常数	4 nW
3	重要無線通信に使用する無線設備	電気的常数	4 mW
4	重要無線通信に使用する無線設備	利得及び能率	4 nW

答え▶▶▶2

3.6　付帯設備の条件

無線設備は，人に危害を与えないこと，物に損傷を与えないような施設が求められます．また，安全性を確保するためにさまざまな規定があります．自局の発射する電波の周波数の監視のため，周波数測定装置を備え付けなければならない無線局もあります．

電波法　第30条（安全施設）

無線設備には，人体に危害を及ぼし，又は物件に損傷を与えることがないように，総務省令(*)で定める施設をしなければならない．

（*）電波法施行規則第21条の2～第27条

3.6.1　無線設備の安全性の確保

電波法施行規則　第21条の3（無線設備の安全性の確保）

無線設備は，破損，発火，発煙等により**人体に危害を及ぼし，又は物件に損傷を与えること**があってはならない．

3.6.2　電波の強度に対する安全施設

電波法施行規則　第21条の4（電波の強度に対する安全施設）〈抜粋〉

無線設備には，当該無線設備から発射される電波の強度（電界強度，磁界強度，電力束密度及び磁束密度をいう．）が所定の値を超える**場所（人が通常，集合し，通行し，その他出入りする場所に限る．）**に**取扱者**のほか容易に出入りすることができないように，施設をしなければならない．ただし，次の（1）から（4）に掲げる無線局の無線設備については，この限りではない．

（1）平均電力が**20 mW**以下の無線局の無線設備

（2）**移動する無線局**の無線設備

（3）地震，台風，洪水，津波，雪害，火災，暴動その他非常の事態が発生し，又は発生するおそれがある場合において，**臨時に開設する無線局**の無線設備

（4）（1）～（3）に掲げるもののほか，この規定を適用することが不合理であるものとして総務大臣が別に告示する無線局の無線設備

3.6.3　高圧電気に対する安全施設

電波法施行規則　第22条（高圧電気に対する安全施設）

高圧電気（高周波若しくは交流の電圧300 V又は直流の電圧**750 V**をこえる電気をいう.）を使用する電動発電機，変圧器，ろ波器，整流器その他の機器は，**外部より容易にふれることができないように，絶縁しゃへい体又は接地された金属しゃへい体の内に収容**しなければならない．ただし，**取扱者**のほか出入できないように設備した場所に装置する場合は，この限りでない．

電波法施行規則　第23条（高圧電気に対する安全施設）

送信設備の各単位装置相互間をつなぐ電線であって高圧電気を通ずるものは，**線溝**若しくは丈夫な絶縁体又は**接地された金属しゃへい体**の内に収容しなければならない．ただし，**取扱者**のほか出入できないように設備した場所に装置する場合は，この限りでない．

電波法施行規則　第24条（高圧電気に対する安全施設）

送信設備の調整盤又は外箱から露出する電線に高圧電気を通ずる場合においては，その電線が絶縁されているときであっても，電気設備に関する技術基準を定める省令の規定するところに準じて保護しなければならない．

電波法施行規則　第25条（高圧電気に対する安全施設）

送信設備の空中線，給電線若しくはカウンターポイズであって高圧電気を通ずるものは，その高さが人の歩行その他起居する平面から2.5 m以上のものでなければならない．ただし，次の（1），（2）の場合は，この限りでない．

（1）**2.5 m**に満たない高さの部分が，人体に容易にふれない構造である場合又は人体が容易にふれない位置にある場合

（2）移動局であって，その移動体の構造上困難であり，かつ，**無線従事者**以外の者が出入しない場所にある場合

3.6.4 空中線等の保安施設

電波法施行規則 第26条（空中線等の保安施設）

無線設備の空中線系には**避雷器又は接地装置**を，また，カウンターポイズには**接地装置**をそれぞれ設けなければならない．ただし，**26.175 MHz を超える**周波数を使用する無線局の無線設備及び**陸上移動局又は携帯局**の無線設備の空中線については，この限りではない．

関連知識 カウンターポイズ

空中線を接地することが困難な場所（岩盤の上など）に設置せざるを得ない場合に地上2～3 m程度のところに空中線の水平部分と平行に電線を大地と絶縁して張ること．電線と大地との間の静電容量を通して接地されます．

3.6.5 無線設備の保護装置

無線設備規則 第9条（電源回路のしゃ断等）

無線設備の電源回路には，ヒューズ又は自動しゃ断器を装置しなければならない．ただし，負荷電力10 W以下のものについては，この限りではない．

3.6.6 周波数測定装置の備付け

電波法 第31条（周波数測定装置の備付け）

総務省令(*)で定める送信設備には，その誤差が使用周波数の**許容偏差の2分の1以下**である周波数測定装置を備え付けなければならない．

（*）電波法施行規則第11条の3

電波法施行規則 第11条の3（周波数測定装置の備付け）

周波数測定装置を備え付けなければならない送信設備は，次の（1）から（8）に掲げる送信設備以外のものとする．

（1）**26.175 MHz を超える**周波数の電波を利用するもの

（2）空中線電力**10 W以下**のもの

（3）電波法第31条に規定する周波数測定装置を備え付けている相手方の無線局によってその使用電波の周波数が測定されることとなっているもの

（4）当該送信設備の無線局の免許人が別に備え付けた電波法第31条に規定する周波数測定装置をもってその使用電波の周波数を随時測定し得るもの

(5) 基幹放送局の送信設備であって，空中線電力 50 W 以下のもの
(6) 標準周波数局において使用されるもの
(7) アマチュア局の送信設備であって，当該設備から発射される電波の特性周波数を 0.025％以内の誤差で測定することにより，その電波の占有する周波数帯幅が，当該無線局が動作することを許される周波数帯内にあることを確認することができる装置を備え付けているもの
(8) その他総務大臣が別に告示するもの

問題 15 ★★★ ➡3.6.1 ➡3.6.2

次の記述は，無線設備の安全性の確保等について述べたものである．電波法施行規則（第 21 条の 3 及び第 21 条の 4）の規定に照らし，［　　］内に入れるべき最も適切な字句の組合せを下の 1 から 4 までのうちから一つ選べ．

① 無線設備は，破損，発火，発煙等により［ A ］ことがあってはならない．

② 無線設備には，当該無線設備から発射される電波の強度（電界強度，磁界強度，電力束密度及び磁束密度をいう．）が電波法施行規則別表第 2 号の 3 の 3（電波の強度の値の表）に定める値を超える場所（人が通常，集合し，通行し，その他出入りする場所に限る．）に取扱者のほか容易に出入りすることができないように，施設をしなければならない．ただし，次の（1）から（3）までに掲げる無線局の無線設備については，この限りではない．

(1) 平均電力が［ B ］以下の無線局の無線設備
(2) ［ C ］の無線設備
(3) (1) 及び (2) に掲げるもののほか，電波法施行規則第 21 条の 4（電波の強度に対する安全施設）第 1 項第 3 号又は第 4 号に定める無線局の無線設備

	A	B	C
1	他の電気的設備の機能に障害を与える	50 ミリワット	移動する無線局
2	人体に危害を及ぼし，又は物件に損傷を与える	50 ミリワット	移動業務の無線局
3	人体に危害を及ぼし，又は物件に損傷を与える	20 ミリワット	移動する無線局
4	他の電気的設備の機能に障害を与える	20 ミリワット	移動業務の無線局

答え▶▶▶3

下線の部分を穴埋めにした問題も出題されています.

問題 16 ★★★ ➡3.6.3

次の記述は，高圧電気（高周波若しくは交流の電圧 300 ボルト又は直流の電圧 750 ボルトを超える電気をいう.）に対する安全施設について述べたものである. 電波法施行規則（第 22 条，第 23 条及び第 25 条）の規定に照らし，［　　］内に入れるべき最も適切な字句の組合せを下の 1 から 4 までのうちから一つ選べ. なお，同じ記号の［　　］内には，同じ字句が入るものとする.

① 高圧電気を使用する電動発電機，変圧器，ろ波器，整流器その他の機器は，外部より容易に触れることができないように，絶縁しゃへい体又は［ A ］の内に収容しなければならない. ただし，取扱者のほか出入できないように設備した場所に装置する場合は，この限りでない.

② 送信設備の各単位装置相互間をつなぐ電線であって高圧電気を通ずるものは，［ B ］若しくは丈夫な絶縁体又は［ A ］の内に収容しなければならない. ただし，取扱者のほか出入できないように設備した場所に装置する場合は，この限りでない.

③ 送信設備の空中線，給電線又はカウンターポイズであって高圧電気を通ずるものは，その高さが人の歩行その他起居する平面から［ C ］以上のものでなければならない. ただし，次の（1）又は（2）の場合は，この限りでない.

（1）［ C ］に満たない高さの部分が，人体に容易に触れない構造である場合又は人体が容易に触れない位置にある場合

（2）移動局であって，その移動体の構造上困難であり，かつ，無線従事者以外の者が出入しない場所にある場合

	A	B	C
1	接地された金属しゃへい体	線溝	2.5 メートル
2	金属しゃへい体	外箱	2.5 メートル
3	接地された金属しゃへい体	外箱	3 メートル
4	金属しゃへい体	線溝	3 メートル

答え▶▶▶1

下線の部分を穴埋めにした問題も出題されています．また，電波法施行規則第 22 条～第 25 条の内容に適合するものや適合しないものを選ぶ問題が出題されています．第 23 条の「接地された金属しゃへい体」の部分が「赤色の彩色が施された」に，第 25 条の「2.5 m」の部分が「2.0 m」になっている問題が出題されていますので，文章を注意深く読みましょう．

問題 17 ★★ ➡3.6.4

次の記述は，空中線等の保安施設について述べたものである．電波法施行規則（第 26 条）の規定に照らし，［　　］内に入れるべき最も適切な字句の組み合わせを下の 1 から 4 までのうちから一つ選べ．

無線設備の空中線系には［ A ］を，また，カウンターポイズには接地装置をそれぞれ設けなければならない．ただし，［ B ］周波数を使用する無線局の無線設備及び［ C ］の無線設備の空中線については，この限りでない．

	A	B	C
1	避雷器及び接地装置	26.175 MHz 以下の	陸上移動局又は携帯局
2	避雷器又は接地装置	26.175 MHz を超える	陸上移動局又は携帯局
3	避雷器及び接地装置	26.175 MHz を超える	陸上移動業務又は携帯移動業務の無線局
4	避雷器又は接地装置	26.175 MHz 以下の	陸上移動業務又は携帯移動業務の無線局

答え▶▶▶ 2

下線の部分を穴埋めにした問題も出題されています．

問題 18 ★★★　➡3.6.6

周波数測定装置の備付け等に関する次の記述のうち，電波法（第31条及び第37条）及び電波法施行規則（第11条の3）の規定に照らし，これらの規定に定めるところに適合しないものはどれか．下の1から4までのうちから一つ選べ．

1　総務省令で定める送信設備には，その誤差が使用周波数の許容偏差の2分の1以下である周波数測定装置を備え付けなければならない．

2　26.175 MHz を超える周波数の電波を利用する送信設備には，電波法第31条に規定する周波数測定装置の備付けを要しない．

3　空中線電力100 W以下の送信設備には，電波法第31条に規定する周波数測定装置の備付けを要しない．

4　電波法第31条に規定する周波数測定装置を備え付けなければならない周波数測定装置は，その形式について，総務大臣の行う検定に合格したものでなければ，施設してはならない(注)．

（注）総務大臣が行う検定に相当する型式検定に合格している機器その他の機器であって総務省令で定めるものを施設する場合を除く．

解説　3　×　「空中線電力**100 W**以下の…」ではなく，正しくは「空中線電力**10 W**以下の…」です．

答え▶▶▶3

3.7　人工衛星局の条件

電波法　第36条の2（人工衛星局の条件）

人工衛星局の無線設備は，遠隔操作により**電波の発射を直ちに停止**することのできるものでなければならない．

2　人工衛星局は，その**無線設備の設置場所**を遠隔操作により変更することができるものでなければならない．ただし，総務省令で定める人工衛星局については，この限りでない．

「総務省令で定める人工衛星局」とは対地静止衛星に開設する人工衛星局以外の人工衛星局のことです．

問題 ⑲ ★★ ➡3.7

次の記述は，人工衛星局の条件について述べたものである．電波法（第36条の2）及び電波法施行規則（第32条の5）の規定に照らし，［　　］内に入れるべき最も適切な字句の組合せを下の1から4までのうちから一つ選べ．

① 人工衛星局の無線設備は，遠隔操作により［ A ］ことのできるものでなければならない．

② 人工衛星局は，その［ B ］を遠隔操作により変更することができるものでなければならない．ただし，総務省令で定める人工衛星局については，この限りでない．

③ ②の総務省令で定める人工衛星局は，対地静止衛星に開設する［ C ］とする．

	A	B	C
1	空中線電力を低下する	周波数	人工衛星局以外の人工衛星局
2	空中線電力を低下する	無線設備の設置場所	人工衛星局
3	電波の発射を直ちに停止する	周波数	人工衛星局
4	電波の発射を直ちに停止する	無線設備の設置場所	人工衛星局以外の人工衛星局

答え▶▶▶4

3.8 無線設備の機器の検定

電波法 第37条（無線設備の機器の検定）〈抜粋〉

次に掲げる無線設備の機器は，その型式について，総務大臣の行う検定に合格したものでなければ，施設してはならない．ただし，総務大臣が行う検定に相当する型式検定に合格している機器その他の機器であって総務省令で定めるものを施設する場合は，この限りでない．

（1）**電波法第31条の規定により備え付けなければならない周波数測定装置**

（2）船舶安全法第2条の規定に基づく命令により船舶に備えなければならないレーダー

（3）船舶に施設する救命用の無線設備の機器であって総務省令で定めるもの

（6）航空機に施設する無線設備の機器であって総務省令で定めるもの

問題 20 ★★★ ➡3.8

次に掲げる無線設備の機器のうち，その型式について，総務大臣の行う検定に合格したものでなければ施設してはならない機器に該当するものはどれか．電波法（第37条）の規定に照らし，下の1から4までのうちから一つ選べ．ただし，総務大臣が行う検定に相当する型式検定に合格している機器その他の機器であって総務省令で定めるものを施設する場合を除くものとする．

1　人命若しくは財産の保護又は治安の維持の用に供する無線局の無線設備の機器
2　電波法第31条の規定により備え付けなければならない周波数測定装置
3　電気通信業務の用に供する無線局の無線設備の機器
4　放送の業務の用に供する無線局の無線設備の機器

答え ▶▶▶ 2

4章　無線従事者

この章から 1 問出題

無線局を操作するには無線従事者でなければなりません．第一級陸上特殊無線技士の免許取得方法と操作可能な範囲，免許取得後の義務，主任無線従事者などについて学びます．

4.1 無線設備の操作

4.1.1 無線従事者とは

電波は拡散性があり，複数の無線局が同じ周波数を使用すると混信などを起こすことがあるため，誰もが勝手に無線設備を操作することはできません．そのため，無線局や放送局などの無線設備を操作するには，「無線従事者」でなければなりません．無線従事者は，電波法第2条（6）で**「「無線従事者」とは，無線設備の操作又はその監督を行う者であって，総務大臣の免許を受けたものをいう．」**と定義されています．すなわち，無線設備を操作するには，「無線従事者免許証」を取得して無線従事者になる必要があります．

一方，コードレス電話機やラジコン飛行機用の無線設備などは，電波を使用しているにもかかわらず，誰でも無許可で使えます．このように無線従事者でなくても操作可能な無線設備もあります．本章では，無線従事者について，第一級陸上特殊無線技士の国家試験で出題される範囲を中心に学びます．

4.1.2 無線設備の操作ができる者

無線局の無線設備を操作するには，無線従事者でなければなりません．

無線従事者は，無線設備の操作又はその監督を行う者であって，総務大臣の免許を受けたものです．

これら無線設備の操作については，電波法第39条で次のように規定されています．

電波法　第39条（無線設備の操作）

電波法第40条の定めるところにより無線設備の操作を行うことができる無線従事者（義務船舶局等の無線設備であって総務省令で定めるものの操作については，電波法第48条の2第1項の船舶局無線従事者証明を受けている無線従事者．以下この条において同じ．）以外の者は，無線局（アマチュア無線局を除く．以下この条において同じ．）の無線設備の操作の監督を行う者（以下「主任無線従事者」という.）として選任された者であって第 4 項の規定によりその選任の**届出**がされたものにより監督を受けなければ，無線局の無線設備の操作（簡易な操作であって総務省令で定めるものを除く.）を行ってはならない．ただし，船舶又は航空機が航行中であるため無線従事者を補充することができないとき，その他総務省令で定める場合は，この限りでない.

2　モールス符号を送り，又は受ける無線電信の操作その他総務省令で定める無線設備の操作は，前項本文の規定にかかわらず，電波法第 40 条の定めるところにより，無線従事者でなければ行ってはならない.

3　主任無線従事者は，電波法第 40 条の定めるところにより無線設備の操作の監督を行うことができる無線従事者であって，総務省令で定める事由に該当しないものでなければならない.

4　無線局の免許人等は，主任無線従事者を選任したときは，**遅滞なく，その旨を総務大臣に届け出なければならない．これを解任したときも，同様とする.**

電波法第 51 条にて「第 4 項の規定は，主任無線従事者以外の無線従事者の選任又は解任に準用する」とされています.

5　前項の規定によりその選任の届出がされた主任無線従事者は，無線設備の操作の監督に関し総務省令で定める職務を誠実に行わなければならない.

6　第 4 項の規定によりその選任の届出がされた主任無線従事者の監督の下に無線設備の操作に従事する者は，当該主任無線従事者が前項の職務を行うため必要であると認めてする指示に従わなければならない.

7　無線局（総務省令で定めるものを除く.）の免許人等は，第 4 項の規定によりその選任の届出をした主任無線従事者に，総務省令で定める期間ごとに，無線設備の操作の監督に関し総務大臣の行う講習を受けさせなければならない.

無線設備の操作には「通信操作」と「技術操作」があります.「通信操作」はマイクロフォン，キーボード，電鍵（モールス電信）などを使用して通信を行うために無線設備を操作すること.「技術操作」は通信や放送が円滑に行われるように，無線機器などを調整することです.

問題 1 ★★★ ➡4.1.2

次の記述のうち，無線従事者の選任又は解任の際に，無線局の免許人が執らなければならない措置に該当するものはどれか．電波法（第39条及び第51条）の規定に照らし，下の1から4までのうちから一つ選べ．

1　無線局の免許人は，無線従事者を選任したときは，遅滞なく，その旨を総務大臣に届け出なければならない．これを解任したときも，同様とする．
2　無線局の免許人は，無線従事者を選任しようとするときは，あらかじめ総務大臣に届け出なければならない．これを解任しようとするときも，同様とする．
3　無線局の免許人は，無線従事者を選任しようとするときは，あらかじめ総務大臣の許可を受けなければならない．これを解任しようとするときも，同様とする．
4　無線局の免許人は，無線従事者を選任しようとするときは，総務大臣に届け出て，その指示を受けなければならない．これを解任しようとするときも，同様とする．

答え▶▶▶ 1

4.2 主任無線従事者

「**主任無線従事者**」は，電波法第39条第3項で，「**無線設備の操作の監督を行うことができる無線従事者であって，総務省令で定める事由に該当しないものでなければならない.**」と規定されています．

主任無線従事者の監督下では無資格者でも無線設備の操作を行うことができます．

4.2.1 主任無線従事者の非適格事由

電波法施行規則　第34条の3（主任無線従事者の非適格事由）〈一部改変〉

主任無線従事者は，次に示す非適格事由に該当する者であってはならない．
(1) 電波法上の罪を犯し罰金以上の刑に処せられ，その執行を終わり，又はその執行を受けることがなくなった日から**2年**を経過しない者

(2) 電波法令の規定に違反したこと等により**業務に従事することを停止**され，その処分の期間が終了した日から**3箇月**を経過していない者
(3) 主任無線従事者として選任される日以前**5年間**において無線局の無線設備の操作又はその監督の業務に従事した期間が**3箇月**に満たない者

4.2.2 主任無線従事者の選解任

電波法 **第39条（無線設備の操作）第4項**

4 無線局の免許人等は，主任無線従事者を**選任したときは，遅滞なく**，その旨を**総務大臣に届け出**なければならない．解任したときも同様とする．

電波法 **第113条（罰則）〈抜粋〉**

(19) 電波法第39条第4項の規定に違反して届出をせず，又は虚偽の届出をした者は30万円以下の罰金に処する．

4.2.3 主任無線従事者の職務

電波法 **第39条（無線設備の操作）第5項**

5 主任無線従事者は，**無線設備の操作の監督**に関し総務省令で定める職務を誠実に行わなければならない．

電波法施行規則 **第34条の5（主任無線従事者の職務）**

主任無線従事者の職務は，次のとおりとする．
(1) 主任無線従事者の監督を受けて無線設備の操作を行う者に対する訓練（実習を含む．）の計画を**立案し**，**実施**すること．
(2) **無線設備の機器の点検若しくは保守**を行い，又はその監督を行うこと．
(3) **無線業務日誌その他の書類**を作成し，又はその作成を監督すること（記載された事項に関し必要な措置を執ることを含む．）．
(4) 主任無線従事者の職務を遂行するために必要な事項に関し**免許人等**に対して意見を述べること．
(5) その他無線局の**無線設備の操作の監督**に関し必要と認められる事項．

4.2.4　主任無線従事者の定期講習

免許人は，主任無線従事者に，無線設備の操作及び監督に関し，総務大臣の行う講習を受けさせなければならないとされています．

定期講習を受講する目的は，主任無線従事者は無線従事者の資格を持たない者に無線設備の操作をさせることができることから，最近の無線設備，電波法令の知識を習得して資格を持たない者を適切に監督ができるようにするためです．

講習の期間は次のようになっています．

電波法施行規則　第34条の7（講習の期間）〈一部改変〉

免許人等は，主任無線従事者を選任したときは，当該主任無線従事者に**選任の日から6箇月以内**に無線設備の**操作の監督**に関し総務大臣の行う講習を受けさせなければならない．

2　免許人等は，前項の講習を受けた主任無線従事者にその講習を受けた日から**5年以内**に講習を受けさせなければならない．当該講習を受けた日以降についても同様とする．

3　前2項の規定にかかわらず，船舶が航行中であるとき，その他総務大臣が当該規定によることが困難又は著しく不合理であると認めるときは，総務大臣が別に告示するところによる．

問題 2　★★　➡4.2

無線局（登録局を除く.）に選任される主任無線従事者に関する次の記述のうち，電波法（第39条）及び電波法施行規則（第34条の3，第34条の5及び第34条の7）の規定に照らし，これらの規定に定めるところに適合しないものはどれか．下の1から4までのうちから一つ選べ．

1　主任無線従事者は，電波法第40条（無線従事者の資格）の定めるところにより，無線設備の操作の監督を行うことができる無線従事者であって，主任無線従事者として選任される日以前3年間において無線局の無線設備の操作又はその監督の業務に従事した期間が6箇月以上でなければならない．

2　無線局の免許人は，主任無線従事者を選任したときは，遅滞なく，その旨を総務大臣に届け出なければならない．これを解任したときも，同様とする．

3　無線局の免許人によりその選任の届出がされた主任無線従事者は，当該主任無線従事者の監督を受けて無線設備の操作を行う者に対する訓練（実習を含む.）の計画を立案し，実施するなど，無線設備の操作の監督に関し総務省令で定める職務を誠実に行わなければならない.
4　無線局の免許人は，その選任の届出をした主任無線従事者に，選任の日から6箇月以内に無線設備の操作の監督に関し総務大臣の行う講習を受けさせなければならない.

解説　1　×「…選任される日以前**3年間**において…従事した期間が**6箇月**以上…」ではなく，正しくは「…選任される日以前**5年間**において…従事した期間が**3箇月**以上…」です.

答え▶▶▶1

4章

問題 3 ★★★　➡4.2.1

次の記述は，主任無線従事者の非適格事由について述べたものである．電波法（第39条）及び電波法施行規則（第34条の3）の規定に照らし，［　　］内に入れるべき最も適切な字句の組合せを下の1から4までのうちから一つ選べ.

① 主任無線従事者は，電波法第40条（無線従事者の資格）の定めるところにより無線設備の操作の監督を行うことができる無線従事者であって，総務省令で定める事由に該当しないものでなければならない.

② ①の総務省令で定める事由は，次の(1)から(3)までに掲げるとおりとする.

(1) 電波法第9章（罰則）の罪を犯し罰金以上の刑に処せられ，その執行を終わり，又はその執行を受けることがなくなった日から［A］を経過しない者であること.

(2) 電波法第79条（無線従事者の免許の取消し等）第1項第1号の規定により［B］され，その処分の期間が終了した日から3箇月を経過していない者であること.

(3) 主任無線従事者として選任される日以前5年間において無線局（無線従事者の選任を要する無線局でアマチュア局以外のものに限る.）の無線設備の操作又はその監督の業務に従事した期間が［C］に満たない者であること.

	A	B	C
1	1年	無線設備の操作の範囲を制限	3箇月
2	2年	無線設備の操作の範囲を制限	6箇月
3	2年	業務に従事することを停止	3箇月
4	1年	業務に従事することを停止	6箇月

答え▶▶▶3

問題 4 ★★ ➡4.2.2

無線局（登録局を除く.）に選任される主任無線従事者に関する次の記述のうち，電波法（第39条）の規定に照らし，この規定に定めるところに適合しないものはどれか．下の1から4までのうちから一つ選べ．

1　主任無線従事者は，電波法第40条（無線従事者の資格）の定めるところにより，無線設備の操作の監督を行うことができる無線従事者であって，総務省令で定める事由に該当しないものでなければならない．

2　無線局の免許人は，主任無線従事者を選任しようとするときは，あらかじめ，その旨を総務大臣に届け出なければならない．これを解任しようとするときも，同様とする．

3　無線局の免許人によりその選任の届出がされた主任無線従事者は，無線設備の操作の監督に関し総務省令で定める職務を誠実に行わなければならない．

4　無線局の免許人は，その選任の届出をした主任無線従事者に，総務省令で定める期間ごとに，無線設備の操作の監督に関し総務大臣の行う講習を受けさせなければならない．

解説　2　×「…選任**しようとするときは，あらかじめ，**…解任**しようとする**ときも，同様とする」ではなく，正しくは「…選任**したときは，遅滞なく，**…解任**した**ときも，同様とする」です．

答え▶▶▶2

問題 5 ★ ➡4.2.3

次の記述は，無線局（登録局を除く.）に選任された主任無線従事者の職務について述べたものである．電波法（第39条）及び電波法施行規則（第34条の5）の規定に照らし，[　　]内に入れるべき最も適切な字句の組合せを下の1から4までのうちから一つ選べ．なお，同じ記号の[　　]内には，同じ字句が入るものとする．

①　電波法第39条（無線設備の操作）第4項の規定によりその選任の届出がされた主任無線従事者は，[　A　]に関し総務省令で定める職務を誠実に行わなければならない．

②　①の総務省令で定める職務は，次の（1）から（5）までに掲げるとおりとする．

（1）主任無線従事者の監督を受けて無線設備の操作を行う者に対する訓練（実習を含む.）の計画を立案し，実施すること．

（2）[　B　]を行い，又はその監督を行うこと．

（3）無線業務日誌その他の書類を作成し，又はその作成を監督すること（記載された事項に関し必要な措置を執ることを含む.）．

(4) 主任無線従事者の職務を遂行するために必要な事項に関し[C]に対して意見を述べること.
(5) その他無線局の[A]に関し必要と認められる事項

	A	B	C
1	無線設備の管理	電波法に規定する申請若しくは届出	免許人
2	無線設備の操作の監督	電波法に規定する申請若しくは届出	総務大臣
3	無線設備の操作の監督	無線設備の機器の点検若しくは保守	免許人
4	無線設備の管理	無線設備の機器の点検若しくは保守	総務大臣

4章

解説　電波法令では,「監理」という語句は出てきても「管理」という語句はほとんどでてきません.

答え▶▶▶3

問題 6 ★★★　➡4.2.4

次の記述は,主任無線従事者の講習の期間について述べたものである.電波法施行規則(第34条の7)の規定に照らし,[ ]内に入れるべき最も適切な字句の組合せを下の1から4までのうちから一つ選べ.

① 無線局(総務省令で定める無線局及び登録局を除く.以下同じ.)の免許人は,主任無線従事者を[A]無線設備の操作の監督に関し総務大臣の行う講習を受けさせなければならない.

② 無線局の免許人は,①の講習を受けた主任無線従事者にその講習を受けた日から[B]に講習を受けさせなければならない.当該講習を受けた日以降についても同様とする.

	A	B
1	選任しようとするときは,あらかじめ	3年以内
2	選任しようとするときは,あらかじめ	5年以内
3	選任したときは,当該主任無線従事者に選任の日から6箇月以内に	3年以内
4	選任したときは,当該主任無線従事者に選任の日から6箇月以内に	5年以内

答え▶▶▶4

下線の部分を穴埋めにした問題も出題されています.

4.3 無線従事者の資格

無線従事者の資格は，電波法第40条にて（1）総合無線従事者，（2）海上無線従事者，（3）航空無線従事者，（4）陸上無線従事者，（5）アマチュア無線従事者の5系統に分類され，17区分の資格が定められています．また，電波法施行令第2条にて海上，航空，陸上の3系統の特殊無線技士は，さらに9資格に分けられています．したがって，無線従事者の資格は，合計で23種類あり，無線従事者の資格ごとに操作及び監督できる範囲が決められています．

第一級陸上特殊無線技士の操作の範囲を**表4.1**に示します．

■**表4.1　第一級陸上特殊無線技士の操作の範囲**

資　格	操作の範囲
第一級陸上特殊無線技士	（1）陸上の無線局の空中線電力500W以下の多重無線設備（多重通信を行うことができる無線設備でテレビジョンとして使用するものを含む．）で30MHz以上の周波数の電波を使用するものの技術操作 （2）（1）に掲げる操作以外の操作で第二級陸上特殊無線技士の操作の範囲に属するもの

第二級陸上特殊無線技士及び第三級陸上特殊無線技士の操作の範囲を**表4.2**に示します．

■**表4.2　第二級陸上特殊無線技士及び第三級陸上特殊無線技士の操作の範囲**

資　格	操作の範囲
第二級陸上特殊無線技士	（1）次に掲げる無線設備の外部の転換装置で電波の質に影響を及ぼさないものの技術操作 イ　受信障害対策中継放送局及びコミュニティ放送局の無線設備 ロ　陸上の無線局の空中線電力10W以下の無線設備（多重無線設備を除く．）で1 606.5kHzから4 000kHzまでの周波数の電波を使用するもの ハ　陸上の無線局のレーダーでロに掲げるもの以外のもの ニ　陸上の無線局で人工衛星局の中継により無線通信を行うものの空中線電力50W以下の多重無線設備 （2）第三級陸上特殊無線技士の操作の範囲に属する操作
第三級陸上特殊無線技士	陸上の無線局の無線設備（レーダー及び人工衛星局の中継により無線通信を行う無線局の多重無線設備を除く．）で次に掲げるものの外部の転換装置で電波の質に影響を及ぼさないものの技術操作． （1）空中線電力50W以下の無線設備で25 010kHzから960MHzまでの周波数の電波を使用するもの （2）空中線電力100W以下の無線設備で1 215MHz以上の周波数の電波を使用するもの

4.4 無線従事者の免許

無線従事者の免許を取得するには，「無線従事者国家試験に合格する」，「養成課程を受講して修了する」，「学校で必要な科目を修めて卒業する」，「認定講習を修了する」方法があります．これらのどれか一つを満たして無線従事者免許申請を行い，欠格事由に係る審査を受けた後，無線従事者免許証が交付されます．

無線従事者になろうとする者は，総務大臣の免許を受けなければなりません．

4.4.1 無線従事者免許の取得

無線従事者免許の取得について，電波法第41条で次のように規定しています．

電波法 第41条（免許）

無線従事者になろうとする者は，総務大臣の免許を受けなければならない．

2 無線従事者の免許は，次の各号のいずれかに該当する者（(2) から (4) までに該当する者にあっては，電波法第48条第1項後段の規定により期間を定めて試験を受けさせないこととした者で，当該期間を経過しないものを除く．）でなければ，受けることができない．

(1) 無線従事者国家試験に合格した者

(2) 無線従事者の養成課程で，総務大臣が総務省令で定める基準に適合するものであることの認定をしたものを修了した者

(3) 学校教育法 に基づく学校の区分に応じ総務省令で定める無線通信に関する科目を修めて卒業した者

イ 大学（短期大学を除く．）

ロ 短期大学又は高等専門学校

ハ 高等学校又は中等教育学校

(4) (1)～(3) に掲げる者と同等以上の知識及び技能を有する者として総務省令で定める同項の資格及び業務経歴その他の要件を備える者

4.4.2 第一級陸上特殊無線技士の国家試験

第一級陸上特殊無線技士の国家試験の試験科目は，「無線工学」，「法規」の2科目で，問題数，1問の配点，満点，合格点，試験時間は**表4.3**のようになっています．試験は毎年2月，6月，10月の3回実施されています．

■表 4.3　第一級陸上特殊無線技士の国家試験の試験科目と合格基準

試験科目	問題数	1問の配点	満　点	合格点	試験時間
無線工学	24	5	120	75	3時間
法規	12	5	60	40	

4.4.3　第一級陸上特殊無線技士の試験範囲

「第一級陸上特殊無線技士」の「無線工学」,「法規」の試験範囲は**表 4.4** に示すように無線従事者規則第5条に規定されています.

■表 4.4　第一級陸上特殊無線技士の試験範囲

科　目	内　容
無線工学	(1) 多重無線設備（空中線系を除く.）の理論，構造及び機能の概要 (2) 空中線系等の理論，構造及び機能の概要 (3) 多重無線設備及び空中線系等のための測定機器の理論，構造及び機能の概要 (4) 多重無線設備及び空中線系並びに多重無線設備及び空中線系等のための測定機器の保守及び運用の概要
法規	電波法及びこれに基づく命令の概要

4.5　無線従事者免許証

4.5.1　免許の申請

無線従事者規則　第46条（免許の申請）〈抜粋〉

無線従事者の免許を受けようとする者は，所定の様式の申請書に次に掲げる書類を添えて，総務大臣又は総合通信局長に提出しなければならない.

(1) 氏名及び生年月日を証する書類（住民票の写し等．住民票コード又は他の無線従事者免許証等の番号を記載すれば不要.）

(2) 医師の診断書（総務大臣又は総合通信局長が必要と認めるときに限る.）

(3) 写真（申請前6月以内に撮影した無帽，正面，上三分身，無背景の縦 30 mm，横 24 mm のもので，裏面に申請に係る資格及び氏名を記載したもの.）1枚

国家試験合格以外で免許を申請する場合は次に示す書類のいずれかが必要になります.

無線従事者規則　第46条（免許の申請）〈抜粋・一部改変〉

(4) 養成課程の修了証明書等（養成課程修了により免許を受けようとする場合に限る.）

(5)「大学」などの卒業者の場合は，科目履修証明書，履修内容証明書及び卒業証明書（総務大臣から無線通信に関する科目の適合確認を受けている教育課程を修了した者は履修内容証明書は不要.）

(6) 一定の資格及び業務経歴を有する者の場合は業務経歴証明書及び認定講習課程の修了証明書

4.5.2　免許の欠格事由

電波法　第42条（免許を与えない場合）

次のいずれかに該当する者に対しては，無線従事者の免許が与えないことができる.

(1) 電波法上の罪を犯し**罰金以上**の刑に処せられ，その執行を終わり，又はその執行を受けることがなくなった日から**2年**を経過しない者

(2) 無線従事者の免許を取り消され，取消しの日から**2年**を経過しない者

(3) **著しく心身に欠陥**があって無線従事者たるに適しない者

4.5.3　無線従事者の免許の取消し等

電波法　第79条（無線従事者の免許の取消し等）〈抜粋・一部改変〉

総務大臣は，無線従事者が下記に該当するときは，その免許を取り消し，又は3箇月以内の期間を定めて**その業務に従事することを停止**することができる.

(1) 電波法若しくは電波法に基く命令又はこれらに基く処分に違反したとき.

(2) 不正な手段により免許を受けたとき.

(3) 著しく心身に欠陥があって無線従事者たるに適しない者となったとき.

4.5.4　無線従事者免許証の交付

無線従事者規則　第47条（免許証の交付）

総務大臣又は総合通信局長は，免許を与えたときは，**図4.1**の免許証を交付する.

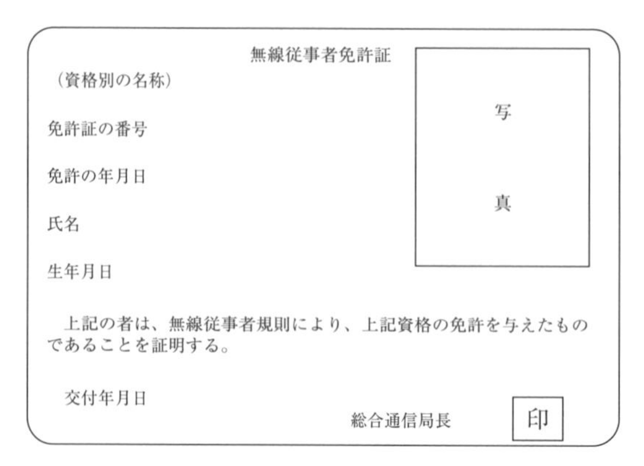
無線従事者免許証

（資格別の名称）

免許証の番号

免許の年月日

氏名

生年月日

写真

上記の者は、無線従事者規則により、上記資格の免許を与えたものであることを証明する。

交付年月日

総合通信局長　印

■図 4.1　無線従事者免許証

2　前項の規定により免許証の交付を受けた者は，無線設備の操作に関する知識及び技術の向上を図るように努めなければならない．

無線従事者免許証には有効期限はなく，書き換えの必要もなく一生涯有効です（無線局免許状には有効期限があります）．

4.5.5　無線従事者免許証の携帯

電波法施行規則　第 38 条（備付けを要する業務書類）第 10 項

10　無線従事者は，その業務に従事しているときは，**免許証を携帯**していなければならない．

4.5.6　無線従事者免許証の再交付

無線従事者規則　第 50 条（免許証の再交付）

無線従事者は，**氏名**に変更を生じたとき又は免許証を汚し，破り，若しくは失ったために免許証の再交付を受けようとするときは，所定の申請書に次に掲げる書類を添えて総務大臣又は総合通信局長に提出しなければならない．

（1）免許証（免許証を失った場合を除く．）

（2）写真 **1 枚**

（3）**氏名**の変更の事実を証する書類（**氏名**に変更を生じたときに限る．）

4.5.7 無線従事者免許証の返納

無線従事者規則 第51条（免許証の返納）

無線従事者は，免許の取消しの処分を受けたときは，その処分を受けた日から**10日以内**にその免許証を総務大臣又は総合通信局長に返納しなければならない．免許証の**再交付を受けた後失った免許証を発見したとき**も同様とする．

2 無線従事者が死亡し，又は失そうの宣告を受けたときは，戸籍法による死亡又は失そう宣告の届出義務者は，**遅滞なく**，その免許証を総務大臣又は総合通信局長に返納しなければならない．

問題 7 ★★ ➡4.5.2

無線従事者の免許が与えられないことがある者に関する次の事項のうち，電波法（第42条）の規定に照らし，この規定に定めるところに該当しないものはどれか．下の1から4までのうちから一つ選べ．

1 日本の国籍を有しなくなった者

2 電波法第9章（罰則）の罪を犯し罰金以上の刑に処せられ，その執行を終わり，又はその執行を受けることがなくなった日から2年を経過しない者

3 不正な手段により免許を受けて電波法第79条（無線従事者の免許の取消し等）の規定により，無線従事者の免許を取り消され，取消しの日から2年を経過しない者

4 電波法若しくは電波法に基づく命令又はこれらに基づく処分に違反して電波法第79条（無線従事者の免許の取消し等）の規定により，無線従事者の免許を取り消され，取消しの日から2年を経過しない者

解説 無線従事者免許証の取得には国籍は関係しません．

答え▶▶▶1

問題 8 ★★ ➡4.5.2 ➡4.5.3 ➡4.5.7

次の記述は，無線従事者の免許の取消し等について述べたものである．電波法（第42条及び第79条）及び無線従事者規則（第51条）の規定に照らし，[　　　]内に入れるべき最も適切な字句の組合せを下の1から4までのうちから一つ選べ．

① 総務大臣は，無線従事者が次の（1）から（3）までの一に該当するときは，その免許を取り消し，又は3箇月以内の期間を定めて［A］することができる．
（1）電波法若しくは電波法に基づく命令又はこれらに基づく処分に違反したとき．
（2）不正な手段により免許を受けたとき．
（3）電波法第42条（免許を与えない場合）第3号に該当するに至ったとき．
② 無線従事者は，①により無線従事者の免許の取消しの処分を受けたときは，その処分を受けた日から［B］以内にその免許証を総務大臣又は総合通信局長（沖縄総合通信事務所長を含む．）に返納しなければならない．
③ 総務大臣は，①の（1）又は（2）により無線従事者の免許を取り消され，取消しの日から［C］を経過しない者に対しては，無線従事者の免許を与えないことができる．

	A	B	C
1	その業務に従事することを停止	10日	2年
2	無線設備の操作の範囲を制限	10日	5年
3	無線設備の操作の範囲を制限	1箇月	2年
4	その業務に従事することを停止	1箇月	5年

答え▶▶▶1

問題 9 ★★★　➡4.5.5　➡4.5.6　➡4.5.7

次の記述は，無線従事者の免許証について述べたものである．電波法施行規則（第38条）及び無線従事者規則（第50条及び第51条）の規定に照らし，［　］内に入れるべき最も適切な字句の組合せを下の1から4までのうちから一つ選べ．なお，同じ記号の［　］内には，同じ字句が入るものとする．

① 無線従事者は，その業務に従事しているときは，免許証を［A］していなければならない．
② 無線従事者は，［B］に変更を生じたとき又は免許証を汚し，破り，若しくは失ったために免許証の再交付を受けようとするときは，申請書に次の（1）から（3）までに掲げる書類を添えて総務大臣又は総合通信局長（沖縄総合通信事務所長を含む．以下同じ．）に提出しなければならない．
（1）免許証（免許証を失った場合を除く．）　（2）写真1枚
（3）［B］の変更の事実を証する書類（［B］に変更を生じたときに限る．）

③ 無線従事者は，免許の取消しの処分を受けたときは，その処分を受けた日から［ C ］にその免許証を総務大臣又は総合通信局長に返納しなければならない．免許証の再交付を受けた後失った免許証を発見したときも同様とする．

	A	B	C
1	無線局に保管	氏名	30 日以内
2	携帯	氏名	10 日以内
3	携帯	氏名又は住所	30 日以内
4	無線局に保管	氏名又は住所	10 日以内

答え▶▶▶2

出題傾向　下線の部分を穴埋めにした問題も出題されています．

問題 10 ★★ ➡4.5.6 ➡4.5.7

無線従事者の免許証に関する次の記述のうち，無線従事者規則（第 50 条及び第 51 条）の規定に照らし，これらの規定に定めるところに適合しないものはどれか．下の 1 から 4 までのうちから一つ選べ．

1 無線従事者は，免許の取消しの処分を受けたときは，その処分を受けた日から 10 日以内にその免許証を総務大臣又は総合通信局長（沖縄総合通信事務所長を含む．）に返納しなければならない．

2 無線従事者は，免許証を失ったために免許証の再交付を受けようとするときは，無線従事者免許証再交付申請書に写真 1 枚を添えて総務大臣又は総合通信局長（沖縄総合通信事務所長を含む．）に提出しなければならない．

3 無線従事者は，免許証を失ったために免許証の再交付を受けた後失った免許証を発見したときは，1 箇月以内に再交付を受けた免許証を総務大臣又は総合通信局長（沖縄総合通信事務所長を含む．）に返納しなければならない．

4 無線従事者は，氏名に変更を生じたときに免許証の再交付を受けようとするときは，無線従事者免許証再交付申請書に免許証，写真 1 枚及び氏名の変更の事実を証する書類を添えて総務大臣又は総合通信局長（沖縄総合通信事務所長を含む．）に提出しなければならない．

解説 3 × 「…失った免許証を発見したときは，**1 箇月以内に再交付を受けた免許証**を…」ではなく，正しくは「…失った免許証を発見したときは，**10 日以内に失った免許証**を…」です．

答え▶▶▶3

5章 運用

この章から **2** 問出題

電波は拡散性があり，混信を避け能率的に無線局を運用するため運用方法が詳細に決まっています．無線通信の原則，無線局を運用するために必要な基本的事項を学びます．

同じ周波数で複数の無線局が電波を発射すると混信を起こします．無線局の運用を適切に行うことにより，混信や妨害を減らすことができ，電波を能率的に利用することができます．

電波法令は，無線局の運用の細目を定めており，すべての無線局に共通した事項と，それぞれ特有の業務を行う無線局ごとの事項があります．すべての無線局の運用に共通する事項を**表 5.1** に示します．

■表 5.1　すべての無線局の運用に共通する事項

事項	根拠
(1) 目的外使用の禁止（免許状記載事項の遵守）	（電波法 52，53，54，55 条）
(2) 混信等の防止	（電波法 56 条）
(3) 擬似空中線回路の使用	（電波法 57 条）
(4) 通信の秘密の保護	（電波法 59 条）
(5) 時計，業務書類等の備付け	（電波法 60 条）
(6) 無線局の通信方法	（電波法 58，61 条，無線局運用規則全般）
(7) 無線設備の機能の維持	（無線局運用規則 4 条）
(8) 非常の場合の無線通信	（電波法 74 条）

5.1　目的外使用の禁止（免許状記載事項の遵守）

無線局は免許状に記載されている範囲内で運用しなければなりません．ただし，「遭難通信」，「緊急通信」，「安全通信」，「非常通信」などを行う場合は，免許状に記載されている範囲を超えて運用することができます．

目的外使用の禁止について，電波法第 52 条～第 55 条で次のように規定しています．

電波法　第 52 条（目的外使用の禁止等）

無線局は，免許状に記載された**目的又は通信の相手方若しくは通信事項**（特定地上基幹放送局については放送事項）の範囲を超えて運用してはならない．ただし，次に掲げる通信については，この限りでない．

(1) 遭難通信（船舶又は航空機が重大かつ急迫の危険に陥った場合に遭難信号を前置する方法その他総務省令で定める方法により行う無線通信をいう．）

（2）緊急通信（船舶又は航空機が重大かつ急迫の危険に陥るおそれがある場合その他緊急の事態が発生した場合に緊急信号を前置する方法その他総務省令で定める方法により行う無線通信をいう.）
（3）安全通信（船舶又は航空機の航行に対する重大な危険を予防するために安全信号を前置する方法その他総務省令で定める方法により行う無線通信をいう.）
（4）非常通信（地震，台風，洪水，津波，雪害，火災，暴動その他非常の事態が発生し，又は発生するおそれがある場合において，有線通信を利用することができないか又はこれを利用することが著しく困難であるときに人命の救助，災害の救援，交通通信の確保又は秩序の維持のために行われる無線通信をいう.）
（5）放送の受信
（6）その他総務省令で定める通信

※遭難信号：MAYDAY（メーデー）
緊急信号：PAN PAN（パン パン）
安全信号：SECURITE（セキュリテ）

電波法 第53条（目的外使用の禁止等）

無線局を運用する場合においては，無線設備の設置場所，識別信号，**電波の型式及び周波数**は，免許状等に記載されたところによらなければならない．ただし，遭難通信については，この限りでない．

電波法 第54条（目的外使用の禁止等）

無線局を運用する場合においては，空中線電力は，次の（1）（2）の定めるところによらなければならない．ただし，遭難通信については，この限りでない．
（1）免許状等に記載されたものの範囲内であること．
（2）通信を行うため必要最小のものであること．

電波法 第55条（目的外使用の禁止等）

無線局は，免許状に記載された運用許容時間内でなければ，運用してはならない．ただし，遭難通信，緊急通信，安全通信，非常通信，放送の受信，その他総務省令で定める通信を行う場合及び総務省令で定める場合は，この限りでない．

電波法第52条（6）のその他総務省令で定める通信には33種類あります．例を挙げると次のような通信があります．

電波法施行規則 **第37条（免許状の目的等にかかわらず運用することができる通信）〈抜粋〉**

下記の（1）の通信を除くほか，船舶局についてはその船舶の航行中，航空機局についてはその航空機の航行中又は航行の準備中に限る.

（1）**無線機器の試験又は調整をするために行う通信**

（24）**電波の規正に関する通信**

（25）**非常の場合の無線通信の訓練のために行う通信**

問題 1 ★★★ ➡5.1

無線局の運用に関する次の記述のうち，電波法（第52条から第55条まで）の規定に照らし，これらの規定に定めるところに適合しないものはどれか．下の1から4までのうちから一つ選べ.

1 無線局を運用する場合においては，空中線電力は，免許状等に記載されたところによらなければならない．ただし，遭難通信，緊急通信，安全通信及び非常通信については，この限りでない.

2 無線局は，免許状に記載された目的又は通信の相手方若しくは通信事項の範囲を超えて運用してはならない．ただし，次に掲げる通信については，この限りでない.

（1）遭難通信　（2）緊急通信　（3）安全通信　（4）非常通信

（5）放送の受信　（6）その他総務省令で定める通信

3 無線局を運用する場合においては，無線設備の設置場所，識別信号，電波の型式及び周波数は，その無線局の免許状に記載されたところによらなければならない．ただし，遭難通信については，この限りでない.

4 無線局は，免許状に記載された運用許容時間内でなければ，運用してはならない．ただし，遭難通信，緊急通信，安全通信，非常通信，放送の受信その他総務省令で定める通信を行う場合及び総務省令で定める場合は，この限りでない.

解説 無線局を運用する場合においては，空中線電力は

(1)「免許状等に記載されたものの範囲内」

(2)「通信を行う必要最小のものであること」

としなくてはなりません．ただし，遭難通信については，この限りではありません.

答え▶▶▶ 1

問題 2 ★★★ ➡5.1

次に掲げる通信のうち，固定局（電気通信業務の通信を行う無線局を除く.）がその免許状に記載された目的等にかかわらず運用することができる通信に該当しないものはどれか. 電波法施行規則（第37条）の規定に照らし，下の1から4までのうちから一つ選べ.

1 電波の規正に関する通信
2 免許人以外の者のために行う通信
3 無線機器の試験又は調整をするために行う通信
4 電波法第74条（非常の場合の無線通信）第1項に規定する通信の訓練のために行う通信

答え▶▶▶2

電波法施行規則第37条の「免許状の目的等にかかわらず運用することができる通信」には（1）～（33）まで規定されていますが，一陸特で出題されているのは，「(1) 無線機器の試験又は調整をするために行う通信」，「(24) 電波の規正に関する通信」，「(25) 非常の場合の無線通信の訓練のために行う通信」です.

5.2 混信等の防止

電波法施行規則 第2条（定義等）〈抜粋〉

(64) 混信は，他の無線局の正常な業務の運行を妨害する電波の発射，輻（ふく）射又は誘導をいう.

この混信は，無線通信業務で発生するものに限定されており，送電線や高周波設備などから発生するものは含みません.

電波法 第56条（混信等の防止）第1項

無線局は，**他の無線局**又は電波天文業務（宇宙から発する電波の受信を基礎とする天文学のための当該電波の受信の業務をいう.）の用に供する受信設備その他の総務省令で定める受信設備（無線局のものを除く.）で総務大臣が指定するものにその**運用を阻害するような混信その他の妨害**を与えないように運用しなければならない. ただし，**遭難通信**，**緊急通信**，**安全通信**，**非常通信**については，この限りでない.

問題 3 ★★★ ➡5.2

次の記述は，混信等の防止について述べたものである．電波法（第 56 条）の規定に照らし，[ ]内に入れるべき最も適切な字句の組合せを下の 1 から 4 までのうちから一つ選べ．

無線局は，[A]又は電波天文業務の用に供する受信設備その他の総務省令で定める受信設備（無線局のものを除く．）で総務大臣が指定するものにその運用を阻害するような[B]を与えないように運用しなければならない．ただし，[C]については，この限りでない．

	A	B	C
1	他の無線局	混信	遭難通信
2	重要無線通信を行う無線局	混信その他の妨害	遭難通信
3	他の無線局	混信その他の妨害	遭難通信，緊急通信，安全通信及び非常通信
4	重要無線通信を行う無線局	混信	遭難通信，緊急通信，安全通信及び非常通信

答え▶▶▶ 3

出題傾向 下線の部分を穴埋めにした問題も出題されています．

5.3 擬似空中線回路の使用

電波法 第 57 条（擬似空中線回路の使用）

無線局は，次に掲げる場合には，なるべく擬似空中線回路を使用しなければならない．

(1) **無線設備の機器の試験又は調整を行うため**に運用するとき．

(2) **実験等無線局**を運用するとき．

実験等無線局とは，「科学若しくは技術の発達のための実験，電波利用の効率性に関する試験又は電波の利用の需要に関する調査に専用する無線局」のことです．

擬似空中線回路は，アンテナと等価な抵抗，インダクタンス，キャパシタンスで構成された回路で送信機の電波（エネルギー）を消費させます．電波を空中に放射しないので他の無線局を妨害することなく，無線機器などの試験や調整を行うことができます．

問題 4 ★★ ➡5.3

無線局がなるべく擬似空中線回路を使用しなければならない場合に関する次の事項のうち，電波法（第 57 条）の規定に照らし，この規定に定めるところに該当するものはどれか．下の 1 から 4 までのうちから一つ選べ．

1　実用化試験局を運用するとき．
2　無線設備の機器の試験又は調整を行うために運用するとき．
3　工事設計書に記載された空中線を使用することができないとき．
4　総務大臣が行う無線局の検査に際してその運用を必要とするとき．

答え▶▶▶2

5章

5.4　通信の秘密の保護

電波法第 59 条で，**「何人も法律に別段の定めがある場合を除くほか，特定の相手方に対して行われる無線通信を傍受してその存在若しくは内容を漏らし，又はこれを窃用してはならない．」**と規定され，通信の秘密が保護されています．これらの文言は，無線従事者免許証や無線局免許状にも記載されています．

電波法　第 109 条（罰則）

無線局の取扱中に係る**無線通信**の秘密を漏らし，又は窃用した者は，**1 年以下の懲役又は 50 万円以下の罰金**に処する．

2　**無線通信の業務に従事する者**がその業務に関し知り得た前項の秘密を漏らし，又は窃用したときは，2 年以下の懲役又は 100 万円以下の罰金に処する．

「法律に別段の定めがある場合」とは，犯罪捜査などが該当します．「傍受」は自分宛ではない無線通信を積極的意思を持ち受信することです．「窃用」は，無線通信の存在，内容をその無線通信の発信者又は受信者の意思に反して，自分又は第三者のために利用することをいいます．

問題 5 ★★★ ➡5.4

無線通信(注)の秘密の保護に関する次の記述のうち，電波法（第59条）の規定に照らし，この規定に定めるところに適合するものはどれか．下の1から4までのうちから一つ選べ．

（注）電気通信事業法第4条（秘密の保護）第1項又は第164条（適用除外等）第3項の通信であるものを除く．

1 何人も法律に別段の定めがある場合を除くほか，特定の相手方に対して行われる無線通信を傍受してその存在若しくは内容を漏らし，又はこれを窃用してはならない．

2 何人も法律に別段の定めがある場合を除くほか，特定の相手方に対して行われる暗語による無線通信を傍受してその存在若しくは内容を漏らし，又はこれを窃用してはならない．

3 何人も法律に別段の定めがある場合を除くほか，総務省令で定める周波数を使用して行われる無線通信を傍受してその存在若しくは内容を漏らし，又はこれを窃用してはならない．

4 何人も法律に別段の定めがある場合を除くほか，総務省令で定める周波数を使用して行われる暗語による無線通信を傍受してその存在若しくは内容を漏らし，又はこれを窃用してはならない．

答え▶▶▶1

出題傾向 穴埋めの問題も出題されていますので，電波法第59条の規定を覚えておきましょう．

5.5 無線局の通信方法及び無線通信の原則及び用語等

5.5.1 無線局の通信方法

電波法 第61条（通信方法等）

無線局の呼出し又は応答の方法その他の通信方法，時刻の照合並びに救命艇の無線設備及び方位測定装置の調整その他無線設備の機能を維持するために必要な事項の細目は，総務省令で定める．

電波法　第 58 条（アマチュア無線局の通信）

アマチュア無線局の行う通信には，暗語を使用してはならない.

アマチュア無線局とは，「金銭上の利益のためでなく，専ら個人的な無線技術の興味によって自己訓練，通信及び技術的研究の業務を行う無線局」のことです.

5.5.2　無線通信の原則及び用語等

無線局運用規則　第 10 条（無線通信の原則）

必要のない無線通信は，これを行ってはならない.

2　無線通信に使用する用語は，**できる限り簡潔でなければならない.**

3　無線通信を行うときは，自局の識別信号を付して，その出所を明らかにしなければならない.

識別信号とは，呼出符号や呼出名称のことです．呼出符号は無線電信と無線電話の両方で使用され，呼出名称は無線電話で使用されます.
例えば，中波放送を行っている NHK 東京第一放送の識別信号（呼出符号）は JOAK です.

4　無線通信は，正確に行うものとし，通信上の誤りを知ったときは，直ちに訂正しなければならない.

無線通信の原則は，国際法である「無線通信規則」（国内法の無線局運用規則と混同しないように注意）の「無線局からの混信」「局の識別」の規定より定められました.

問題 6　★★★　➡ 5.5.2

一般通信方法における無線通信の原則に関する次の記述のうち，無線局運用規則（第 10 条）の規定に照らし，この規定に定めるところに適合するものはどれか. 下の 1 から 4 までのうちから一つ選べ.

1 無線通信を行うときは，暗語を使用してはならない．
2 無線通信に使用する用語は，できる限り簡潔でなければならない．
3 無線通信は，試験電波を発射した後でなければ行ってはならない．
4 無線通信は，正確に行うものとし，通信上の誤りを知ったときは，通報の送信終了後一括して訂正しなければならない．

答え▶▶▶2

5.6 無線電話通信の方法

5.6.1 電波の発射前の措置

無線局運用規則 第19条の2（発射前の措置）

無線局は，相手局を呼び出そうとするときは，電波を発射する前に，受信機を最良の感度に調整し，自局の発射しようとする電波の周波数その他必要と認める周波数によって聴守し，他の通信に混信を与えないことを確かめなければならない．ただし，遭難通信，緊急通信，安全通信及び電波法第74条第1項（非常の場合の無線通信）に規定する通信を行う場合並びに海上移動業務以外の業務において他の通信に混信を与えないことが確実である電波により通信を行う場合は，この限りでない．

2 前項の場合において，他の通信に混信を与えるおそれがあるときは，その通信が終了した後でなければ呼出しをしてはならない．

通信の方法は無線電信の時代から存在していますので，無線電信の通信の方法が基準になっています．無線電話が開発されたのは，無線電信の後ですので，無線電話の通信方法は無線電信の通信方法の一部分を読み替えて行います（例えば，「DE」を「こちらは」に読み替える）．

5.6.2 呼出し

無線局運用規則 第20条（呼出し）〈抜粋・一部改変〉

呼出しは，順次送信する次に掲げる事項（以下「呼出事項」という．）によって行うものとする．

(1) 相手局の呼出符号　3回以下
(2) こちらは　1回
(3) 自局の呼出符号　3回以下

5.6.3 呼出しの反復及び再開

無線局運用規則 第21条（呼出しの反復及び再開）第1項

海上移動業務における呼出しは，1分間以上の間隔をおいて2回反復することができる．呼出しを反復しても応答がないときは，少なくとも3分間の間隔をおかなければ，呼出しを再開してはならない．

海上移動業務以外にも準用します．

5.6.4 呼出しの中止

無線局運用規則 第22条（呼出しの中止）

無線局は，自局の呼出しが他のすでに行われている通信に**混信**を与える旨の通知を受けたときは，**直ちにその呼出しを中止**しなければならない．無線設備の機器の試験又は調整のための電波の発射についても同様とする．

2　前項の通知をする無線局は，その通知をするに際し，分で表す概略の待つべき時間を示すものとする．

5.6.5 応答

無線局運用規則 第23条（応答）第1～3項〈一部改変〉

無線局は，自局に対する呼出しを受信したときは，直ちに応答しなければならない．

2　前項の規定による応答は，順次送信する次に掲げる事項（以下「応答事項」という．）によって行うものとする．

(1) 相手局の呼出符号　3回以下
(2) こちらは　1回
(3) 自局の呼出符号　1回

3　前項の応答に際して直ちに通報を受信しようとするときは，応答事項の次に「どうぞ」を送信するものとする．ただし，直ちに通報を受信することができない事由があるときは，「どうぞ」の代りに「お待ち下さい」及び分で表す概略の待つべき時間を送信するものとする．概略の待つべき時間が10分以上のときは，その理由を簡単に送信しなければならない．

5.6.6 不確実な呼出しに対する応答

無線局運用規則 第26条（不確実な呼出しに対する応答）〈一部改変〉

無線局は，自局に対する呼出しであることが確実でない呼出しを受信したときは，その呼出しが反覆され，かつ，自局に対する呼出しであることが確実に判明するまで応答してはならない．

2 自局に対する呼出しを受信した場合において，呼出局の呼出符号が不確実であるときは，応答事項のうち相手局の呼出符号の代りに「誰かこちらを呼びましたか」を使用して，直ちに応答しなければならない．

5.6.7 通報の送信

無線局運用規則 第29条（通報の送信）第1～3項〈一部改変〉

呼出しに対し応答を受けたときは，相手局が「お待ち下さい」を送信した場合及び呼出しに使用した電波以外の電波に変更する場合を除いて，直ちに通報の送信を開始するものとする．

2 通報の送信は，次に掲げる事項を順次送信して行うものとする．ただし，呼出しに使用した電波と同一の電波により送信する場合は，(1) から (3) までに掲げる事項の送信を省略することができる．

(1) 相手局の呼出符号　1回
(2) こちらは　1回
(3) 自局の呼出符号　1回
(4) 通報
(5) どうぞ　1回

3 前項の送信において，通報は，「終わり」をもって終わるものとする．

5.6.8 長時間の送信

無線局運用規則 第30条（長時間の送信）〈一部改変〉

無線局は，長時間継続して通報を送信するときは，30分（アマチュア局にあっては10分）ごとを標準として適当に「こちらは」及び自局の呼出符号を送信しなければならない．

5.6.9 通信の終了

無線局運用規則 第38条（通信の終了）〈抜粋・一部改変〉

通信が終了したときは，「さようなら」を送信するものとする.

5.6.10 試験電波の発射

無線局運用規則 第39条（試験電波の発射）〈一部改変〉

無線局は，無線機器の試験又は調整のため電波の発射を必要とするときは，発射する前に**自局の発射しようとする電波の周波数及びその他必要と認める周波数によって聴守**し，他の無線局の通信に**混信**を与えないことを確かめた後，次の符号を順次送信し，更に1分間聴守を行い，他の無線局から停止の請求がない場合に限り，「本日は晴天なり」の連続及び自局の呼出符号1回を送信しなければならない．この場合において，「本日は晴天なり」の連続及び自局の呼出符号の送信は，10秒間を超えてはならない.

（1）ただいま試験中　3回
（2）こちらは　1回
（3）自局の呼出符号　3回

2　前項の試験又は調整中は，しばしばその電波の**周波数**により聴守を行い，**他の無線局から停止の要求がないかどうか**を確かめなければならない.

3　第1項後段の規定にかかわらず，海上移動業務以外の業務の無線局にあっては，必要があるときは，10秒間を超えて「本日は晴天なり」の連続及び自局の呼出符号の送信をすることができる.

問題 7 ★★ ➡5.3 ➡5.6.4 ➡5.6.10

次の記述は，無線設備の機器の試験又は調整のための無線局の運用について述べたものである．電波法（第57条）及び無線局運用規則（第22条及び第39条）の規定に照らし，□内に入れるべき最も適切な字句の組合せを下の1から4までのうちから一つ選べ．なお，同じ記号の□内には，同じ字句が入るものとする.

① 無線局は，無線設備の機器の試験又は調整を行うために運用するときは，なるべく［ A ］を使用しなければならない．

② 無線局は，無線設備の機器の試験又は調整のため電波の発射を必要とするときは，発射する前に自局の発射しようとする電波の周波数及びその他必要と認める周波数によって聴守し，他の無線局の通信に［ B ］を与えないことを確かめなければならない．

③ ②の試験又は調整中は，しばしばその電波の周波数により聴守を行い，他の無線局から停止の要求がないかどうかを確かめなければならない．

④ 無線局は，③により聴守を行った結果，無線設備の機器の試験又は調整のための電波の発射が他の既に行われている通信に［ B ］を与える旨の通知を受けたときは，直ちに［ C ］しなければならない．

	A	B	C
1	送信空中線	混信	空中線電力を低減
2	送信空中線	障害	その電波の発射を中止
3	擬似空中線回路	混信	その電波の発射を中止
4	擬似空中線回路	障害	空中線電力を低減

答え▶▶▶3

問題 8 ★★ ➡5.3 ➡5.6.4 ➡5.6.10

無線設備の機器の試験又は調整のための無線局の運用に関する次の記述のうち，電波法（第 57 条）及び無線局運用規則（第 22 条及び第 39 条）の規定に照らし，これらの規定に定めるところに適合しないものはどれか．下の 1 から 4 までのうちから一つ選べ．

1 無線局は，無線設備の機器の試験又は調整を行うために運用するときは，なるべく擬似空中線回路を使用しなければならない．

2 無線局は，無線設備の機器の試験又は調整のため電波の発射を必要とするときは，発射する前に自局の発射しようとする電波の周波数及びその他必要と認める周波数によって聴守し，他の無線局の通信に混信を与えないことを確かめなければならない．

3 無線局は，無線設備の機器の試験又は調整中は，しばしば，周波数の偏差が許容値を超えていないかどうかを確かめなければならない．

4 無線局は，無線設備の機器の試験又は調整のための電波の発射が他の既に行われている通信に混信を与える旨の通知を受けたときは，直ちにその電波の発射を中止しなければならない．

解説 試験又は調整中は「**周波数の偏差が許容値を超えていないかどうか**」ではなく，「**他の無線局から停止の要求がないかどうか**」を確かめる必要があります．

答え▶▶▶3

選択肢4の「直ちにその電波の発射を中止しなければならない」の部分を「空中線電力を低減して電波を発射しなければならない」とした問題も出題されています．

5章

5.7 非常通信

非常通信とは，電波法第52条（4）において，「地震，台風，洪水，津波，雪害，火災，暴動その他非常の事態が発生し，又は発生するおそれがある場合において，**有線通信を利用することができないか又はこれを利用することが著しく困難であるとき**に人命の救助，災害の救援，**交通通信**の確保又は秩序の維持のために行われる無線通信」と定義されています．

無線局は，免許状に記載された目的又は通信の相手方若しくは通信事項（特定地上基幹放送局については放送事項）の範囲を超えて運用してはならないとされていますが，非常通信については，この限りではありません．

非常通信（電波法52条）と非常の場合の無線通信（電波法第74条）を混同しないようにしましょう．

問題 9 ★★★ ➡5.7

次の記述は，非常通信について述べたものである．電波法（第52条）の規定に照らし，[ ] 内に入れるべき最も適切な字句の組合せを下の1から4までのうちから一つ選べ．

非常通信とは，地震，台風，洪水，津波，雪害，火災，暴動その他非常の事態が発生し，又は発生するおそれがある場合において，[A] を [B] に人命の救助，災害の救援，[C] の確保又は秩序の維持のために行われる無線通信をいう．

	A	B	C
1	電気通信業務の通信	利用することができないか又はこれを利用することが著しく困難であるとき	電力の供給
2	電気通信業務の通信	利用することができないとき	交通通信
3	有線通信	利用することができないか又はこれを利用することが著しく困難であるとき	交通通信
4	有線通信	利用することができないとき	電力の供給

答え▶▶▶3

出題傾向 非常通信の定義「地震とは，…をいう」を選ぶ問題も出題されています．

Column 遭難通信と非常通信

山で遭難している者を見つけたアマチュア無線家が免許状の記載範囲外の救助要請を行うために通信する場合は遭難通信でしょうか．そうではありません．遭難通信は「船舶又は航空機が重大かつ急迫の危険に陥った場合に遭難信号を前置する方法その他総務省令で定める方法により行う無線通信をいう．」と規定されています．遭難通信はあくまで船舶又は航空機から発せられる通信です．山で遭難した者を救助するために行う通信は遭難通信ではなく，非常通信です．

5.8 非常時運用人による無線局の運用

無線局の免許人以外の他人使用が認められる特例があります.「地震，台風，洪水，津波，雪害，火災，暴動その他非常の事態が発生し，又は発生するおそれがある場合において，人命の救助，災害の救援，交通通信の確保又は秩序の維持のために必要な通信を行うとき」は無線局の免許が効力を有する間，無線局を自己以外のものに運用させることができます．この無線局を運用した者を「非常時運用人」といいます．なお，非常時運用人に関する監督については電波法施行規則第 41 条の 2 の 2 に規定されています．

5 章

電波法　第 70 条の 7（非常時運用人による無線局の運用）第 1 ～ 3 項

無線局（その運用が，専ら電波法第 39 条第 1 項本文の総務省令で定める簡易な操作（「簡易な操作」という.）によるものに限る.）の免許人等は，地震，台風，洪水，津波，雪害，火災，暴動その他非常の事態が発生し，又は発生するおそれがある場合において，人命の救助，災害の救援，交通通信の確保又は秩序の維持のために必要な通信を行うときは，当該無線局の免許等が効力を有する間，**当該無線局を自己以外の者に運用させる**ことができる.

2　前項の規定により無線局を自己以外の者に運用させた免許人等は，遅滞なく，当該無線局を運用する自己以外の者（以下「非常時運用人」という.）の氏名又は名称，**非常時運用人による運用の期間**その他の総務省令で定める事項を総務大臣に届け出なければならない.

3　前項に規定する免許人等は，当該無線局の運用が適正に行われるよう，総務省令で定めるところにより，非常時運用人に対し，**必要かつ適切な監督**を行わなければならない.

問題 10 ★★ ➡5.8

次の記述は，非常時運用人による無線局（登録局を除く.）の運用について述べたものである．電波法（第 70 条の 7）の規定に照らし，[　　]内に入れるべき最も適切な字句の組み合わせを下の 1 から 4 までのうちから一つ選べ.

① 無線局（注 1）の免許人は，地震，台風，洪水，津波，雪害，火災，暴動その他非常の事態が発生し，又は発生するおそれがある場合において，人命の救助，災害の救援，交通通信の確保又は秩序の維持のために必要な通信を行うときは，当該無線局の免許が効力を有する間，[A]ことができる.

（注 1）その運用が，専ら電波法第 39 条（無線設備の操作）第 1 項本文の総務省令で定める簡易な操作によるものに限る．以下同じ.

② ①により無線局を自己以外の者に運用させた免許人は，遅滞なく，当該無線局を運用する非常時運用人（注 2）の氏名又は名称，[B]その他の総務省令で定める事項を総務大臣に届け出なければならない.

（注 2）当該無線局を運用する自己以外の者をいう．以下同じ.

③ ②の免許人は，当該無線局の運用が適正に行われるよう，総務省令で定めるところにより，非常時運用人に対し，[C]を行わなければならない.

	A	B	C
1	総務大臣の許可を受けて当該無線局を自己以外の者に運用させる	非常時運用人による運用の期間	無線設備の取扱いの訓練
2	当該無線局を自己以外の者に運用させる	非常時運用人が指定した運用責任者の氏名	無線設備の取扱いの訓練
3	総務大臣の許可を受けて当該無線局を自己以外の者に運用させる	非常時運用人が指定した運用責任者の氏名	必要かつ適切な監督
4	当該無線局を自己以外の者に運用させる	非常時運用人による運用の期間	必要かつ適切な監督

答え▶▶▶ 4

6章 業務書類等

この章から 0～1 問出題

無線局には「無線局免許状」「無線局の免許申請書の写し」「無線業務日誌」などの書類や時計の備付けが必要ですが，それらの一部を省略できる無線局もあります．

6.1 備付けを要する業務書類等

電波法 第60条（時計，業務書類等の備付け）

無線局には，正確な時計及び無線業務日誌その他総務省令で定める書類を備え付けておかなければならない．ただし，総務省令で定める無線局については，これらの全部又は一部の備付けを省略することができる．

総務省令で定める書類には，「免許状」「無線局の免許の申請書の添付書類の写し」「無線設備等の変更の申請書及び届書の添付書類の写し」などがあります．

6章

6.1.1 時計

通信や放送においては，正確な時刻を知ることや報知することは大切です．そのため，無線局には正確な時計を備え付けておかねばなりません．

無線局運用規則 第3条（時計）

電波法第60条の時計は，その時刻を毎日1回以上中央標準時又は協定世界時に照合しておかなければならない．

関連知識 時計の備付けを省略できる無線局

「放送関係無線局」，「非常局」，「標準周波数局」，「特別業務の無線局」，「海上関係無線局」，「航空関係無線局」以外の無線局は時計の備付けを省略することができます．

6.1.2 業務書類

電波法第60条の規定により備え付けておかなければならない書類は，電波法施行規則第38条で定められています．無線局の種別ごとに違いがありますが，概ね，次のような書類があります．

（1）**免許状**

（2）無線局の免許の申請書の添付書類の写し（無線局事項書，工事設計書）

（3）無線局の変更の申請（届）書の添付書類の写し

電波法施行規則　第38条（備付けを要する業務書類）第9項

9　登録局に備え付けておかなければならない書類は，規定にかかわらず，登録状とする．

電波法施行規則　第38条（備付けを要する業務書類）第2項，第3項

2　船舶局，無線航行移動局又は船舶地球局にあっては，免許状は，主たる送信装置のある場所の見やすい箇所に掲げておかなければならない．ただし，掲示を困難とするものについては，その掲示を要しない．

3　遭難自動通報局（携帯用位置指示無線標識のみを設置するものに限る．），船上通信局，陸上移動局，携帯局，無線標定移動局，携帯移動地球局，陸上を移動する地球局であって停止中にのみ運用を行うもの又は移動する実験試験局（宇宙物体に開設するものを除く．），アマチュア局（人工衛星に開設するものを除く．），簡易無線局若しくは気象援助局にあっては，電波法施行規則第38条第1項の規定にかかわらず，その**無線設備の常置場所**（VSAT地球局にあっては，当該VSAT地球局の送信の制御を行う他の1の地球局（VSAT制御地球局）の無線設備の設置場所とする．）に**免許状を備え付けなければならない**．

平成30年3月1日から免許状の掲示義務（船舶局，無線航行移動局又は船舶地球局を除く）は廃止され，「無線設備の常置場所に免許状を備え付けなければならない」となりました．また，証票は廃止になりました．

6.2　無線局検査結果通知書

従来の無線検査簿の備付け義務は廃止になり，それに代わり検査結果は無線局検査結果通知書で免許人等に通知されるようになりました．

電波法施行規則　第39条（無線局検査結果通知書等）〈一部改変〉

総務大臣又は総合通信局長は，**落成検査，変更検査，定期検査又は臨時検査の結果に関する事項**を所定の様式の無線局検査結果通知書により免許人等又は予備免許を受けた者に通知するものとする．

2　電波法第73条第3項の規定により検査を省略したときは，その旨を所定の様式の無線局検査省略通知書により免許人に通知するものとする．

3　免許人等は，検査の結果について総務大臣又は総合通信局長から指示を受け相当な措置をしたときは，速やかにその措置の内容を**総務大臣又は総合通信局長に報告**しなければならない．

問題 1 ★★ ➡6.2 ➡7.3.1

次の記述は，無線局（登録局を除く.）の検査等について述べたものである．電波法（第 73 条）及び電波法施行規則（第 39 条）の規定に照らし，[　　] 内に入れるべき最も適切な字句の組み合わせを下の 1 から 4 までのうちから一つ選べ．

① 総務大臣は，総務省令で定める時期ごとに，あらかじめ通知する期日に，その職員を無線局（総務省令で定めるものを除く.）に派遣し，その無線設備等（無線設備，無線従事者の資格（主任無線従事者の要件に係るものを含む.）及び員数並びに時計及び書類をいう．以下同じ.）を検査させる．

② ①の検査は，当該無線局(注)の免許人から，①により総務大臣が通知した期日の [A] 前までに，当該無線局の無線設備等について電波法第 24 条の 2（検査等事業者の登録）第 1 項の登録を受けた者（無線設備等の点検の事業のみを行う者を除く.）が，総務省令で定めるところにより，当該登録に係る検査を行い，当該無線局の無線設備がその工事設計に合致しており，かつ，その無線従事者の資格及び員数並びに時計及び書類が電波法の関係規定にそれぞれ違反していない旨を記載した証明書の提出があったときは，①にかかわらず，[B] することができる．

（注）人の生命又は身体の安全の確保のためその適正な運用の確保が必要な無線局として総務省令で定めるものを除く．以下同じ．

③ 免許人は，検査の結果について総務大臣又は総合通信局長（沖縄総合通信事務所長を含む.）から指示を受け相当な措置をしたときは，速やかにその措置の内容を [C] しなければならない．

	A	B	C
1	1 月	一部を省略	無線局検査結果通知書の余白に記載
2	3 月	一部を省略	総務大臣又は総合通信局長（沖縄総合通信事務所長を含む.）に報告
3	3 月	省略	無線局検査結果通知書の余白に記載
4	1 月	省略	総務大臣又は総合通信局長（沖縄総合通信事務所長を含む.）に報告

解説　A，Bについては7.3.1の電波法第73条を参照してください．

答え▶▶▶4

6.3 無線業務日誌

電波法第60条に規定する無線業務日誌には，毎日決まった事項を記載しなければなりません．ただし，総務大臣又は総合通信局長において特に必要がないと認めた場合は，記載の一部を省略することができます．なお，使用を終わった無線業務日誌は，使用を終わった日から2年間保存しなければなりません．

関連知識　無線業務日誌の備付けを省略できる無線局

「放送関係無線局」，「非常局」，「海上関係無線局」，「航空関係無線局」以外の無線局は無線業務日誌の備付けを省略することができます．

7章 監督等

この章から **3～4** 問出題

監督には，公益上必要な監督（電波の規整），不適法運用等の監督（電波の規正），無線局の検査などの一般的な監督の3種類があり，電波法令違反者に対しては罰則があります．

ここでいう監督は，国が電波法令に掲載されている事項を達成するために，電波の規整，検査や点検，違法行為の予防，摘発，排除及び制裁などの権限を有するものです．また，免許人や無線従事者はこれらの命令に従わなければなりません．監督には**表7.1**に示すような，「公益上必要な監督」「不適法運用等の監督」「一般的な監督」の3種類があります．

■表7.1　監督の種類

	監督の種類	内　容
①	公益上必要な監督	電波の利用秩序の維持など公益上必要がある場合，「周波数若しくは空中線電力又は人工衛星局の無線設備の設置場所」の変更を命じる．非常の場合の無線通信を行わせる．（電波の規整）
②	不適法運用等の監督	「技術基準適合命令」，「臨時の電波発射停止」，「無線局の免許内容制限，運用停止及び免許取消し」，「無線従事者免許取消し」「免許を要しない無線局及び受信設備に対する電波障害除去の措置命令」などを行う．（電波の規正）
③	一般的な監督（電波法令の施行を確保するための監督）	無線局の検査，報告，電波監視などを実施する．

※上記①は免許人の責任となる事由のない場合，②は免許人の責任となる事由がある場合です．

監督には，「公益上必要な監督」「不適法運用等の監督」「一般的な監督」の3種類があります．

7.1 公益上必要な監督

7.1.1 周波数等の変更

電波法　第71条（周波数等の変更）第1項

総務大臣は，**電波の規整その他公益上**必要があるときは，無線局の**目的の遂行**に支障を及ぼさない範囲内に限り，当該無線局（登録局を除く．）の**周波数若しくは空中線電力**の指定を変更し，又は登録局の周波数若しくは空中線電力若しくは**人工衛星局**の無線設備の設置場所の変更を命ずることができる．

ただし,「電波の型式」,「識別信号」,「運用許容時間」などは,総務大臣の変更命令により変更することは許されていません.

7.1.2 非常の場合の無線通信

電波法 第74条(非常の場合の無線通信)

総務大臣は,地震,台風,洪水,津波,雪害,火災,暴動その他非常の事態が**発生し,又は発生するおそれがある場合**においては,人命の救助,**災害の救援**,交通通信の確保又は秩序の維持のために必要な通信を**無線局に行わせる**ことができる.

2 その通信を行わせたときは,国は,その通信に要した実費を弁償しなければならない.

「非常の場合の無線通信」と「非常通信」は似ていますが,「非常の場合の無線通信」は総務大臣の命令で行わせることに対し,「非常通信」は無線局の免許人の判断で行うものです.混同しないようにしよう.

電波法 第74条の2(非常の場合の通信体制の整備)

総務大臣は,前条第1項に規定する通信の円滑な実施を確保するため必要な体制を整備するため,非常の場合における**通信計画の作成**,通信訓練の実施その他の必要な措置を講じておかなければならない.

2 総務大臣は,前項に規定する措置を講じようとするときは,**免許人等の協力**を求めることができる.

問題1 ★★★ ➡7.1.1

次の記述は,総務大臣が行う無線局(登録局を除く.)に対する周波数等の変更命令について述べたものである.電波法(第71条)の規定に照らし,[　　]内に入れるべき最も適切な字句の組合せを下の1から4までのうちから一つ選べ.

総務大臣は,[A]必要があるときは,無線局の[B]に支障を及ぼさない範囲内に限り,当該無線局の[C]の指定を変更し,又は人工衛星局の無線設備の設置場所の変更を命ずることができる.

	A	B	C
1	電波の規整その他公益上	運用	電波の型式若しくは周波数
2	混信の除去その他特に	目的の遂行	電波の型式若しくは周波数
3	電波の規整その他公益上	目的の遂行	周波数若しくは空中線電力
4	混信の除去その他特に	運用	周波数若しくは空中線電力

答え▶▶▶3

問題 2 ★★★ ➡7.1.2

次の記述は，非常の場合の無線通信等について述べたものである．電波法（第74条及び第74条の2）の規定に照らし，[　　]内に入れるべき最も適切な字句の組合せを下の1から4までのうちから一つ選べ．なお，同じ記号の[　　]内には，同じ字句が入るものとする．

① 総務大臣は，地震，台風，洪水，津波，雪害，火災，暴動その他非常の事態が発生し，又は発生するおそれがある場合においては，人命の救助，[A]，交通通信の確保又は秩序の維持のために必要な通信を[B]に行わせることができる．

② 総務大臣が①により[B]に通信を行わせたときは，国は，その通信に要した実費を弁償しなければならない．

③ 総務大臣は，①の通信の円滑な実施を確保するため必要な体制を整備するため，非常の場合における[C]，通信訓練の実施その他の必要な措置を講じておかなければならない．

④ 総務大臣は，③の措置を講じようとするときは，免許人又は登録人の協力を求めることができる．

	A	B	C
1	遭難者救援	電気通信事業者	通信計画の作成
2	災害の救援	電気通信事業者	通信設備の整備
3	災害の救援	無線局	通信計画の作成
4	遭難者救援	無線局	通信設備の整備

答え▶▶▶3

下線の部分を穴埋めにした問題も出題されています．

7.2 不適法運用等の監督

7.2.1 技術基準適合命令

技術基準適合命令は，平成 23 年 3 月から施行された制度です．無線局の無線設備は所定の技術基準に適合しているべきものですが，技術基準に適合しない事態が発生した場合，「電波の発射停止命令」は過大すぎて不適当な部分もあります．そこで，「技術基準適合命令」で免許人に必要な措置をとるよう求めることができるようにしたものです．

電波法 第 71 条の 5（技術基準適合命令）

総務大臣は，無線設備が電波法第 3 章に定める技術基準に適合していないと認めるときは，当該無線設備を使用する無線局の免許人等に対し，その**技術基準に適合するように当該無線設備の修理その他の必要な措置をとるべきことを命ずることができる.**

7.2.2 電波の発射の停止

電波法 第 72 条（電波の発射の停止）

総務大臣は，無線局の発射する**電波の質が**電波法第 28 条の**総務省令で定めるものに適合していないと認めるとき**は，当該無線局に対して**臨時に電波の発射の停止**を命ずることができる.

電波の質とは，周波数の偏差，周波数の幅，高調波の強度等をいいます.

2　総務大臣は，臨時に電波の発射の停止の命令を受けた無線局からその発射する電波の質が電波法第 28 条の総務省令の定めるものに適合するに至った旨の申出を受けたときは，その無線局に**電波を試験的に発射**させなければならない.

3　総務大臣は，第 2 項の規定により発射する電波の質が電波法第 28 条の総務省令で定めるものに適合しているときは，直ちに**第 1 項の停止を解除**しなければならない.

電波法第 28 条で「送信設備に使用する電波の周波数の偏差及び幅，高調波の強度等電波の質は，総務省令で定めるところに適合するものでなければならない.」と規定されています.

7.2.3　無線局の免許の取消し等

(1) 無線局の運用の停止

電波法　第76条（無線局の免許の取消し等）第1項

総務大臣は，免許人等が電波法，放送法若しくはこれらの法律に基づく命令又はこれらに基づく処分に違反したときは，**3月以内**の期間を定めて**無線局の運用**の停止を命じ，又は期間を定めて**運用許容時間**，**周波数**若しくは**空中線電力**を制限することができる．

(2) 免許人の違法行為による免許の取消し

電波法　第76条（無線局の免許の取消し等）第4項〈一部改編〉

4　総務大臣は，免許人（包括免許人を除く．）が次の各号のいずれかに該当するときは，その免許を取り消すことができる．

(1) 正当な理由がないのに，無線局の運用を引き続き**6月以上休止**したとき．

周波数は有限で貴重なものですので，能率的な利用が求められます．無線局の免許を得ても長く運用を休止しているということは，その無線局自体が不要であり，貴重な周波数の無駄使いと認定され免許の取消しの対象になっても当然といえます．

(2) 不正な手段により無線局の免許若しくは変更等の許可を受け，又は申請による指定の変更を行わせたとき．

(3) 第1項の規定による命令又は制限に従わないとき．

(4) 免許人が電波法又は放送法に規定する罪を犯し罰金以上の刑に処せられ，その執行を終わり，又はその執行を受けることがなくなった日から**2年**を経過しない者．

免許人が欠格事由の規定により免許を受けることができない者となったとき，総務大臣は，無線局の免許を取り消さなければなりません．

7.2.4　無線従事者の免許の取消し等

無線従事者は総務大臣の免許を受けた者なので，電波法令を遵守しなければなりません．また，主任無線従事者に選任されている場合は，無資格者に無線設備の操作をさせることになりますので，より一層電波法令の遵守が求められます．無線従事者は法令違反したときは罰せられます．

電波法 第79条（無線従事者の免許の取消し等）第1項〈一部改変〉

総務大臣は，無線従事者が次の（1）～（3）の1つに該当するときは，その免許を取り消し，又は3箇月以内の期間を定めてその**業務に従事することを停止**することができる．

（1）**電波法若しくは電波法に基づく命令又はこれらに基づく処分に違反したとき**
（2）**不正な手段により免許を受けたとき**
（3）**著しく心身に欠陥があって無線従事者たるに適しない者となったとき**

7.2.5 免許を必要としない無線局の監督

免許を必要としない無線局や受信設備であっても，無線設備から発する微弱な電波や受信設備から副次的に発する電波もしくは高周波電流により他の無線設備に妨害を与えることがあります．そのため，電波法第82条で「総務大臣は，その設備の所有者又は占有者に対し，その障害を除去するために必要な措置を執るべきことを命ずることができる．」とされています．

電波法 第82条（免許等を要しない無線局及び受信設備に対する監督）

総務大臣は，「免許等を要しない無線局」の無線設備の発する電波又は受信設備が副次的に発する電波若しくは高周波電流が**他の無線設備**の機能に継続的かつ重大な障害を与えるときは，その設備の所有者又は占有者に対し，その障害を除去するために**必要な措置を執るべきこと**を命ずることができる．

2 総務大臣は，免許等を要しない無線局の無線設備について又は放送の受信を目的とする受信設備以外の受信設備について前項の措置をとるべきことを命じた場合において特に必要があると認めるときは，**その職員を当該設備のある場所に派遣し，その設備を検査させる**ことができる．

問題 3 ★★★ ➡7.2.1

次の記述のうち，総務大臣が，無線設備が電波法第3章（無線設備）に定める技術基準に適合していないと認めるときに当該無線設備を使用する無線局の免許人に対して行うことができる処分に該当するものはどれか．電波法（第71条の5）の規定に照らし，下の1から4までのうちから一つ選べ．

1 臨時に電波の発射の停止を命ずることができる.
2 技術基準に適合するように当該無線設備の修理その他の必要な措置を執るべきことを命ずることができる.
3 当該無線設備の使用を禁止することができる.
4 無線局の免許を取り消すことができる.

答え▶▶▶2

問題 4 ★★★ ➡7.2.2

次の記述は，電波の発射の停止について述べたものである．電波法（第 72 条）の規定に照らし，[ ]内に入れるべき最も適切な字句の組合せを下の 1 から 4 までのうちから一つ選べ．なお，同じ記号の[ ]内には，同じ字句が入るものとする．

① 総務大臣は，無線局の発射する[A]が電波法第 28 条の総務省令で定めるものに適合していないと認めるときは，当該無線局に対して臨時に電波の発射の停止を命ずることができる．
② 総務大臣は，①の命令を受けた無線局からその発射する[A]が電波法第 28 条の総務省令の定めるものに適合するに至った旨の申出を受けたときは，その無線局に[B]させなければならない．
③ 総務大臣は，②により発射する[A]が電波法第 28 条の総務省令で定めるものに適合しているときは，[C]しなければならない．

	A	B	C
1	電波の強度	電波の質の測定結果を報告	直ちに①の停止を解除
2	電波の質	電波の質の測定結果を報告	当該無線局に対してその旨を通知
3	電波の質	電波を試験的に発射	直ちに①の停止を解除
4	電波の強度	電波を試験的に発射	当該無線局に対してその旨を通知

答え▶▶▶3

下線の部分を穴埋めにした問題も出題されています．

問題 5 ★★★ ➡7.2.3

次に掲げる処分のうち，無線局（登録局を除く.）の免許人が電波法，放送法若しくはこれらの法律に基づく命令又はこれらに基づく処分に違反したときに総務大臣から受けることがある処分に該当しないものはどれか．電波法（第76条）の規定に照らし，下の1から4までのうちから一つ選べ．

1　期間を定めて行う通信の相手方又は通信事項の制限

2　期間を定めて行う運用許容時間の制限

3　期間を定めて行う空中線電力の制限

4　期間を定めて行う周波数の制限

解説　期間を定めて行う制限は，**運用許容時間**，**周波数**，**空中線電力**の3つです．

答え▶▶▶ 1

問題 6 ★★ ➡7.2.4

次に掲げる事項のうち，無線従事者がその免許を取り消されることがあるときに該当しないものはどれか．電波法（第79条）の規定に照らし，下の1から4までのうちから一つ選べ．

1　不正な手段により無線従事者の免許を受けたとき．

2　正当な理由がないのに，無線通信の業務に5年以上従事しなかったとき．

3　電波法若しくは電波法に基づく命令又はこれらに基づく処分に違反したとき．

4　著しく心身に欠陥があって無線従事者たるに適しない者に該当するに至ったとき．

解説　2　×　無線従事者免許証は一生涯有効で，無線通信の業務に従事しなくても効力は失効しません．

答え▶▶▶ 2

問題 7 ★★★ ➡7.2.5

次の記述は，免許等を要しない無線局(注)及び受信設備に対する監督について述べたものである．電波法（第82条）の規定に照らし，［　　］内に入れるべき最も適切な字句の組合せを下の1から4までのうちから一つ選べ．

（注）電波法第4条（無線局の開設）第1号から第3号までに掲げる無線局をいう．

① 総務大臣は，免許等を要しない無線局の無線設備の発する電波又は受信設備が副次的に発する電波若しくは高周波電流が［A］の機能に継続的かつ重大な障害を与えるときは，その設備の所有者又は占有者に対し，その障害を除去するために［B］を命ずることができる．

② 総務大臣は，免許等を要しない無線局の無線設備について又は放送の受信を目的とする受信設備以外の受信設備について①の措置を執るべきことを命じた場合において特に必要があると認めるときは，［C］ことができる．

	A	B	C
1	他の無線設備	必要な措置を執るべきこと	その職員を当該設備のある場所に派遣し，その設備を検査させる
2	電気通信業務の用に供する無線局の無線設備	設備の使用を中止する措置を執るべきこと	その職員を当該設備のある場所に派遣し，その設備を検査させる
3	他の無線設備	設備の使用を中止する措置を執るべきこと	その事実及び措置の内容を記載した書面の提出を求める
4	電気通信業務の用に供する無線局の無線設備	必要な措置を執るべきこと	その事実及び措置の内容を記載した書面の提出を求める

答え▶▶▶ 1

7.3　一般的な監督（無線局の検査）

無線局に対する検査には,「新設検査」「変更検査」「定期検査」「臨時検査」の他に「免許を要しない無線局の検査」があります.「新設検査」と「変更検査」は2章の無線局の免許に関することに該当しますので，ここでは,「**定期検査**」と「**臨時検査**」について述べることにします.

監督で扱う検査は,「定期検査」と「臨時検査」です.

7.3.1　定期検査

定期検査は一定の時期ごとに行われる検査であり，無線局が電波法令に適合しているかどうかを実際に把握するために行われます.

電波法 第73条（検査）第1～4項〈一部改変〉

総務大臣は，**総務省令で定める時期ごと**に，あらかじめ通知する期日に，その職員を無線局（総務省令で定めるものを除く.）に派遣し，その無線設備等を検査させる（臨局検査）．ただし，当該無線局の発射する電波の質又は空中線電力に係る無線設備の事項以外の事項の検査を行う必要がないと認める無線局については，その無線局に電波の発射を命じて，その発射する電波の質又は空中線電力の検査を行う（非臨局検査）.

2 前項の検査は，当該無線局についてその検査を同項の総務省令で定める時期に行う必要がないと認める場合及び当該無線局のある船舶又は航空機が当該時期に外国地間を航行中の場合においては，同項の規定にかかわらず，その時期を延期し，又は省略することができる.

3 第1項の検査は，当該無線局（人の生命又は身体の安全の確保のためその適正な運用の確保が必要な無線局として総務省令で定めるものを除く．以下この項において同じ.）の免許人から，第1項の規定により総務大臣が通知した期日の**1月前**までに，当該無線局の無線設備等について電波法第24条の2第1項の登録を受けた者（無線設備等の点検の事業のみを行う者を除く.）が，総務省令で定めるところにより，当該登録に係る検査を行い，当該無線局の無線設備がその工事設計に合致しており，かつ，その無線従事者の資格及び員数が電波法第39条又は電波法第39条の13，電波法第40条及び電波法第50条の規定に，その時計及び書類が電波法第60条の規定にそれぞれ違反していない旨を記載した証明書の提出があったときは，第1項の規定にかかわらず，**省略することができる**.

4 第1項の検査は，当該無線局の免許人から，同項の規定により総務大臣が通知した期日の1箇月前までに，当該無線局の無線設備等について電波法第24条の2第1項の登録検査等事業者又は電波法第24条の13第1項の登録外国点検事業者が総務省令で定めるところにより行った当該登録に係る点検の結果を記載した書類（無線設備等の点検実施報告書）の提出があったときは，第1項の規定にかかわらず，その**一部を省略**することができる.

7.3.2 臨時検査

定期検査は一定の時期ごとに行われる検査ですが，その他に一定の事由がある場合に行われる検査に臨時検査があります．臨時に検査が行われるのは次のような場合などがあります.

- 電波法第 71 条の 5（技術基準適合命令）の無線設備の**修理**その他の必要な措置をとるべきことを命じたとき．　**（電波法第 73 条第 5 項）**
- 無線局のある船舶又は航空機が外国へ出港しようとする場合．　**（電波法第 73 条第 6 項）**
- 無線局の発射する**電波の質**が総務省令で定めるものに適合してないと認められ，当該無線局に対して**臨時**に電波の発射の停止を命じられた場合．　**（電波法第 72 条第 1 項）**
- 電波の発射の停止命令を受けた無線局から，免許人が措置を講じ電波の質が総務省令の定めるものに適合するに至った旨の申出を受けたとき．　**（電波法第 72 条第 2 項）**

このとき，総務大臣はその無線局に電波を試験的に発射させなければいけません．

- 電波法の施行を確保するため特に必要がある場合．　**（電波法第 71 条 6）**

7.3.3　報告

遭難通信や非常通信を行ったとき，または電波法令に違反して運用している無線局を認めた場合などは，速やかに文書で総務大臣に報告しなければなりません．電波法令に違反して運用している無線局を認めた場合の報告は，広く免許人等の協力により電波行政の目的を達成しようとするものです．

電波法　第 80 条（報告等）

無線局の免許人等は，次の（1）～（3）に掲げる場合は，**総務省令で定める手続により，総務大臣に報告**しなければならない．

（1）**遭難通信，緊急通信，安全通信又は非常通信**を行ったとき

（2）**電波法又は電波法に基づく命令の規定に違反して運用した無線局を認めたとき**

（3）無線局が外国において，あらかじめ総務大臣が告示した以外の運用の制限をされたとき

電波法 第81条（報告等）

総務大臣は，**無線通信の秩序の維持**その他**無線局の適正な運用を確保**するため必要があると認めるときは，免許人等に対し，無線局に関し報告を求めることができる．

問題 8 ★★★ ➡6.2 ➡7.3.1

次の記述は，無線局（登録局を除く．）の検査等について述べたものである．電波法（第73条）及び電波法施行規則（第39条）の規定に照らし，[　　]内に入れるべき最も適切な字句の組み合わせを下の1から4までのうちから一つ選べ．

① 総務大臣は，総務省令で定める時期ごとに，あらかじめ通知する期日に，その職員を無線局（総務省令で定めるものを除く．）に派遣し，その無線設備等（無線設備，無線従事者の資格（主任無線従事者の要件に係るものを含む．）及び員数並びに時計及び書類をいう．以下同じ．）を検査させる．

② ①の検査は，当該無線局（注）の免許人から，①により総務大臣が通知した期日の[A]前までに，当該無線局の無線設備等について電波法第24条の2（検査等事業者の登録）第1項の登録を受けた者（無線設備等の点検の事業のみを行う者を除く．）が，総務省令で定めるところにより，当該登録に係る検査を行い，当該無線局の無線設備がその工事設計に合致しており，かつ，その無線従事者の資格及び員数並びに時計及び書類が電波法の関係規定にそれぞれ違反していない旨を記載した証明書の提出があったときは，①にかかわらず，[B]することができる．

（注）人の生命又は身体の安全の確保のためその適正な運用の確保が必要な無線局として総務省令で定めるものを除く．

③ 免許人は，検査の結果について総務大臣又は総合通信局長（沖縄総合通信事務所長を含む．）から指示を受け相当な措置をしたときは，速やかにその措置の内容を[C]しなければならない．

	A	B	C
1	1月	省略	総務大臣又は総合通信局長（沖縄総合通信事務所長を含む．）に報告
2	1月	一部を省略	無線局検査結果通知書の余白に記載
3	3月	一部を省略	総務大臣又は総合通信局長（沖縄総合通信事務所長を含む．）に報告
4	3月	省略	無線局検査結果通知書の余白に記載

答え ▶▶▶ 1

出題傾向　下線の部分を穴埋めにした問題も出題されています．

問題 9 ★★　➡7.2.2 ➡7.3.1 ➡7.3.2

次の記述は，総務大臣がその職員を無線局（登録局を除く．）に派遣し，その無線設備等(注)を検査させることができる場合等について述べたものである．電波法（第71条の5，第72条及び第73条）の規定に照らし，［　　］内に入れるべき最も適切な字句の組合せを下の1から4までのうちから一つ選べ．なお，同じ記号の［　　］内には，同じ字句が入るものとする．

（注）無線設備，無線従事者の資格及び員数並びに時計及び書類をいう．

① 総務大臣は，無線設備が電波法第3章（無線設備）に定める技術基準に適合していないと認めるときは，当該無線設備を使用する無線局の免許人に対し，その技術基準に適合するように当該無線設備の［ A ］その他の必要な措置を執るべきことを命ずることができる．

② 総務大臣は，無線局の発射する電波の質が電波法第28条の総務省令で定めるものに適合していないと認めるときは，当該無線局に対して［ B ］電波の発射の停止を命ずることができる．

③ 総務大臣は，②の命令を受けた無線局からその発射する電波の質が電波法第28条の総務省令の定めるものに適合するに至った旨の申出を受けたときは，その無線局に［ C ］させなければならない．

④ 総務大臣は，③により発射する電波の質が電波法第28条の総務省令で定めるものに適合しているときは，直ちに②の停止を解除しなければならない．

⑤ 総務大臣は，①の無線設備の［ A ］その他の必要な措置を執るべきことを命じたとき，②の電波の発射の停止を命じたとき，③の申出があったとき，その他電波法の施行を確保するため特に必要があるときは，その職員を無線局に派遣し，その無線設備等を検査させることができる．

	A	B	C
1	修理	臨時に	電波を試験的に発射
2	取替え	期間を定めて	電波を試験的に発射
3	修理	期間を定めて	電波の質の測定結果を報告
4	取替え	臨時に	電波の質の測定結果を報告

答え ▶▶▶ 1

出題傾向 下線の部分を穴埋めにした問題も出題されています.

問題 10 ★★ ➡7.3.2

総務大臣がその職員を無線局（登録局を除く.）に派遣し，その無線設備等(注)を検査させることができる場合に関する次の事項のうち，電波法（第73条）の規定に照らし，この規定に定めるところに該当しないものはどれか．下の1から4までのうちから一つ選べ.

（注）無線設備，無線従事者の資格及び員数並びに時計及び書類をいう.

1 電波法の施行を確保するため特に必要があるとき.
2 無線局の検査の結果について総務大臣又は総合通信局長（沖縄総合通信事務所長を含む.）から指示を受けた免許人から，その措置の内容について報告があったとき.
3 無線設備が電波法第3章（無線設備）に定める技術基準に適合していないと認め，当該無線設備を使用する無線局の免許人に対し，その技術基準に適合するように当該無線設備の修理その他の必要な措置を執るべきことを命じたとき.
4 無線局の発射する電波の質が電波法第28条の総務省令で定めるものに適合していないと認めて臨時に電波の発射の停止を命じた無線局から，その発射する電波の質が同条の総務省令の定めるものに適合するに至った旨の申出があったとき.

答え▶▶▶2

問題 11 ★★★ ➡7.3.3

次に掲げる事項のうち，無線局（登録局を除く.）の免許人が電波法又は電波法に基づく命令の規定に違反して運用した無線局を認めたときに執らなければならない措置に該当するものはどれか．電波法（第80条）の規定に照らし，下の1から4までのうちから一つ選べ.

1 総務省令で定める手続により，総務大臣に報告すること.
2 その無線局を告発すること.
3 その無線局の電波の発射を停止させること.
4 その無線局の免許人にその旨を通知すること.

解説 電波法第 80 条に「総務省令で定める手続により，総務大臣に報告しなければならない」と規定されています．

答え▶▶▶ 1

出題傾向 電波法施行規則（第 42 条の 5）の規定「できる限りすみやかに，文書によって，総務大臣又は総合通信局長に報告しなければならない」を選ぶ問題も出題されています．

問題 12 ★★★ ➡7.3.3

次の記述は，無線局（登録局を除く．）の免許人の総務大臣への報告等について述べたものである．電波法（第 80 条及び第 81 条）の規定に照らし，［ ］内に入れるべき最も適切な字句の組合せを下の 1 から 4 までのうちから一つ選べ．

① 無線局の免許人は，次の（1）及び（2）に掲げる場合は，総務省令で定める手続により，総務大臣に報告しなければならない．

（1）［ A ］

（2）［ B ］

② 総務大臣は，無線通信の秩序の維持その他［ C ］を確保するため必要があると認めるときは，免許人に対し，無線局に関し報告を求めることができる．

	A	B	C
1	遭難通信，緊急通信，安全通信又は非常通信を行ったとき	電波法又は電波法に基づく命令の規定に違反して運用した無線局を認めたとき	無線局の適正な運用
2	無線設備の機器の試験又は調整を行うために無線局を運用したとき	電波法第 74 条（非常の場合の無線通信）第 1 項に規定する通信の訓練のための通信を行ったとき	無線局の適正な運用
3	遭難通信，緊急通信，安全通信又は非常通信を行ったとき	電波法第 74 条（非常の場合の無線通信）第 1 項に規定する通信の訓練のための通信を行ったとき	電波の能率的な利用
4	無線設備の機器の試験又は調整を行うために無線局を運用したとき	電波法又は電波法に基づく命令の規定に違反して運用した無線局を認めたとき	電波の能率的な利用

答え▶▶▶1

出題傾向 下線の部分を穴埋めにした問題も出題されています.

7.4 電波利用料

無線局の免許人や登録人は所定の電波利用料を払わなければなりません.

電波利用料は,良好な電波環境の構築・整備に係る費用を,無線局の免許人等が分担する制度で,「電波監視業務の充実」「周波数ひっ迫対策のための技術試験事務及び電波資源拡大のための研究開発等」「電波の安全性に関する調査及び評価技術」「標準電波の発射」などに活用されます.

関連知識 **電波利用料の金額の例(令和4年10月現在)**

空中線電力10 kW以上のテレビジョン基幹放送局:596,312,200円
陸上移動局:400円
実験等無線局及びアマチュア局:300円

7.5 罰則

電波法上の罰則は,「懲役」「禁錮」「罰金」の3種類があり,その他に秩序罰としての「過料」があります(過料は刑ではありません).

「懲役」「禁錮」「罰金」が科せられる場合の一陸特の試験で出題されるものを**表7.2**に示します.

■表 7.2　罰則の具体例

根拠条文	罰則に該当する行為	法定刑
109 条 第 1 項	・無線局の取扱中に係る無線通信の秘密を漏らし，又は窃用した者．	**1 年以下の懲役又は 50 万円以下の罰金**
109 条 第 2 項	・**無線通信の業務に従事する者**がその業務に関し知り得た前項の秘密を漏らし，又は窃用したとき．	2 年以下の懲役又は 100 万円以下の罰金
109 条の 2 第 1 項	・暗号通信を傍受した者又は暗号通信を**媒介する者**であって当該暗号通信を受信したものが，**暗号通信の秘密を漏らし，又は窃用する目的で**，その内容を復元したとき	1 年以下の懲役又は 50 万円以下の罰金
109 条の 2 第 2 項	・**無線通信の業務に従事する者**が前項の罪犯したとき（その業務に関し暗号通信を傍受し，又は受信した場合に限る．）	2 年以下の懲役又は 100 万円以下の罰金
110 条	・免許又は登録がないのに，無線局を開設した者	1 年以下の懲役又は 100 万円以下の罰金
	・免許状の記載事項違反	

暗号通信は，通信の当事者以外の者がその内容を復元できないようにするための措置が行われた無線通信のことをいいます．

Column　「罰金」と「科料」と「過料」

罰金：財産を強制的に徴収するもので，その金額は 10 000 円以上です．刑事罰で前科になります．駐車違反などで徴収される反則金は罰金ではありません．

科料：財産を強制的に徴収するもので，その金額は 1 000 円以上，10 000 円未満です．軽犯罪法違反など，軽い罪について科料の定めがあります．

過料：行政上の金銭的な制裁で刑罰ではありません．「タバコのポイ捨て禁止条例」などに違反したような場合に過料が課されることがあります．

参考文献

(1) 情報通信振興会 編：学習用電波法令集（抄）（令和5年版），情報通信振興会（2023）
(2) 情報通信振興会 編：第一・二・国内電信級陸上特殊無線技士　法規，情報通信振興会（2024）
(3) 今泉至明：電波法要説（改訂12版），情報通信振興会（2022）
(4) 情報通信振興会：よくわかる教科書　電波法大綱，情報通信振興会（2023）
(5) 倉持内武，吉村和昭，安居院猛：身近な例で学ぶ　電波・光・周波数—電波の基礎から電波時計，地デジ，GPSまで—，森北出版（2009）
(6) Tony Jones，松浦俊輔訳：原子時計を計る—300億分の1秒物語—，青土社（2001）
(7) 吉村和幸，古賀保喜，大浦宣徳：周波数と時間—原子時計の基礎／原子時のしくみ—，電子情報通信学会（1989）
(8) 奥澤隆志：空中線系と電波伝搬，CQ出版（1989）
(9) 大森俊一，横島一郎，中根央：高周波・マイクロ波測定，コロナ社（1992）
(10) 大友功，小園茂，熊澤弘之：ワイヤレス通信工学（改訂版），コロナ社（2002）
(11) 宇田新太郎：新版　無線工学Ⅰ　伝送編，丸善（1974）
(12) 宇田新太郎：新版　無線工学Ⅱ　エレクトロニクス編，丸善（1974）
(13) 安居院猛，吉村和昭，倉持内武：エッセンシャル電気回路—工学のための基礎演習—（第2版），森北出版（2017）
(14) 吉村和昭，倉持内武，安居院猛：図解入門よくわかる最新　電波と周波数の基本と仕組み（第2版），秀和システム（2010）
(15) 吉村和昭：第一級陸上無線技術士試験　やさしく学ぶ　法規（改訂3版），オーム社（2022）
(16) 吉村和昭：やさしく学ぶ　第二級陸上特殊無線技士試験（改訂2版），オーム社（2019）
(17) 吉村和昭：「電波受験界」一陸特無線工学講座，情報通信振興会（2012-2014）

索 引

ア 行

カ 行

サ　行

タ　行

ナ　行

ハ　行

▶　マ　行　◀

ヤ　行

ラ・ワ　行

英数字・記号

〈著者略歴〉

吉村和昭（よしむら　かずあき）

学　歴　東京商船大学大学院博士後期課程修了
　　　　博士（工学）

職　歴　東京工業高等専門学校
　　　　桐蔭学園工業高等専門学校
　　　　桐蔭横浜大学電子情報工学科
　　　　芝浦工業大学工学部電子工学科（非常勤）
　　　　国士舘大学理工学部電子情報学系（非常勤）

　　　　第一級陸上無線技術士，第一級総合無線通信士

〈主な著書〉

「やさしく学ぶ　第二級陸上特殊無線技士試験（改訂２版）」
「やさしく学ぶ　第三級陸上特殊無線技士試験（改訂２版）」
「第一級陸上無線技術士試験　やさしく学ぶ　法規（改訂３版）」
「やさしく学ぶ　航空無線通信士試験（改訂２版）」
「やさしく学ぶ　航空特殊無線技士試験」
「やさしく学ぶ　第三級海上無線通信士試験」
「やさしく学ぶ　第二級海上特殊無線技士試験（改訂２版）」　以上オーム社

やさしく学ぶ
第一級陸上特殊無線技士試験（改訂３版）

2014 年 6 月 20 日　第 1 版第 1 刷発行
2018 年 8 月 20 日　改訂 2 版第 1 刷発行
2025 年 4 月 20 日　改訂 3 版第 1 刷発行

著　者　吉村和昭
発行者　髙田光明
発行所　株式会社 オーム社
　　　　郵便番号　101-8460
　　　　東京都千代田区神田錦町 3-1
　　　　電話　03(3233)0641(代表)
　　　　URL　https://www.ohmsha.co.jp/

組版　新生社　　印刷・製本　平河工業社
ISBN978-4-274-23328-9　Printed in Japan